青海省地质勘查成果系列丛书

柴达木盆地北部地区战略性矿产资源找矿方向研究

CHAIDAMU PENDI BEIBU DIQU ZHANLÜEXING
KUANGCHAN ZIYUAN ZHAOKUANG FANGXIANG YANJIU

王　瑾　陈建洲　等著

图书在版编目(CIP)数据

柴达木盆地北部地区战略性矿产资源找矿方向研究/王瑾等著．—武汉：中国地质大学出版社，2022.4
ISBN 978-7-5625-5237-6

Ⅰ.①柴…
Ⅱ.①王…
Ⅲ.①柴达木盆地-找矿方向-研究
Ⅳ.①P617.244

中国版本图书馆 CIP 数据核字(2022)第 047095 号

柴达木盆地北部地区战略性矿产资源找矿方向研究	王 瑾 陈建洲 等著
责任编辑：周 豪　　选题策划：周 豪 叶友志	责任校对：张咏梅
出版发行：中国地质大学出版社(武汉市洪山区鲁磨路388号)	邮政编码：430074
电　话：(027)67883511　　传　真：(027)67883580	E-mail:cbb@cug.edu.cn
经　销：全国新华书店	http://cugp.cug.edu.cn
开本：880毫米×1230毫米 1/16	字数：499千字　印张：15.75
版次：2022年4月第1版	印次：2022年4月第1次印刷
印刷：武汉中远印务有限公司	
ISBN 978-7-5625-5237-6	定价：158.00元

如有印装质量问题请与印刷厂联系调换

"青海省地质勘查成果系列丛书"编撰委员会

主　　任：潘　彤

副 主 任：孙泽坤　党兴彦

委　　员：(按姓氏笔画排列)

　　　　　王　瑾　王秉璋　李东生　李得刚　李善平
　　　　　许　光　杜作朋　张爱奎　陈建洲　赵呈祥
　　　　　郭宏业　薛万文

《柴达木盆地北部地区战略性矿产资源找矿方向研究》

主　　编：王　瑾　陈建洲

副 主 编：安生婷　宋生春　宋维刚

编写人员：赵胜楠　丁成旺　徐永锋　蒋远山　何存发
　　　　　吴少锋　刘晓康　李　毅　袁桂林　薛　晟
　　　　　汪成萍

序

柴达木盆地北部地区成矿条件有利、矿产资源丰富，是我国重要的成矿区之一。近年来，对该地区金、铀、"三稀"、铂族、页岩气等国家战略性矿产资源的评价力度不断加大，新发现的一系列相关战略性矿床（点）具有重要的经济价值。该书在有关科研项目成果的基础上，全面总结了柴达木盆地北部地区战略性矿产成矿特点和成矿规律。该书的基本特色体现在以下几个方面。

（1）实际资料丰富，基础工作扎实。作者实地调查、重点研究了柴达木盆地北部地区金、铀、"三稀"、铂族、页岩气等国家战略性矿产，阐述了它们的成矿特征，研究了控矿因素和成矿机理。该书内容丰富，给读者留下深刻印象。

（2）综合研究系统且全面。作者以现代区域成矿理论为指导，系统论述了柴达木盆地北部地区战略性矿产的成矿条件和矿床时空分布规律；建立了柴达木盆地北部地区金、铀、"三稀"、铂族、页岩气等国家战略性矿产成矿系列；总结了不同矿种战略性矿床找矿标志以及其成矿潜力，从而对区域成矿规律的认识达到一个新的高度。

（3）明确了区域的主要成矿特点。通过将野外地质调查、室内测试分析、综合研究相结合，在研究区划分出 15 个 Ⅳ 级成矿单元，对每个成矿单元成矿作用及找矿方向进行了论述；在分析研究区域成矿条件、典型控矿因素等的基础上圈定重点工作区，为进一步的勘查工作部署提供了科学依据。

（4）项目研究与地质勘查生产结合，并将上述研究成果及时应用于矿产调查和评价工作，发现了尕日力根金矿、阿哈大洼银多金属矿、沙那黑铅锌银矿、素棱郭勒铀矿等矿床（点），有的矿床（点）已经达到一定的规模。

总的认为，该书是对柴达木盆地北部地区近年来战略性矿产找矿工作进展和科学研究成果的系统总结，既有扎实的矿区资料及野外工作基础，又有对柴达木盆地北部地区成矿作用的有益探讨，并提出了一些创新性的观点和认识，为今后在该地区开展深入研究奠定了基础，也为今后战略性矿产找矿突破提供了理论依据。该书中的成果对柴达木盆地北部地区及邻区的地质找矿工作的指导和借鉴意义是不言而喻的。

借此专著出版之际，我向作者们祝贺，并对长期在青藏高原北缘不断探索的地质工作者表示诚挚的敬意！

青海学者
李四光野外奖获得者
俄罗斯自然科学院院士

2021 年 7 月

前　言

研究区地处青海省西北部，青藏高原东北部，范围为东经 94°52′23″—99°37′54″、北纬 36°11′06″—38°24′30″，北连祁连山造山带，南接柴达木盆地，西以阿尔金断裂与阿尔金造山带相接，东与青海南山相邻，形成"三山一盆"的地貌格局，总面积 89 913 km²。研究区地处柴达木盆地北缘（简称柴北缘）早古生代造山带，柴北缘超高压变质带位于其中，不仅是研究早古生代构造演化和地质变迁的"窗口"，而且是青海省著名的贵金属、有色金属、煤炭、油气成矿带。近年来的研究和勘查实践表明，柴北缘成矿带"三稀"金属和铀矿资源的潜力愈加凸显，已经成为青海省最重要的战略性矿产资源接续和储备基地。

为保障国家经济安全、国防安全和战略新兴产业发展需求，国务院批复通过的《全国矿产资源规划（2016—2020 年）》（以下简称《规划》）将 24 种矿产列入战略性矿产目录，作为矿产资源宏观调控和管理的重点对象。列入战略性矿产目录的 24 种矿产包括：能源矿产石油、天然气、页岩气、煤炭、煤层气、铀；金属矿产铁、铬、铜、铝、金、镍、钨、锡、钼、锑、钴、锂、稀土、锆；非金属矿产磷、钾盐、晶质石墨、萤石。

青海省建设国家公园、清洁能源、绿色有机农畜产品、民族团结进步、高原美丽城镇"五个示范省"离不开战略性矿产资源的支撑。战略性矿产是"一优两高"发展战略的资源保障。针对战略性矿产资源在国民经济、社会发展、国防科技等方面的稀缺性和重要性特点，本书以青海省地质矿产勘查开发局安排实施的"柴北缘地区战略性矿产资源找矿方向与靶区优选"项目为依托，选择金、铀、"三稀"、铂族、页岩气 5 类柴达木盆地北部地区的优势矿产作为保障国家能源资源安全的支柱性矿产的重点研究对象。

在对资料的系统梳理、野外实地调查、综合分析研究的基础上，通过项目组全体成员的共同努力，在区域成矿地质背景、成矿地质条件、控矿因素、矿床成因类型等方面取得了一定的认识，并以此为基础完成了本书的编写工作。本书撰写工作分工如下：前言由王瑾编写；第一章由宋生春编写；第二章由陈建洲、安生婷、赵胜楠、蒋远山、吴少锋编写；第三章和第四章由陈建洲编写；第五章由宋维钢、安生婷、丁成旺、徐永锋、何存发、李毅编写；结论由安生婷编写；参考文献、图版由安生婷完成；图件由赵胜楠、刘晓康、袁桂林、薛晟、汪成萍完成；全书由安生婷统一修改、定稿。

本书的出版得到了青海省地质矿产勘查开发局的大力支持，野外地质调查工作由青海省第四地质勘查院"柴北缘地区战略性矿产资源找矿方向及靶区优选"项目组成员完成，在此一并表示感谢！

受作者研究水平、时间等因素限制，书中难免出现疏漏或不足，敬请读者批评指正。

作者
2021 年 10 月

目　录

第一章　柴达木盆地北部地区成矿地质背景 ……………………………………（1）

　　第一节　地　层 …………………………………………………………………（1）

　　第二节　构　造 …………………………………………………………………（6）

　　第三节　岩浆岩 …………………………………………………………………（16）

　　第四节　变质岩 …………………………………………………………………（23）

　　第五节　成矿单元 ………………………………………………………………（26）

第二章　柴达木盆地北部地区战略性矿产特征 ………………………………（41）

　　第一节　战略性矿产概述 ………………………………………………………（41）

　　第二节　矿床类型及特征 ………………………………………………………（41）

　　第三节　典型矿床 ………………………………………………………………（51）

第三章　柴达木盆地北部地区战略性矿产成矿规律 …………………………（99）

　　第一节　成矿带时空分布规律 …………………………………………………（99）

　　第二节　战略性矿产时空分布规律 ……………………………………………（114）

　　第三节　区域成矿演化及区域成矿模式 ………………………………………（128）

第四章　柴达木盆地北部地区战略性矿产成矿系列 …………………………（138）

　　第一节　矿床成矿系列 …………………………………………………………（138）

　　第二节　矿床成矿系列的基本特征 ……………………………………………（140）

　　第三节　区域成矿谱系 …………………………………………………………（181）

第五章　柴达木盆地北部地区战略性矿产靶区优选 …………………………（191）

　　第一节　远景区划分原则 ………………………………………………………（191）

　　第二节　靶区圈定原则和标准 …………………………………………………（192）

　　第三节　远景区及靶区特征 ……………………………………………………（193）

结　论 ………………………………………………………………………………（226）

图　版 ………………………………………………………………………………（227）

主要参考文献 ……………………………………………………………………（232）

第一章　柴达木盆地北部地区成矿地质背景

柴达木盆地北部地区山势高耸,属高海拔地区,海拔一般在 4000m 以上,最高峰柴达木山主峰海拔 5282m。岩石裸露程度较高,沟壑狭窄,阶坎状沟谷发育。区内有铁路、公路通过,县、乡间亦有公路相通,交通尚属方便,但该地区山脉纵横、切割深,沟谷、水系均较发育,山区道路十分崎岖,许多地方车辆仍无法通行。

研究区位于青藏高原东北部,沿柴达木盆地北缘呈北西西向展布,绵延超过 600km,其南、北分别以柴北缘深断裂及宗务隆-青海南山断裂与柴达木地块和祁连地块相邻,西侧以阿尔金走滑断裂为界,东侧与青海南山接壤,形成"三山一盆"的地貌格局(图 1-1)。

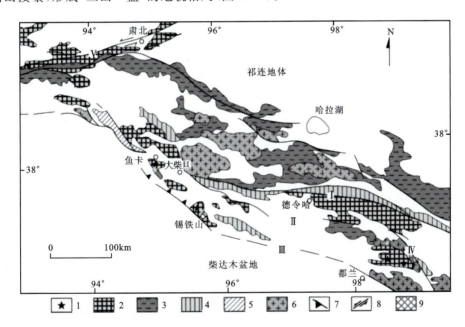

图 1-1　柴北缘地质简图(据杨经绥等,2001;陈能松等,2007 修改)
1.榴辉岩;2.新元古界;3.下古生界;4.上古生界;5.火山岩;6.花岗岩;7.逆冲断层;8.走滑断层;9.缝合带;
Ⅰ.宗务隆-青海南山断裂;Ⅱ.乌兰-鱼卡断裂;Ⅲ.柴北缘断裂;Ⅳ.哇洪山-温泉断裂;Ⅴ.阿尔金走滑断裂

第一节　地　层

一、地层概述

根据孙崇仁(1997)对青海省岩石地层的划分,研究区隶属秦祁昆地层大区,横跨南祁连地层小区、宗务隆地层小区、柴北缘地层小区、柴达木盆地地层小区及柴南缘地层小区。区内地层从新太古界到第四系均有分布(表 1-1)。

表 1-1 柴达木盆地北部地区地层划分表

地质时代			秦祁昆地层大区				
			南祁连地层小区	柴北缘地层小区	柴达木盆地地层小区	柴南缘地层小区	宗务隆地层小区
新生代	第四纪	全新世	Q	Q	Q	Q	Q
	新近纪	上新世	临夏组(N_2l)	狮子沟组(N_2s)			
				油砂山组(N_2y)			
		中新世	咸水河组(N_1x)	干柴沟组(E_3N_1g)			
	古近纪	渐新世					
		始新世		路乐河组($E_{1-2}l$)			
		古新世					
中生代	白垩纪	早白垩世		犬牙沟组(K_1q)			
	侏罗纪	晚侏罗世		红水沟组(J_3h)			
		中侏罗世	大西沟组($J_{1-2}d$)	采石岭组(J_2c)			
		早侏罗世		大煤沟组($J_{1-2}dm$)			
	三叠纪	晚三叠世				鄂拉山组(T_3e)	
		中三叠世	切尔玛沟组(T_2q)				古浪堤组(T_2g)
			大加连组($T_{1-2}d$)				
			江河组($T_{1-2}j$)				隆务河组($T_{1-2}l$)
		早三叠世	下环仓组($T_{1-2}xh$)				
晚古生代	二叠纪	晚二叠世	忠什公组(P_3z)			打柴沟组($P_{1-2}dc$)	甘家组(P_2g)
			哈吉尔组(P_3h)				
		中二叠世	草地沟组($P_{1-2}c$)				果可山组(P_1g)
		早二叠世	勒门沟组($P_{1-2}l$)				中吾农山群 土尔根大坂组(CP_2t)
	石炭纪	晚石炭世		克鲁克组(C_2k)		大干沟组(C_1dg)	
		早石炭世		怀头他拉组(C_1h)			
				城墙沟组(C_1cq)			
				阿木尼克组(C_1a)			
	泥盆纪	晚泥盆世		牦牛山组(D_3m)		黑山沟组(D_3h)	
早古生代	志留纪	晚志留世					
		中志留世	巴龙贡噶尔组(Sb)				
		早志留世					
	奥陶纪	晚奥陶世	盐池湾组($O_{2-3}y$)		滩间山群 OST	祁漫塔格群 (OQ)	
		中奥陶世		大头羊沟组(O_2dt)			
		早奥陶世		石灰沟组(O_1s)			
				多泉山组(O_1d)			
	寒武纪	晚寒武世		欧龙布鲁克组($\in o$)			
		中寒武世					
		早寒武世					
新元古代	震旦纪			全吉群 皱节山组($NhZz$)			
				红铁沟组($NhZht$)			
				黑土坡组($NhZh$)			
				红藻山组($NhZhz$)			
				石英梁组($NhZs$)			
				枯柏木组($NhZk$)			
	南华纪			麻黄沟组($NhZm$)			
中元古代	蓟县纪						
	长城纪			沙柳河岩群($ChS.$)	万洞沟群(Pt_2W)		
古元古代				达肯大坂岩群($Pt_1D.$)		金水口岩群($Pt_1J.$)	
新太古代				德令哈杂岩(Ar_3Pt_1D)			

二、主要地层特征

1. 新太古代—中元古代地层

在 2500Ma 以前,地球经历了漫长而复杂的演化,到新太古代末期,出现了最古老的地质体,为新太古界—古元古界的德令哈杂岩(Ar_3Pt_1D)。该杂岩主要分布于绿草山、大煤沟、巴洞乌拉山、宗务隆山、察汗河及德令哈黑石山水库一带,总体呈北西西-南东东向展布,由一套斜长角闪岩-花岗质片麻岩-混合岩组成(陆松年等,2002),以大面积分布的新太古代—古元古代(2.47～2.37Ga)肉红色花岗质片麻岩为主。

古元古代,原始中国古陆发生大规模的拆离,形成大陆裂谷并逐步演化为被动陆缘,接受了达肯大坂岩群($Pt_1D.$)和金水口岩群($Pt_1J.$)的沉积。其中,达肯大坂岩群主要分布于阿卡腾能山、青新界山、俄博梁北山、赛什腾山、达肯大坂、绿梁山、锡铁山及全吉山、欧龙布鲁克,向东至布赫特山一带,总体呈北西-南东向"之"字形展布;主要岩性为一套碎屑岩夹火山岩的岩石组合;划分的3个岩组分别为片麻岩岩组、片岩岩组和大理岩岩组,主要变质岩石类型为片麻岩类、片岩类、大理岩类和混合岩;构造环境为岛弧和活动性陆缘的过渡环境(王洪强等,2016)。金水口岩群分布于哇洪山-温泉断裂以东,地层总体呈北西西向展布,以片麻岩为主;主要岩性为含红柱夕线黑云斜长片麻岩、黑云角闪片麻岩、黑云二长片麻岩、斜长角闪岩和镁橄榄石大理岩等;构造环境为活动陆缘海盆地或岛弧环境。

中元古代长城纪,本区强烈的伸展裂陷形成了长城系沙柳河岩群(ChS.)和长城系—蓟县系万洞沟群(Pt_2W)。其中,沙柳河岩群呈北西西向条带状断续分布,在西段鱼卡、绿梁山主峰和东段都兰地区阿尔茨托山比较集中,在其他地区零星出露。该地层与达肯大坂岩群、滩间山群呈断层接触,在鱼卡地区呈大小不等的残留体赋存于中元古代变质侵入体中。岩石组合在各地变化很大,总体以石英质片岩为主体。在鱼卡地区岩石组合为白云母石英片岩、含石榴白云母石英片岩、含石榴二云石英片岩、含绿帘石榴白云母石英片岩夹白云母变粒岩、含石榴绿帘角闪片岩,少量大理岩,为由一套成熟度较高的陆源碎屑岩-碳酸盐岩组成的正常沉积建造,形成于相对稳定的大陆边缘环境。在阿尔茨托山等地岩石组合为灰—深灰色二云石英片岩、长石石英岩、白云母石英片岩,灰白色条带状大理岩夹石榴角闪石英片岩、斜长角闪岩、二云斜长片麻岩。

长城系—蓟县系万洞沟群(Pt_2W)主要分布在赛什腾山万洞沟—滩间山一带,受北西向断层控制,呈北西向带状展布,与滩间山群为断层接触。在阿尔金山南麓大通沟北山见万洞沟群呈断块状分布。万洞沟群主体为一套绿片岩相变质的陆源碎屑岩-碳酸盐岩沉积岩系,岩性以片岩、千枚岩及碳酸盐岩为主,分下部碎屑岩组和上部碳酸盐岩组。在赛什腾山东部的滩间山地区万洞沟群出露较好,按其岩性组合分为上、下两个岩组,之间为连续沉积。下岩组(Pt_2W^a)为白云质大理岩、绢云石英片岩;上岩组(Pt_2W^b)以斑点状千枚岩、碳质绢云千枚岩、钙质白云母片岩为主。上岩组的斑点状千枚岩、碳质绢云千枚岩富含金或含金矿物而构成滩间山金矿田。

本次工作在万洞沟群上岩组碳质绢云千枚岩中采集 U-Pb 同位素样品,利用 LA-ICP-MS 对锆石进行了测试分析,测试锆石的年龄在 1800～1000Ma 之间,说明万洞沟群为中元古代地层。

2. 南华纪—早古生代地层

南华纪—早古生代柴北缘处于活动大陆边缘,由一系列的弧、与俯冲作用相关的张性盆地决定了所形成的地层(潘彤等,2020)。在全吉地块上发育形成了南华系—震旦系全吉群和早古生代部分地层,其中麻黄沟组($NhZm$)为砂砾岩组合,为海岸沙丘—后滨环境;枯柏木组($NhZk$)为砂泥岩组合,为前滨—临滨环境;石英梁组($NhZs$)为砂岩、粉砂岩、泥岩与基性火山岩组合,为滨浅海环境;红藻山组($NhZhz$)

为碳酸盐岩,为局限台地环境;黑土坡组(NhZh)为滨浅海环境砂岩、粉砂岩、泥岩组合;红铁沟组(NhZht)为冰碛砂砾岩组合;皱节山组(NhZz)为滨浅海环境砂岩、粉砂岩、泥岩组合。早古生代地层主要有欧龙布鲁克组($\in o$)、多泉山组($O_1 d$)、石灰沟组($O_1 s$)、大头羊沟组($O_2 dt$)。它们基本上为连续稳定型盖层沉积。欧龙布鲁克组为台地潮坪环境的碳酸盐岩组合,与下伏全吉群平行不整合接触。多泉山组为开阔台地环境的碎屑岩-碳酸盐岩组合;石灰沟组为远滨环境的泥岩、粉砂岩组合;大头羊沟组为开阔台地环境的碳酸盐岩组合。各类建造组合是在陆棚浅海环境下沉积的浅海相陆源碎屑岩和碳酸盐岩岩石组合,发育浅水标志的层理和层面沉积构造,产各类滨浅海相生物化石,沉积稳定,厚度不大,变质变形较弱。

与此同时,沿赛什腾山、吕梁山、锡铁山、阿木尼克山等一线逐步演变成为岛弧环境,形成了奥陶系—志留系滩间山群(OST),该地层为区内重要的含矿地层,其宏观岩性总体基本一致,但相变较大,由下而上为下碎屑岩组(OST^a)、下火山岩组(OST^b)、砾岩组(OST^c)、玄武安山岩组(OST^d)、砂岩组(OST^e)。

下碎屑岩组(OST^a):主要分布在赛什腾山东北坡和马海地区,在全吉山南麓也有小面积出露。在赛什腾山该岩组与上覆下火山岩组为整合接触,与下伏中元古界万洞沟群和古元古界达肯大坂岩群为断层接触,岩石组合主要为变石英砂岩、砂质板岩、变长石石英砂岩夹安山岩、安山质凝灰岩、结晶灰岩等,大部分变质为绿泥石英片岩、绢云绿泥片岩、大理岩等。在全吉山南麓下碎屑岩组出露不全,岩性单一,主要由灰绿色变砂岩、变岩屑长石砂岩组成,夹少量粉砂质板岩,未见火山岩和灰岩夹层,与上覆下火山岩组为整合接触。

下火山岩组(OST^b):滩间山群5个岩组中最发育的一个岩组,分布面积广,以苏干湖西南、赛什腾山、滩间山最为集中,各地岩石组合和厚度变化较大。在滩间山、赛什腾山一带,岩石组合为灰绿色变安山岩、变安山质火山角砾岩、变英安质凝灰岩夹流纹质凝灰岩、英安岩、方解绿帘绢云片岩、绢云石英片岩、绿泥石英片岩,与下伏下碎屑岩组为整合接触,与上覆砾岩组以韧性剪切带相隔。在全吉山南麓岩石组合以灰色、灰褐色英安岩和流纹英安岩为主,夹流纹岩、霏细岩和少量砂屑灰岩。岩石化学特征显示,火山岩属钙碱性系列,具岛弧火山岩性质。

砾岩组(OST^c):仅见于赛什腾山、滩间山部分地区。岩性简单且较稳定,沿地层走向连续性好,厚度变化较大,向南东变薄,在滩间山一带仅几十米。岩石组合为灰黄色复成分钙质片状砾岩,含砾粗砂岩夹灰紫色、灰绿色长石石英砂岩,石英砂岩,粉砂岩,细砂岩,上部夹安山质火山角砾岩、安山岩。

玄武安山岩组(OST^d):分布范围与砾岩组相同,岩石组合主要为玄武安山岩、安山岩及玄武质集块岩、玄武安山质火山角砾岩、晶屑岩屑凝灰岩,局部夹片状石英砂岩、千枚岩、英安岩、杏仁状玄武岩。与下伏砾岩组、上覆砂岩组均为整合接触。下部以爆发相为主,上部为溢流相。

砂岩组(OST^e):分布局限,仅见于赛什腾山公路沟—万洞沟一带。岩石组合简单,岩性为灰绿色、紫灰色长石砂岩,片状中粗粒长石石英砂岩,夹灰绿色安山岩、玄武安山岩和少量砂质灰岩,与下伏玄武安山岩组为整合接触。

南华纪—早古生代,南祁连处于前陆盆地构造环境,在研究区沿宗务隆山—纳日宗—石乃亥一线沉积形成了志留系巴龙贡噶尔组(Sb)。该组由一套巨厚的陆源碎屑岩组成,在纵向上"三分"清楚。下部以千枚状岩石为主,岩性有千枚状长石岩屑砂岩、岩屑长石砂岩、绢云母千枚岩及千枚状板岩;中部以砂岩为主,主要有长石岩屑砂岩、岩屑长石砂岩、含砾砂岩,夹少量板岩、沉凝灰岩、凝灰质板岩和凝灰质岩屑砂岩;上部为砂板岩互层夹硅质岩,岩性主要为岩屑砂岩、岩屑长石砂岩与粉砂质板岩、黏土质板岩互层夹薄层灰岩和硅质岩。巴龙贡噶尔组发育交错层理,具复理石沉积特点,属半深海—浅海环境斜坡沟谷—陆架斜坡相。

3. 晚古生代地层

泥盆纪,柴达木盆地北缘处于后碰撞—后造山构造环境中,形成牦牛山晚泥盆世后火山盆地、阿木尼克晚泥盆世后火山盆地及赛什腾晚泥盆世后火山盆地等,各盆地中广泛发育上泥盆统牦牛山组(D_3m)(青海省地质调查院,2020),但不同地区岩性组合不尽相同。其中在牦牛山地区牦牛山组与下伏滩间山群(OST)呈不整合接触,与上覆下石炭统城墙沟组(C_1cq)呈角度不整合接触。岩性可分为下段和上段。下段由碎屑岩组成,为一套河流环境组合;上段由火山岩组成,火山岩属弱过铝质钙碱性系列,具陆相喷发特点,为碰撞环境火山岩组合。在阿木尼克地区该组不整合于下伏地层之上,岩性组合可进一步划分为复成分砂砾岩组合的砂砾岩段、粉砂岩-泥岩组合的粉砂岩段和火山角砾岩-岩(玻)屑凝灰岩组合的火山岩段。赛什腾地区该组为一套典型的陆相沉积,依据岩性特征可将其分为下部碎屑岩段和上部火山岩段。

晚泥盆世,柴达木盆地北缘在陆内伸展的基础上形成了石炭纪陆表海沉积,主要的沉积地层有:下石炭统阿木尼克组(C_1a)、下石炭统城墙沟组(C_1cq)、下石炭统怀头他拉组(C_1h)、上石炭统克鲁克组(C_2k)等。其中,下石炭统阿木尼克组主要分布于欧龙布鲁克山、阿木尼克山一带,呈近东西向带状展布,为石炭纪最早期的沉积物,岩性组合为厚层砾岩、石英长石砂岩、岩屑砂岩、粉砂岩,属海陆交互河口湾相沉积,与下伏牦牛山组为平行不整合接触;下石炭统城墙沟组分布于阿木尼克山—怀头他拉—牦牛山一线,岩性组合为碳酸盐岩夹页岩、粉砂岩、砂岩等,属于陆表海开阔台地相碳酸盐岩沉积;下石炭统怀头他拉组主要分布在石灰沟、穿山沟西、欧龙布鲁克山南坡、怀头他拉煤矿、扎布萨尕秀南山及牦牛山等地,主要岩性组合为长石石英砂岩、含砾砂岩夹页岩、粉砂岩、灰岩等,形成环境为海陆交互相;上石炭统克鲁克组自西向东出露在石灰沟、怀头他拉煤矿至克鲁克、欧龙布鲁克山北坡、怀头他拉南山和扎布萨尕秀东北等地,岩性组合为石英砂岩、岩屑砂岩、粉砂岩、碳质页岩夹灰岩,含煤线或煤层及菱铁矿结核,在一些地方形成沼泽含煤碎屑岩建造,沉积环境应为障壁海岸滨浅海—海陆交互沼泽相。

石炭纪—二叠纪,研究区内的宗务隆地区和南祁连地区分别处于陆缘裂谷环境和海陆交互环境之中。前者主要地层为石炭系—二叠系中吾农山群[包括石炭系—中二叠统土尔根大坂组(CP_2t)及下二叠统果可山组(P_1g)],呈条带状分布于宗务隆山一带,为一套层状无序的地质体,主要岩石组合为玄武岩、绿泥片岩、长石石英砂岩、粉砂岩、板岩等,具有蛇绿岩的特点,反映了初始扩张环境下形成的洋壳,即初始洋盆或陆缘裂谷。后者主要地层有下—中二叠统勒门沟组($P_{1-2}l$)、草地沟组($P_{1-2}c$)、上二叠统哈吉尔组(P_3h)、忠什公组(P_3z)。

下—中二叠统勒门沟组:地层呈不规则带状近东西向分布,与巴龙贡噶尔组呈角度不整合接触,局部呈断层接触,与上覆草地沟组呈整合接触,局部被第四系覆盖。主要岩性组合为复成分砾岩、含砾长石砂岩夹石英砂岩、粉砂岩。前人在1:5万区域地质调查时认定该地层为滨浅海相环境沉积,本次尕日力根金矿专项研究确定该地层属陆相潟湖环境沉积。尕日力根金矿点即产于该组紫红色砾岩中,成因为砾岩型。

下—中二叠统草地沟组:主要出露于巴罗根郭勒河中上游地区,与下—中二叠统勒门沟组相伴产出,呈北西西向条带状展布,与区域构造线方向一致。与下伏下—中二叠统勒门沟组和上覆上二叠统哈吉尔组均呈整合接触。主要岩性组合为碎屑岩-碳酸盐岩组合。草地沟组普遍含生物碎屑,属滨浅海相能量较高的潮间带—潮下带环境沉积。

上二叠统哈吉尔组:在研究区内分布较少,与草地沟组呈整合接触,与巴龙贡噶尔组呈断层接触,局部与上覆下环仓组呈平行不整合接触。主要岩性组合为潮汐砂岩-泥岩组合。

上二叠统忠什公组:少量分布在研究区东部,与上覆下环仓组、下伏哈吉尔组均呈整合接触,局部与下环仓组呈平行不整合接触。主要岩性组合为砂岩-泥岩组合,沉积环境为三角洲相。

4. 中生代地层

三叠纪,受南部挤压影响,研究区内的柴北缘整体处于隆升剥蚀阶段,至早侏罗世形成湖泊—沼泽相环境,沉积了下—中侏罗统大煤沟组($J_{1-2}dm$)、中侏罗统采石岭组(J_2c)、上侏罗统红水沟组(J_3h)和下白垩统犬牙沟组(K_1q)。

下—中侏罗统大煤沟组：柴达木盆地北部地区最主要的含煤地层主要分布在柴达木盆地北缘、阿尔金山南缘和冷湖至鱼卡、红山至德令哈一带以及阿木尼克山南麓等地，受柴北缘-夏日哈断裂带控制，呈北西西向斜列展布。主要岩性组合为砾岩、砂砾岩、砂岩、粉砂岩、泥岩夹煤层、煤线及油页岩，局部夹薄层状菱铁矿。与下伏老地层多呈角度不整合接触。大煤沟组在柴北缘嗷唠河和绿草山沉积成为多处大、中、小型煤矿的主体含煤建造，除此之外，其中也见有沉积型铀矿产出，但多呈矿化点。已发现的矿化点有大柴旦镇嗷唠河铀矿化点和大柴旦镇绿草山铀矿化点等。

中侏罗统采石岭组：主要出露于鱼卡、绿草山、大煤沟、阿木尼克山南麓等地。岩性组合以砂岩、砾岩及泥岩为主。

上侏罗统红水沟组：在研究区不甚发育，在扎布萨尕秀一带有小面积的分布。岩性组合为杂色粉砂岩、泥岩互层夹细粒长石石英砂岩、复成分砾岩等，发育水平层理、平行层理，砂岩与粉砂岩、泥岩形成韵律层，为湖泊相沉积。

下白垩统犬牙沟组：主要出露于路乐河、小柴旦及达肯大坂山南、北山前。岩性组合以粗碎屑岩为主，夹泥岩、粉砂岩、泥灰岩等。不整合在上侏罗统或其他老地层之上。

早—中三叠世，研究区的南祁连地区继承了晚古生代的海陆交互环境，在原沉积地层的基础上沉积了下环仓组($T_{1-2}xh$)、江河组($T_{1-2}j$)、大加连组($T_{1-2}d$)及切尔玛沟组(T_2q)。其中下环仓组、江河组、切尔玛沟组为潮汐三角洲砂岩-泥岩组合；大加连组为台地潮坪相碳酸盐岩组合。

三叠纪，宗务隆沉积地层主要有下—中三叠统隆务河组($T_{1-2}l$)和中三叠统古浪堤组(T_2g)。其中，隆务河组沿宗务隆陆缘裂谷带南部边缘断续出露，为一套半深海相砂砾岩组合，由下至上可划分为3个岩性组合，下部为复成分砂砾岩组合，中部为台地碳酸盐岩组合，上部为陆源碎屑浊积岩组合；古浪堤组分布更加零星，为以灰红色白云质灰岩夹少量浅灰绿色碎屑岩为主的岩性组合。

晚三叠世，陆缘弧环境下以喷发相形成的火山岩构成了鄂拉山陆缘弧的一部分，为上三叠统鄂拉山组(T_3e)，其岩性组合为安山岩、英安岩、流纹岩组合，分布明显受哇洪山-温泉断裂带控制。火山岩以出露面积大、沉积夹层少、熔岩组分高为主要特征，空间上自西向东有由熔岩向火山碎屑岩变化的趋势，属高钾钙碱性系列，壳源型。

第二节　构　造

一、主要区域断裂构造

研究区经历了加里东、海西、印支、燕山、喜马拉雅多期构造运动，形成了现今北西向和近东西向两组区域构造形迹。区内构造以断裂为主，褶皱次之。断裂具有多期活动的特点，主要变形样式为走滑-挤压构造，具有挤压推覆特征，兼走滑性质。主断裂(带)控制了构造和地层区划。研究区主要的二级断裂有5条，分别为F1、F8、F9、F12、F13；三级断裂有3条，分别为F10、F11和F20(图1-2)。

1. 阿尔金山主脊断裂(F1)

该断裂南东盘向北东逆冲、北西盘向南西正滑(脆性性质)，走向60°～75°，断面产状330°～345°∠30°～75°。物探资料显示航磁串珠状异常和重力梯度带。沿断裂有蛇绿岩套和超基性岩体断续出露，断裂在青海省内阿尔金段长度约为250km，从南西方向和北东方向延伸出青海省。地震资料反映，在阿尔金段断裂面近于直立，深度直抵上地幔，莫霍面发生错断现象，断距可达8km，属岩石圈断裂。断裂性质属于

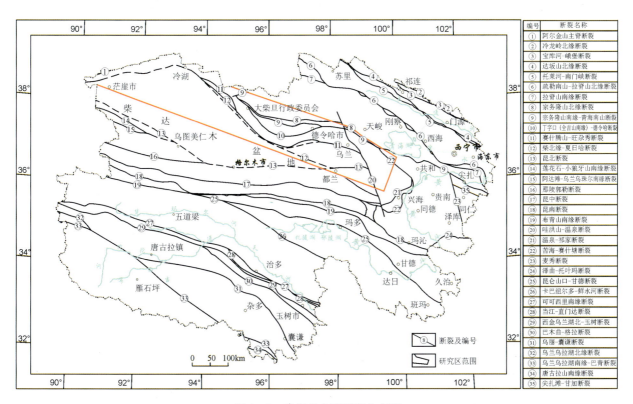

图 1-2 青海省主要断裂分布图

左旋走滑断裂,是青藏高原的北部边界断裂带。

2. 宗务隆山北缘断裂(F8)

该断裂位于宗务隆山北缘,西段被阿尔金山主脊断裂带所截,向东经苏干湖、土尔根大坂、天峻等地,呈北西西向延伸1000km以上,由密集成带的断裂系组成。早古生代,断裂北侧以志留纪复理石及类复理石建造为特征,岩浆活动强烈;南侧发育寒武系—奥陶系稳定沉积,岩浆活动和变质作用微弱。晚古生代,该断裂与南祁连山山前断裂带一起控制着宗务隆山裂陷槽石炭—二叠系的发育。中生代,沿断裂带三叠系中出现的滑塌堆积和发育的动力变质带,是韧性剪切作用的产物。新生代,沿断裂前缘发育山间盆地,古生代和中生代早期的地层逆冲推覆在新生代地层之上。

3. 宗务隆山南缘-青海南山断裂(F9)

该断裂西起土尔根大坂,经大柴旦、宗务隆山,向东止于橡皮山一带或断续至共和盆地中,呈北西西-南东东向弧形延伸,在青海省内出露长度大于480km,在擦勒特南及生格东被右行走滑断层错断。整体走向99°~113°,倾向189°~203°,断裂面向南西倾斜,倾角在35°~50°之间。地表负地形发育,沿断裂带形成连续的线性沟谷及垭口;发育有宽40~50m的破碎带及达数百米的片理化带,破碎带主要由碎裂岩、碎斑岩组成,局部见构造角砾、断层泥。次级断裂面上可见断层擦痕、阶步构造,破碎带内夹持有大小不等的挤压透镜体,并有石英脉等充填。

该断裂表现为脆性断裂和韧性剪切断裂性质,形成时间早于海西晚期,至印支期最为活跃,后期活化,形成了北部石炭系逆冲于南部下更新统七个泉组砂砾石层之上的态势。

4. 丁字口（全吉山南缘）-德令哈断裂（F10）

该断裂西起红灯沟附近，经鱼卡、阿木尼克山，向东止于德令哈，交会于宗务隆山南缘-青海南山断裂（F9），呈往南突出的弯曲状，断续长约240km，为全吉地块与柴北缘造山带的分界。该断裂在阿木尼克山以西走向为北西向，在阿木尼克山以东走向为北东东向。在布格重力异常图上显示明显，经计算，断裂近于直立。断裂两侧出露地层相对较少，主要出露地层（地质体）有达肯大坂岩群、全吉群、大煤沟组、狮子沟组、元古宙变质侵入体、奥陶纪花岗岩和阿木尼克山蛇绿岩。

5. 赛什腾山-旺尕秀断裂（F11）

该断裂为滩间山岩浆弧及全吉地块与柴北缘蛇绿混杂岩带的分界断裂。断裂呈断续两段出露，北西段被柴北缘-夏日哈断裂（F12）截切，长约141km，走向北西-南东，倾向北东；南东段被哇洪山-温泉断裂（F20）截切，长度约283km，走向近东西。该断裂为一条隐伏断裂，多被第四系覆盖，性质不明。

6. 柴北缘-夏日哈断裂（F12）

该断裂为柴北缘造山带南界的主边界断裂，西始茫崖，向东经冷湖镇、锡铁山南，东端与昆北断裂（F13）相交止于夏日哈。该断裂在青海省内大部分呈隐伏状态，走向先呈南东经冷湖镇后转为南东东，断续长约812km。地震测深资料反映该断裂是一条总体向北陡倾的岩石圈断裂，也是柴北缘结合带与柴达木新生代盆地的分界断裂。

该断裂西南侧基岩露头极差，被柴达木盆地第四系覆盖；北东侧基岩露头较好，构造线为北西-南东向。天然地震资料表明，在该断裂上五级以上地震多有发生，说明断裂不但存在，而且至今仍在活动。该断裂明显将东西向断裂错断并引起其走向发生变化。从该断裂对印支期花岗岩有着明显的控制作用来看，它可能产生于印支早期，具多期活动特征。

7. 昆北断裂（F13）

该断裂指东昆仑造山带北界断裂，由柴北缘蛇绿混杂岩带与祁漫塔格-夏日哈岩浆弧相邻的边界断裂组成。断裂向西经都兰至格尔木，东被哇洪山-温泉断裂（F20）截切，大部分因第四系覆盖呈隐伏状态。本区段断裂呈向北凸出的弧形，在都兰县城以西走向近东西向，向东走向逐渐转为北西-南东向，并收敛于哇洪山-温泉断裂。断裂规模较大，断续长约100km，宽10~50m不等。构造破碎带宽100~200m，沿断裂两侧不均匀对称分布破劈理及节理密集带，带内碎裂岩十分发育。碎裂岩带中岩石为灰白色断层泥及碎裂角砾岩，蚀变作用十分强烈，多呈高岭土化、绿泥石化及褐铁矿化。

断面倾向北东，倾角50°~60°。根据派生次级构造活动方式和控制地质体特征分析，该断裂为压扭性逆冲断裂，具右行走滑特征及多期次活动特征，现今仍在活动。

8. 哇洪山-温泉断裂（F20）

该断裂南起阿吾夏尔，经哈里哈德山，向南止于长水。走向北北西-南南东，长约275km，是一条挤压逆冲兼右行走滑的断裂，截切近东西走向的边界断裂。断裂规模很大，长约60m，宽100~500m，由数条走向北北西的高角度逆断层组成。沿断裂广泛发育成带分布的基性岩和断续分布的超基性岩，普遍具较强的片理化、糜棱岩化，部分岩石呈粉末状碎裂岩产出。断裂两侧出露地质体差异明显，南西侧古元古界—新生界均有出露，北东侧仅出露少量古元古界、寒武系—奥陶系、三叠系。沿断裂广泛发育直线状排列的断层三角面、断层泥、断层泉、断层角砾岩、断层擦痕及构造透镜体等构造形迹。断裂（带）内混合岩化比较发育，石英脉体、花岗岩脉体也较发育，并可见褐铁矿化、铜矿化线索。

该断裂主体构造形迹为北西—北北西向,有少量小规模的近南北向和近东西向断裂,将地质体切割成菱形断块状。断裂走向320°,倾向南西,倾角较陡(45°～70°),为南西盘上冲的逆冲断裂。断裂形成于加里东期,具多期活动特征。从断裂穿切第四系冲洪积层表明,断裂现今仍在活动,属继承性多期活动的右行压扭性复活断裂。断面产状110°∠70°,沿断裂发育100～170m宽的断层破碎带。

二、构造演化

根据地质事件的发生、发展和终结过程,柴北缘构造演化大致可划分为古元古代古陆块形成、中—新元古代伸展裂陷、南华纪—泥盆纪洋陆俯冲、石炭纪—三叠纪陆内变形、侏罗纪—白垩纪陆内伸展和新生代高原隆升6个阶段。

1. 古元古代古陆块形成(2.5～1.8Ga)

该阶段是本区古陆块雏形的形成阶段(郝国杰等,2004)。大约在2500Ma以前,地球经历了漫长而复杂的演化,到了新太古代末期,出现了最古老的地质体,为新太古界—古元古界德令哈杂岩(Ar_3Pt_1D),其年龄为2474Ma和2430Ma,这表明新太古代—古元古代古陆块内存在太古宇组分。该陆块经第一次克拉通化的陆块汇聚,形成了原始中国古陆,成为凯诺兰(Kenorland)超大陆的组成部分(潘彤等,2019)。古元古代,随着新太古代—古元古代古陆块的裂解,分裂活动形成大陆裂谷并逐步演化为被动陆缘,沉积以达肯大坂岩群($Pt_1D.$)为代表的陆缘海或陆间海火山-沉积岩石组合。在哥伦比亚(Columbia)超大陆汇聚过程的构造-热事件中形成较稳定的结晶基底。

2. 中—新元古代(长城纪—青白口纪)伸展裂陷(1.8～0.8Ga)

长城纪,强烈的伸展裂陷在区内形成了长城系—蓟县系万洞沟群陆缘裂谷相的沉积。中元古代末—新元古代初进入汇聚重组阶段,发生陆-陆碰撞造山作用和强烈的岩浆事件,柴北缘全吉山、欧龙布鲁克地区表现为南华系—震旦系全吉群底部的角度不整合。至此,古中国大陆最终固结,实现了第三次广泛的克拉通化,共同接受了南华纪—寒武纪的盖层沉积。

3. 南华纪—泥盆纪洋陆俯冲(800～354Ma)

南华纪,全吉地块开始裂解。至晚泥盆世,柴北缘地区经历了南华纪—寒武纪裂解成洋、寒武纪—奥陶纪洋陆俯冲、志留纪陆-陆碰撞、早—中泥盆世陆内俯冲、晚泥盆世伸展拆沉(潘彤等,2020)。

南华纪—寒武纪,柴北缘地区处于一个裂解的阶段。

寒武纪中期开始至晚奥陶世,裂谷演化为多岛洋系统(青海省地质矿产勘查开发局,2013),俯冲消减直至最终的弧盆系形成。有证据表明,柴北缘至少在早寒武世洋壳开始向北俯冲,沟弧体系形成,整体为一规模巨大、结构复杂的弧盆区。

志留纪—泥盆纪,柴北缘地区处于一个碰撞造山过程,早志留世晚期(特列奇阶)—晚志留世为碰撞-大陆深俯冲阶段,形成长达几百千米的柴北缘沙柳河含柯石英榴辉岩A型高压—超高压变质带。榴辉岩形成的地质年龄为435～419Ma(陈丹玲等,2007;Song et al.,2010;宋述光等,2011),代表了大陆俯冲时代。

早—中泥盆世,柴北缘地区处于后碰撞-后造山构造环境中,广泛分布于柴达木盆地周缘的上泥盆统牦牛山组陆相磨拉石建造为晚古生代早期碰撞造山作用结束的标志(李荣社等,2007;许志琴,2007;张雪亭和杨生德,2007)。

晚泥盆世开始,柴北缘地区开始形成稳定的沉积建造,多为以正常岩类沉积为主,间有火山喷发沉积参与的沉积活动,所形成的地层有陆相和海相(含海陆交互相)之分。

4. 石炭纪—三叠纪陆内变形(354~205Ma)

柴北缘在晚泥盆世陆内伸展的基础上形成了石炭纪陆表海沉积,主要地层有阿木尼克组、城墙沟组、怀头他拉组、克鲁克组等。二叠纪—三叠纪,受南部挤压影响,柴北缘整体处于隆升剥蚀阶段,岩浆活动十分微弱。

5. 侏罗纪—白垩纪陆内伸展(205~65Ma)

侏罗纪陆内伸展阶段,在柴北缘山前形成一系列断陷盆地,陆相河湖-湖沼型沉积盆地广泛分布,其中早、中侏罗世是湖沼发育时期,普遍沉积了含煤碎屑岩地层和工业煤层,地层以大煤沟组为主要代表。白垩纪受断裂影响,形成一系列走滑拉分盆地。

6. 新生代(古近纪—现代)高原隆升(65Ma~)

已有研究表明,青藏高原北部在古近纪末发生了一次构造运动,这次运动以阿尔金和其他周边山脉断块式抬升为特征,并伴有水平运动,使古近系褶皱,并形成一系列背斜、向斜构造,对柴达木盆地的西部古湖进一步分割,形成尕斯库勒、大浪滩、察汗斯拉图、昆特依等独立的次级盆地,盆地内沉积了古近系路乐河组、干柴沟组等碎屑岩建造。

新近纪,随着喜马拉雅运动的开始,受印度板块向北俯冲影响,青藏高原开始隆升,早期断裂再次活动,陆内地块发生差异性抬升和强烈冲断作用,构造形式以南北向挤压为主,断陷盆地开始形成,盆地周围山地开始隆升。喜马拉雅运动使得柴北缘北西向山系逆冲推覆于盆地沉积物之上,是柴北缘形成一系列山间小断陷盆地的主导因素。盆地内沉积了大量的油砂山组等山麓河流-湖泊相碎屑岩建造。

三、构造单元划分及特征

(一)构造单元划分原则

以板块构造和大陆动力学理论为指导,针对柴北缘地区构造演化与基本事实,结合前人构造单元划分方案,研究区构造单元的划分原则如下。

(1)在前人构造单元划分的基础上进一步细化。鉴于本次工作的局限性,构造单元划分是以《中国区域地质志·青海志》(2020)确定的3级构造分区方案为基础,即:

一级构造单元——造山系;

二级构造单元——造山带、地块;

三级构造单元——蛇绿混杂岩带、岩浆弧、被动陆缘、后陆盆地、陆缘弧和陆缘裂谷等。

在上述3级构造单元划分的基础上进行四级构造单元的划分。根据沉积建造、岩浆活动、变质作用、构造特征等综合因素进行判别划分,即:

四级构造单元——蛇绿岩、岩浆岩带、构造挠曲盆地、陆内裂谷、外陆棚、陆缘裂谷带和断陷盆地等。

(2)科学性和实用性。以深化科学研究成果为重点,同时便于今后工作过程中简便实用。

(3)独立性。不同构造单元在地壳演化中,物质组成、构造环境及沉积古地理环境等均有明显的差异。

(4)四级构造单元与Ⅳ级成矿单元大致吻合。构造单元的划分最终为成矿单元的确定提供支持,特定的构造环境形成不同的矿种,构造-岩浆、构造-岩相带与成矿作用往往密切相关。因此,划分构造单元,既要考虑大地构造的历史演化特征,也要注意区域成矿演化的特殊性。

(5)反映最新成果。在最新成果资料的基础上进行成矿亚带的划分。

(二)构造单元划分结果

研究区大地构造位于秦祁昆造山系,横跨阿尔金造山带、南祁连造山带、全吉地块、柴北缘造山带、柴达木地块、东昆仑造山带和西秦岭造山带7个二级构造单元,9个三级构造单元。本次研究工作在《中国区域地质志·青海志》(2020)的基础上对研究区进行了四级构造单元划分(表1-2,图1-3)。现将各构造单元特征简述如下。

表1-2 研究区构造单元划分表

一级构造单元	二级构造单元	三级构造单元	四级构造单元
秦祁昆造山系(Ⅰ)	阿尔金造山带(Ⅰ-1)	Ⅰ-1-1阿帕-茫崖蛇绿混杂岩带(∈-O)	Ⅰ-1-1-1迪木那里克蛇绿岩(∈-O)
	南祁连造山带(Ⅰ-3)	Ⅰ-3-3南祁连岩浆弧(S-D₁)	Ⅰ-3-3-1塔塔棱河岩浆岩带(S-D₁)
			Ⅰ-3-3-2宗务隆山北构造挠曲盆地(S)
	全吉地块(Ⅰ-4)	Ⅰ-4-1欧龙布鲁克被动陆缘(Pt₃-O₂)	Ⅰ-4-1-1全吉陆内裂谷(Pt₃)
			Ⅰ-4-1-2大头羊-石灰沟外陆棚(∈-O₂)
	柴北缘造山带(Ⅰ-5)	Ⅰ-5-1滩间山岩浆弧(O-S₁)	Ⅰ-5-1-1阿卡托山-俄博梁岩浆岩带(O-S₁)
			Ⅰ-5-1-2滩间山岩浆岩带(O)
			Ⅰ-5-1-3布赫特山岩浆岩带(O)
		Ⅰ-5-2柴北缘蛇绿混杂岩带(∈-O)	Ⅰ-5-2-1赛什腾山-锡铁山蛇绿混杂岩(∈)
			Ⅰ-5-2-2阿木尼克山-牦牛山断陷盆地(D₂₋₃)
			Ⅰ-5-2-3阿尔茨托山蛇绿混杂岩(O₂-O₃)
	柴达木地块(Ⅰ-6)	Ⅰ-6-1柴达木后陆盆地(J-Q)	Ⅰ-6-1-1英雄岭-南八仙新生代盆地(Kz)
	东昆仑造山带(Ⅰ-7)	Ⅰ-7-1祁漫塔格-都兰岩浆弧(O-T₃)	Ⅰ-7-1-1夏日哈岩浆岩带(T₃)
		Ⅰ-7-4鄂拉山陆缘弧(P-T)	Ⅰ-7-4-1生格-茶卡岩浆岩带(P-T)
	西秦岭造山带(Ⅰ-8)	Ⅰ-8-1宗务隆山陆缘裂谷(C-P₂)	Ⅰ-8-1-2宗务隆山-甘家陆缘裂谷带(C-P₂)

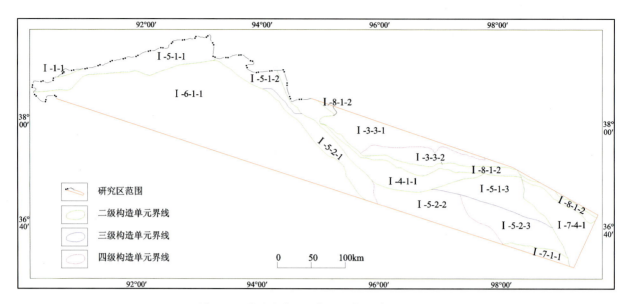

图1-3 柴达木盆地北部地区构造单元划分图

1. Ⅰ-1-1 阿帕-茫崖蛇绿混杂岩带(∈-O)

该构造单元分布于青海省内西北边陲,呈北东-南西向断续出露,在青海省内出露长约30km,大部分延伸至甘肃省内,为弧后盆地扩张的产物。混杂岩带中岩石呈透镜状或断块状,局部呈带状近东西向展布,长轴方向与区域构造线一致,岩块和基质均呈断层或韧性剪切带接触。研究区范围内四级构造单元为迪木那里克蛇绿岩。

Ⅰ-1-1-1 迪木那里克蛇绿岩(∈-O):岩石组合有蛇纹岩、辉长岩、玄武岩,橄榄岩大都已强烈蚀变成为蛇纹岩,部分经强烈变质而成为富镁片岩。在约马克其辉长岩中获得U-Pb测年值(500.7±1.9)Ma(李向民等,2009)。综合来看,蛇绿岩的形成时代可能为寒武纪—奥陶纪。SiO_2含量(质量百分数,下同)在44.76%~48.3%之间,岩石总体具低SiO_2、TiO_2、Na_2O、K_2O、Al_2O_3,富MgO、FeO的特点,表明为残余地幔分异岩浆的产物。稀土总量(ΣREE)较高,δEu介于0.82~1.89之间,平均1.33,显示铕正异常,岩石曲线基本呈"右倾"的轻稀土富集型特征;微量元素表现出大离子亲石元素Rb、Ba、Th、Sr和轻稀土元素La、Ce、Sm相对富集,高场强元素Nb、Ta、P、Ti、Zr、Hf不同程度亏损。这些特征与岛弧拉斑玄武岩类似,表明迪木那里克蛇绿岩形成于弧后扩张盆地,具有俯冲带(SSZ)型蛇绿岩特征。

2. Ⅰ-3-3 南祁连岩浆弧(S-D_1)

该构造单元呈北西西向沿达肯大坂—居洪图一带分布,以宗务隆山-青海南山断裂为界,南侧与宗务隆山陆缘裂谷毗邻。南祁连是地块与岩浆弧叠置的单元,岩浆弧的基底通常被称为南祁连地块。构成地块主体的古元古界化隆岩群结晶岩系,仅在东段刚察—化隆一带、中段阳康—居洪图一带、西段达肯大坂、丁字口以西有所出露。奥陶纪火山弧及其加里东期侵入岩为南祁连岩浆弧的厘定提供了有力证据。寒武纪—奥陶纪侵入岩为与俯冲有关的花岗岩组合。志留纪侵入岩形成于汇聚重组构造阶段,碰撞构造期。泥盆纪侵入岩形成于汇聚、碰撞构造期。奥陶纪火山岩形成于汇聚重组构造阶段弧盆系构造期。志留系(巴龙贡嘎尔组)形成于碰撞构造期,为构造反转期向南冲断负荷而形成的构造挠曲类盆地沉积。该单元在研究区内分2个四级构造单元。

(1)Ⅰ-3-3-1 塔塔棱河岩浆岩带(S-D_1):主要由志留纪侵入岩和泥盆纪侵入岩构成,其中志留纪侵入岩主要分布在塔塔棱河一带,岩体侵入志留纪和晚奥陶世侵入岩中,下—中三叠统不整合于其上,岩石组合为环斑花岗岩+二长花岗岩+正长花岗岩+正长花岗斑岩+花岗闪长岩+花岗闪长岩+花岗斑岩。近年来的区域地质调查和科研工作获得锆石 U-Pb 年龄为 443～425Ma,成岩时代为早志留世。岩石具强烈富钾贫钠、高铝低镁的特征,属于过铝质高钾(钙碱性)—钾玄岩系列,形成于汇聚重组构造阶段,碰撞构造期。

泥盆纪侵入岩与下奥陶统呈断层接触,二叠系、三叠系不整合于其上。岩石组合为花岗斑岩+石英正长斑岩+二长花岗斑岩。锆石 U-Pb 年龄为 405～396Ma,形成时代为早泥盆世。岩石属高钾钙碱性花岗岩组合,形成于汇聚、碰撞构造期。

(2) I-3-3-2 宗务隆山北构造挠曲盆地(S):以志留系巴龙贡噶尔组(Sb)为主体,为一套复理石建造,上覆众多地层单位,其中与勒门沟组($P_{1-2}l$)、哈吉尔组—忠什公组(P_3h-z)呈角度不整合接触。上覆地层中,碳酸盐岩陆表海涉及的地层单位有草地沟组($P_{1-2}c$)及大加连组($T_{1-2}d$),分别为草地沟缓坡碎屑岩-碳酸盐岩组合和大加连台地潮坪相碳酸盐岩组合。碎屑岩陆表海涉及的地层单位有勒门沟组($P_{1-2}l$)、哈吉尔组—忠什公组(P_3h-z)、下环仓组—江河组($T_{1-2}xh-j$)、切尔玛沟组(T_2q),分别划分为勒门沟缓坡陆源碎屑岩-碳酸盐岩组合、哈吉尔—忠什公潮汐砂岩-泥岩组合、下环仓—江河潮汐三角洲砂岩-泥岩组合和切尔玛沟潮汐三角洲砂岩-泥岩组合。

3. I-4-1 欧龙布鲁克被动陆缘(Pt_3-O_2)

该构造单元在青海省北部具有一定的特征性和代表性。主体是在全吉地块上发育的一套比较特殊的、基本连续的南华系—奥陶系稳定型盖层沉积,备受人们关注,被称为欧龙布鲁克隆起,可细分为全吉陆内裂谷和大头羊-石灰沟外陆棚2个四级构造单元。

(1) I-4-1-1 全吉陆内裂谷(Pt_3):分布于全吉一带,由全吉群7个组组成。全吉群陆内裂谷建造组合及其石英梁组($NhZs$)中大陆玄武岩[($738±28$)Ma],被认为是南华纪—震旦纪罗迪尼亚(Rodinia)超大陆裂解的岩石记录(青海省地质调查院,2020)。

(2) I-4-1-2 大头羊-石灰沟外陆棚($\epsilon-O_2$):分布于欧龙布鲁克一带,由欧龙布鲁克组(ϵo)、多泉山组(O_1d)、石灰沟组(O_1s)、大头羊沟组(O_2dt)组成。它们基本上为连续稳定型盖层沉积。欧龙布鲁克组为台地潮坪环境的碳酸盐岩组合,与下伏全吉群平行不整合接触。多泉山组为开阔台地环境的碎屑岩-碳酸盐岩组合;石灰沟组为远滨环境的泥岩、粉砂岩组合;大头羊沟组为开阔台地环境的碳酸盐岩组合。各类建造组合是在陆棚浅海环境下沉积的浅海相陆源碎屑岩和生物碳酸盐岩岩性组合,发育浅水标志的层理和层面沉积构造,产各类滨浅海相生物化石,沉积稳定,厚度不大,变质变形较弱。

4. I-5-1 滩间山岩浆弧($O-S_1$)

该构造单元沿俄博梁、滩间山、布赫特山一带分布,总体为一向北凸出的弧形相带。奥陶纪火山岩是主体,为早古生代柴北缘洋盆向北俯冲形成的一个岩浆弧带。该构造单元最显著的特点是岩浆作用强烈,时间跨度长,中酸性侵入岩广泛发育,另外海相火山岩、中高级变质杂岩较大范围出露,同时,其上叠有侏罗纪—新近纪沉积盆地。因而,该构造单元成矿作用多样,矿床类型丰富,矿产地数量多,成矿作用与岩浆作用关系密切。可进一步划分为3个四级构造单元。

(1) I-5-1-1 阿卡托山-俄博梁岩浆岩带($O-S_1$):主要构成牛鼻子梁—冷湖镇以北俯冲构造岩浆岩段。与牛鼻子梁俯冲有关的花岗岩组合,岩性为闪长岩+英云闪长岩+石英闪长岩,为偏铝质中低钾钙碱性系列,属壳幔混合源。岩体呈不规则状侵入古元古界金水口岩群大理岩、片麻岩及早期花岗岩中,接触界线较清楚,围岩具硅化、烘烤及褪色现象。

(2) I-5-1-2 滩间山岩浆岩带(O):呈北西西向沿冷湖—绿梁山北坡一带断续分布,为滩间山岩浆弧,也是厘定该构造单元的主要依据之一。涉及的地层单位主要为滩间山群下火山岩组(OST^b)和玄武安山岩组(OST^d)。下火山岩组为一套安山岩、英安岩、流纹岩组合,SiO_2含量在62.37%～75.05%之间,为钙碱性系列;玄武安山岩组为一套玄武安山岩、安山岩、玄武质集块岩组合,属钙碱性系列。

侵入岩分布在滩间山、赛什腾山一带,侵入中元古界万洞沟群(Pt_2W)中,与奥陶系—志留系滩间山群(OST)呈断层接触,上泥盆统牦牛山组(D_3m)角度不整合于其上,以岩基为主,少量岩株,岩石组合为花岗闪长岩+石英闪长岩+闪长岩+辉长岩+斜方辉石岩。二长花岗岩锆石U-Pb年龄为473Ma,花岗闪长岩锆石U-Pb年龄为465～445Ma。侵入岩形成于俯冲环境。

(3)Ⅰ-5-1-3 布赫特山岩浆岩带(O):为滩间山岩浆弧的最东段,火山岩主要为滩间山群下碎屑岩组(OST^a)之中的安山岩组合。侵入岩主要分布在霍德森沟一带,岩性为闪长岩+辉长岩。岩体呈不规则状侵入古元古界金水口岩群($Pt_1J.$)之中,接触界线较清楚。

5. Ⅰ-5-2 柴北缘蛇绿混杂岩带($\in$-O)

该构造单元主体沿赛什腾山—绿梁山—锡铁山—扎布萨尕秀—沙柳河一带呈北西西向分布,东被哇洪山-温泉断裂截切,北与全吉地块为邻,南以柴北缘-夏日哈断裂为界与柴达木地块分开。该构造单元包括洋壳残片、俯冲增生楔、火山岛弧、高压—超高压变质带,并伴有中—新元古代碰撞型花岗岩及被肢解的韧性剪切带。可进一步划分为3个四级构造单元。

(1)Ⅰ-5-2-1 赛什腾山-锡铁山蛇绿混杂岩($\in$):呈不连续状分布,主要由蛇纹石化橄榄岩、蛇纹石化二辉橄榄岩、辉石橄榄岩、辉长岩、斜长花岗岩、辉绿岩岩墙、(块状)枕状玄武岩组成,均呈构造岩块产出,与围岩滩间山群(OST)、沙柳河岩群(ChS.)及达肯大坂岩群($Pt_1D.$)均呈断层接触,后期的构造作用导致了蛇绿岩的肢解、迁移和侵位。鱼卡沟辉长岩锆石U-Pb年龄为(496.3±6.2)Ma,太平沟辉长岩锆石U-Pb年龄为(534.5±2)Ma。

除上述蛇绿混杂岩带的主要物质组成外,该带中发育断续出露的高压—超高压变质带,鱼卡河—胜利口—锡铁山地区榴辉岩呈透镜体或似层状产出,透镜体一般长3～10m,宽0.5～3m,与围岩呈镶嵌式接触,界线清楚。杨经绥等(2000)首先系统报道了该地区榴辉岩,之后多位学者对其进行了岩石学、地球化学和年代学的研究。榴辉岩主要由石榴子石、绿辉石、多硅白云母及少量金红石组成,并有锆石、磷灰石等副矿物。在鱼卡榴辉岩的石榴子石中发现保存完好的柯石英包裹体,并获得其峰期变质温压条件分别为550～613℃和2.9～3.2GPa。电子探针成分数据显示,白云母为典型的多硅白云母,为榴辉岩相高压—超高压变质的产物。

(2)Ⅰ-5-2-2 阿木尼克山-牦牛山断陷盆地(D_{2-3}):分布于阿木尼克山—牦牛山一带,涉及的地层单位为牦牛山组,不整合于下伏地质体之上。其中碎屑岩段为河流环境的砂砾岩、粉砂岩、泥岩组合,具正粒序沉积韵律;火山岩段为后造山环境的玄武岩、安山岩、英安岩组合,属高钾钙碱性系列,壳源型。该构造单元为受边界断裂控制的、位于岩浆弧造山带内的拉张型山间火山-沉积断陷盆地。断陷盆地变质变形微弱,属陆内发展阶段的产物。

(3)Ⅰ-5-2-3 阿尔茨托山蛇绿混杂岩(O_2-O_3):分布于沙柳河地区,呈长条状、透镜状产出,与其他地质体呈断层接触。主要由蚀变橄榄岩、金云母橄辉岩、全蛇纹石化纯橄榄岩、辉长岩、斜长花岗岩、辉绿岩墙、蚀变玄武岩、细碧岩等组成,蛇绿岩的上覆沉积物为青灰色薄—中层状放射虫硅质岩。蛇绿岩组分中超镁铁质岩SiO_2含量小于40%,低钛、富镁、贫碱、低铝,重稀土明显亏损,轻稀土分馏程度较低,显示弱铕正异常或弱铕负异常;辉长岩具有富铝、钙和贫铁、钛的特征,常量元素与洋脊玄武岩的平均成分相近,稀土曲线呈平坦型,分馏程度较低,显示铕正异常,具有幔源分异产物的特征,稀土曲线由下至上正铕异常逐渐减弱,这是岩浆分异斜长石堆晶的结果。微量元素Nb、Ce、Zr、Hf、Ti、Sm、Yb等多数明显亏损,与过渡型洋脊玄武岩相似。综上所述,该蛇绿岩形成于弧后拉张环境,应属于与消减作用有关的俯冲带(SSZ)型蛇绿岩。

该蛇绿混杂岩带中亦发育高压—超高压变质带。该变质带矿物主要由石榴子石、绿辉石、多硅白云母、金红石及绿帘石等组成。沙柳河榴辉岩主要包括蓝晶榴辉岩、绿帘榴辉岩、多硅白云母榴辉岩,呈透镜体的形式产于花岗质片麻岩、泥质片麻岩中,或与大理岩互层产出。在蓝晶石榴辉岩中发现了柯石英包裹体(Zhang et al.,2014)。

6. I-6-1 柴达木后陆盆地(J-Q)

盆地与周围造山带主要以断裂为界,北西侧为阿尔金右行走滑断裂系,北侧为向南逆冲推覆的柴北缘断裂带,南侧为向北逆冲推覆的昆北断裂带。平面几何形态为不规则的菱形,总体展布方向为北西西向。盆地内主要为巨厚的河湖相碎屑岩沉积和磨拉石沉积,沉积体向再生山链方向呈楔状体下陷。边界断裂早期常为犁式正断裂,后期发生翻转而成逆断层。盆地内除周边有少量的上三叠统、中—下侏罗统、下白垩统分布外,主体为巨厚的古近系—第四系。除了广泛发育中更新统—全新统松散堆积物外,涉及的地层单位主要有大煤沟组($J_{1-2}dm$)、犬牙沟组(K_1q)、路乐河组($E_{1-2}l$)、干柴沟组(E_3N_1g)、油砂山组(N_2y)和狮子沟组(N_2s)。大煤沟组为河湖环境的含煤碎屑岩组合;犬牙沟组为河湖环境的砂砾岩、粉砂岩、泥岩组合;路乐河组为河流环境的砂砾岩、粉砂岩、泥岩组合;干柴沟组为湖泊环境的砂砾岩、粉砂岩、泥岩组合;油砂山组为湖泊环境的泥岩、粉砂岩组合;狮子沟组为湖泊环境的砂砾岩、粉砂岩、泥岩组合。研究区范围内四级构造单元为英雄岭-南八仙新生代盆地。

I-6-1-1 英雄岭-南八仙新生代盆地(Kz):古近纪由于印度板块持续地北移和陆内俯冲的远程效应,盆地主要受区域性近南北向挤压,以及北西西向右行走滑断裂(昆北断裂)和北东东向左行走滑断裂(阿尔金断裂)的共同作用。在压扭构造作用下,柴达木地块向东逃逸,在盆地西部形成拉分断陷,控制了早期沉积中心和生烃洼陷的分布。渐新世由于印度板块与欧亚板块碰撞后引起的持续向北推挤,柴达木地块向东逃逸可能受阻,盆地西部发生构造反转,受构造挤压而隆升,沉积中心向东迁移。新近纪青藏高原隆升,盆地受到印度板块南来的挤压应力愈加明显,并因西伯利亚的阻抗、扬子板块的楔入,盆缘造山带持续向盆地方向逆冲推覆,而盆地向盆缘造山带楔入俯冲,压陷盆地得以发展,压陷盆地与科帕型山体组成的构造格局形成。第四纪,沉积中心迁移到东部东台吉乃尔湖以东地区;中更新世以后,盆地全面差异性的隆起和褶皱,基本步入衰亡期。

7. I-7-1 祁漫塔格-都兰岩浆弧(O-T₃)

该构造单元位于柴达木盆地南缘,近东西向分布在祁漫塔格北坡至夏日哈一带。西段夹持于昆北断裂和莲花石-小狼牙山断裂之间,中段多被新生界覆盖,东段基本上介于昆北断裂和阿达滩-乌兰乌珠尔断裂之间。该构造单元是在早古生代受控于祁漫塔格-都兰弧后洋盆的洋壳向北俯冲消减,奠基于柴达木地块南缘的多旋回复合岩浆弧带。

加里东期岩浆弧:总体表现为岛弧型的浅海相火山-沉积组合特征。涉及的地层单位主要为奥陶系祁漫塔格群。断续分布于本构造单元东、西两段,祁漫塔格群火山岩组(OQ^2)是由祁漫塔格弧后洋盆向北俯冲而形成的弧形火山高地。岩石组合为安山岩、英安岩、流纹岩、(英安质)流纹质凝灰岩夹玄武岩。流纹岩年龄为(450.3±1.2)Ma,玄武岩年龄为(455±1.3)Ma。

海西期—印支期岩浆弧:涉及的地层单位为鄂拉山组(T_3e),具陆缘弧特征。岩石组合为安山岩、英安岩、流纹岩。变质微弱,变形轻微,仅有较宽缓的轻微褶皱和掀斜,在火山岩中多处见含砾粗砂岩及凝灰质砂岩夹层,表明该火山作用有较大的喷发间断存在。在安山岩、玄武岩及部分流纹岩中见柱状节理,反映陆相喷发的特点。

I-7-1-1 夏日哈岩浆岩带(T_3):岩浆岩带主体为晚三叠世各类花岗岩,岩石SiO_2含量在48.75%~79.23%之间,属过铝质高钾—中钾钙碱性系列;稀土总量中等,呈现轻稀土中等富集,具弱的负铕异常,微量元素出现了较明显的Ba、Nb、Ta、Sr、P、Ti负异常和Th、K、Zr、Hf正异常,曲线明显右倾,显示大陆边缘火山弧特征,形成与古特提斯洋向北俯冲作用有关的侵入岩。

8. Ⅰ-7-4 鄂拉山陆缘弧(P-T)

该构造单元位于东昆仑造山带与西秦岭造山带的结合部位,围限于哇洪山-温泉断裂以东。动力学背景可能与赛什塘-兴海洋盆向北西方向俯冲消减有关。涉及的地层单位为古元古界金水口岩群(Pt_1J)和鄂拉山组(T_3e),为陆缘弧环境。侵入岩主要为晚三叠世侵入岩,呈不规则状、楔形带状展布,与古元古界金水口岩群呈侵入接触。岩石组合为正长花岗岩+二长花岗岩+二长花岗斑岩+花岗闪长岩。青根河地区花岗闪长岩年龄为225~215Ma,都兰花岗闪长岩斑岩年龄为225~224Ma,形成时代为晚三叠世早期(卡尼期)。

Ⅰ-7-4-1生格-茶卡岩浆岩带(P-T):沿哇洪山-温泉断裂以东一带出露大量的晚三叠世及早二叠世侵入岩,呈不规则状、楔形带状展布,与古元古界金水口岩群呈侵入接触。岩石组合为正长花岗岩+二长花岗岩+二长花岗斑岩+花岗闪长岩+石英闪长岩。岩石显示富钾特征,属弱过铝质钙碱性系列,具有铕负异常;微量元素曲线呈右倾的锯齿状型式,出现Ba、Nb、Ta、Sr、P、Ti负异常和Zr、Hf正异常。地球化学特征显示该套岩石为与俯冲有关的GG(花岗闪长岩-花岗岩)岩石组合,形成于俯冲环境。

火山岩主要为鄂拉山组,沿茶卡盆地周边分布,岩石组合为安山岩、英安岩、流纹岩等。

9. Ⅰ-8-1 宗务隆山陆缘裂谷(C-P_2)

该构造单元呈北西西向展布于宗务隆山—夏河甘加一带,介于宗务隆山-青海南山断裂和土尔根达坂-宗务隆山南缘断裂之间,西端尖灭于鱼卡河一带,东端于天峻县那尔宗尖灭,是叠加于中南祁连弧盆系之上的由大洋岩石圈转化为大陆岩石圈后的裂谷。李兴振等(1995)将该裂谷作为插入秦祁昆造山系的古特提斯洋。该三级构造单元可进一步划分为2个四级构造单元,在研究区仅分布宗务隆山-甘家陆缘裂谷带。

Ⅰ-8-1-2宗务隆山-甘家陆缘裂谷带(C-P_2):呈构造岩块广泛分布,由若干个不同的岩石组合组成的构造块体,彼此呈无序的混杂堆积,是一套混乱无序的非常规地层。岩性涉及中基性火山岩组合、碎屑岩组合、碳酸盐组合。中基性火山岩组合为一套玄武岩、玄武安山岩;碎屑岩组合为一套陆源碎屑岩、碳酸盐岩,可能为陆缘裂谷边缘带的产物;碳酸盐岩组合为一套灰岩,可能是陆缘裂谷中央带的产物。上述各种建造组合,以绿片岩相变质为主,发育紧闭线型褶皱,局部褶皱具有明显的圈闭端,总体具有过渡型褶皱特征,早期以逆冲型韧性剪切变形为主,晚期以走滑型韧性剪切变形为主。

三叠系广泛分布,涉及的地层单位主要有古浪堤组(T_2g)和隆务河组($T_{1-2}l$)。古浪堤组为一套陆源碎屑浊积岩组合;隆务河组为一套半深海环境的砂砾岩组合。三叠系总体表现为一种抬升的侵蚀带,与下伏地层为不整合接触关系。

第三节 岩浆岩

研究区岩浆活动强烈而频繁,最早可追溯到古元古代。岩浆岩分布广泛,侵入岩、喷出岩(火山岩)均有产出,在空间展布上与区域构造线方向一致,呈北西向展布。

一、侵入岩

侵入岩广泛分布,集中分布在研究区的3个地段:西部地段柴北缘-夏日哈断裂以北,大通沟—俄博梁一带出露大面积各类花岗岩;中部地段赛什腾山—绿梁山及柴达木山以东分布有各类侵入岩;东部地段主要分布在呼德生沟—茶卡北山及赛坝沟—沙柳河地段。研究区其余地区侵入岩出露零星,总体具有西强东弱的特点(图1-4)。

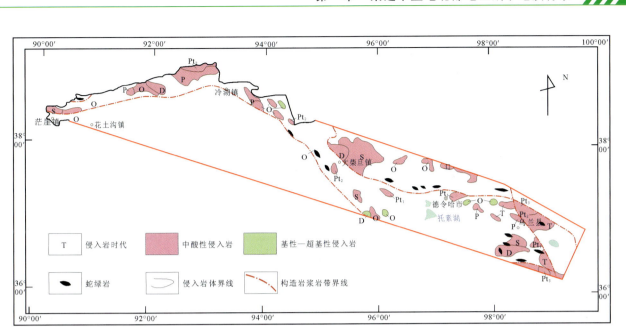

图1-4 柴达木盆地北部地区侵入岩分布图

(一)基性—超基性侵入岩

研究区基性—超基性侵入岩除赋存于早古生代蛇绿混杂岩中,为蛇绿岩的组成部分之外,主要形成于古元古代、早古生代和晚古生代3个时期。

1. 古元古代

随着全吉古陆块的裂解,区内出现了基性—超基性岩,其中古元古代基性—超基性岩出露于德令哈东山口一带,已发生角闪岩相变质而转化为斜长角闪岩,属于亚碱性拉斑玄武岩系列;中元古代基性—超基性岩出露于呼德生一带,被解体为多个透镜状岩块,已变质为斜长角闪岩,原岩属亚碱性玄武岩岩类、岛弧拉斑玄武岩系列(潘彤等,2019);新元古代基性—超基性岩分布在滩间山地区(王惠初,2006)及大柴旦鹰峰一带,呈北东-南西向侵入鹰峰环斑花岗岩和中元古界万洞沟群片岩之中,岩性主要为辉长岩,属拉斑玄武岩—钙碱性玄武岩的过渡系列。

2. 早古生代

早古生代柴北缘基性—超基性岩大量分布在蛇绿混杂岩之中,构成了柴北缘蛇绿混杂岩带,此外在呼德生和孕秀雅平东等地区有出露。

(1)呼德生基性—超基性侵入岩。呼德生地区分布3个不同规模的基性—超基性岩体,岩体与周边地层及其他岩体均为侵入接触关系,其中Ⅰ号岩体规模较大,呈北西西向延伸,地表出露长约2.5km,宽约2km。岩性主要为橄榄辉石岩、橄榄岩及辉长岩等,岩石具不同程度的蛇纹石化。通过对与成矿有关的橄榄二辉岩进行LA-ICP-MS锆石U-Pb定年测试,结果显示,锆石加权平均年龄为(425.2±5.8)Ma,属于中志留世(钱兵等,2017),其成岩成矿背景为大陆边缘张性环境。目前在Ⅰ号超基性岩体中圈定隐伏铂钯矿化体3条,证明这一时期的超镁铁质岩中具有寻找铂、钯矿的潜力,意义重大。

(2)孕秀雅平东基性—超基性侵入岩。侵入岩呈岩床状,走向近东西向,长约3km,宽约1km。岩体与达肯大坂岩群斜长角闪岩和黑云角闪斜长片麻岩等呈侵入接触关系。岩性主要有蛇纹石化橄榄岩、单辉橄榄岩、橄榄辉石岩、辉石岩、辉长岩等(潘彤等,2019)。孕秀雅平东辉长岩LA-ICP-MS锆石U-Pb年龄为(408.0±1.5)Ma(周伟等,2015)。

3. 晚古生代

晚古生代基性—超基性侵入岩主要分布在牛鼻子梁—柴达木门口一带及锡铁山北两地。其中,牛鼻子梁—柴达木门口一带基性—超基性岩有牛鼻子梁、大通沟南山、青新界山西和柴达木门口岩体,4个岩体中均已发现与镁铁—超镁铁质岩体有关的镍矿化。各岩体规模较小,形态呈近椭圆形,侵入古元古界达肯大坂岩群和中元古界万洞沟群中,岩体中多见片麻岩捕房体,岩体北部被晚泥盆世花岗闪长岩侵入。岩性由橄榄辉石岩、辉石橄榄岩、二辉橄榄岩、辉长岩等组成。在牛鼻子梁辉长岩中获得$(361.5±1.2)$Ma 的同位素年龄(邵继和刘会文,2011);在二辉橄榄岩中获得$(402.2±2.8)$Ma、$(402.2±2.6)$Ma 的同位素年龄(钱兵等,2015),确定基性—超基性侵入岩形成于泥盆纪。锡铁山北基性—超基性岩呈不规则状或透镜状,规模小,侵入古元古界达肯大坂岩群中,与晚泥盆世二长花岗岩呈断层接触。岩性单一,主要为蛇纹岩。

牛鼻子梁—柴达木门口及锡铁山北基性—超基性岩形成于泥盆纪,志留纪的碰撞事件造成区内地层缺失。泥盆纪出露高钾—钾玄质花岗岩组合,处于后碰撞环境。潘彤等(2019)认为该基性—超基性岩组合形成于后碰撞背景下的局部拉伸环境。

(二)中性—酸性侵入岩

研究区中性—酸性侵入岩主要分布在本次工作划分的四级构造单元:塔塔棱河岩浆岩带(Ⅰ-3-3-1)、阿卡托山-俄博梁岩浆岩带(Ⅰ-5-1-1)、滩间山岩浆岩带(Ⅰ-5-1-2)、布赫特山岩浆岩带(Ⅰ-5-1-3)、夏日哈岩浆岩带(Ⅰ-7-1-1)和生格-茶卡岩浆岩带(Ⅰ-7-4-1)之中。发展演化经历了古元古代—青白口纪岩浆旋回、南华纪—泥盆纪岩浆旋回、石炭纪—三叠纪岩浆旋回和侏罗纪—新近纪岩浆旋回。

1. 古元古代—青白口纪岩浆旋回

古元古代—青白口纪中性—酸性侵入岩零星分布,主要分布在柴北缘地区。岩体以侵入新太古界和古元古界中为特征,被后期岩体吞噬改造,出露零星,群居性差。岩石具片麻状构造、眼球状构造或糜棱岩化。

古元古代变质侵入体零星分布于绿草山、大煤沟、德令哈西、呼德生、生格及乌兰县以东等地。岩性组合为钾长花岗岩+二长花岗岩+花岗闪长岩+辉长岩。岩石具片麻状构造、条带状构造、眼球状构造,侵入古元古代变质岩中,一般与中、新元古代变质侵入体伴生,为早期陆块裂解—汇聚阶段陆壳重熔演化的产物。

中元古代鹰峰环斑花岗岩体出露在赛什腾山东部鹰峰地区,呈枣核形北西向展布,侵入古元古界达肯大坂岩群中。岩石类型主要为石英二长岩,岩石普遍发育典型的球斑—环斑结构。环斑花岗岩单颗粒锆石U-Pb 同位素上交点年龄为$(1776±33)$Ma(肖庆辉等,2003),据此认为鹰峰环斑花岗岩是吕梁运动期间中国超大陆发生裂解的产物。另外,在打柴沟—绿梁山—察汉河一带发育过铝质片麻状花岗岩,其呈条带状、不规则状分布于俄博梁地区打柴沟、绿梁山—胜利口—察汉河一带。岩石组合为二长花岗岩+钾长花岗岩+花岗闪长岩。经综合分析认为,该期花岗岩于碰撞环境形成。

青白口纪变质侵入体主要分布于生格以东及沙柳河地区,侵入古元古界达肯大坂岩群中。变质侵入体岩石组合比较复杂,主要为灰白色条带状或眼球状二云花岗片麻岩、黑云斜长片麻岩,局部钾化较强,演变为条带状二长片麻岩,形成于碰撞环境。

2. 南华纪—泥盆纪岩浆旋回

南华纪—泥盆纪中性—酸性侵入岩广泛分布于柴北缘的阿卡托山-俄博梁岩浆岩带(Ⅰ-5-1-1)、滩间山岩浆岩带(Ⅰ-5-1-2)、布赫特山岩浆岩带(Ⅰ-5-1-3),其次为南祁连塔塔棱河岩浆岩带

(Ⅰ-3-3-1)。这些岩浆岩带主要发育奥陶纪俯冲型花岗岩、志留纪碰撞型花岗岩和少量其他时代俯冲型花岗岩。泥盆纪，研究区总体进入碰撞阶段，形成碰撞型花岗岩。泥盆纪基性—超基性岩组合的出现及晚泥盆世区域性角度不整合，代表本旋回的结束。

1）奥陶纪—早志留世俯冲型花岗岩

奥陶纪俯冲型花岗岩出露于研究区的两个地段：①阿卡托山—打柴沟—赛什腾山TTG（奥长花岗岩-英云闪长岩-花岗闪长岩）组合，分布在阿卡托山—打柴沟及赛什腾山一带，平面上岩体呈断块状、条带状、不规则状、近圆状。岩体侵入达肯大坂岩群和中元古代变质侵入体中，主要由花岗闪长岩、辉长岩及灰色细粒石英闪长岩组成。②托莫尔日特—沙柳河TTG组合，集中分布在托莫尔日特—沙柳河一带，绿梁山一带亦有零星分布。岩体平面上呈不规则状、似椭圆状、长条状、小岩瘤状。主要岩性为英云闪长岩、石英闪长岩、花岗闪长岩等。

晚奥陶世俯冲型花岗岩出露于研究区的两个地段：①绿草山煤矿GG组合，岩体在绿草山煤矿及乌查汗一带零星分布，呈孤立的小山产出，平面形态呈椭圆状，长轴方向为北西-南东向。岩体岩性较单一，主要为二长花岗岩。②大浪滩GG组合，岩体分布在冷湖镇大浪滩地区采石岭以北，呈东西向延伸的不规则状小岩株产出。岩体主要岩性为正长花岗岩、二长花岗岩、花岗闪长岩等。

早志留世俯冲型花岗岩为打柴沟高镁石英闪长岩组合，该组合分布在打柴沟北一带，呈条带状、似椭圆状、不规则状，近东西向展布。岩石组合为石英闪长岩。

2）志留纪—泥盆纪碰撞型花岗岩

锡铁山—托莫尔日特高钾花岗岩组合，形成于早志留世，分布在锡铁山、托莫尔日特等地，呈长条状、椭圆状展布，长轴方向为北西向，与构造线方向一致，侵入达肯大坂岩群及奥陶纪侵入岩中，在托莫尔日特一带侵入柴北缘蛇绿混杂岩的基性火山岩组合中。岩体主要由正长花岗岩和二长花岗岩组成，另有少量石英二长岩和石英二长闪长岩。

阿卡托山—大通沟高钾花岗岩组合，形成于早—中志留世。岩体零星分布于阿卡托山地区的乌尊山北侧、采石岭北、野马滩南和大通沟南山一带，严格受控于北东-南西向阿尔金断裂，并呈带状分布。岩石组合由花岗闪长岩和二长花岗岩组成。

大鱼滩-野马滩花岗岩组合，形成于早泥盆世，集中分布于绿梁山大鱼滩、大头羊煤矿、阿木尼克、曲录及野马滩一带。岩体出露零星，群居性差，规模小，呈不规则长条形岩株状产出，长轴呈北西向延伸，侵入古元古界达肯大坂岩群和长城系沙柳河岩群，局部为韧性或脆性断层接触。岩石组合主要由二长花岗岩和花岗闪长岩组成，另有少量花岗斑岩和闪长岩出露。

阿卡托山-打柴沟高钾花岗岩组合，形成于泥盆纪，分布于阿卡托山及大通沟南山一带，丁子口一带亦有少量分布，多呈北东-南西向带状分布。岩体侵入古元古界达肯大坂岩群、中元古界万洞沟群和中志留世侵入岩中。岩体由石英闪长岩、闪长岩、黑云母花岗闪长岩、黑云二长花岗岩组成。

塔塔棱河环斑花岗岩组合，形成于早志留世，分布于柴达木山及其以东地区，是构成塔塔棱河岩浆岩带（Ⅰ-3-3-1）的一部分。岩体呈规模巨大的岩基状产出，平面形态呈倒三角状、椭圆状等，规模小者呈岩株状。岩体侵入志留系巴龙贡嘎尔组和晚奥陶世侵入岩中。岩石组合主要为花岗闪长斑岩、二长花岗岩、斑状二长花岗岩、环斑花岗岩、正长花岗岩、斑状正长花岗岩、花岗斑岩。该环斑花岗岩组合形成于后碰撞环境。

塔塔棱河高钾花岗岩组合，形成于晚志留世—早泥盆世，分布于大柴旦北部，呈近东西向不规则的勺形、不规则半椭圆状，呈岩株状产出，侵入早志留世侵入岩中。岩体主要由二长花岗岩、斑状二长花岗岩、花岗斑岩、二长花岗斑岩等组成，形成于碰撞环境。

3. 石炭纪—三叠纪岩浆旋回

该旋回侵入岩以石炭纪—中二叠世蛇绿岩出现为开始，整体以二叠纪、中三叠世—晚三叠世两次俯冲型花岗岩为代表(青海省地质调查院,2020)。晚三叠世沿深大断裂出露的基性—超基性岩组合、基性岩墙群及晚三叠世区域性角度不整合,标志着本旋回的结束。

1)二叠纪俯冲型花岗岩

二叠纪俯冲型花岗岩在柴北缘地区主要分布于大通沟南山—打柴沟—野骆驼泉一带,在研究区内的东昆仑地段构成生格-茶卡岩浆岩带(Ⅰ-7-4-1),均形成于二叠纪。其中,前者主体分布在大通沟南山、打柴沟及野骆驼泉一带,丁字口一带亦有少量出露,呈不规则状、似椭圆状展布,侵入古元古界达肯大坂岩群中,岩石组合为二长花岗岩+斑状二长花岗岩+石英闪长岩+英云闪长岩+花岗闪长岩+闪长岩+辉长岩,为俯冲环境下的岛弧花岗岩;后者沿哇洪山-温泉断裂以东一带出露,呈不规则状、楔形带状展布,与古元古界金水口岩群呈侵入接触,岩石组合为正长花岗岩+二长花岗岩+二长花岗斑岩+花岗闪长岩+石英闪长岩,显示富钾特征,属弱过铝质钙碱性系列,为一套与俯冲有关GG岩石组合,形成于俯冲环境。

2)中三叠世—晚三叠世俯冲型花岗岩

柴北缘地区出露新青界山-丁字口花岗岩组合,形成于中三叠世。岩体分布于新青界山、丁字口一带,出露面积较小,以岩株形式产出,侵入古元古界达肯大坂岩群中,岩石组合为英云闪长岩、石英闪长岩、花岗闪长岩及闪长岩,为俯冲环境下的岛弧花岗岩。

在研究区内的东昆仑地段,中三叠世出露那仁达乌花岗岩组合;晚三叠世侵入岩分布广泛,主要分布在夏日哈岩浆岩带(Ⅰ-7-1-1)和生格-茶卡岩浆岩带(Ⅰ-7-4-1)之中。其中,那仁达乌花岗岩组合分布于乌兰县南那仁达乌一带,呈似椭圆状展布,群居性明显,受后期构造作用改造,完整性遭破坏。岩石组合为闪长岩+石英闪长岩+英云闪长岩+花岗闪长岩+二长花岗岩,为俯冲环境的TTG组合。夏日哈岩浆岩带(Ⅰ-7-1-1)晚三叠世侵入岩属过铝质高钾—中钾钙碱性系列。岩石组合为二长花岗岩+斑状二长花岗岩+正长花岗岩,局部出现少量花岗斑岩,形成与古特提斯洋向北俯冲作用有关的侵入岩。生格-茶卡岩浆岩带(Ⅰ-7-4-1)晚三叠世侵入岩主要分布在哇洪山-温泉断裂以东及茶卡北山一带,出露规模较大,多呈岩基及岩株状产出。岩石类型相对复杂,由中性—酸性岩构成十分连续的岩浆岩演化序列。岩石类型有石英闪长岩、花岗闪长岩、二长花岗岩、正长花岗岩等。

4.侏罗纪—新近纪岩浆旋回

该旋回侵入岩在研究区不甚发育,分布零星,仅在夏日哈岩浆岩带(Ⅰ-7-1-1)和生格-茶卡岩浆岩带(Ⅰ-7-4-1)之中局限分布。岩体多呈不规则椭圆状、条带岩株状侵入晚三叠世鄂拉山组和侵入岩之中,形成于早侏罗世。岩石由石英正长岩、正长花岗岩组成,为造山后伸展环境的产物。

二、火山岩

柴北缘火山岩主要发育在南华纪—奥陶纪和泥盆纪,其中寒武纪—奥陶纪为火山活动最重要时期。

(一)南华纪—震旦纪火山岩

南华纪—震旦纪的火山岩主要分布在全吉地区,赋存于石英梁组中,大多为玄武岩组合。岩石受后期构造影响较弱,基本无变形。石英梁组火山岩主要出露于布依坦乌拉山一带,火山岩层位在全吉群石英梁组碎屑岩中下部,受石英梁组地层产状控制,呈狭长夹层状产出,与上下层位呈整合接触关系。主要岩性为蚀变玄武岩。出露不稳定,剖面控制厚度在5m左右。岩石受后期构造影响较弱,基本无变形。该套火山岩岩石类型较单一,主要为玄武岩。石英梁组玄武岩形成于大陆裂谷环境。

(二)奥陶纪—志留纪火山岩

柴北缘奥陶纪—志留纪海相火山活动强烈,火山岩发育,是早古生代滩间山岩浆弧的重要组成部分。这一时期火山岩有两种赋存(产出)形式:成层有序出露的火山岩发育在滩间山群中,具构造混杂特征的火山岩产出于柴北缘蛇绿混杂岩带和阿木尼克山蛇绿混杂岩带中。

1. 滩间山群火山岩

滩间山群火山岩在柴北缘造山带中分布面积并不广。根据上下层位关系,划分出下火山岩组和玄武安山岩组两个火山岩组,火山岩主要是以火山岩系的形式赋存在这两个组中,另外在砾岩组和砂岩组中也发育少量火山岩夹层。区域上在采石岭、丁字口等地区滩间山群火山岩发育较完整,厚度较大。

下火山岩组是滩间山群中最发育的一个岩组,分布面积较广,以丁字口、赛什腾山、滩间山、采石岭等地最为集中,另外在锡铁山和阿木尼克山西缘也有小面积出露。各地岩石组合和厚度变化较大。在滩间山、赛什腾山一带,岩石组合为灰绿色变安山岩、变安山质火山角砾岩、变英安质凝灰岩夹流纹质凝灰岩、英安岩,与下伏下碎屑岩组为整合接触,与上覆砾岩组呈断层接触,与柴北缘蛇绿混杂岩带呈断层接触。厚度979m。采石岭一带,岩石组合为安山岩、英安岩、火山角砾岩、晶屑凝灰岩及少量流纹岩等,与下伏下碎屑岩组呈整合接触,志留纪花岗岩侵入其中,出露厚度113.81~683.03m。在全吉山南麓岩石组合以灰—灰褐色英安岩、流纹英安岩为主,夹流纹岩、霏细岩和少量砂屑灰岩。与下伏下碎屑岩组呈整合接触,厚度仅326m,分布面积约215km²。

玄武安山岩组分布范围较小,仅在茫崖、滩间山和锡铁山北坡零星出露。岩石组合主要为玄武安山岩、安山岩及玄武质集块岩、玄武安山质火山角砾岩、晶屑岩屑凝灰岩等,局部夹少量酸性火山岩。与下伏砾岩组、上覆砂岩组均呈整合接触,厚度437m。下部以爆发相为主,上部为溢流相。

滩间山群海相火山岩沉积处于岛弧环境,属正常火山沉积岩系。

2. 蛇绿混杂岩带火山岩

茫崖蛇绿混杂岩中的火山岩是一套以基性火山岩为主的玄武岩组合。岩石组合以玄武岩为主,主要有灰绿色蚀变玄武岩、深灰绿色绿帘斜长角闪岩、基性凝灰熔岩、基性岩屑凝灰岩、熔岩凝灰岩等。

赛什腾山、滩间山、绿梁山、托莫尔日特、野马滩、哈莉哈德山、乌龙滩等地的混杂岩带中出露的火山岩以基性为主,中酸性火山岩较少,根据岩石组合划分出基性火山岩组合和中酸性火山岩组合。基性火山岩组合在上述地段最发育,分布面积最广,集中分布于赛什腾山、滩间山、绿梁山和托莫尔日特、哈莉哈德山、野马滩等地,各地岩性和厚度变化较大。在赛什腾山、海合沟一带,岩石组合为灰绿色玄武岩、玄武质火山角砾岩、玄武安山质凝灰岩等。此处断层发育,厚度大于2231m。酸性火山岩组合出露面积较小,仅见于东部都兰地区大海贡卡、柏树山、泉水沟以及西部赛什腾山一带,呈近东西向断续展布。多被后期中酸性岩侵入及第四系覆盖,被分割为几个大小不等的断块。岩石组合有中酸性玻屑晶屑凝灰岩、中酸性凝灰熔岩、硅化英安质凝灰岩、安山质糜棱岩等。

柴北缘蛇绿混杂岩带中基性—酸性火山岩岩石地球化学特征与岛弧火山岩相似,结合区域大地构造背景,柴北缘蛇绿混杂岩带中基性、酸性火山岩组合形成于岛弧环境,局部出现弧后盆地的火山岩组合。

(三)泥盆纪火山岩

晚古生代早期在柴达木盆地周缘发育一套陆相火山岩,呈北西-南东向展布于柴北缘火山岩区,赋存于上泥盆统牦牛山组(D_3m)中。该套火山岩地层分布较为局限,集中出露在阿木尼克山、巴音山和牦牛山一带,在赛什腾山、夏日哈等地都是呈夹层状小面积产出于牦牛山组碎屑岩段中。受区域性断裂控制,西起青海省赛什腾山,向东经滩间山南部、阿木尼克山等地,直至巴音山、牦牛山、夏日哈等地,在柴北缘构造岩浆岩带上可划分为两个断续出露的火山洼地,分别是阿木尼克火山洼地和巴音山-牦牛山火山洼地(青海省地质调查院,2020)。赛什腾山、滩间山一带牦牛山组分布于柴北缘蛇绿混杂岩带之间,与混杂带各岩石组合呈断层接触。除此之外，与其他地质体亦以断层接触为主，局部地段牦牛山组角度不整合覆于下伏老地层与岩体之上。

阿木尼克火山洼地，集中分布于阿木尼克山、达达肯乌拉山地区。火山岩呈面状、条带状展布，总体展布方向为北西-南东向，长约35km，最宽处阿木尼克山出露宽度达8km。火山岩向两侧厚度逐渐变小，由条带状演变为透镜状，并逐渐消失。火山岩以酸性火山（火山碎屑）岩为主，其次为中性火山岩，另有少量的基性火山岩。该地区发育火山机构，以阿木尼克山南火山机构保存较完整，火山机构最为典型。

巴音山-牦牛山火山洼地，集中分布于巴音山、牦牛山主脊一带，在夏日哈山北坡和哈莉哈德山等地小面积出露。总体呈北西向条带状展布，各地出露厚度不一。岩性主要为流纹岩、英安岩、安山岩、凝灰熔岩、集块岩、火山角砾岩及凝灰岩。岩石柱状节理发育，形成近于陡立的地貌景观，且普遍发生轻微的变质变形，局部出现片理化现象。该套火山岩以总体面貌紫红—灰紫色、底部灰绿色的"顶红底绿"为特点，显示陆相火山岩喷发特征，属裂隙—中心式喷发。

牦牛山组为一套高钾和钾玄岩质英安岩-流纹岩组合，属后碰撞环境。

三、蛇绿岩

研究区的柴北缘蛇绿混杂岩带之中发育迪木那里克蛇绿岩、赛什腾山-锡铁山蛇绿岩、阿尔茨托山蛇绿岩、阿木尼克山蛇绿岩，为加里东期蛇绿岩；宗务隆山蛇绿混杂岩带之中发育宗务隆蛇绿岩，为海西期—印支期蛇绿岩。

1. 迪木那里克蛇绿岩

迪木那里克蛇绿岩分布在茫崖蛇绿构造混杂带中，蛇绿岩岩块多呈透镜状或断块状、局部呈带状，沿近东西向展布，其长轴方向与区域构造线一致，蛇绿岩块与围岩均呈断层接触。蛇绿岩组分包括蛇纹岩、辉长岩、玄武岩，以及上覆岩系凝灰岩、硅质岩。橄榄岩大多已强烈蚀变为蛇纹岩，部分经强烈变质为富镁片岩。

李向民等（2009）在西邻清水泉地区的辉长岩中获得LA-ICP-MS锆石U-Pb年龄为（500.7±1.9）Ma，董增产（2011）在茫崖镇附近的角闪辉长岩中获得U-Pb同位素年龄为（444.9±1.3）Ma。该蛇绿岩形成于晚寒武世—奥陶纪的弧后扩张盆地环境，具有SSZ型蛇绿岩特征。

2. 赛什腾山-锡铁山蛇绿岩

赛什腾山-锡铁山蛇绿岩集中出露在绿梁山、黑石山、青石山、鱼卡南山及鱼卡石棉矿一带，呈构造岩块或透镜体无规则排列在柴北缘蛇绿混杂岩带中。岩石组合为超镁铁质岩、镁铁质岩、基性火山熔岩及斜长花岗岩。辉长岩中单颗粒锆石U-Pb年龄为（496.3±6.2）Ma（袁桂邦等，2002），吉绿素英安岩LA-ICP-MS锆石U-Pb年龄为（514.2±8.5）Ma（史仁灯等，2004），说明该蛇绿岩形成时代为早寒武世（ϵ_1）。朱小辉等（2013）认为绿梁山地区的蛇绿岩为一套弧后盆地型蛇绿岩。

3. 阿尔茨托山蛇绿岩

阿尔茨托山蛇绿岩集中分布于赛坝沟、托莫尔日特、陶勒盖、灰狼沟、呼德生、都尔特德一带，空间分布上具有群居性，呈断块状、构造岩块及透镜状发育在柴北缘蛇绿混杂岩带中。蛇绿岩总体呈北西-南东向带状展布，与围岩均呈断层接触。蛇绿岩岩石类型较为复杂，有变质纯橄岩、蛇纹石化方辉橄榄岩到蛇纹石化单辉橄榄岩、含金云母橄榄紫苏辉石岩、角闪石岩、辉长杂岩、斜长花岗岩等，它们与辉玢岩、辉绿岩及大洋拉斑玄武岩和深海沉积物放射虫硅质岩等构成了较为完整的蛇绿岩组合。该蛇绿岩形成时代为中奥陶世—晚奥陶世(O_2-O_3),形成于消减带上弧后盆地环境。

4. 阿木尼克山蛇绿岩

阿木尼克山蛇绿岩集中出露在阿木尼克山北坡—穿山沟一带,呈北西-南东向展布。蛇绿岩岩石变形变质强烈,糜棱岩化特征明显。蛇绿岩呈大小不一的构造块体或透镜体分布在滩间山岩浆弧中,与滩间山群呈断层接触。岩石组合出露齐全(潘彤等,2019),主要有超镁铁质岩、镁铁质岩、辉绿岩墙、基性火山熔岩、斜长花岗岩及硅质岩等深海沉积物。辉石闪长岩 LA-ICP-MS 锆石 U-Pb 测年得出的 $^{206}Pb/^{238}U$ 加权平均年龄为(515.9±2.4)Ma(潘彤等,2019),奥长花岗岩 LA-ICP-MS 锆石 U-Pb 年龄为(485.6±2.4)Ma。蛇绿岩形成时代为早寒武世—早奥陶世(ϵ_1-O_1)。该蛇绿岩形成于消减带上弧后盆地环境,属于与俯冲作用相关的俯冲带上盘(SSZ)型蛇绿岩。

5. 宗务隆蛇绿岩

宗务隆山蛇绿混杂岩带严格受北界宗务隆山-青海南山断裂、南界宗务隆山南缘断裂控制,介于祁连造山带和柴北缘造山带之间。研究区内该混杂岩带的蛇绿岩集中分布在宗务隆山地区。蛇绿岩岩石组合较为单一,主要为辉绿岩,偶见少量辉长辉绿岩脉和蚀变玄武岩。蛇绿岩组分出露不完整,主要为中二叠世辉绿岩、辉长岩、蚀变基性熔岩,少量硅质岩碎块(以火山角砾岩岩屑形式存在),其中辉绿岩呈岩墙形式产出,辉长岩呈构造岩块产出,未见超基性岩。

宗务隆蛇绿岩中蛇绿岩组分的同位素年龄集中在 331~265Ma 之间,表明形成时代应为早石炭世—中二叠世。形成的构造环境应属较典型的由陆内裂谷扩张引起的宽度不大的陆缘裂陷拉张而形成的小洋盆(多岛)环境(青海省地质调查院,2020)。

第四节　变质岩

研究区以区域变质作用、接触变质作用、动力变质作用及高压—超高压变质作用为主,形成相应的变质岩。其中高压—超高压变质作用是柴北缘地区典型的变质作用,所形成的榴辉岩等变质岩是大陆型俯冲碰撞带的标志,具有十分重要的研究意义。

一、高压—超高压变质作用及其变质岩

研究区内的高压—超高压变质带主要分布在鱼卡河—锡铁山和沙柳河地区,高压—超高压变质作用发生在变质带之中,超高压岩石主要包括榴辉岩、石榴子石橄榄岩和泥质片麻岩等(陈丹玲等,2007)。其中榴辉岩主要分布于鱼卡河、锡铁山和都兰地区,产出于古元古界达肯大坂岩群之中,呈不同规模、大小的透镜体。石榴子石橄榄岩仅见于胜利口地区,沙柳河榴辉岩赋存在蛇绿混杂岩之中。

1. 鱼卡河-锡铁山高压—超高压变质带及变质作用

鱼卡河-锡铁山高压—超高压变质带主要分布在鱼卡、绿梁山、胜利口及锡铁山一带。变质带中以榴辉岩为主要变质岩石,其中鱼卡地区榴辉岩的规模最大,近年来在榴辉岩中发现了金红石钛矿;绿梁山地区的榴辉岩赋存于长城系沙柳河岩群之中,组成柴北缘高压—超高压变质带的一部分;胜利口地区的石榴子石橄榄岩也是该带代表性的超高压变质岩,是大陆型俯冲碰撞带的标志性岩石类型;锡铁山地区榴辉岩主要分布于全吉峡等地,榴辉岩已大量退变质为石榴子石角闪岩。

榴辉岩类岩石遭受了高压—超高压变质作用,其原岩多为陆相火山岩,变质温度较高,榴辉岩的峰

期变质条件为 $T=722℃$ 及 $p>22GPa$(杨经绥,1998),是大陆型俯冲—碰撞—迅速折返的最终产物(潘彤等,2019)。榴辉岩早期变质矿物组合为石榴子石＋角闪石＋石英＋绿帘石±黑云母±斜长石±绿泥石,早期矿物组合主要保存在石榴子石具多期生长环带的榴辉岩中;峰期榴辉岩相变质矿物组合为石榴子石＋绿辉石＋多硅白云母＋金红石＋石英±黝帘石±角闪石,榴辉岩中石榴子石与绿辉石平衡共生,多为镶嵌状接触边界,而石英则多呈细小包体赋存于石榴子石或绿辉石中,偶见具放射状裂纹的柯石英假象(李怀坤等,1999);峰期后退变质矿物组合为角闪石＋石英＋绿帘石＋斜黝帘石±透辉石±斜长石±绿泥石,其中的角闪石可以是透闪石,也可以是阳起石,透辉石往往呈细小集合体围绕绿辉石分布,除黝帘石外,也可以出现斜黝帘石,斜长石往往呈环状围绕石英分布,这种斜长石很可能是绿辉石与石榴子石和石英发生反应的产物。

高压—超高压变质带主要的变质岩石类型有以下几种。

典型榴辉岩:几乎均由绿辉石和石榴子石组成,矿物间多为平衡共生关系;含少量的石英、多硅白云母和金红石等,裂隙中偶见退变质的角闪石和石英的合晶。

角闪榴辉岩:由石榴子石、角闪石和绿辉石组成,角闪石的含量甚至超过绿辉石,多数角闪石与绿辉石之间为平衡共生关系。含少量黝帘石、金红石、白云母和石英。

石英角闪榴辉岩:以含石英为特征,石英含量在5%以上,最高可达15%,其他主要矿物为石榴子石、角闪石和绿辉石,含少量绿帘石、黝帘石、金红石等。

角闪黝帘榴辉岩:黝帘石(斜黝帘石)含量高,大于10%,一般在10%~25%之间,最高可达40%,角闪石含量明显多于绿辉石。

含绿辉榴闪岩:由角闪石和石榴子石组成,绿辉石极少,且绿辉石多呈残留体形式存在;角闪石包裹了石榴子石和绿辉石,明显是后期退变质作用的产物。

含斜长榴闪岩:岩石中已不见绿辉石,以角闪石、石榴子石为主,其次为石英、绿帘石、斜长石。在与角闪石接触的石英周边可见斜长石边,是一种退变较彻底的曾遭受榴辉岩相变质的岩石。

2. 沙柳河高压—超高压变质带及变质作用

沙柳河高压—超高压变质带主要分布在沙柳河及阿尔茨托山等地。变质岩类包括榴辉岩、榴闪岩和其他高压变质岩,分布在沙柳河高压—超高压混杂岩带内,呈大小不一的构造透镜体,包裹在沙柳河岩群中。主要变质岩石类型如下。

蓝晶榴辉岩:矿物组成为石榴子石＋绿辉石＋蓝晶石＋金红石±石英±多硅白云母,代表了峰期的矿物组合;石榴子石核部的包裹体记录了榴辉岩早期进变质阶段可能经历了低温的硬柱石/绿帘榴辉岩相,包体矿物组合为黝帘石/硬柱石＋绿辉石＋蓝晶石＋石英。角闪岩相退变质过程起始于绿辉石分解形成单斜辉石＋斜长石后成合晶;而石榴子石的边部发育角闪石和斜长石冠状体。蓝晶石被细粒的尖晶石和长石所代替。退变严重的蓝晶榴辉岩,其绿辉石完全消失,基质中为新生成的角闪石、帘石和斜长石,石榴子石作为残留相被保留下来并与角闪石等重新平衡,成为石榴角闪岩。

绿帘榴辉岩:绿帘石作为峰期变质矿物与石榴子石和绿辉石共生。绿帘石可以划分出3个期次,即峰期前绿帘石、峰期绿帘石和退变绿帘石/黝帘石。

多硅白云母榴辉岩:峰期矿物组合为石榴子石＋绿辉石＋多硅白云母＋金红石,呈细粒、斑状变晶结构。在部分样品的石榴子石中有多硅白云母、钾长石、绿辉石、石英等包裹体。退变严重时石榴子石呈白眼圈状,同样退变成石榴角闪岩。

黝帘榴辉岩:斑状变晶结构,定向构造,基质为细粒粒状变晶结构。岩石变化过程为榴辉岩(阳起石＋绿辉石＋金红石)→退变为斜长辉石岩(单斜辉石＋斜长石)→角闪石相叠加(斜长石＋普通角闪石)→绿片岩(阳起石＋绿泥石＋钠长石)。

沙柳河榴辉岩经历了峰期榴辉岩阶段、麻粒岩相改造阶段和角闪岩相退化变质阶段。其中峰期榴辉岩阶段根据Krogh-Ravnaand Terry(2004)的温压计计算,榴辉岩初期变质条件为$p=2.86\sim3.26GPa$,$T=729\sim768℃$;麻粒岩相的变质阶段是以斜长石、低硬玉组分的单斜辉石(CpxⅡ)以及含$[SO_4^{2-}]$方柱石为特征。利用两个石榴子石-单斜辉石$Fe^{2+}-Mg$交换地质温度计,获得麻粒岩相改造阶段在2.0GPa时的变质温度分别为874~947℃(Krogh-Ravna,2000)和882~948℃(Powell,1985),高于峰期榴辉岩相变质的最高温度。利用GADS压力计(Newtonand Perkins,1982;Eckert et al.,1991),并根据平衡反应"2钙铝榴石+镁铝榴石+3石英=3钙长石+3透辉石",获得麻粒岩相变质的压力为1.86~1.98GPa;角闪岩相退化变质阶段的矿物组合为普通角闪石+绿帘石/斜黝帘石+斜长石+黑云母+石英,利用Grahamand Powell(1984)石榴子石-角闪石温度计和Kohnand Spear(1990)的石榴子石-普通角闪石-斜长石-石英压力计获得角闪岩相变质温度为660~695℃,压力为0.7~0.9GPa。

二、其他变质作用及其变质岩

研究区其他变质作用包括区域变质作用、接触变质作用和动力变质作用,其中区域变质作用大致可分为区域动力热流变质作用和区域低温动力变质作用。

1. 区域变质作用

古元古界达肯大坂岩群为由区域动力热流变质作用形成的变质岩,构成研究区古老的结晶基底,为一套中高级变质岩系,是区内最古老的变质地层体。岩性以片麻岩为主,夹大理岩、片岩、石英岩及较少的变粒岩。原岩建造主要为泥砂质碎屑岩、碳酸盐岩、中基性火山岩三大类。变质矿物共生组合有:斜长石+石英+黑云母+白云母+褐帘石,斜长石+石英+黑云母+白云母+绿帘石,斜长石+石英+黑云母+光卤石+角闪石,方解石+透辉石+斜长石+石英+金云母。变质作用等级为低角闪岩—高角闪岩相的中—高级变质。变质作用类型属区域动力热流变质作用。

区域上,在达肯大坂岩群斜长角闪片岩中获Sm-Nd等时线年龄为(1879±64)Ma,结合变质作用条件,可以确定古元古代变质作用发生于1.9~1.8Ga,是吕梁期区域动力热流变质作用的产物。

柴北缘地区区域低温动力变质作用从中元古代、早古生代至晚古生代均有发育,其中具有代表性的主要为中元古界万洞沟群和奥陶系—志留系滩间山群。

中元古界万洞沟群:为一套石英岩-云母片岩-大理岩(斜长角闪岩)变质建造。变质岩石类型较复杂,以灰色石榴白云母片岩、含石榴白云母石英片岩为主,夹含石榴变粒岩、浅粒岩、石榴黑云角闪岩、石英岩及大理岩。特征矿物主要有蓝晶石、石榴子石、角闪石、金红石,属中—高级变质。特征矿物共生组合主要有:白云母(硅)-石英-石榴子石-蓝晶石±斜长石±金红石(石英岩、石英片岩类)、白云母(硅)-石英-石榴子石-蓝晶石-金红石(云母片岩类)、方解石-石英-白云母-黑云母-石榴子石-斜长石-角闪石(大理岩类)。变质岩石属由区域动力热流变质作用形成的铁铝榴石带角闪岩相中压区域变质岩系。该变质岩系中产出滩间山金矿。

奥陶系—志留系滩间山群:为区域低温动力变质作用形成的变质岩,岩石在后期又叠加了较强的动力变质作用,强变形域顺层韧性剪切带、剪切褶皱及糜棱岩系列构造岩广泛发育。区内变质岩石以绿帘石片岩、绿帘绿泥石片岩、阳起石片岩、斜长角闪片岩等绿色片岩为主,夹云母石英片岩及大理岩。变质矿物共生组合有:黑云母+石英+绿泥石,斜长石+石英+黑云母+白云母,斜长石+石英+黑云母+白云母+绿泥石,方解石+斜长石+石英+黑云母+白云母。变质作用等级为低绿色片岩相。

2. 接触变质作用

研究区岩浆作用强烈而广泛,侵入岩在时间上主要集中于海西期—印支期。

海西期侵入岩与古元古代中深变质岩接触带由于围岩主要为长英质变质岩,部分矿物发生重结晶,在与奥陶系—志留系滩间山群浅变质岩的外接触带上,形成接触变质的角岩、角岩化带。

印支期接触变质作用最为强烈,与区内铁、多金属矿化关系密切,接触变质带宽百余米至数百米不等。与奥陶系—志留系滩间山群变火山岩及鄂拉山组火山岩的外接触带形成热接触变质的角岩、角岩化岩石,在与滩间山群碳酸盐岩的接触带上形成接触交代成因的矽卡岩化岩石、矽卡岩。已有的成矿事实显示,区内大部分铁、多金属矿产均产于矽卡岩中或其边部。

3. 动力变质作用及其变质岩

区内动力变质作用强烈,并具多期活动叠加的特点。

(1)低角闪岩相韧性动力变质岩:主要变质岩有条纹条带状黑云(二云)斜长片麻岩、眼球状黑云(二云)斜长片麻岩、黑云(二云)石英构造片岩、条纹条带状大理岩等。特征变质矿物有堇青石、夕线石,可确定变质岩石属低角闪岩相。岩石变质变形较强,黏滞型石香肠、顺层掩卧褶皱、无根褶皱,以及"W""N""I"形脉褶十分发育。宏、微观特征显示该套岩石为中深构造层次韧性剪切作用下形成的低角闪岩相构造片岩、片麻岩类岩石。

(2)低绿片岩相韧性动力变质岩:主要地质体有古元古界达肯大坂岩群、奥陶系—志留系滩间山群,规模较大,多被后期脆性断裂所破坏,走向以北西向为主。宏观表现为狭长的退化变质带,形成的动力变质岩石主要有绢云母千糜岩、长英质糜棱岩、钙质糜棱岩、花岗质初糜棱岩及糜棱岩化岩石等。变质岩石中重结晶矿物较少,糜棱基质主要为微粒状方解石及长英质微粒状变晶集合体,具动态重结晶特点。变质岩石属绢云母-绿泥石级低绿片岩相。

变质岩石中布丁化碎斑、σ碎斑、S-C组构、倾竖褶皱、不对称歪斜褶皱及紧闭尖棱褶皱发育,并随糜棱岩化作用增强而出现面理增强带。变质作用形成的糜棱面理与板理、千枚理、片理化面理基本平行,具同构造期的特点。

(3)葡萄石-绿纤石相脆性动力变质岩:沿区内表部构造层次的脆性断裂带分布,变质作用以碎裂作用为主。形成的主要变质岩有构造角砾岩、碎裂岩、碎斑岩及碎裂岩化岩石。新生变质矿物极少,仅见有绢云母、绿泥石、钠长石等。据新生变质矿物共生组合判断,变质岩石属葡萄石-绿纤石相。

第五节　成矿单元

一、成矿区(带)划分

(一)划分依据

研究区Ⅰ、Ⅱ级成矿区(带)按照《中国成矿区带划分方案》(徐志刚等,2008)共有Ⅰ级成矿域1个,Ⅱ级成矿省3个,Ⅲ级成矿单元统一采用《中国矿产地质志·青海卷》(2020)中的划分方案,共有Ⅲ级成矿单元6个。

本次划分Ⅳ级成矿单元基本继承了"青海省矿产资源潜力评价"方案Ⅳ级成矿带中有关矿产总貌、典型矿床、主要矿产含矿建造、矿产空间分布特征等客观地质事实,同时充分利用《中国矿产地质志·青海卷》(2020)中对研究区Ⅳ级成矿单元划分的最新成果,以新近文献中与本成矿单元有关的区域成矿作用、矿床类型研究新成果为研编基础进行划分,主要依据如下。

(1)三级构造单元及其控制边界断裂。

(2)成矿亚带内构造环境、地质体时代、岩石组合、含矿建造及成矿特征。

(3)主要的矿产类型、成矿系列、成矿作用及主成矿期。

(4)物化探特征。

以上4个条件既可以共同或部分组合,亦可单独成为划分Ⅳ级成矿单元的依据。以此为基础,在研究区划分Ⅳ级成矿单元15个。

(二)划分原则

Ⅲ、Ⅳ级成矿区(带)的划分和命名依照《中国成矿区带划分方案》(徐志刚等,2008)的原则和要求,即:Ⅲ级——成矿区(带),为成矿地质背景及控矿地质条件相同,并有较大展布范围的矿带,原则上以三级大地构造单元(大地构造相)相对应;Ⅳ级——成矿亚区(带),为由同一成矿作用形成的一个成矿系列分布区(带)。针对Ⅳ级成矿亚区(带)具体确定如下划分原则。

(1)边界划分应考虑矿产的时空统一性,既要研究矿床(点)的空间分布特点,又要充分考虑成矿时间的统一性和成矿时序的演化性。

(2)Ⅳ级成矿亚带范围与四级大地构造单元(大地构造小相)大致吻合,可包括一个以上的大地构造小相,边界须结合区域地质、构造、岩浆活动及其历史演化与区域成矿特征划定。区域成矿演化是区域地质构造演化的重要组成部分,洋-陆转换、陆-陆碰撞等地质作用决定不同的成矿过程,特定的构造环境形成不同的矿种,因而,成矿作用往往与构造-岩浆、构造-岩相带密切相关。因此,划分成矿区(带),既要考虑大地构造的历史演化特征,也要注意区域成矿演化的特殊性。

(3)地质、地球物理、地球化学资料相结合,以地质、矿产信息为主;参照物探、化探反映的特征信息,确定各级成矿区(带)边界。

(4)突出成矿单元重点矿种原则。划分应该考虑战略性矿产或者优势矿产的成矿作用,更好地适应找矿的需要。

(5)反映最新成果的原则。在最新成果资料的基础上进行成矿亚带的划分。

(三)成矿带划分结果

研究区共划分Ⅰ级成矿域1个,Ⅱ级成矿省3个,Ⅲ级成矿区(带)6个,Ⅳ级成矿亚区(带)15个(图1-5,表1-3)。

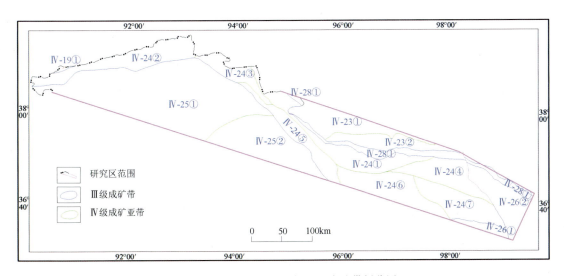

图1-5 柴达木盆地北部地区成矿带划分图

表1-3 柴达木盆地北部地区成矿带划分结果表

Ⅰ级成矿域	Ⅱ级成矿省	Ⅲ级成矿带	Ⅳ级成矿亚区（带）
Ⅰ₂秦祁昆成矿域	Ⅱ-5 阿尔金-祁连成矿省	Ⅲ-19 阿尔金金-铬-石棉-玉石成矿带（An-∈；Pz₁）	迪木那里克铁-铜-钒-钛成矿亚带（Ⅳ-19①）（Z-∈、O）
		Ⅲ-23 南祁连铅-锌-金-铜-镍-铬成矿带（Pt₂；C）	塔塔棱河石英-铜-稀有（白云母、金）成矿亚带（Ⅳ-23①）（T）
			尕日力根-石乃亥金-铅-锌-砂金-硼（铀、银）成矿亚带（Ⅳ-23②）（P、Q）
	Ⅱ-6 东昆仑成矿省	Ⅲ-24 柴北缘铅-锌-锰-铬-金-白云母成矿带（C；Vm-1）	鱼卡-德令哈煤-铀-黏土-页岩气（稀有、稀土、金、石灰石）成矿亚带（Ⅳ-24①）（J、C-P）
			阿卡托山-俄博梁石棉-铜-镍-金-白云母（钨、铋、锡）成矿亚带（Ⅳ-24②）（∈-S、P）
			小赛什腾-滩间山金（铀、铅、银、硫）成矿亚带（Ⅳ-24③）（O、C）
			布赫特山铁-稀有、稀土-金（铀、铂族、煤）成矿亚带（Ⅳ-24④）（C、P）
			绿梁山-锡铁山铅-锌-石油-铀-钍（煤、铁、宝玉石）成矿亚带（Ⅳ-24⑤）（O、J）
			阿姆尼克-卜浪沟铅-锌-铀（煤、盐）成矿亚带（Ⅳ-24⑥）（D、T）
			赛坝沟-阿尔茨托山金-铅-锌-铜-钨-锡-煤-锰（铀、金红石）成矿亚带（Ⅳ-24⑦）（S-D、T-J）
		Ⅲ-25 柴达木盆地锂-硼-钾-钠-镁-盐类-石膏-石油-天然气成矿带（Kz）	南翌山-南八仙油气-页岩气-锂-硼-锶-芒硝-钾镁盐成矿区（Ⅳ-25①）（Kz）
			东台-霍布逊硼-锂-钾镁盐（油气、页岩气、铀）成矿亚区（Ⅳ-25②）（Kz）
		Ⅲ-26 东昆仑铁-铅-锌-铜-钴-金-钨-锡-石棉成矿带（Pt；∈；D；C；P；Q）	夏日哈-鄂拉山铁-铜-铅-锌-钨-锡-铋-金-钼-页岩气成矿亚带（Ⅳ-26①）（D、T）
			生格-茶卡稀有-铀-盐（金、白云母）成矿亚带（Ⅳ-26②）（T、Q）
	Ⅱ-7 西秦岭成矿省	Ⅲ-28 西秦岭铅-锌-铜（铁）-金-汞-锑成矿带	宗务隆山-加木纳哈岗稀有-铅-锌-金（铜、银）成矿亚带（Ⅳ-28①）（T、P）

二、Ⅳ级成矿亚区（带）特征

1. 迪木那里克铁-铜-钒-钛成矿亚带（Ⅳ-19①）（Z-∈、O）

1）概况

该成矿亚带处于青海省西北部，阿尔金山采石岭北部，南侧与阿卡托山-俄博梁石棉-铜-镍-金-白云母（钨、铋、锡）成矿亚带接壤，向北延入新疆，在青海省内呈三角形展布，东西长约36km，最宽处约8km。

2)成矿地质背景

(1)地层。该成矿亚带内出露地层岩性以奥陶系—志留系滩间山群玄武安山岩构造岩石组合(岛弧)为主,由滩间山群下火山岩组的钙碱性火山岩段的钙碱性系列火山岩组合组成,为海相喷溢相的产物。岩性在中部以灰—灰黑色灰岩为主,夹凝灰岩透镜体;南、北两侧以灰绿色凝灰岩为主,夹灰岩透镜体,西南部有硅化石膏夹白云岩层。零星分布中—新元古界及侏罗系。

(2)构造。主体构造为一轴向近东西向的复式向斜。受北东向主构造控制,近东西向次级断裂发育,断裂蚀变程度较高。阿尔金左行走滑构造带南东段处于该成矿亚带内。

(3)岩浆活动。侵入岩有中—新元古代、加里东期和海西中晚期的花岗岩类。位于野马滩俯冲构造岩浆岩段上,与大洋俯冲有关的高镁闪长岩组合,由灰绿色细粒橄榄辉长岩、辉长岩组成,岩石为拉斑玄武岩系列,拉斑玄武辉长岩类,幔源的辉长岩组合。围岩蚀变主要是绿泥石化、绿帘石化、破碎带具褐铁矿化、黄铁矿化、硅化、泥化,局部见铜矿化。

3)矿产

区内已知矿产地很少,目前尚未发现有规模的矿床。铁矿化类型有与震旦纪—寒武纪沉积变质作用有关的迪木那里克铁矿化和与铁质基性—超基性岩有关的长清钒钛磁铁矿床。2008年在奥陶系拉配泉群碎屑岩组发现彩石沟铁矿,矿石类型主要为磁铁矿石。拉配泉铜矿位于阿尔金山北缘的拉配泉一带,主要赋矿地层为奥陶系拉配泉群碎屑岩夹碳酸盐岩和一套碳酸盐岩建造,为海相火山喷流-热液脉型铜矿。

2. 塔塔棱河石英-铜-稀有(白云母、金)成矿亚带(Ⅳ-23①)(T)

1)概况

该成矿亚带位于研究区中部,近东西向分布,西段南以宗务隆山北缘断裂为界与宗务隆山-加木纳哈岗铅-锌-银-稀有(铜、金)成矿亚带毗邻,中东段以塔塔棱河周边推断断裂为界,东西长约250km,最宽处约50km。区内分布土尔根大坂山 AS_{79}^{44} BaZrLaZnUSbYNb(Ti)、哈克吐郭勒北支沟 AS_Z^{78} CuAsMoCdSbCrNbZn(Fe_2O_3TiU)等异常。

2)成矿地质背景

(1)地层。该成矿亚带内出露地层主要为中—上奥陶统盐池湾组、志留系巴龙贡噶尔组,下—中二叠统勒门沟组、草地沟组,下—中三叠统下环仓组—切尔玛沟组。以陆源碎屑岩为主体的复理石建造和稳定型浅海、滨浅海或海陆交互相沉积为主。

中—上奥陶统盐池湾组:小面积出露于成矿亚带最西段,岩性为杂砂岩、长石砂岩、板岩夹灰岩。

志留系巴龙贡噶尔组:分布于成矿亚带北中部,岩性以砂岩、粉砂岩、千枚岩夹硅质岩为主。

下—中二叠统勒门沟组、草地沟组:呈条带状展布于成矿亚带西段,勒门沟组岩性以砾岩、砂岩夹粉砂岩为主,草地沟组以灰岩为主。

下—中三叠统下环仓组—切尔玛沟组:呈条带状展布于成矿亚带西段,岩性主要为砂岩、粉砂岩夹砾岩、灰岩。

(2)构造。该成矿亚带内构造不甚发育,在柴达木山的岩体之中发育少量的断裂构造,以北西向和北东向为主。

(3)岩浆岩。岩浆活动极为发育,加里东晚期、印支期有大规模中性—酸性岩浆侵入,形成多期复合岩带。侵入时代为加里东晚期,岩类以花岗岩、二长花岗岩为主,次为花岗闪长岩等。岩体规模较大,多呈岩基产出。岩体呈北西向展布,与区域构造线方向基本一致。多期次的岩浆热液活动为形成石英岩矿和多元素成矿提供了可能。岩体与围岩接触带普遍见有硅化、角岩化蚀变。

3)矿产

已知矿产有石英岩、铜、金等,分布在塔塔棱河岩体周边及滚艾尔沟、硫磺沟等地,规模较小,成矿时代以三叠纪为主。该成矿亚带中分布稀有元素异常,部分岩体之中电气石伟晶岩脉发育,具有寻找稀有矿产的潜力。

3. 尕日力根-石乃亥金-铅-锌-砂金-硼(铀、银)成矿亚带(Ⅳ-23②)(P、Q)

1)概况

该成矿亚带位于青海省北部,南以宗务隆山北缘深断裂为界,与宗务隆山-加木纳哈岗稀有-铅-锌-银-金(铜、银)成矿亚带毗邻,东西长约350km,最宽处约36km。区内分布塔塔棱河南 AS_{Z2}^{98} MoCuMnSbZnHgNbNi(Fe_2O_3AsVCrCoCd)、硫磺沟 $AS_{甲1}^{100}$ AuLaZnZrFCuAsY(BaMoU)、畜集山 $AS_{甲1}^{113}$ MoPbSbAsCdCuHgAg(SrNi)、畜集山东 $AS_{甲3}^{114}$ AgCrCuNiPbRbSbV(Zn)、曲公玛 $AS_{乙}^{115}$ RbBaSrAsMoBiCdLi、关角西 AS_{Z3}^{128} AsSbCdHgSrMnSn 异常。

2)成矿地质背景

(1)地层。该成矿亚带内出露地层主要为志留系巴龙贡噶尔组,下—中二叠统勒门沟组、草地沟组,上二叠统哈吉—尔忠什公组,下—中三叠统下环仓组、江河组、大加连组,中二叠统切尔玛沟组等。上述地层均为稳定型浅海、滨浅海或海陆交互相沉积。

志留系巴龙贡噶尔组:大面积出露,岩性以砂岩、粉砂岩、千枚岩夹硅质岩为主。

下—中二叠统勒门沟组、草地沟组:呈条带状展布于成矿亚带的中西部。勒门沟组岩性以砾岩、砂岩夹粉砂岩为主,草地沟组以灰岩为主。

下—中三叠统下环仓组:出露于成矿亚带中部,岩性主要为砂岩、粉砂岩夹砾岩、灰岩。

下—中三叠统江河组:分布在成矿亚带中东部,部分地段与下环仓组形成并组,主要岩性为长石砂岩、页岩与生物灰岩互层。

下—中三叠统大加连组:分布在宗务隆山北坡,成矿亚带东部,岩性以灰岩为主。

下—中三叠统切尔玛沟组:大部分地段与大加连组形成并组,岩性为钙质砂岩,含钙质板岩夹灰岩、砂砾岩。

(2)构造。该成矿亚带内构造较发育,向斜、背斜构造主要发育在二叠纪和三叠纪地层之中,构造方向线以近东西向为主。断裂构造以近东西向为主,北东向和东西向为辅。

(3)岩浆岩。该成矿亚带中侵入岩不甚发育,仅在巴音河上游出露二长花岗岩等,为过铝质钙碱性系列,并可见部分原生白云母,属含白云母过铝质花岗岩类(MPG)。侵入巴龙贡噶尔组千枚岩中,围岩具明显的堇青石角岩化,并超动侵入早泥盆世花岗闪长岩中,部分岩体之上被勒门沟组沉积不整合覆盖。

3)矿产

已知矿产有金、铜、铅、铁、钴、铀等,规模较小,有尕日力根金矿点等。该成矿亚带发展经历泥盆纪的隆起剥蚀,石炭纪—早、中三叠世的统一陆表海形成和晚三叠世稳定陆相湖陷盆地形成3个阶段。成矿作用表现为金矿的形成与二叠纪地层关系密切;而志留纪复理石沉积对铜矿的形成有影响。该成矿亚带长期处于剥蚀状态,对矿床保存不利。区内雅砂图一带出露的河湖相沉积层中,发育有第四纪砂金矿床,德令哈市雅砂图小型砂金矿床、卡克图砂金矿点、默沟砂金矿点、伊克拉砂金矿点。

4. 鱼卡-德令哈煤-铀-黏土-页岩气(稀有、稀土、金、石灰石)成矿亚带(Ⅳ-24①)(J、C-P)

1)概况

该成矿亚带位于达肯大坂山至德令哈市之间,北以土尔根大坂-宗务隆山南缘断裂为界与宗务隆山-加木纳哈岗稀有-铅-锌-银-金(铜、银)成矿亚带相接,南以红灯沟-德令哈断裂为界与绿梁山-锡铁山铅-锌-金-石油-铀-钍(煤、铁、宝玉石)成矿亚带相邻。东西长约190km,南北最宽处约35km。区内

有宗务隆山 $AS_{Z3}^{112}NiCdCrNbAsCoSbCu$ 异常。

2) 成矿地质背景

(1) 地层。该成矿亚带内出露地层为古元古界达肯大坂岩群,南华系—震旦系全吉群,寒武系欧龙布鲁克组、奥陶系多泉山组、石灰沟组、大头羊沟组、石炭系城墙沟组、怀头他拉组、克鲁克组,侏罗系大煤沟组、采石岭组、洪水沟组,白垩系犬牙沟组,新生界干柴沟组、油砂山组、狮子沟组等。以大煤沟组和新生界分布面积较大,但大煤沟组与成矿关系最密切。

古元古界达肯大坂岩群片麻岩组:出露于达肯大坂山、大煤沟以东和德令哈以东,岩性为灰黑色混合岩化黑云斜长片麻岩、斜长角闪岩、大理岩夹石榴夕线石片岩、二云母片岩。

南华系—震旦系全吉群:分布面积很小,仅局限于全吉地块内欧龙布鲁克—全吉山一带。

寒武系欧龙布鲁克组:被动陆缘陆棚碳酸盐岩台地(外陆棚)沉积,局限于全吉地层分区的全吉山和欧龙布鲁克地区。沉积物以白云岩为主,夹砂页岩和灰岩。底部含胶磷矿石英砾岩、含磷砂砾岩。

下奥陶统多泉山组:分布在石灰沟、大头羊沟、欧龙布鲁克山一带。

下奥陶统石灰沟组:分布面积较小,主要见于大头羊沟、石灰沟和欧龙布鲁克山。

中奥陶统大羊组:分布局限,仅见于大头羊沟、塔塔棱河下游、欧龙布鲁克等地。

石炭系:分布范围局限,仅见于怀头他拉南西及北侧一带,下石炭统阿木尼克组、城墙沟组、怀头他拉组和克鲁克组呈长条状沿宗务隆山展布。

侏罗系:断续出露于大柴旦镇以东,以下—中侏罗统大煤沟组为主,中侏罗统采石岭组和上侏罗统洪水沟组出露零星。

下白垩统犬牙沟组分布面积较小,零星出露于大柴旦镇绿草山煤矿至羊北煤矿一带。

该成矿亚带内山间盆地沉积了新生界路乐河组、干柴沟组、油砂山组、狮子沟组。

(2) 构造。该成矿亚带内构造发育,断裂主体为北北西向和北西向,次为北东向和北西西向,在大柴旦镇绿草山一带断裂主体为北北西向。

(3) 岩浆岩。岩浆活动微弱,侵入岩不发育。全吉群石英梁组发育的火山岩,为大陆裂谷碱性玄武岩构造岩石组合,零星出露于欧龙布鲁克—全吉山一带,由火山熔岩-火山碎屑岩组合组成,为海相喷溢相—爆发崩塌相,呈夹层状分布,岩性为砂岩夹蚀变含燧石团块玄武岩、集块岩、凝灰岩。形成环境为陆内裂谷。

3) 矿产

该成矿亚带内已发现矿种有煤、油页岩、铀、铁、金、石墨、白云母、石灰岩、黏土和耐火黏土 10 种,优势矿种为煤。石炭纪—二叠纪,矿产以变质型矿床为主,全吉、欧龙布鲁克地区形成具一定规模且优质的白云岩、灰岩和石英岩等非金属矿产。如德令哈市艾力斯台石英岩矿床(超大型)、德令哈市黄石梁白云岩矿床(中型)等。侏罗纪—新近纪,该构造单元上叠燕山期—喜马拉雅期断陷盆地,以沉积作用为主的成矿作用是其主要特色,形成较为丰富的煤炭资源。代表性矿床有大柴旦行政委员会(以下简称"大柴旦行委")西大滩煤矿、德令哈市航亚煤矿(欧南)、大柴旦行委大煤沟煤矿大煤沟井田、大柴旦镇绿草山 303 铀矿点。

5. 阿卡托山-俄博梁石棉-铜-镍-金-白云母(钨、铋、锡)成矿亚带(Ⅳ-24②)(∈-S、P)

1) 概况

该成矿亚带位于青海省西北部、阿尔金山山脉南麓,呈北东-南西向条带状展布。西南端起始于阿卡托山西部的茫崖市茫崖镇,北东至小赛什腾山以西,南西向延伸入新疆,北东向延至甘肃阿克塞地区,主体坐落于青海省。该成矿亚带在青海省内东西长约 340km,宽 10~35km,属于滩间山岩浆弧的西段,北西界为阿尔金山主脊断裂,南东以柴北缘-夏日哈断裂与柴达木盆地毗邻,北东端则以赛什腾山西翼处推断的北东向展布隐伏断裂为围限边界。区内分布柴水沟 $AS_{Z3}^{37}CuUNbLaBeAsBiTi(FSnYWPTh-$

MoNiVAu)、采石岭北 $AS^{22}_{丙}$ CrNiCuCoSbVFe$_2$O$_3$Cd（Zn）、金鸿山 $AS^{10}_{乙3}$ MoCuCdSbAsBTiCr-(NiVUFe$_2$O$_3$ZrZn)、金鸿山东 $AS^{11}_{丙}$ BaCdAsSb、俄博梁 $AS^{15}_{丙}$ Au、黄矿山 $AS^{14}_{丙}$ BaSbMo 等异常。

2）成矿地质背景

（1）地层。该成矿亚带内出露地层较为单一，主要为古元古界达肯大坂岩群，中元古界万洞沟群，奥陶系—志留系滩间山群，下—中侏罗统大煤沟组、中侏罗统采石岭组、上侏罗统洪水沟组，下白垩统犬牙沟组，渐新统—中新统干柴沟组、上新统油砂山组、上新统狮子沟组及第四纪洪冲积、风积等。其中达肯大坂岩群、万洞沟群、滩间山群、大煤沟组及油砂山组与矿产紧密关联。

古元古界达肯大坂岩群：出露于茫崖镇柴水沟北侧及牛鼻子山至俄博梁以北一带，被各类侵入岩蚕食。

中元古界万洞沟群：零星出露于索尔库里南侧及南东阿卡托山—金鸿山一带，变质程度为低绿片岩相，低压相系，为中元古代晚期的区域低温动力变质作用形成，属陆缘裂谷相的局限台地亚相、远滨亚相。岩性为大理岩、千枚岩-片岩-石英岩。

奥陶系—志留系滩间山群：出露于茫崖镇东北部及柴水沟至采石岭一带，在柴水沟至采石岭一带主要出露下火山岩组，在茫崖镇东北及采石沟一带零星出露下碎屑岩组。

下—中侏罗统大煤沟组主要为沼泽相含煤碎屑岩组合，中—上侏罗统采石岭组多为河湖相红色粗碎屑沉积，上侏罗统洪水沟组为一套以紫红色为主色调的粗碎屑岩。上述地层主要分布在茫崖镇柴水沟北侧至索尔库里南东一带。大煤沟组是该区的主要含煤地层，产有茫崖镇金鸿山煤矿。

下白垩统犬牙沟组，渐新统—中新统干柴沟组、上新统油砂山组、上新统狮子沟组，一般分布在山间盆地的边部，总体出露面积不大。

（2）构造。该成矿亚带内构造较为发育，以前造山期块体和造山期物质组分的相间分布格局为特征。断裂以纵向断裂为主，呈斜列形式分布，为岩浆侵入体的产出和成矿活动提供了构造条件。区域性断裂主体呈北东向，主要见于阿尔金山南坡，构成大型变形构造带——阿尔金左行走滑构造带，发育宽100～500m的韧性剪切带。断裂大致形成于早古生代，活动于志留纪—泥盆纪碰撞构造期。

（3）岩浆岩。该成矿亚带内经历洋-陆俯冲、陆-陆碰撞的构造演化，岩浆活动较为强烈，基性、超基性岩及中性、酸性岩浆侵入活动和火山活动均有发育。

基性、超基性岩：零星分布于茫崖镇北西一带，超基性岩体规模较小，蚀变强，岩石类型主要为全蛇纹石化斜辉辉橄岩及全蛇纹石化斜辉橄榄岩，次为块状、片状蛇纹岩及滑石菱镁片岩等，在蚀变超基性岩中产有茫崖石棉蛇纹岩矿床。在阿尔金南端的牛鼻子山一带，属于非蛇绿岩型的基性、超基性岩，产出部位处于古陆边缘横向张裂带中，主要分布在古元古界达肯大坂岩群中。该期岩体与围岩均赋存铜、镍、钴矿（在牛鼻子梁等地发现了与奥陶纪超基性有关的铜镍硫化物矿床）。

火山岩：零星见于柴水沟、采石岭，为陆缘弧火山岩构造岩石组合，主要由玄武岩-玄武安山岩组成。岩性为灰绿—灰紫色玄武安山岩、蚀变安山岩夹安山质角砾岩、凝灰角砾岩、凝灰岩。

侵入岩：分布有加里东晚期、海西期、印支期的闪长岩类和花岗岩类岩体（以海西期岩体居多），空间上以阿卡托山、大通沟南山、盐场北山最为发育。岩体普遍侵入古元古界和奥陶系之中。

（a）茫崖镇北同碰撞构造岩浆岩段，同碰撞过铝质花岗岩组合，岩石组合为二长花岗岩＋花岗闪长岩＋石英闪长岩，属过铝质钙碱性系列。岩体侵入古元古界金水口岩群片麻岩中，二者之间侵入接触界线不十分清楚，岩体中有较多的围岩捕房体。被后期花岗岩超动侵入。在茫崖镇北东及柴水沟一带分布晚三叠世砖红色中细粒正长花岗岩，在柴水沟至采石岭一带分布晚三叠世肉红色中细粒二长花岗岩。

（b）牛鼻子梁-冷湖镇北俯冲构造岩浆岩段，牛鼻子梁俯冲有关的花岗岩组合，岩性为闪长岩＋英云闪长岩＋石英闪长岩，为偏铝质中低钾钙碱性系列，属壳幔混合源。岩体呈不规则状侵入古元古界金水口岩群大理岩、片麻岩及早期花岗岩中，接触界线较清楚。围岩具硅化、烘烤及褪色现象。

（c）大通沟后造山钙碱性花岗岩组合，岩石组合为二长花岗斑岩＋二长花岗岩＋花岗闪长岩，属偏铝—弱过铝质钙碱性系列。岩体呈不规则岩株状侵入古元古界金水口岩群片麻岩及万洞沟群千枚岩等地层中,并明显超动侵入到早期片麻状花岗岩体中。岩体中有较多的围岩捕虏体存在。

(d)柴水沟后碰撞构造岩浆岩段,与后碰撞有关的高钾钙碱性花岗岩组合,岩石组合为正长花岗岩+二长花岗斑岩+二长花岗岩+花岗闪长岩。柴水沟一带肉红色中粗粒正长花岗岩、灰—灰白色斑状—不等粒二长花岗岩、灰—灰白色中细粒花岗闪长岩组成过铝质高钾钙碱性系列。

黄矿山一带为灰白—浅肉红色中细粒二长花岗岩,有少量暗色包体,属过铝质高钾钙碱性系列,岩体侵入古元古界金水口岩群片麻岩中。

3) 矿产

该成矿亚带内已发现18种矿产,金属矿产有铁、镍、钨、钛、铜、金等,能源、非金属矿产有煤、石油、石棉、石墨、滑石、水晶、白云母、石膏、冰洲石、黏土、白云岩及地下水等。总体上,该成矿亚带中的矿产与岩浆作用和沉积作用关系密切,前者主要与造山环境的岩浆作用成矿相关,而后者则反映了高原快速隆升阶段的沉积作用成矿。南华纪—泥盆纪是该区的成矿高峰期,前南华纪、侏罗纪—新近纪及第四纪成矿期矿化较弱。寒武纪形成与镁质基性—超基性岩有关的石棉、蛇纹岩矿床,以茫崖石棉矿床为代表;奥陶纪成矿与中酸性侵入岩有关,形成铜矿和红蓝宝石矿;志留纪形成与岩浆热液活动(可能有断裂构造参与成矿)相关的矿产,如茫崖镇采石沟金矿床(小型)。近几年在大通沟南山至俄博梁一带发现了不少稀有、稀土矿(化)点,有牛鼻子梁西稀有稀土矿点、交通社西北稀有矿点、大通沟南山稀有矿化点、西通沟铷矿化点、柴达木大门口东轻稀土矿化点等。此外,在大通沟南山古元古界金水口岩群大理岩中还发现了沉积变质型石墨矿床。

6. 小赛什腾-滩间山金(铀、铅、银、硫)成矿亚带(Ⅳ-24③)(O、C)

1) 概况

该成矿亚带位于阿卡托山-俄博梁石棉-铜-镍-金-白云母(钨、铋、锡)成矿亚带东端,东西长约150km,宽约30km。区内分布丁字口 AS_T^6 AuAsBCuWBiSbCr、苏干湖西 $AS_{甲4}^{16}$ TiCrCoBNiCdAuSb、红灯沟 AS_{Z3}^{26} AuMoCuRb、红旗沟 AS_{Z3}^{39} CuVCoFe$_2$O$_3$CrAuNi、滩间山北 $AS_{甲1}^{40}$ CuMoTiCoNbAsVCrNiW-SbZrFe$_2$O$_3$CdAu 等异常。

2) 成矿地质背景

(1) 地层。该成矿亚带内出露地层主要为古元古界达肯大坂岩群、中元古界万洞沟群、奥陶系—志留系滩间山群、上泥盆统牦牛山组、下石炭统怀头他拉组及上新统狮子沟组等。

古元古界达肯大坂岩群:出露麻粒岩组,主要分布于赛什腾山中段。主要岩石组合为石榴二辉麻粒岩、基性二辉麻粒岩、黑云钾长变粒岩等。

中元古界万洞沟群:主要出露火山岩组和碳酸盐岩组,被北西西断裂夹持,呈长条状展布。受断层破坏和后期侵入岩吞噬,出露零星,带内仅零星出露于大柴旦镇滩间山一带。碳酸盐岩组合中的含碳泥质岩石富含金或含金矿物而构成矿床。

奥陶系—志留系滩间山群:冷湖镇北至滩间山一带均有分布,主要出露下火山岩组。岩石组合为玄武岩、安山岩、英安岩等,产出海相火山岩型铁矿。

上泥盆统牦牛山组:大柴旦镇滩间山南西出露零星,为牦牛山组碎屑岩段,下部为复成分砂砾岩,上部为粉砂岩、泥岩等。

下石炭统怀头他拉组:在苏干湖西侧、千枚岭东、滩间山西侧等地有零星出露,砂岩中含铁锰结核。

(2) 构造。区内构造活动强烈,沿柴北缘深断裂旁侧发育有多条北西—北北西向韧性剪切带和次一级的褶皱、断裂构造。在滩间山群中发育有多条韧性剪切带,它们是晚加里东期以来多次造山活动的产物,具有深层变形构造(韧性剪切)特征。区内一些主要金矿床(如滩间山金矿、青龙沟金矿、野骆驼泉金矿等)的形成均与韧性剪切带构造有着密切关系。

(3)岩浆岩。该成矿亚带内侵入岩以中酸性为主,多属海西晚期—印支期花岗岩类。加里东晚期—海西早期以基性辉长岩和中酸性花岗岩类为主。

3)矿产

该成矿亚带内已发现金、钴、锰、铜、镍、硫铁、铅锌、银、铁、煤等矿种,主要有野骆驼泉西金钴矿床、镇胜利沟金矿床、红旗沟锰矿床、红柳沟金矿床、青龙山铜镍矿床、青龙滩硫铁矿矿床、青龙沟金矿床、金龙沟金矿床、细晶沟金矿床等。区内矿产科研工作较为深入,滩间山金矿田自20世纪90年代以来一直是本区工作的重点。

7. 布赫特山铁-稀有、稀土-铜-金(铀、铂族、煤)成矿亚带(Ⅳ-24④)(C、P)

1)概况

该成矿亚带位于柴达木盆地东北缘,西起德令哈尕海,东至乌兰县以东,北到宗务隆山南缘断裂,南以赛什腾山-旺尕秀断裂为界,东以哇洪山-温泉断裂为界。东西长约170km,南北最宽处达50km。区内分布德令哈市南东 $AS^{126}_{甲1}$ BiAuPTiBaCuFe$_2$O$_3$V(ThCrZrNbBeF)、沙柳泉 AS^{135}_{Z2} WPbBeMoSbUBiP(Ag)等异常。

2)成矿地质背景

(1)地层。成矿亚带出露地层主要为古元古界达肯大坂岩群、奥陶系—志留系滩间山群、上泥盆统牦牛山组、下—中三叠统隆务河组、下—中侏罗统大煤沟组及上新统油砂山组等。

古元古界达肯大坂岩群:在德令哈尕海以东、乌兰县以北大面积分布,岩性为灰黑色混合岩化黑云斜长片麻岩、斜长角闪岩、大理岩夹石榴矽线石片岩、二云母片岩。在古元古界达肯大坂岩群中有与混合岩化作用有关的白云母、绿柱石等伟晶岩型矿床,分布于乌兰沙柳泉等地。

奥陶系—志留系滩间山群:主要出露下碎屑岩组,分布于乌兰县大黑山至呼德生沟及布赫特山一带。岩石普遍发生区域动力变质作用,岩性复杂。

上泥盆统牦牛山组:零星出露于德令哈市求绿特一带,为碎屑岩组合,主要岩性为砾岩、砂岩夹粉砂岩。

下—中侏罗统大煤沟组:零星出露,主要岩性组合为杂色砂岩、粉砂岩、页岩夹砾岩、煤层。

上新统油砂山组:出露于乌兰县以北一带,主要岩性组合为杂色砾岩、砂岩、粉砂岩、泥岩夹泥灰岩等。

(2)构造。成矿亚带内断裂构造发育,哇洪山-温泉断裂(F20)横切该成矿亚带。断裂构造以北西向断裂为主体,在德令哈市高特拉蒙南东一带有少数为北东向断裂。

(3)岩浆岩。该成矿亚带内基性、超基性岩及中性、酸性侵入岩均有分布。乌兰地区分布基性($O_2\nu$)—超基性岩($O_2\Sigma$);乌兰县北西一带分布中性—酸性侵入岩,岩性主要有中奥陶世灰—暗灰色片理化闪长岩、早二叠世浅灰绿色细粒英云闪长岩、浅灰色中细粒花岗闪长岩、灰绿色细粒闪长岩、早三叠世浅灰色中细粒花岗闪长岩、英云闪长岩,晚三叠世灰红色细粒正长花岗岩、浅灰红色中细粒—不等粒二长花岗岩等。

3)矿产

该成矿亚带由于陆内造山抬升剥蚀,对矿床保存不利。在呼德生沟形成以矽卡岩为主的铁矿床,在乌兰沙柳泉地区形成与混合岩化伟晶岩有关的稀有多金属矿床,代表矿床(点)有乌兰沙柳泉云母绿柱石、沙柳泉铌钽矿床。在王家琪形成与铁镁质超基性岩有关的岩浆熔离型磁铁矿矿床(王家琪铁矿)。

呼德生镍铜矿化是近年发现的与岩浆熔离作用有关的矿床。呼德生超基性岩体侵入古元古界达肯大坂岩群中,岩体从中心到边缘依次出现橄榄岩→辉石岩→辉长岩的岩相分带特征。岩石主要类型有纯橄岩、橄榄二辉岩和辉长岩,各岩石之间多为过渡接触关系,镍铜矿化主要赋存于辉石岩中。

沙柳泉铌钽矿床区出露地层主要有古元古界达肯大坂岩群。以达肯大坂岩群为主要地层,呈北西-南东向展布。岩浆活动时期主体为加里东期、海西期,明显受北西向断裂带控制。矿区东北部密集出现的花岗伟晶岩脉,沿区域断裂构造形成的次一级断裂构造中展布,多穿层侵入达肯大坂岩群片麻岩组中。花岗伟晶岩脉呈大小不等的透镜状、脉状产出,伴生稀有金属矿产。

8. 绿梁山-锡铁山铅-锌-金-石油-铀-钍(煤、铁、宝玉石)成矿亚带(Ⅳ-24⑤)(O,J)

1) 概况

该成矿亚带主体与赛什腾山-锡铁山蛇绿混杂岩构造单元相对应,西起赛什腾山东端,经绿梁山、锡铁山,至阿木尼克山。北以赛什腾山-旺尕秀断裂为界,南以柴北缘-夏日哈断裂为界与柴达木盆地相接,总体呈北西向展布,长约250km,宽10~25km。主要异常有滩间山北 $AS^{40}_{甲1}$ CuMoTiCoNbAsVCrNiWSbZrFe_2O_3CdAu、锡铁山 $AS^{109}_{甲2}$ PbZnCdAuAgTiCrSn(WAsCoU)、阿姆尼克山东 AS^{134}_{Z3} Mo AsUSbLiWBCu(BiPbYFZn)。

2) 成矿地质背景

(1) 地层。该成矿亚带内出露地层主要为古元古界达肯大坂岩群、长城系沙柳河岩群、奥陶系—志留系滩间山群、上泥盆统牦牛山组、下石炭统阿木尼克组、下白垩统犬牙沟组、下—中侏罗统大煤沟组、上侏罗统洪水沟组,以及古近系—新近系路乐河组、干柴沟组、油砂山组、狮子沟组等。

古元古界达肯大坂岩群:主要出露片麻岩组,分布于大柴旦镇西双口山、锡铁山一带。

长城系沙柳河岩群:主要出露于鱼卡南部一带。沙柳河岩群的片岩-斜长角闪岩中赋存有变质火山沉积型铅锌矿,并富含金、银、稀有分散元素等。

奥陶系—志留系滩间山群:主要分布在赛什腾山东端和鱼卡以南,以下火山岩组为主。

上泥盆统牦牛山组:在成矿亚带东端广泛出露。下部为复成分砂砾岩,上部为火钙碱性火山岩,上部的火山岩建造,有玄武安山岩-安山岩建造组合、英安岩-凝灰岩建造组合、流纹岩-角砾岩建造组合等。

下石炭统阿木尼克组:在锡铁山东部有出露,岩性组合为砾岩、砂岩、粉砂岩,上部夹薄层灰岩。

下—中侏罗统大煤沟组、上侏罗统洪水沟组:比较集中出露于大柴旦镇滩间山南东至鱼卡南一带。下—中侏罗统大煤沟组沉积主要为沼泽相含煤碎屑岩组合,上侏罗统洪水沟组为一套以紫红色为主色调的粗碎屑岩。

下白垩统犬牙沟组:分布面积较小,集中出露于犬牙沟、巴嘎柴达木湖以西。

新生界路乐河组、干柴沟组、油砂山组、狮子沟组:主要出露于滩间山至绿梁山间的山间盆地、大柴旦盆地、双口山至锡铁山间的山间盆地等地。在现代盐湖中产有大柴旦镇小柴旦盐湖盐矿床等。

(2) 构造。该成矿亚带内构造发育,断裂主体为北西向,较集中分布在赛什腾山、吕梁山和锡铁山。沿断裂或断裂交会处见有矿产地分布。

(3) 岩浆岩。该成矿亚带内基性、超基性岩及中性、酸性岩浆侵入活动和火山活动都有发育。其中基性、超基性岩主要分布在绿梁山等地,为与洋俯冲有关的SSZ型蛇绿岩组合,属晚寒武世—奥陶纪柴北缘蛇绿混杂岩带的组成部分。岩性为浅灰绿色中细粒蚀变橄榄辉长岩,岩体中含超镁铁质岩包体,构造侵入古元古界达肯大坂岩群中并有后期闪长岩超动侵入,接触面呈不规则状且倾向围岩,有大量后期岩脉穿插。侵入岩不甚发育,仅在东部见有海西期二长花岗岩侵入。

3) 矿产

该成矿亚带内已发现煤、石油、铬、铅、锌、银、铜、金等矿种,主要有鱼卡煤矿、鱼卡金红石矿床、鱼卡油田、绿梁山铜矿床、绿梁山落凤坡铬矿床、双口山铅银锌矿床、锡铁山铅锌矿床等。

该成矿亚带包括北西段的绿梁山和南东段的锡铁山两个矿产集中区。西段的绿梁山矿产集中区以大柴旦镇绿梁山落凤坡铬矿床为代表,成矿类型属岩浆型,矿体赋存于绿梁山南坡超基性岩体的蛇纹岩带中;南东段的锡铁山矿产集中区以锡铁山铅锌矿床(超大型)为代表,铅锌矿体多呈似层状、透镜状,少数为细脉浸染状,绝大多数矿体赋存于滩间山群下部的火山-沉积岩中,矿床类型属喷气沉积-热液改造型。

9. 阿姆尼克-卜浪沟铅、锌、铀(煤、盐)成矿亚带(Ⅳ-24⑥)(D、T)

1) 概况

该成矿亚带位于阿木尼克山与旺尕秀之间,北侧以赛什腾山-旺尕秀断裂为界与鱼卡-德令哈煤-铀-黏土-页岩气(稀有、稀土、金、石灰石)成矿亚带相邻,南侧融入柴达木盆地,东、西两侧被推测的北西向断裂围限,东西长约170km,南北最宽处约50km。带内有阿姆尼克山东 AS_{Z3}^{134} MoAsUSbLiWBCu(Bi-PbYFZn)、怀头他拉 $AS_{丙}^{111}$ SrCdLiAu、旺尕秀南西 AS_{T}^{152} AgUNbWZrAsBaTh(Li)等异常。

2) 成矿地质背景

(1) 地层。该成矿亚带内出露地层主要为上泥盆统牦牛山组,下石炭统阿木尼克组、城墙沟组,下—中侏罗统大煤沟组、中侏罗统采石岭组、新生界干柴沟组、油砂山组、狮子沟组等。

上泥盆统牦牛山组:在阿木尼克山一带出露广泛,下部为碎屑岩段,上部为火山岩段。

下石炭统阿木尼克组、城墙沟组:分布在阿木尼克山北坡,出露面积不大。其中,阿木尼克组以砾岩、砂岩、粉砂岩夹薄层灰岩为主;城墙沟组以灰岩夹砂岩、页岩为主。

下—中侏罗统大煤沟组、中侏罗统采石岭组:零星分布,其中大煤沟组含煤层。

新生界干柴沟组、油砂山组、狮子沟组:大面积分布在阿木尼克山两侧及托素湖周边。

(2) 构造。总体来看,该成矿亚带为一断陷盆地,其特点是新生代地层分布面积广,构造不甚发育。在阿木尼克山一带发育北西西向断裂构造,与该山系走向一致。

(3) 岩浆岩。组成上泥盆统牦牛山组火山岩段,由钙碱性系列火山岩组合组成。岩层为陆相喷溢相,呈夹层状分布,岩性为砂砾岩夹安山岩透镜体,为钙碱性系列,形成于大陆伸展(断陷盆地)环境。

3) 矿产

该成矿亚带目前发现矿产不多,主要为上泥盆统牦牛山组中产出的都兰县达达肯乌拉山西铜银金矿点和铀矿化点,在下—中侏罗统大煤沟组中产有达达肯乌拉煤矿床,在现代盐湖中产有盐湖盐矿床。

10. 赛坝沟-阿尔茨托山金-铅-锌-铜-钨-锡-煤-锰(铀、金红石)成矿亚带(Ⅳ-24⑦)(S-D、T-J)

1) 概况

该成矿亚带分布在柴北缘成矿带的东部,西起乌兰旺尕秀,东至阿尔茨托山东段,北、南分别以赛什腾山-旺尕秀断裂和昆北断裂为界,东部被哇洪山-温泉断裂围限,东西长约180km,宽约50km。带内有牦牛山 AS_{Z3}^{151} UThLiCdSbPbWNi(CuZrLaBaRb)、赛什克南 $AS_{甲1}^{153}$ CuCoAuFe_2O_3CrNiVMn(AsTh)、阿尔茨托山 AS_{Z2}^{171} CdBCuAsSbAuSnPb(Zn)、哈莉哈德山北西 AS_{Z3}^{167} NiCrCuCoVSb Fe_2O_3、沙柳河中游 $AS_{甲1}^{173}$ SnBiWAsCdFCuLi(Ag)、哇玉香卡西 AS_{Z2}^{177} AuPbSnCrLiBeNb等异常。

2) 成矿地质背景

(1) 地层。该成矿亚带内出露地层主要有:古元古界达肯大坂岩群,主要分布在乌兰阿移项及以南一带,岩石组合为片麻岩、片岩、石英岩、条带状大理岩,原岩建造为基性火山岩-黏土岩-大理岩建造组合,产有乌兰县阿移项铁矿点;长城系沙柳河岩群,主要出露于沙柳河一带,在该地层中产有都兰县沙柳河钨锡锌矿床;奥陶系—志留系滩间山群,主要分布在乌兰县赛坝沟及都兰县沙柳河一带,在该地层中产有乌兰县赛坝沟金矿床、乌达热乎金矿床、拓新沟金矿床、阿里根刀若金矿点等;上泥盆统牦牛山组,下部为复成分砂砾岩,上部为钙碱性火山岩,上部的火山岩建造有玄武安山岩-安山岩建造组合、英安岩-凝灰岩建造组合、流纹岩-角砾岩建造组合等,产有都兰县红柳沟铅锌矿点;下石炭统阿木尼克组、城墙沟组、怀头他拉组和上石炭统克鲁克组,其中在怀头他拉组中产有煤矿点;侏罗系断续出露于乌兰旺尕秀一带,以下—中侏罗统大煤沟组为主,中侏罗统采石岭组和上侏罗统洪水沟组出露零星,在该套变质地层中产有乌兰县牦牛山煤矿床等;下白垩统犬牙沟组分布面积较小,零星出露于乌兰旺尕秀一带。此外,该成矿亚带内山间盆地还沉积了新生界路乐河组、干柴沟组、油砂山组、狮子沟组等。

(2)构造。该成矿亚带内构造发育,但较为集中分布于牦牛山—赛坝沟—哈莉哈德山及哈尔茨托山—沙柳河地区。断裂主体为北北西向和北西向,次为北东向和北西西向,在赛坝沟至沙柳河一带以北西西向断裂为主体。

(3)岩浆岩。沿断裂或断裂交会处见有矿产地分布。加里东期—印支期花岗岩侵入体分布广泛,以加里东期最广,其次为海西期。加里东期为基性—超基性岩;海西期—印支期为中酸性岩类,有闪长岩、花岗闪长岩、二长花岗岩、钾长花岗岩等。

3)矿产

该成矿亚带内已发现较多的石英脉型金矿和热液型金矿,成矿与海西期中酸性侵入岩和北西向剪切带关系密切。石英脉型金矿通常发育在剪切带浅部的脆性变形区,而剪切带深部的韧性变形区常常发育糜棱岩型矿体。赛坝沟—乌达热乎一带出现的少数热液型矿体,可能表明其处于剪切带由韧性向脆性转换的过渡带部位。因此,在该地段及其以东的阿里根刀诺地区有进一步寻找深部的热液型金矿的潜力。该区东南部沙柳河地区已发现的矿床(点)以海相火山岩型为主,均赋存于变质地层中。

11. 南翌山-南八仙油气-页岩气-锂-硼-锶-芒硝-钾镁盐成矿亚区(Ⅳ-25①)(Kz)

1)概况

该成矿亚区分布于柴达木盆地西部,西起茫崖镇,东至南八仙—西台吉乃尔湖一线,北侧以柴北缘-夏日哈断裂为界,东西长约340km。

2)成矿地质背景

(1)地层。区内出露地层均为新生代地层,主要有路乐河组、干柴沟组、油砂山组、狮子沟组及第四系。

路乐河组:零星出露于赛什腾山南坡与柴达木盆地结合部,以砾岩、砂岩夹粉砂岩、泥岩为主。

干柴沟组:主要分布于区内北部一带,上部为粉砂岩、泥岩,下部为砾岩、砂岩夹泥岩。

油砂山组、狮子沟组:主要分布于花土沟镇—黄瓜梁一带、冷湖——里坪一带,岩性为砾岩、砂岩、泥灰岩,局部夹盐岩。

第四系成因类型复杂,下、中更新统为湖相沉积,在盆地边缘为山麓河湖相堆积;上更新统以冲积、洪积为主,次为湖泊沉积、化学沉积;全新统以冲积、化学沉积为主,次为风积和沼泽沉积。

(2)构造。区内主要发育褶皱构造,为一系列古近系—新近系中的北西向褶皱,呈束状挤压紧密,平面上多呈长轴状,形态为梳状、箱状,两翼倾角40°~60°,并常见倒转现象,背斜两翼受断裂切割,形成"两断夹一隆"构造格局。断裂构造以北西向为主,其次为北北西向。

3)矿产

该成矿亚区内分布着丰富的石油、天然气矿产和第四纪盐湖矿产。石油、天然气主要分布在盆地的周边,主要有油泉子石油天然气田、涩北天然气田、大风山石油天然气田、尖顶山石油天然气田、南翼山石油天然气田等。第四系现代盐湖沉积型矿产主要有钾盐、镁盐、硼矿、锂矿、锶矿等,主要的矿床有西台吉乃尔湖卤水锂矿、马海固体钾矿卤水钾矿、一里坪卤水锂矿、大风山固体天青石-硼矿等。该成矿亚区内的页岩气勘查工作尚处于空白。

12. 东台-霍布逊硼-锂-钾镁盐（油气、页岩气、铀）成矿亚区（Ⅳ-25②）（Kz）

1）概况

该成矿亚区分布于柴达木盆地北东部，西起南八仙一带，东至霍布逊，北侧以柴北缘-夏日哈断裂为界，东西长约220km。

2）成矿地质背景

（1）地层。区内出露地层主要有下白垩统犬牙沟组，古近系路乐河组，古近系—新近系干柴沟组，新近系油砂山组、狮子沟组，以及第四系。下白垩统犬牙沟组分布在柴达木湖南西，地层走向为北西向；路乐河组、干柴沟组、油砂山组、狮子沟组主要分布于成矿亚区东北部，西南部被第四系覆盖。

（2）构造。区内发育的褶皱构造为一系列古近系—新近系中的北西向褶皱。区内断裂构造规模不大，以北西向断裂为主，北东向断裂次之，断裂构造与成矿关系不密切。

3）矿产

区内以第四纪现代盐湖沉积型矿产为主，主要有钾盐矿、镁盐矿、硼矿、锂矿等，其中钾盐矿、硼矿、锂矿及镁盐矿等矿产资源储量巨大，是柴达木盆地乃至青海省独特的优势矿产地之一，主要有察尔汗固体钾矿卤水钾矿、东台吉乃尔湖卤水锂矿等。

13. 夏日哈-鄂拉山铁-铜-铅-锌-钨-锡-铋-金-钼-页岩气成矿亚带（Ⅳ-26①）（D、T）

1）概况

该成矿亚带位于柴达木盆地南缘，在研究区范围不大，北以昆北断裂为界，东以哇洪山-温泉断裂为界，东西长约100km，宽10~15km。区内有沙柳河中游 $AS_{甲1}^{173}$ SnBiWAsCdFCuLi(Ag)异常。

2）成矿地质背景

（1）地层。该成矿亚带在研究区范围有限，出露地层主要有奥陶系祁漫塔格群、上泥盆统黑山沟组、上三叠统鄂拉山组。

奥陶系祁漫塔格群：为碎屑岩、基性—酸性火山岩、碳酸盐岩的序列组合，虽铜、铅等金属元素的背景含量偏高，但矿化信息稀少。

上泥盆统黑山沟组：岩石组合为碎屑岩和中酸性火山岩。

上三叠统鄂拉山组：底部为砾岩、砂岩，上部为中心式陆相火山喷发活动形成的具火山机构的中酸性和酸性火山岩组合。

（2）构造。该成矿亚带造山期形成的构造格局为复向斜和与之相适应及配套的纵向断层，纵向断层发育，且向东南敛合。

（3）岩浆岩。该成矿亚带内岩浆活动比较强烈，中性—酸性岩浆侵入活动和火山喷发活动均有分布。

3）矿产

该成矿亚带内生金属矿产比较丰富，是青海省内重要的铁、多金属成矿带之一。该成矿亚带属大陆边缘活动区，成矿作用具有多期性和多样性的特点，前寒武纪以沉积-变质成矿作用为主，形成少量的变质或淋滤型铁矿。海西期—印支期是该成矿亚带最重要的成矿时期，以岩浆成矿作用为主，形成独具特色的矽卡岩-热液型铁、锡、铜、多金属矿产。燕山期成矿事实不多，以铁、铜为主，成矿与钾长花岗岩等酸性岩类有关。

14. 生格-茶卡稀有-铀-盐（金、白云岩）成矿亚带（Ⅳ-26②）（T、Q）

1）概况

该成矿亚带位于研究区东端，北以宗务隆山南缘断裂为界，西以哇洪山-温泉断裂为界，呈三角形分布。区内有生格南 $AS^{136}_{丙}$ BiWMnThUFSnCd（CuYAg）、铜普察汗河 $AS^{137}_{丙}$ AuCuZrMoTiLaPY-(BaFe$_2$O$_3$Co)、哇玉香卡西 $AS^{177}_{乙2}$ AuPbSnCrLiBeNb 等异常。

2）成矿地质背景

（1）地层。该成矿亚带出露地层主要有古元古界金水口岩群、下—中二叠统大柴沟组、上三叠统鄂拉山组和第四系等。

古元古界金水口岩群：主要出露片麻岩组，沿哇洪山-温泉断裂东侧分布，呈断块状产出。岩石组合为黑云斜长片麻岩、黑云角闪片麻岩、黑云二长片麻岩、斜长角闪岩等。

下—中二叠统大柴沟组：分布在该成矿亚带最南侧。岩性组合为微晶灰岩、生物碎屑灰岩、鲕粒灰岩等夹砂岩。

上三叠统鄂拉山组：分布在茶卡盆地周边，出露范围不大。

（2）构造。该成矿亚带位于东昆仑造山带与西秦岭造山带的结合部，围限于哇洪山-温泉断裂、宗务隆山南缘断裂之间，区内断裂构造十分发育，沿哇洪山-温泉断裂形成断裂束，多与该断裂方向相同。成矿亚带北西侧发育北西西向断裂，与宗务隆山南缘断裂方向一致。

（3）岩浆岩。该成矿亚带内出露大量晚三叠世侵入岩，岩石组合为正长花岗岩＋二长花岗岩＋二长花岗斑岩＋花岗闪长岩＋石英闪长岩，其次有早二叠世、早三叠世、早侏罗世侵入岩。侵入岩呈不规则状、楔形带状展布，与古元古界金水口岩群呈侵入接触。火山岩主要侵入鄂拉山组中，岩石组合为安山岩、英安岩、流纹岩等。

3）矿产

该成矿亚带内具有较好的稀有、稀土元素水系沉积物异常，在乌兰县夏日达乌地区形成与伟晶岩有关的稀有矿床。同时，该成矿亚带北侧紧邻茶卡北山等锂、铍矿床，两矿床的成矿时代均为三叠纪。因此，该成矿亚带具有良好的寻找稀有矿床的潜力。

新生代形成与山间盆地沉积有关的茶卡盐湖盐矿床。

15. 宗务隆山-加木纳哈岗稀有-铅-锌-银-金（铜、银）成矿亚带（Ⅳ-28①）（T、P）

1）概况

该成矿亚带西起大柴旦镇鱼卡以北，北邻尕日力根-石乃亥金-铅-锌-砂金-硼（铀、银）成矿亚带，南接欧龙布鲁克-乌兰元古宙古陆块体，呈狭长带状，夹持于宗务隆山北缘断裂和土尔根大坂-宗务隆山南缘断裂之间，东西长约450km，宽4～15km。该成矿亚带内分布塔塔棱河南 $AS^{98}_{乙2}$ MoCuMnSbZnHgNbNi(Fe$_2$O$_3$AsVCrCoCd)、畜集山 $AS^{113}_{甲1}$ MoPbSbAsCdCuHgAg（SrNi）、畜集山东 $AS^{114}_{甲3}$ AgCrCuNiPbRbSbV（Zn）、宗务隆山 $AS^{112}_{乙3}$ NiCdCrNbAsCoSbCu 等异常。

2）成矿地质背景

（1）地层。该成矿亚带内出露地层主要有：石炭系—中二叠统土尔根大坂组，岩性为灰色、灰绿色绢云母千枚岩，绿泥绢云千枚岩，千枚状粉砂岩及石英砂岩；下二叠统果可山组，岩性为结晶灰岩夹砂岩、中基性火山岩。

（2）构造。该成矿亚带位于宗务隆山-夏河甘加裂谷，构成一条大型变形构造带。区域性断裂在德令哈市宗务隆山一带比较发育，这些区域性断裂及其次级断裂在空间上控制了该成矿亚带内的矿产分布。

（3）岩浆岩。该成矿亚带内中性—酸性岩浆侵入活动和火山活动均有发育，其中火山岩主要分布在下二叠统果可山组，由碎屑岩段的玄武岩-玄武安山岩组合和碳酸盐岩段的玄武岩-玄武安山岩组合组成，均为海相喷溢相的夹层，有玄武岩、玄武安山岩等少量中性—基性火山岩夹层分布。总体来说，该成矿亚带内岩浆岩为钙碱性系列岩石组合，形成环境可能为陆缘裂谷。

3)矿产

该成矿亚带矿产比较丰富,是西秦岭成矿带内重要的多金属成矿亚带,已知金属矿产有铅、锌、金、铜、锂铍等。该亚带中段主要是与土尔根大坂组有关的造山型金矿,一般规模不大,大多数矿点成矿时代为三叠纪;东段近几年找矿工作取得新突破,在土尔根大坂组及发育在该组的石英闪长岩中,发现了伟晶岩型稀有金属矿产,与海西期—印支期中酸性侵入岩相关。

第二章　柴达木盆地北部地区战略性矿产特征

第一节　战略性矿产概述

依据战略性矿产资源的定义，我国战略性矿产资源大致可分为3类：短缺性矿产资源、技术制约性矿产资源、能够调控国际市场的优势矿产资源。

截至2017年底，青海省已发现矿产种类134种、矿床（点）2489个。已发现10种能源矿产，其中石油、天然气、页岩气、煤炭、煤层气、铀6种能源矿产列入战略性矿产目录。已发现42种金属矿产，其中铁、铬、铜、铝、金、镍、钨、锡、钼、锑、钴、锂、稀土、锆14种矿产列入战略性矿产目录，铝尚未查明资源量，锆未列入资源/储量表中，其余均列入了资源/储量表中。共发现非金属矿产56种（按照矿产的岩矿属性分类），其中磷矿、石墨、普通萤石列入战略性矿产目录。

柴达木盆地北部地区战略性矿产资源包括：能源类石油、天然气、页岩气、煤炭、煤层气、铀；贵金属类金和钾盐（主产地）；黑色金属类铁、铬；有色金属类铜、镍、钨；稀有稀土金属类铌、钽；非金属类磷（规模小，不是主产地）；萤石、晶质石墨（没有矿点记录）。随着进一步的找矿成果显现，战略性矿产资源分布特点会发生大的变化，目前在柴达木盆地北部地区已形成"一层卤水，包含稀有，页岩气，一片锂，一条金腰带，一个富硒区"的找矿新进展。本书研究的战略性矿产资源有金、铀、"三稀"、铂族、页岩气5类，是保障国家能源资源安全的支柱性矿产，是能源类、金属矿产中经济社会发展所需的重要矿种，是柴达木循环经济试验区建设中的关键性矿产。

第二节　矿床类型及特征

一、金矿床类型及特征

参照《中国矿产地质志》中的矿床类型划分方案（18个矿床类型），结合研究区实际，将区内金矿床主要矿床类型初步归纳为6个类型，主要为岩浆型（含岩浆热液型），机械沉积型（砂矿型）、浅成中—低温热液型、海相火山岩型、砾岩改造型、接触交代（矽卡岩）型均很少（图2-1，表2-1）。

需要指出的是，金成矿的多源性和复杂性不但使金的成因分类较难统一，就是同一矿床的成因也是众说纷纭，通过对青海省内近60处较有代表性矿床的研究，除砂金矿床外，尚无一处金矿床的成因类型能得到一致的认可。由此可见，要准确确定某一矿床的成因类型难度较大。

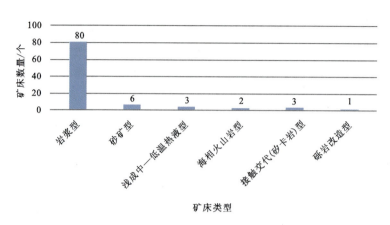

图 2-1 柴达木盆地北部地区金矿成矿类型归类图

表 2-1 柴达木盆地北部地区金矿(成因/工业)类型简表

Ⅰ级	Ⅱ级	Ⅲ级	主要矿种	各类型矿产地数及占比	产出部位	主要成矿单元
内生矿床	岩浆作用矿床	岩浆型(含岩浆热液型)	金	80个/84%	产出在岩浆岩带、蛇绿混杂岩带中。古元古界、中元古界、寒武系、奥陶系、志留系、泥盆系、石炭系、二叠系、三叠系、侏罗系	小赛什腾-滩间山金(铀、铅、银、硫)成矿亚带(Ⅳ-24③);绿梁山-锡铁山铅-锌-金-石油-铀-钍(煤、铁、宝玉石)成矿亚带(Ⅳ-24⑤);赛坝沟-阿尔茨托山金-铅-锌-铜-钨-锡-煤-锰(铀、金红石)成矿亚带(Ⅳ-24⑦);尕日力根-石乃亥金-铅-锌-砂金-硼(铀、银)成矿亚带(Ⅳ-23②);鱼卡-德令哈煤-铀-黏土-页岩气(稀有、稀土、金、石灰石)成矿亚带(Ⅳ-24①);布赫特山铁-稀有、稀土-金(铀、铂族、煤)成矿亚带(Ⅳ-24④)
		接触交代(矽卡岩)型	金	3个/3%	花岗岩与滩间山群、石炭纪碳酸盐岩的接触带	夏日哈-鄂拉山铁-铜-铅-锌-钨-锡-铋-金-钼-页岩气成矿亚带(Ⅳ-26①);布赫特山铁-稀有、稀土-金(铀、铂族、煤)成矿亚带(Ⅳ-24④)
		海相火山岩型	铜、铅、锌、银、金	2个/2%	滩间山群火山岩组	绿梁山-锡铁山铅-锌-金-石油-铀-钍(煤、铁、宝玉石)成矿亚带(Ⅳ-24⑤)
	含矿流体作用矿床(非岩浆-非变质作用)	浅成中—低温热液型	金	3个/3%	滩间山群、牦牛山组火山岩、阿木尼克组碎屑岩	小赛什腾-滩间山金(铀、铅、银、硫)成矿亚带(Ⅳ-24③);绿梁山-锡铁山铅-锌-金-石油-铀-钍(煤、铁、宝玉石)成矿亚带(Ⅳ-24⑤)
	沉积作用矿床	砂矿型	金	6个/7%	第四系底部砂砾层	尕日力根-石乃亥金-铅-锌-砂金-硼(铀、银)成矿亚带(Ⅳ-23②)
叠加(复合/改造)矿床			金	1个/1%	二叠系勒门沟组砾岩	尕日力根-石乃亥金-铅-锌-砂金-硼(铀、银)成矿亚带(Ⅳ-23②)

1. 岩浆型（含岩浆热液型）

岩浆型（含岩浆热液型）金矿床成矿环境属构造活化带或裂隙带，可赋存于各种性质的围岩和构造破碎蚀变带中。成矿地质特征是由中、低温含矿岩浆热液流体形成，基本由含矿热液流体充填构造裂隙或交代有利围岩而形成金矿。蚀变类型以硅化、绢云母化、绿泥石化、碳酸盐化、高岭土化等为主，以沿构造破碎带发育为主要特征。该类金矿床多与区域性构造，特别是断裂构造关系密切，并受控于不同序次、构造级别的控制。这类金矿床以往多被称为"破碎蚀变岩型"或"造山型"金矿床。

岩浆型是柴达木盆地北部地区最重要的金矿类型，矿产地共计80处。矿床大型2处，为大柴旦镇青龙沟金矿床、大柴旦镇滩间山金矿金龙沟矿床；小型8处，分别为大柴旦镇红柳沟金矿床、大柴旦镇龙柏沟金矿床、大柴旦镇细金沟金矿床、乌兰县赛坝沟金矿床、乌兰县乌达热乎金矿床、交通社西北山西金矿床、乌兰县拓新沟金矿床、茫崖镇采石沟金矿床；矿点、矿化点、矿化信息点70处。

矿产地主要分布在柴达木盆地外的成矿带中，有小赛什腾-滩间山金（铀、铅、银、硫）成矿亚带（Ⅳ-24③）、布赫特山铁-稀有、稀土-金（铀、铂族、煤）成矿亚带（Ⅳ-24④）、绿梁山-锡铁山铅-锌-金-石油-铀-钍（煤、铁、宝玉石）成矿亚带（Ⅳ-24⑤）、赛坝沟-阿尔茨托山金-铅-锌-铜-钨-锡-煤-锰（铀、金红石）成矿亚带（Ⅳ-24⑦），所对应构造单元为岩浆岩带和蛇绿混杂岩带。少量分布在弧后盆地和陆源裂谷中，主要为尕日力根-石乃亥金-铅-锌-砂金-硼（铀、银）成矿亚带（Ⅳ-23②）、鱼卡-德令哈煤-铀-黏土-页岩气（稀有、稀土、金、石灰石）成矿亚带（Ⅳ-24①）、宗务隆山-加木纳哈岗稀有-铅-锌-金（铜、银）成矿亚带（Ⅳ-28①）。在古元古代、中元古代、寒武纪、奥陶纪、志留纪、泥盆纪、石炭纪、二叠纪、三叠纪、侏罗纪地层中均有金矿床（点）形成，主要产在达肯大坂岩群、万洞沟群、滩间山群、志留系巴龙贡噶尔组及各时代花岗岩体中。

2. 海相火山岩型

区内海相火山岩型金矿床只有一处，即大柴旦镇锡铁山铅锌矿，属于多金属矿床（伴生金）；矿点一处，为大柴旦行委锡铁山北沟铜金矿点。该类型矿床中，伴生金矿也最具规模，大柴旦镇锡铁山铅锌矿伴生金规模可达大型。该类型矿床位于绿梁山-锡铁山铅-锌-金-石油-铀-钍（煤、铁、宝玉石）成矿亚带（Ⅳ-24⑤），产于滩间山群中。

3. 砂矿型

目前探明的砂金矿多为现代砂金矿，其成因具有多样性和复杂性，在同一矿区内亦有多种成因综合成矿和多种成矿类型的矿床并存的情况。金矿成因可分为冲积、洪积、冰碛、湖积，少数矿床见有残坡积和热泉作用的参与，其中最主要的类型是冲积砂金矿。这种砂金矿主要分布于各大河流或支流的河谷、河床及河流阶地的底部砂砾层中，是最重要的砂金成矿类型。

研究区砂金矿主要集中在德令哈市宗务隆山北塔塔棱河中游一带，有雅砂图金矿床，默沟、卡克图、伊克拉砂金矿点和水文站、察仓郭勒砂金矿化点。6处矿点、矿化点均位于尕日力根-石乃亥金-铅-锌-砂金-硼（铀、银）成矿亚带（Ⅳ-23②）。赋矿层位主要是第四系下部的砂砾石层、含砾黏土层、含砾亚砂土层。

4. 砾岩型

砾岩型金矿是近年来新发现的特殊类型金矿，以大柴旦镇尕日力根金矿点为代表。该矿点于2017年被发现，工作程度较低。大部分金矿体产在砾岩胶结物中，受砾岩层控制，矿化主要赋存于碳质、硅质胶结物中。矿床早期阶段为古砂矿，金与砾石同沉积，后期经过了低温热液的叠加改造。

5. 浅成中—低温热液型

浅成中—低温热液型金矿床赋存于陆相火山岩中，是由岩浆驱动大气降水热液活动（可混有岩浆热液）而形成的矿床。浅成中—低温热液成矿系统的主要成矿元素以 Au 为主或伴生 Ag。

此类型金矿在研究区只有3处，即冷湖行委野骆驼泉西金钴矿床、都兰县孔雀沟铜金矿点和德令哈市达达肯乌拉山西铜银金矿点。其中，冷湖镇野骆驼泉金钴矿床位于小赛什腾-滩间山金（铀、铅、银、硫）成矿亚带（Ⅳ-24③），赋存于由滩间山群形成的破碎蚀变带（韧性剪切带）中；都兰县孔雀沟铜金矿点、德令哈市达达肯乌拉山西铜银金矿点位于绿梁山-锡铁山铅-锌-金-石油-铀-钍（煤、铁、宝玉石）成矿亚带（Ⅳ-24⑤）。都兰县孔雀沟铜金矿点产于上泥盆统牦牛山组火山岩段蚀变安山岩中；德令哈市达达肯乌拉山西铜银金矿点产于上泥盆统阿木尼克组碎屑岩段绢云母千枚岩中。

6. 接触交代（矽卡岩）型

接触交代（矽卡岩）型金矿床成矿环境为活动坳陷带或汇聚型过渡壳。容矿岩石为矽卡岩、中酸性花岗质岩石及碳酸盐岩。矿石建造有金-铜型、金-铁型、金-钼多金属型。成矿过程：由中酸性岩体侵入碳酸盐岩地层中，与碳酸盐岩围岩接触，经双方交代作用形成由钙硅质矿物组成的矽卡岩，被含 Au 等元素的热液交代而形成金矿。

该类型金矿在研究区内有3处：乌兰县霍德森沟铜金矿床，矿石建造为金-铁型，位于布赫特山铁-稀有、稀土-金（铀、铂族、煤）成矿亚带（Ⅳ-24④），产于滩间山群大理岩与花岗岩接触带；都兰县柯柯赛庞加丽铜金矿床、都兰县折剑其金矿化点，位于夏日哈-鄂拉山铁-铜-铅-锌-钨-锡-铋-金-钼-页岩气成矿亚带（Ⅳ-26①），矿石建造为金-铜型。都兰县柯柯赛庞加丽铜金矿床产于滩间山群大理岩与花岗闪长岩接触带，都兰县折剑其金矿化点产于下石炭统城墙沟组大理岩与钾长花岗岩接触带。

二、放射性铀矿矿床类型及特征

依据全国省（自治区、直辖市）矿产地质区域成矿规律综合研究（矿产地质志）的技术要求，参照《重要矿产和区域成矿成矿规律研究技术要求》《矿床学（第三版）》和《矿产资源工业要求手册》等的矿床类型划分方案，将柴达木盆地北部地区铀矿床类型划分为6类，其中可地浸砂岩型20处，陆相火山岩型5处，生物化学沉积型10处，受变质型22处，伟晶岩型7处，岩浆型26处（图2-2，表2-2）。

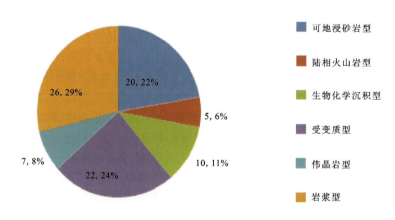

图 2-2 柴达木盆地北部地区铀矿成矿类型归类图

表 2-2 柴达木盆地北部地区铀矿(成因/工业)类型简表

Ⅰ级	Ⅱ级	Ⅲ级	主要矿种	各类型矿产地数及占比	产出部位	主要成矿单元
内生矿床	岩浆作用矿床	岩浆型（含岩浆热液型）	铀、钍	26个/29%	奥陶纪、志留纪、三叠纪花岗岩，花岗闪长岩内外带	阿卡托山-俄博梁石棉-铜-镍-金-白云母(钨、铋、锡)成矿亚带(Ⅳ-24②)；小赛什腾-滩间山金(铀、铅、银、硫)成矿亚带(Ⅳ-24③)；绿梁山-锡铁山铅-锌-金-石油-铀-钍(煤、铁、宝玉石)成矿亚带(Ⅳ-24⑤)；赛坝沟-阿尔茨托山金-铅-锌-铜-钨-锡-煤-锰(铀、金红石)成矿亚带(Ⅳ-24⑦)
		伟晶岩型	铀、钍	7个/8%	二叠纪、三叠纪伟晶岩中	布赫特山铁-稀有、稀土-金(铀、铂族、煤)成矿亚带(Ⅳ-24④)；鱼卡-德令哈煤-铀-黏土-页岩气(稀有、稀土、金、石灰石)成矿亚带(Ⅳ-24①)
		陆相火山岩型	铀、钍	5个/6%	阿木尼克、牦牛山火山洼地陆相、中酸性和碱性火山岩、次火山岩和火山沉积碎屑岩中	绿梁山-锡铁山铅-锌-金-石油-铀-钍(煤、铁、宝玉石)成矿亚带(Ⅳ-24⑤)；赛坝沟-阿尔茨托山金-铅-锌-铜-钨-锡-煤-锰(铀、金红石)成矿亚带(Ⅳ-24⑦)
	变质作用矿床	受变质型	铀、钍	22个/24%	前寒武纪变质岩	阿卡托山-俄博梁石棉-铜-镍-金-白云母(钨、铋、锡)成矿亚带(Ⅳ-24②)；布赫特山铁-稀有、稀土-金(铀、铂族、煤)成矿亚带(Ⅳ-24④)
	含矿流体作用矿床（非岩浆-非变质作用）	可地浸砂岩型	铀	20个/22%	上泥盆统牦牛山组、下—中侏罗统大煤沟组、中侏罗统采石岭组；古近系干柴沟组、油砂山组	赛坝沟-阿尔茨托山金-铅-锌-铜-钨-锡-煤-锰(铀、金红石)成矿亚区(Ⅳ-25①)；南翠山-南八仙油气-页岩气-锂-硼-锶-芒硝-钾镁盐成矿亚区(Ⅳ-25①)；东台-霍布逊硼-锂-钾镁盐(油气、页岩气、铀)成矿亚区(Ⅳ-25②)；绿梁山-锡铁山铅-锌-金-石油-铀-钍(煤、铁、宝玉石)成矿亚带(Ⅳ-24⑤)；赛坝沟-阿尔茨托山金-铅-锌-铜-钨-锡-煤-锰(铀、金红石)成矿亚带(Ⅳ-24⑦)
	沉积作用矿床	生物化学沉积型	铀	10个/11%	下—中侏罗统	鱼卡-德令哈煤-铀-黏土-页岩气(稀有、稀土、金、石灰石)成矿亚带(Ⅳ-24①)；赛坝沟-阿尔茨托山金-铅-锌-铜-钨-锡-煤-锰(铀、金红石)成矿亚带(Ⅳ-24⑦)；绿梁山-锡铁山铅-锌-金-石油-铀-钍(煤、铁、宝玉石)成矿亚带(Ⅳ-24⑤)

1. 可地浸砂岩型

可地浸砂岩型铀矿是区内重要的成矿类型，在柴达木盆地北部地区中、新生代陆相盆地中有成矿的地质条件，是今后该区找铀矿的主要类型。

该类型铀矿床（点）在柴达木盆地主要分布于南翼山-南八仙油气-页岩气-锂-硼-锶-芒硝-钾镁盐成矿亚区（Ⅳ-25①）和东台-霍布逊硼-锂-钾镁盐（油气、页岩气、铀）成矿亚区（Ⅳ-25②），在柴北缘则分布于绿梁山-锡铁山铅-锌-金-石油-铀-钍（煤、铁、宝玉石）成矿亚带（Ⅳ-24⑤）。研究区有该类型铀矿点10处，分别为大柴旦镇绿草山304铀矿点、大柴旦镇绿草山303铀矿点、大柴旦镇绿草山38-53铀矿点、德令哈市航亚铀矿点、都兰县阿木尼克山南缘铀矿点、德令哈市北大滩102铀矿点、茫崖市七个泉铀矿点、茫崖市花土沟铀矿点、茫崖市冷湖三号铀矿点、大柴旦镇马北铀矿点；分布有矿化点8处，矿化信息点2处。

2. 岩浆型

岩浆型铀矿床是指与花岗岩岩体有紧密空间关系或成因关系的热液铀矿床，它产在岩体内部或其外围不远的一定范围内。按矿床产出部位与花岗岩体空间位置可划分为岩体内带亚型和岩体外带亚型。花岗岩内带亚型含矿岩石主要为花岗岩、花岗闪长岩等花岗岩类岩石。铀的存在形式主要有两种：一是以沥青铀矿、铀黑和次生铀矿物等矿物存在；二是以分散状态的铀被赤铁矿、黏土矿物吸附。铀成矿具有多期、多阶段性。花岗岩外带亚型含矿岩石主要有石英岩、大理岩、变石英砂岩等。铀主要以沥青铀矿、铀黑和吸附分散状态存在。

区内已发现查查香卡铀矿床1处，乌兰县柴凯湖北铀矿点、冷湖镇加拉玛萨依铀钍矿点、乌兰县黑山铀钍矿点、都兰县阿尔茨托山铀矿点、都兰117铀矿点5处，矿化点3处，矿化信息点17处。加里东期、海西期、印支期、燕山期均发育产铀岩体，已知铀矿床、铀矿点主要集中产于海西期、印支期—燕山期。

3. 陆相火山岩型

陆相火山岩型铀矿床是指产于陆相中酸性和碱性火山岩、次火山岩和火山沉积碎屑岩中，在成因上、时间上、空间上与陆相火山活动有关的铀矿床。按含矿主岩差异划分为火山沉积碎屑岩、火山熔岩和次火山岩3个亚类。铀矿化多赋存于熔岩或次火山岩中，矿化受区域构造及火山构造双重控制，具有多层位性和多部位性，铀矿体呈群脉状产出。围岩蚀变包括碱性蚀变和酸性蚀变。碱性蚀变即为钠长石化，花岗岩型铀矿中常见的钾长石化；酸性蚀变以水云母化为主，次为地开石化（为陆相火山岩型铀矿化所特有）。矿石中铀矿物主要为沥青铀矿，其次为铀石，局部有含钛沥青铀矿和钛铀矿。矿石中高温矿物与低温矿物同时存在。

研究区内发现陆相火山岩型铀矿点1处、铀矿化点3处、铀矿化信息点1处，分别为德令哈市扎布萨尕秀西（681）铀矿点，都兰县阿木尼克山南坡铀矿化点、都兰309矿化点、乌兰681矿化点，乌兰县六〇一工区铀钍矿化信息点。该类型铀矿（化）点主要位于绿梁山-锡铁山铅-锌-金-石油-铀-钍（煤、铁、宝玉石）成矿亚带（Ⅳ-24⑤），赛坝沟-阿尔茨托山金-铅-锌-铜-钨-锡-煤-锰（铀、金红石）成矿亚带（Ⅳ-24⑦）。都兰县阿木尼克山南坡铀矿化点、都兰309矿化点位于阿木尼克火山洼地中，扎布萨尕秀西（681）铀矿点、乌兰681矿化点，乌兰县六〇一工区铀钍矿化信息点位于旺尕秀-牦牛山火山洼地。

4. 受变质型

受变质型铀矿床是指产在前寒武纪变质的片麻岩、片岩类或混合岩中，与变质作用有一定的成生或空间关系，并有多种成矿作用叠加、受层间破碎带或层间复杂脉体控制的铀矿床。

矿床含矿主岩均为脆性、孔隙度大的岩石,包括条带状、条纹状混合岩或混合岩化片麻岩。铀矿床受构造控制,混合岩中铀矿体位于杂岩体外带,主要沿混合岩中的构造破碎带分布。铀在矿石中主要以铀矿物形式产出,主要铀矿物为铀沥青铀矿,少量晶质铀矿,含铀矿物有含铀赤铁矿、含铀水针铁矿及含铀绿泥石等;金属矿物有辉钼矿、磁铁矿、黄铁矿、白铁矿、磁黄铁矿、方铅矿、闪锌矿。其次以吸附状态存在。围岩蚀变分布范围小,分带性不明显。与铀矿化关系密切的围岩蚀变主要为萤石化、钠长石化、赤铁矿化、绿泥石化、黄铁矿化、碳酸盐化。

研究区内发现受变质型铀矿点 2 处,铀矿化点 7 处,铀矿化信息点 13 处,前两者分别为德令哈市诺火图沟铀矿点、乌兰县 310-Ⅱ铀矿点(阿姆内可山 310 矿点),德令哈市白金图东南 2km 铀矿化点、德令哈市巴音郭勒河南铀矿化点、德令哈市尕海 417 铀矿化点、乌兰县 310-Ⅲ铀矿化点、冷湖镇黄矿山铀钍矿化点、俄博梁 247 矿化点、都兰县铅石山钍铀矿化点。该类型铀矿(化)点位于鱼卡-德令哈煤-铀-黏土-页岩气(稀有、稀土、金、石灰石)成矿亚带(Ⅳ-24①),阿卡托山-俄博梁石棉-铜-镍-金-白云母(钨、铋、锡)成矿亚带(Ⅳ-24②),布赫特山铁-稀有、稀土-金(铀、铂族、煤)成矿亚带(Ⅳ-24④),绿梁山-锡铁山铅-锌-金-石油-铀-钍(煤、铁、宝玉石)成矿亚带(Ⅳ-24⑤)。

5. 伟晶岩型

伟晶岩型铀矿是指产于以伟晶结构为主的花岗质岩石中的铀矿化。主要特征是产出的地质背景为前寒武纪断块区,混合岩化、花岗岩化强烈,各种伟晶岩脉分布在变质岩、混合岩和花岗岩内。产铀伟晶花岗岩脉多分布在花岗岩体边缘顺变质岩层理发育。这类矿床矿体赋存于含矿岩脉及其旁侧同化混染带内。矿体成群出现,形态简单,呈脉状。铀在矿石中主要以晶质铀矿形式存在,另有少量的硅钙铀矿、氢氧铀矿、铀黑等次生铀矿物。

目前在德令哈北部宗务隆山脉、乌兰县赛什克乡、茶卡北山等地区均发现与伟晶岩脉有关的铀矿化线索,未发现独立铀矿床。研究区内发现伟晶岩型铀钍矿点 3 处,铀矿化信息点 4 处。铀钍矿点为德令哈市灶火沟铀矿点、乌兰县果可山铀钍矿点、乌兰县察汉诺西铀钍矿点。该类型铀(钍)矿点或矿化信息点位于鱼卡-德令哈煤-铀-黏土-页岩气(稀有、稀土、金、石灰石)成矿亚带(Ⅳ-24①),布赫特山铁-稀有、稀土-金(铀、铂族、煤)成矿亚带(Ⅳ-24④)。德令鱼卡-德令哈煤-铀-黏土-页岩气(稀有、稀土、金、石灰石)成矿亚带(Ⅳ-24①)有德令哈市诺火图沟铀矿点、德令哈GT1-110矿化信息点,其余 2 处矿点、3 处矿化信息点分布于布赫特山铁-稀有、稀土-金(铀、铂族、煤)成矿亚带(Ⅳ-24④)中。

6. 生物化学沉积型

含矿主岩为煤层的铀矿床划归为生物化学沉积型铀矿床。主要特征是:①赋矿层位仅为下—中侏罗统;②赋矿煤层以劣质煤、褐煤为主,褐煤中的铀和多种伴生元素的堆积伴随着煤质物复杂的和强烈的氧化改造作用;③矿体形态主要为板状;④铀存在形式有沥青铀矿、铀黑、钒钙铀矿和板菱铀矿等,也有铀矿物呈有机络合物形式存在,如含铀炭质物或含铀泥炭、含铀亮煤和含铀丝炭,而最主要的是呈分散吸附状态存在;⑤控矿氧化带明显呈多龄性并由两个不同时代的氧化阶段组成,表现为相应出现红色和黄色蚀变岩石;⑥到处可见早期氧化作用被再次还原作用所掩盖。

研究区内发现伟晶岩型铀矿点 4 处,铀矿化点 4 处,铀矿化信息点 2 处。铀矿点为大柴旦镇绿草山铀矿点、大柴旦镇结绿素铀矿点、大柴旦镇五彩山铀矿点、大柴旦镇五彩山南 301 铀矿点。铀矿化点为绿草山 301 铀矿化点、路乐河 123 铀矿化点、德令哈市扎布萨尕秀东铀矿化点、德令哈市旺尕秀铀矿化点。

大柴旦镇绿草山铀矿点、绿草山 301 铀矿化点、大煤沟煤矿铀矿化信息点位于鱼卡-德令哈煤-铀-黏土-页岩气(稀有、稀土、金、石灰石)成矿亚带(Ⅳ-24①);德令哈市扎布萨尕秀东铀矿化点、旺尕秀铀矿化点位于赛坝沟-阿尔茨托山金-铅-锌-铜-钨-锡-煤-锰(铀、金红石)成矿亚带(Ⅳ-24⑦);其余 3 处矿点、1处矿化点、1处矿化信息点分布于绿梁山-锡铁山铅-锌-金-石油-铀-钍(煤、铁、宝玉石)成矿亚带(Ⅳ-24⑤)中。

三、"三稀"矿产矿床类型及特征

柴达木盆地北部地区稀有矿床类型主要有盐湖型、陆相湖泊化学沉积型、伟晶岩型、岩浆型、砂矿型等,其中以盐湖型、陆相湖泊化学沉积型、伟晶岩型为主要成矿类型。稀土矿床类型主要为岩浆型。研究区各类水系沉积物异常组合元素由稀有稀土元素和放射性元素共同组成,目前没有发现独立的稀土矿产地,说明区内稀土与稀有元素紧密共生,与稀有稀土矿有关的岩体均为稀土碱性岩体、锡铍岩体。基于上述原因,研究区总体对稀有、稀土开展矿床类型划分,不再分稀土、稀有进行矿床类型划分。稀散元素主要呈共(伴)生赋存于铅锌矿等有色金属矿产和煤系地层中。

研究区"三稀"矿产主要有铌、钽、锂、锶、铷、镧、钕、钇、镓、铟、镉及硒等,以锂、铷、锶为优势矿产。区内矿产地有63处[不包括前文提到的稀散矿(化)点:锡铁山铅锌矿床、绿草山煤矿、鱼卡煤田尕秀区段、下叉叉山煤矿点、牦牛山东煤矿],其中矿床8处,矿点15处,矿化点为40处。大型矿床有茫崖镇尖顶山锶矿床、茫崖镇大风山锶矿区、冷湖镇一里坪锂矿区、大柴旦镇西台吉乃尔湖锂矿区4处;中型矿床有茫崖镇碱1井—碱山锶矿床、茶卡北山地区锂稀有稀土金属矿床2处;小型矿床有沙柳泉铌钽铍矿床、交通社西北山铌钽矿床2处。矿点有茫崖镇南翼山油水湖锂硼矿点、茫崖镇牛鼻子梁西稀有稀土矿点、冷湖镇不整合锶矿点、冷湖镇盐场北山白云母矿点、大柴旦镇鱼卡白云母矿点、大柴旦镇红旗峰白云母矿点、大柴旦镇爱斯沟白云母矿点、大柴旦镇冷泉沟白云母矿点、天峻县二郎洞白云母矿点、共和县大水桥东白云母矿点、乌兰县沙柳泉地区稀有稀土矿点、牛鼻子梁稀有稀土矿点、大柴旦镇擦勒特铷稀土矿点、乌兰县夏日达乌地区铌钽矿、阿姆内格锂铷矿点。

按照成因类型归类,研究区的"三稀"矿床可划分为化学沉积型14处,化学沉积型及热水叠加改造型3处,碱长花岗岩型13处,伟晶岩型33处(图2-3,表2-3)。

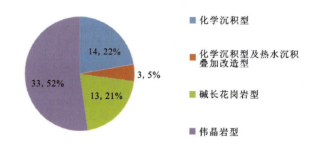

图2-3 柴达木盆地北部地区"三稀"矿床成矿类型归类图

1. 化学沉积型

该类型矿产主要为天青石锶矿和锂矿,主要分布于柴达木盆地的西北部,该地区也是锶、锂矿资源最集中的地区。锶矿主要赋存于天青石中。研究区已发现化学沉积型锶、锂矿产地13处,其中有冷湖镇一里坪锂矿区、大柴旦镇西台吉乃尔湖锂矿区2处大型矿床,茫崖镇南翼山油水湖锂硼矿点、冷湖镇不整合锶矿点2处矿点,阿哈堤、红沟子、金红山、南冀山、油泉子、黑梁子、油墩子、俄博梁1号(双气泉)、冷湖六号、巴戈雅乌汝10处矿化点。

除大柴旦镇巴戈雅乌汝锶矿化点位于宗务隆山-加木纳哈岗稀有-铅-锌-金(铜、银)成矿亚带(Ⅳ-28①)外,其他化学沉积型矿产地均位于南翌山-南八仙油气-页岩气-锂-硼-锶-芒硝-钾镁盐成矿亚区(Ⅳ-25①)。锶矿产于新近系狮子沟组和古近系干柴沟组,锂矿产于第四系地层。

表 2-3 柴达木盆地北部地区"三稀"矿床(成因/工业)类型简表

Ⅰ级	Ⅱ级	Ⅲ级	主要矿种	各类型矿产地数及占比	产出部位	主要成矿单元
内生矿床	岩浆作用矿床	碱长花岗岩型	稀有、稀土	13个/21%	志留纪、二叠纪、三叠纪、侏罗纪碱性花岗岩	阿卡托山-俄博梁石棉-铜-镍-金-白云母(钨、铋、锡)成矿亚带(Ⅳ-24②);布赫特山铁-稀有、稀土-金(铀、铂族、煤)成矿亚带(Ⅳ-24④)
		伟晶岩型	稀有、稀土	33个/52%	志留纪、二叠纪、三叠纪伟晶岩	塔塔棱河石英-铜-稀有(白云母、金)成矿亚带(Ⅳ-23①);阿卡托山-俄博梁石棉-铜-镍-金-白云母(钨、铋、锡)成矿亚带(Ⅳ-24②);布赫特山铁-稀有、稀土-金(铀、铂族、煤)成矿亚带(Ⅳ-24④);绿梁山-锡铁山铅-锌-金-石油-铀-钍(煤、铁、宝玉石)成矿亚带(Ⅳ-24⑤)
	沉积作用矿床	化学沉积型	锶、锂	14个/22%	锶矿产于新近系狮子沟组和古近系干柴沟组,锂矿产于第四纪地层	南翌山-南八仙油气-页岩气-锂-硼-锶-芒硝-钾镁盐成矿亚区(Ⅳ-25①);宗务隆山-加木纳哈岗稀有-铅-锌-金(铜、银)成矿亚带(Ⅳ-28①)
叠加矿床		化学沉积型及热水叠加改造型	锶	3个/5%	新近系狮子沟组、第四系	南翌山-南八仙油气-页岩气-锂-硼-锶-芒硝-钾镁盐成矿亚区(Ⅳ-25①)(Kz)

2. 化学沉积型及热水叠加改造型

该类型矿产主要为天青石锶矿,沉积成岩阶段为典型的化学沉积型,到第四纪更新世中晚期发生挤压变形,早期形成的化学沉积型矿产发生热水叠加改造作用,造成原生矿石与次生矿石共存的状态。主要分布在碱山—碱1井、大风山、尖顶山一带。区内共有3处矿床,其中茫崖镇尖顶山锶矿床、茫崖镇大风山锶矿区为大型矿床,茫崖镇碱1井—碱山锶矿床为中型矿床,均为天青石矿床,位于南翌山-南八仙油气-页岩气-锂-硼-锶-芒硝-钾镁盐成矿亚区(Ⅳ-25①)。茫崖镇尖顶山锶矿床、茫崖镇大风山锶矿区锶矿产于新近系狮子沟组,茫崖镇碱1井—碱山锶矿床锂矿产于第四纪早更新世地层。

3. 伟晶岩型

区内伟晶岩带西起阿尔金山龙尾沟,经鱼卡河至乌兰县沙柳泉、察汗诺、茶卡北山等地,长200多千米,为青海省内重要的伟晶岩型稀有稀土金属成矿带。研究区有中型矿床1处,为茶卡北山地区锂稀有稀土金属矿床;小型矿床1处,为沙柳泉铌钽铍矿床;白云母矿点7处,即大柴旦镇红旗峰白云母矿点、大柴旦镇爱斯沟白云母矿点、冷湖镇盐场北山白云母矿点、大柴旦镇鱼卡白云母矿点、共和县大水桥东白云母矿点、大柴旦镇冷泉沟白云母矿点、天峻县二郎洞白云母矿点等;稀有稀土矿化点24处。

该类型矿产在研究区分布于塔塔棱河石英-铜-稀有(白云母、金)成矿亚带(Ⅳ-23①),鱼卡-德令哈煤-铀-黏土-页岩气（稀有、稀土、金、石灰石）成矿亚带（Ⅳ-24①），阿卡托山-俄博梁石棉-铜-镍-金-白云母（钨、铋、锡）成矿亚带（Ⅳ-24②），布赫特山铁-稀有、稀土-金（铀、铂族、煤）成矿亚带（Ⅳ-24④），绿梁山-锡铁山铅-锌-金-石油-铀-钍（煤、铁、宝玉石）成矿亚带（Ⅳ-24⑤）。矿产产于志留纪、二叠纪、三叠纪伟晶岩中。塔塔棱河石英-铜-稀有（白云母、金）成矿亚带（Ⅳ-23①）发育三叠纪的伟晶岩；阿卡托山-俄博梁石棉-铜-镍-金-白云母（钨、铋、锡）成矿亚带（Ⅳ-24②）以二叠纪伟晶岩为主，志留纪伟晶岩偶见；绿梁山-锡铁山铅-锌-金-石油-铀-钍（煤、铁、宝玉石）成矿亚带（Ⅳ-24⑤）主要为志留纪伟晶岩；布赫特山铁-稀有、稀土-金（铀、铂族、煤）成矿亚带（Ⅳ-24④）在哇洪山-温泉断裂以西以二叠纪伟晶岩为主，以东以三叠纪伟晶岩为主。

4. 碱长花岗岩型

花岗岩型稀土稀有矿床与钾长-碱长花岗岩有着密切的成因联系，其成岩与成矿作用的统一性，即成矿专属性已为大量成矿事实所证实，岩体就是矿体，全岩矿化。柴达木盆地北部地区碱长花岗岩型稀有稀土矿矿化元素组合一般为铷、铌钽、轻稀土。主要分布在构造结合带、岩浆弧，这些部位构造活动强烈、岩浆活动频繁，形成了具有轻稀土相对富集的侵入体及岩脉等，为稀土矿的富集奠定了基础。研究区有小型矿床 1 处，为交通社西北山铌钽矿床；矿点 3 处，为茫崖镇牛鼻子梁西稀有稀土矿点、牛鼻子梁稀有稀土矿点、乌兰县夏日达乌地区铌钽矿点；矿化点 10 处。

该类型矿产在研究区主要分布于阿卡托山-俄博梁石棉-铜-镍-金-白云母（钨、铋、锡）成矿亚带（Ⅳ-24②），布赫特山铁-稀有、稀土-金（铀、铂族、煤）成矿亚带（Ⅳ-24④）。

四、铂族矿床类型及特征

研究区出露大量的基性—超基性岩体，主要有黑山沟、绿梁山、柳梢沟、胜利口岩体等。这些岩体与大型岩浆型铂族（PGE）硫化物矿床存在较大差异，而与典型的岩浆型镍-铜硫化物矿床较相似。

阿卡托山-俄博梁石棉-铜-镍-金-白云母（钨、铋、锡）成矿亚带（Ⅳ-24②）中茫崖-平顶山蛇绿岩，牛鼻子梁-盐场北山、金鸿山东基性—超基性岩体的岩石和矿石的铂族元素总量（ΣPGE）均很低，牛鼻子梁-盐场北山 ΣPGE 和金鸿山东基性—超基性岩体 ΣPGE 整体低于 15.25×10^{-9}。绿梁山-锡铁山铅-锌-金-石油-铀-钍（煤、铁、宝玉石）成矿亚带（Ⅳ-24⑤）及赛坝沟-阿尔茨托山金-铅-锌-铜-钨-锡-煤-锰（铀、金红石）成矿亚带（Ⅳ-24⑦）构造单元中蛇绿混杂岩带的基性—超基性岩体 ΣPGE 含量也很低，高泉煤矿地区岩石的 ΣPGE 变化范围为 $(1.21\sim8.21)\times10^{-9}$（均值为 2.31×10^{-9}）、绿梁山地区岩石的 ΣPGE 为 $(0.73\sim3.84)\times10^{-9}$（均值为 1.75×10^{-9}）、胜利口地区岩石的 ΣPGE 为 $(4.75\sim15.47)\times10^{-9}$（均值为 8.75×10^{-9}）、柳梢沟地区岩石的 ΣPGE 为 $(4.47\sim30.12)\times10^{-9}$（均值为 10.93×10^{-9}）。上述地区的 ΣPGE 平均值均低于原始地幔（23.5×10^{-9}；McDonough and Sun，1995），也普遍低于我国新元古代、古生代一些富 PGE 矿床的基性—超基性岩，例如甘肃金川矿床的新元古代基性—超基性岩（35×10^{-9}；汤中立和李文渊，1996），喀拉通克矿床的晚古生代基性—超基性岩[$(0.2\sim44)\times10^{-9}$，平均 10×10^{-9}；钱壮志等，2009]。

岩浆熔离型铂钯矿主要分布于哇洪山-温泉断裂附近构造复合带。含矿岩体属晚奥陶世镁铁—超镁铁质基性—超基性岩。布赫特山铁-稀有、稀土-金（铀、铂族、煤）成矿亚带（Ⅳ-24④）中的呼德生岩体 Pt+Pd 含量为 $(102.6\sim247.2)\times10^{-9}$。哇洪山-温泉断裂西侧柳梢沟地区岩石的 Pt+Pd 含量为 $(4.47\sim30.12)\times10^{-9}$（均值为 10.93×10^{-9}）。岩体从中部向外部分别为橄榄岩相→橄榄辉石岩相→辉长岩相。岩性主要有橄榄岩、辉石橄榄岩、橄榄辉石岩及辉长岩等。矿化为黄铜矿化、磁黄铁矿化、黄铁矿化，岩石蛇纹石化、阳起石化、透闪石化较发育。金属矿物主要有黄铁矿、磁黄铁矿、磁铁矿、黄铜矿、褐铁矿等。脉石矿物主要为橄榄石和辉石，其次为少量蛇纹石、角闪石、斜长石等。

五、页岩气矿床类型及特征

页岩气指赋存于富含有机质的暗色泥页岩层段中,以吸附气、游离气和溶解气状态储藏的非常规天然气,是连续生成的生物化学成因气、热成因气或二者的混合。页岩气可以以吸附态存在于干酪根、黏土颗粒表面,也可以以游离态存在于天然裂缝和孔隙中,还有极少量以溶解状态储存于干酪根和沥青质中。页岩气赋矿围岩在岩性上包括了泥页岩、致密砂岩或砂质细粒岩。

页岩气矿床类型属于生物化学能源型,与烃源岩紧密相伴。研究区内烃源岩主要有煤系地层和非煤系地层两类。煤系地层主要为下—中侏罗统大煤沟组和中侏罗统采石岭组,石炭纪含煤地层为上石炭统克鲁克组。非煤系地层主要为中元古界万洞沟群、南华系—震旦系全吉群黑土坡组、奥陶系—志留系滩间山群、下奥陶统石灰沟组及古—新近系干柴沟组。

下—中侏罗统大煤沟组和中侏罗统采石岭组页岩气分布于南翼山-南八仙油气-页岩气-锂-硼-锶-芒硝-钾镁盐成矿亚区(Ⅳ-25①),东台-霍布逊硼-锂-钾镁盐(油气、页岩气、铀)成矿亚区(Ⅳ-25②),以及鱼卡-德令哈煤-铀-黏土-页岩气(稀有、稀土、金、石灰石)成矿亚带(Ⅳ-24①),绿梁山-锡铁山铅-锌-金-石油-铀-钍(煤、铁、宝玉石)成矿亚带(Ⅳ-24⑤)、夏日哈-鄂拉山铁-铜-铅-锌-钨-锡-铋-金-钼-页岩气成矿亚带(Ⅳ-26①);上石炭统克鲁克组页岩气分布于鱼卡-德令哈煤-铀-黏土-页岩气(稀有、稀土、金、石灰石)成矿亚带(Ⅳ-24①),阿姆尼克-卜浪沟铅-锌-铀(煤、盐)成矿亚带(Ⅳ-24⑥)及赛坝沟-阿尔茨托山金-铅-锌-铜-钨-锡-煤-锰(铀、金红石)成矿亚带(Ⅳ-24⑦);中元古界万洞沟群、南华系—震旦系全吉群黑土坡组、奥陶系—志留系滩间山群、下奥陶统石灰沟组页岩气分布于小赛什腾-滩间山金(铀、铅、银、硫)成矿亚带(Ⅳ-24③)、鱼卡-德令哈煤-铀-黏土-页岩气(稀有、稀土、金、石灰石)成矿亚带(Ⅳ-24①);古—新近系干柴沟组页岩气分布于南翼山-南八仙油气-页岩气-锂-硼-锶-芒硝-钾镁盐成矿亚区(Ⅳ-25①),东台-霍布逊硼-锂-钾镁盐(油气、页岩气、铀)成矿亚区(Ⅳ-25②),阿姆尼克-卜浪沟铅-锌-铀(煤、盐)成矿亚带(Ⅳ-24⑥)。

第三节　典型矿床

一、金矿

(一)滩间山金矿(岩浆热液型)

1. 概况

滩间山金矿田位于大柴旦镇北西。区内已发现的金矿床(点)有8处,主要沿北西向区域性断裂(柴北缘北部断裂带)分布,自北而南有红灯沟金矿点、胜利沟金矿点、红柳沟小型金矿床、绝壁沟金矿点、青龙沟大型金矿床、金红沟金矿点、金龙沟大型金矿床、细晶沟金矿床等,分布比较集中。

滩间山金矿田 2014 年被设立为国家级整装勘查区,面积 1500km²。区内以金龙沟金矿床最具代表性。金龙沟金矿床最早被称为"滩间山金矿床"。

2. 区域地质特征

区内自北西向南东地层由老到新依次为古元古界达肯大坂岩群、中元古界万洞沟群、奥陶系—志留系滩间山群,总体呈北西-南东向条带状展布。区内岩浆岩发育,侵入岩从超基性岩到酸性岩均有产出,以中酸性、酸性岩为主,中性岩次之,基性、超基性岩较少。侵入时期以海西期为主。喷出岩以加里东期火山岩为主,组成滩间山群地层主体。本区断裂构造十分发育,以北西向层间断裂为主,次为北东向和近东西向切层断裂。

从区域矿产的分布可以看出,铁、锰及铅、锌、铜等金属矿产多赋存于滩间山群,成因类型以岩浆热液型、海相火山岩型为主,次为浅成中—低温热液型。有资料表明(贾群子等,2013),金矿产主要分布在万洞沟群,次为滩间山群,且与岩浆侵入活动及构造活动关系密切,是受区域北西向大型韧—脆性断裂活动派生的次一级构造控制的破碎蚀变岩型金矿床(点)。

3. 矿区地质特征

区内出露地层主要为中元古界万洞沟群(图2-4),其按岩性组合分为上、下两个岩组,之间为连续沉积。下岩组(Pt_2W^a)为白云质大理岩、绢云石英片岩等;上岩组(Pt_2W^b)以斑点状千枚岩、碳质绢云千枚岩、钙质白云母片岩为主。

区内构造线总体方向为北西-南东向,褶皱和断裂十分复杂。从空间上看,各矿区内的金矿体主要分布于层间褶皱的翼部及其转折端附近,矿体的形态、产状明显受翼部片理化带及后期断裂的控制。

矿区发育有滩间山复式背斜及次一级青龙沟复向斜和金龙沟复向斜,褶皱作用使岩石发生韧性变形,在褶皱翼部因层间相对滑动而产生顺层或斜交层理的片岩化带,在轴部转折端处产生密集的轴面劈理,为热液活动提供了微裂隙空间。金龙沟向斜为滩间山复式背斜南西翼一个次级向斜,向斜轴向北西-南东向,走向长度约12km,轴向305°,轴面倾向南东。核部由万洞沟群上岩组组成,两翼由万洞沟群下岩组组成。在金龙沟西侧,中间褶皱隆起,形成次一级的背斜和两侧次一级向斜,两个次一级向斜分别控制着金龙沟金矿床和细晶沟金矿床的就位。

区内断裂构造发育,使岩石发生脆性变形,形成较大规模的裂隙或构造岩带,为热液活动提供更为通畅的空间。断裂主要为北西向和北东向断裂,近南北向、近东西向断裂次之。

北西向逆冲断层组是区内的主要断裂,规模大,延伸远,沿走向有分支复合现象。断层面多倾向南西,走向上呈舒缓波状,具压扭性质。断层带及其附近产状紊乱,岩石破碎,沿破碎带局部有金矿(化)体分布,其规模一般较小。该组断裂在成矿期为矿液的活动通道,成矿后的活动对矿体起着破坏作用。北东向断层组一般规模较小,断层面倾向南东或北西,性质多属压扭性,多为层间断裂带或层间剥离滑动带,具有多期活动的特征,为主要控矿构造。

区内岩浆活动强烈,岩浆岩的分布明显受地层、褶皱和断裂构造的控制,构成与地层、构造分布方向一致的北西-南东向岩浆岩带。侵入岩岩石类型以中酸性岩为主,次为基性岩。主要岩石类型有斜长花岗斑岩、石英闪长玢岩、闪长玢岩、花岗斑岩、花岗细晶岩、斜长细晶岩、闪长细晶岩、云煌岩及辉长岩等。岩体K-Ar同位素年龄集中于330.03~268.94Ma之间(贾群子等,2013),属于海西期,形成于同碰撞造山环境。

矿区变质作用发育,类型有区域变质作用、动力变质作用和热液交代变质作用等。

4. 矿体特征

矿体均赋存于万洞沟群碳质千枚岩、片岩段内。滩间山金矿共圈出金矿体27条,主要工业矿体(占90%以上资源量)全部产于褶皱轴部及翼部的北北东—南北向的断裂-裂隙带中(青海省第一地质矿产勘查院,2018),少数矿体呈北西向展布,形成了矿区的主要金矿化带(图2-5)。矿体走向以北东-南西向为主,多呈脉状、分枝脉状、透镜状成群产出,沿走向和倾向有分支复合、尖灭再现的现象,与蚀变围岩无明显界线,呈渐变过渡关系。主要矿体倾向南东,倾角较陡,已知矿化地表最大延长达760m,在3378m中段矿体长450m,平均厚度18.48m,Au平均品位6.77g/t。矿体控制最大斜深340m,在向斜的枢纽部位矿体呈鞍状矿体分布,而在翼部主要呈似层状矿体。

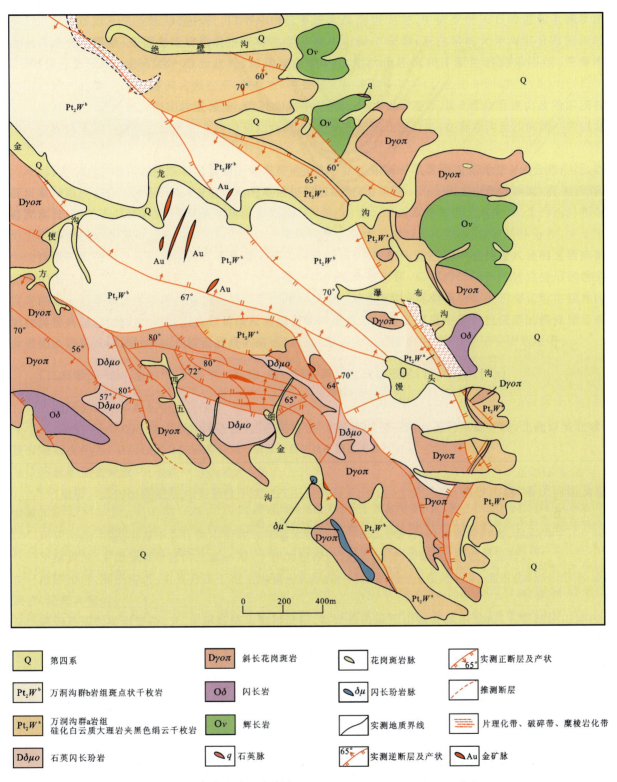

图 2-4　金龙沟金矿区地质图(据青海省第一地质矿产勘查院,2018修改)

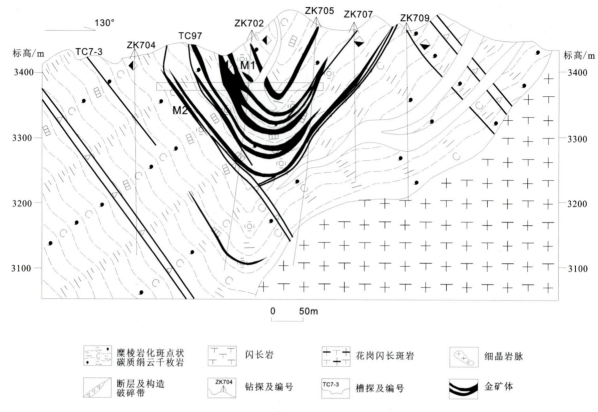

图 2-5 金龙沟金矿区 7 勘探线剖面图(据杜生鹏等,2020)

5. 矿石特征

矿石主要为构造蚀变岩型,依蚀变岩原岩的不同又可分为蚀变碳质千枚岩片岩型和蚀变脉岩型。矿石矿物主要有黄铁矿、自然金、银金矿、毒砂、含砷黄铁矿,及少量的金银矿、硫锑铜银矿、含银辉砷镍矿、闪锌矿、黄铜矿、斜方砷铁矿、方铅矿、磁铁矿、赤铁矿、锡石、铜蓝、斑铜矿、钴富矿、含镍钴毒砂、辉砷镍矿、磁黄铁矿、自然铋、褐铁矿、黄钾铁矾及孔雀石等;脉石矿物主要为石英、绢云母、石墨、非晶质碳、绿泥石、绿帘石、白云石等。

矿石中除金外,还伴有少量的银可综合回收。组合分析结果表明,矿床中银的含量为 1.2～35.7g/t,平均含量为 5.19g/t;其他金属含量甚低,无综合利用价值;另外,矿石中 As、S、C 等有害组分含量较高,原生矿 As 含量 0.23%～0.24%,S 含量 3.09%～3.95%,C 含量 1.14%～1.37%。砷主要存在于毒砂中,硫存在于硫化矿物中,碳主要存在于石墨中,其次为无机碳、固定碳及有机碳。

矿石结构主要为黄铁矿的自形至半自形粒状结构、环边及环带结构、筛状结构等。矿石构造主要为浸染状构造、眼球状构造、块状构造、细脉—网脉状构造等。

6. 围岩蚀变

矿床围岩蚀变强烈,与金矿化关系密切的蚀变作用类型主要有黄铁矿化、硅化、绢云母化、赤铁矿化、碳酸盐化(方解石、铁白云石)和褐铁矿化等(杜生鹏等,2017),碳酸盐化、高岭土化等蚀变相对较弱。由矿体向围岩方向,黄铁矿化急剧减弱,而碳酸盐化有增强趋势。此外,地表氧化带中常见黄钾铁矾化、褐铁矿化及石膏化等。

7. 矿化阶段

金龙沟金矿区成矿过程可划分为变质变形富集期、热液成矿期和表生成矿期(表2-4)。

表 2-4 金龙沟金矿床矿物生成顺序表

主要矿物	变质变形富集期	热液成矿期		表生成矿期
		石英硫化物阶段	方解石硫化物阶段	
金	—	—	—	
银金矿		—		
黄铁矿		—	—	
磁黄铁矿		—		
毒砂		—		
含砷黄铁矿		—		
黄铜矿		—	—	
斑铜矿		—		
闪锌矿		—	—	
方铅矿			—	
辉铋矿		—		
辉砷镍矿		—		
石英	—	—	—	
绢云母	—	—		
方解石			—	
白云石			—	
褐铁矿				—
赤铁矿				—

(1)变质变形富集期:受区域变质变形影响,地层发生褶曲和破裂,构造驱动地层建造水发生小规模循环迁移,萃取了部分成矿物质,使成矿元素初始富集。

(2)热液成矿期:随造山作用演化,构造-岩浆活动强烈,岩浆热液携带成矿物质驱动地层建造水发生循环,持续萃取围岩成矿物质,在构造有利部位富集金和硫化物,形成金矿体。该期可划分为以下两个阶段。

石英硫化物阶段:为热液成矿期的前期阶段,矿化石英脉充填于断裂破碎带的岩石裂隙中。金属矿物主要为黄铁矿、磁黄铁矿、毒砂等,生成大量石英和绢云母。该阶段为金主矿化期,金矿成矿作用主要发生在本阶段。

方解石硫化物阶段:属于热液成矿期的后期阶段,可见后期形成的方解石脉、石英脉切穿早期石英脉,早期形成的黄铁矿、闪锌矿被方铅矿交代。金属矿物以方铅矿、闪锌矿、黄铜矿为特征,脉石矿物以形成方解石为特征。本期成矿作用较弱,仅在局部发育。

(3)表生成矿期:早期形成的黄铁矿经过次生氧化形成褐铁矿、赤铁矿。

8. 成矿物理化学条件

1）包裹体特征

根据张德全等（2007）对矿区不同期次的热液蚀变石英中流体包裹体的研究，滩间山金矿的流体包裹体分为3种类型：富CO_2型（type1），含CO_2型（type2）和富水型（type3）。3种类型包裹体的含量为：type1≤type2≤type3。

根据流体包裹体的岩相学特征，产于第一代石英内的type1和type2包裹体代表捕获于第一次热液-矿化事件的流体，而产于第二代石英中的type1、type2、type3包裹体则代表了第二次热液-矿化事件的流体。

2）稳定同位素特征

崔艳合等（2000）对矿床的硫、碳、氢、氧及铅同位素进行了研究，主要特征如下：

（1）硫同位素组成$\delta^{34}S$变化于3‰~10‰之间，极个别为负值。硫同位素组成值的分布范围显示硫主要来自花岗质岩浆。个别样品$\delta^{34}S$为负值表明，在岩浆热液侵入碳质千枚岩-片岩中成矿时有变质岩（或沉积岩）硫的加入。

（2）碳同位素（$\delta^{13}C$）变化于－12.9‰~3.2‰之间，其范围未超出岩浆中氧化碳的范围，因此其与矿区岩浆岩同源。矿区石英流体包裹体水的投影散点多落在变质水与岩浆水交汇区及附近，因此认为流体水的来源是岩浆水和变质水的混合，同时可能有少量天水的加入。

（3）矿石中的铅同位素既有碳质片岩中的异常铅，也有与侵入岩同源的正常铅。另外，黄铁矿的铅同位素组成比其母体矿石的铅同位素组成更接近岩浆铅，考虑到矿床中金与黄铁矿密切伴生，因而进一步说明金主要来自岩浆热液。

3）锶和氧同位素地球化学特征

贾群子等（2013）测得矿区含矿斜长花岗斑岩的$\delta^{18}O$为11.6‰~13.6‰，平均为12.8‰，属高$\delta^{18}O$花岗岩。岩体（$^{87}Sr/^{86}Sr$）计算值为0.707 57，属中等锶花岗岩。

铅同位素研究结果（于凤池等，1997）表明，该岩体物质来源于上地幔和造山带。结合氧同位素特点，推测岩体是由地幔和地壳的混熔作用所形成（贾群子等，2013）。

9. 矿床类型

关于柴北缘滩间山地区矿床成因前人已有较为深入的研究。于凤池等（1998）和国家辉（1998）认为滩间山金矿床是在热水沉积、区域变质和热变质等预富集的基础上，经历了剪切变形变质成矿作用和海西晚期侵入岩浆活动相伴的热液成矿作用的叠加改造形成，海西晚期是最重要的成矿期，是多成因复成矿床；崔艳合等（2000）认为滩间山金矿床属浅成中温热液蚀变岩型金矿床，成矿时代为海西晚期；张德全等（2005）认为滩间山矿床的金成矿于区域海西晚期的隆升造山过程中，是复合造山作用的产物；李世金（2011）认为滩间山金矿严格受变质核杂岩及其拆离构造体系的控制；刘增铁等（2005）认为滩间山金矿床成因属浅成中—低温热液型矿床，工业类型属于构造蚀变岩型；易平乾等（2013）认为滩间山金矿床成因类型为破碎蚀变岩型。本次依据柴北缘成矿带总体特征，在研究成矿机制的基础上，将滩间山金矿床归为岩浆热液型矿床。

10. 成矿机制和成矿模式

1）成矿时代

前人对滩间山金矿的形成时代做过一些研究，滩间山金矿田（金龙沟金矿床、青龙沟金矿床）是海西期的产物。

国家辉（1998）根据矿区取得花岗斑岩、闪长玢岩等岩体的K-Ar年龄数据，认为矿床形成于海西晚期;崔艳合等(2000)依据所取得黄铁绢英岩化闪长玢岩(294±4.39)Ma和蚀变花岗斑岩型金矿石(268.94±4.31)Ma的K-Ar年龄,将矿床形成时代厘定为海西晚期;张德全等(2005)则将绢云母样品的$^{40}Ar/^{39}Ar$加权平均年龄值(284.0±3.0)Ma作为滩间山金矿的成矿年龄之一;贾群子等(2013)同样认为斜长花岗斑岩等岩体与滩间山金矿的形成关系密切,其为金矿的形成提供了物源和热源,并利用LA-MC-ICP-MS测得其锆石U-Pb年龄为(350.4±3.2)Ma,确定其形成于早石炭世,这也是区内金矿形成的一个重要成矿期。

2)成矿机制

(1)成矿物质来源。本矿床成矿流体中的水是变质水与海西期岩浆水的混合;矿石中的硫以花岗岩类岩浆硫为主,有变质硫的混染;矿石中的铅是岩浆铅与变质铅的混合;海西期岩浆岩中,金在砷与锑矿化剂的作用下,沿韧—脆性构造裂隙迁移到碳质千枚岩-片岩中淀积成矿,即金主要来自海西期侵入岩。

(2)成矿流体的类型与成矿条件。滩间山矿区的金矿体是二次热液-矿化事件叠加的产物,主成矿期为第二次热液-矿化作用。

(3)控矿因素。本矿床控矿因素主要包括地层、构造、岩浆活动和变质作用。

(a)地层与成矿的关系。区内金赋矿地层主要为中元古界万洞沟群千枚岩组。相关科研成果表明,滩间山地区中元古界万洞沟群千枚岩组为一套来源于同生热水沉积的黑色沉积岩系,该套地层中大面积的Au、As、S元素的高背景分布区与同生热水沉积作用而形成的初步富集有关。

(b)构造与成矿的关系。金龙沟金矿床位于柴北缘裂陷造山带(消减带)内,区内加里东期和海西期的两次裂陷拼合演化,为矿床的形成做出了重大贡献,主要表现在使万洞沟群遭受了热变质和二次叠加变质,形成了以脆性为主的区域性脆—韧性剪切带和褶皱构造,区域性脆—韧性剪切带和褶皱构造及其叠加部位更适合矿液的沉淀富集成矿。

(c)岩浆活动与成矿的关系。矿区及其周边海西期中酸性侵入岩广布。区内侵入岩指示元素的特征值表明,海西期侵入岩普遍具较高的金含量。据稳定同位素和包裹体成分研究等证实,矿床的形成与深源岩浆有关的矿质和流体关系密切。青海省第一地质矿产勘查大队(1994)通过对滩间山复式杂岩体及闪长玢岩的岩石化学特征及构造环境的研究后认为,矿田内花岗质岩石均属造山带花岗岩,具火山弧花岗岩特征;同时认为海西期侵入岩不仅为矿床的成矿作用提供了能源,促使碳质岩系中的Au元素活化迁移,并直接提供了部分矿质。该期成矿是在脆—韧性剪切变形条件下发生的,故是叠加在先期脆—韧性成矿阶段之上的,也是金龙沟金矿床形成过程中比较重要的一次矿化富集成矿活动。

(d)变质作用与成矿的关系。金龙沟金矿床容矿碳质岩系经历了绿片岩相区域变质、热变质和两次叠加变质,这些对金的迁移富集起到了重要的作用。区域变质作用使碳质岩系中成矿元素初步富集,后期剪切变形变质阶段,使地层中的金进一步叠加富集。由此可见,变质作用对区内金矿的形成主要起到了提供能源的作用。

3)成矿模式

国家辉(1998)在综合分析滩间山金龙沟金矿床的区域地质背景、成矿环境及控矿条件基础上,提出了成矿演化模式(图2-6)。黑色含金岩系沉积期在基底断裂控制的凹陷中沉积了富含热水沉积的含金碳质岩系(图2-6a);金初步富集期为中元古代晚期及加里东期区域绿片岩相变质及柴北缘裂陷期,强烈的岩浆活动、岩体侵入、喷溢活动导致含金碳质岩系发生热变质作用,金在有利部位初步富集(图2-6b);金矿化富集期为加里东晚期—海西早期,裂陷谷闭合碰撞造山,使矿源层强烈变形褶曲,发生动力热流变质,成矿物质迁移,再度富集形成浸染状硫化物矿石(图2-6c);金矿化叠加富集期为海西晚期再生裂陷谷盆闭合造山,伴随强烈的构造岩浆活动,中酸性杂岩体岩浆期后成矿热液运移到继承性复合的控矿构造部位,再次发生矿化富集叠加(图2-6d)。

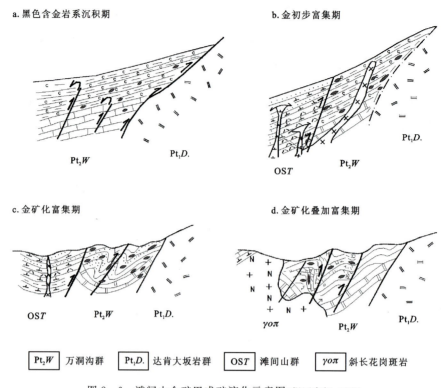

图 2-6 滩间山金矿田成矿演化示意图(据国家辉,1998)

11. 找矿模型

根据现有成果资料及对滩间山金矿田成矿地质背景、控矿因素、找矿标志等方面的认识,初步总结出金矿综合找矿模型(表 2-5)。

表 2-5 滩间山金矿田找矿模型简表

成矿地质背景	构造环境	柴北缘结合带滩间山岩浆弧
	成矿构造	区域构造的次级引张构造带往往是成矿的有利构造部位。区域构造方向上不同岩性地层的接触部位,比如大理岩层和千枚岩/片岩的接触带易产生虚脱滑动,有利于矿床的形成
	含矿建造	万洞沟群黑色岩系碳质千枚岩、碳质糜棱片岩
	岩浆岩	海西期斜长花岗斑岩、斜长细晶岩;闪长玢岩脉
	围岩蚀变	围岩蚀变主要为黄铁矿化、硅化、绢云母化,其中黄铁矿化、硅化强烈者矿石品位相应较高
地球化学信息	地球化学测量	各类地球化学浓集中心都和矿体分布范围套合较好。1∶20 万水系沉积物测量的 Au、As、Sb 等元素的浓集区能反映出矿化的大体位置;1∶5 万水系沉积物测量、1∶2.5 万水系沉积物测量、1∶1 万岩石测量、1∶1 万土壤测量等的结果能够指示矿床(点)位置。放射性异常,Au、Ag、As 可形成强度高、规模大的原生地球化学异常,浓集中心多与矿体有关,为寻找该类型矿床的有效指示元素

(二)尕日力根金矿点(砾岩-改造型)

1. 概况

尕日力根金矿点位于青海省大柴旦镇塔塔棱河中下游一带,在大柴旦镇东约 45km 处,交通较差。

2. 区域地质特征

1)地层

区域上出露地层从下到上分别为古元古界达肯大坂岩群,南华系—震旦系全吉群,奥陶系—志留系滩间山群,中奥陶统大头羊沟组,志留系巴龙贡噶尔组,上石炭统克鲁克组,下—中二叠统勒门沟组及草地沟组,下—中侏罗统大煤沟组、上侏罗统红水沟组,下白垩统犬牙沟组,古新统—始新统路乐河组,渐新统—中新统干柴沟组,上新统油砂山组、狮子沟组,以及较大面积分布的不同成因类型的第四纪堆积物(青海省地质调查院,2014)。

2)构造

区域内褶皱多呈紧密线状延伸,由于断裂影响,部分褶皱构造被破坏成为单斜构造,比较完整的褶皱不多,主要构造线和山脉走向近乎一致。整个褶断带由于后期区域二级北西西向主干断裂破坏、利用和改造,北西向构造形迹部分地段变为北西西向构造的组成部分。区内断裂构造十分发育,主要发育有北西向、北西西向及近东西向 3 组。以柴北缘深断裂和宗务隆山大断裂带为主体,形成本区独特的构造格架,在达肯大坂至大柴旦东山地区形成一系列较为密集的北西西向、北西向展布的逆断层,使得地层沿走向具有被错失、残缺不全的特点。沿断裂带常形成构造蚀变岩带,其是金矿化赋存的有利场所。

3)岩浆活动

区域主要的侵入岩形成于古元古代、奥陶纪、志留纪,出露的侵入岩属中性—中酸性岩类。古元古代侵入岩分布零星、规模较小,呈小的岩株产出,其围岩地层主要为古元古界达肯大坂岩群片麻岩。该侵入岩的岩石类型较单一,主要为片麻状正长花岗岩。晚奥陶世侵入岩出露较少,主要岩石类型为二长花岗岩。志留纪侵入岩分布在超力本陶勒盖以北一带,大面积出露,岩石主要为斑状二长花岗岩、二长花岗岩。

3. 矿点地质特征

1)地层

矿区出露地层较为简单,主要有志留系巴龙贡噶尔组、下—中二叠统勒门沟组、下—中二叠统草地沟组及第四系(图 2-7)。

志留系巴龙贡噶尔组(Sb):大面积出露于矿点南部及北部,主体为一套细碎屑岩建造。受后期构造影响,砂岩普遍片理化。褶皱发育,主要为宽缓褶皱。与上覆地层下—中二叠统勒门沟组呈角度不整合接触,局部呈断层接触,局部被早志留世二长花岗岩侵入。岩性为灰色、青灰色、灰绿色粉砂质绢云千枚岩夹片理化变砂岩,夹少量粉砂质板岩、紫红色千枚岩等。

下—中二叠统勒门沟组($P_{1-2}l$):呈条带状分布于区内中部,被残坡积物覆盖较严重,自东向西沉积厚度逐渐加大,岩性组合也逐渐复杂,从单纯的复成分砾岩过渡到砾岩夹含砾砂岩、砂岩等。勒门沟组主体色调为紫红—红色(图版Ⅱ-1、图版Ⅱ-2),主要由复成分砾岩、含砾砂岩及中细粒砂岩不等厚互层堆积而成。岩石中见有斜层理、平行层理、交错层理发育。

下—中二叠统草地沟组($P_{1-2}c$):呈条带状、透镜状分布于矿区中部及东北部,主要为一套碳酸盐岩,含丰富的生物化石。主要岩性为中厚层状微晶灰岩夹白云质灰岩、生物碎屑灰岩、砂屑灰岩。受后期构造影响,岩石较破碎,局部形成小的褶皱。草地沟组与下伏勒门沟组呈整合接触,局部为断层接触,

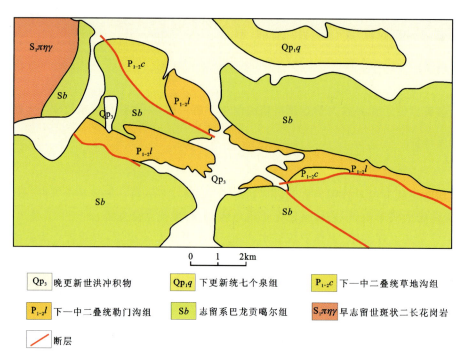

图2-7 尕日力根金矿点地质简图

上部多为第四纪洪冲积物所覆盖,未见顶。

第四系(Q):分布于区内中部及西北角,主要地层为晚更新世洪冲积物(Qp_3^{pal}),分布于山前及阶地,经过洪积作用,往往形成冲沟、冲出锥、小型洪积扇等地貌。洪积物由砾石、砂、黏土混合物组成,具有明显的地域性,物质成分较单一,不同冲沟中的洪积物岩性差别较大,多与附近基岩岩性相同。

2)构造

区内构造较为发育,发育东西向复式褶皱,巴龙贡噶尔组和勒门沟组构成褶皱南北两翼次级背斜和向斜。断裂构造主要有两组,一组近东西向,另一组北西向,北西向断裂横贯全区,切割地层。沿断裂带常形成构造蚀变岩带,带内岩石破碎,蚀变较强,是金矿化赋存的有利场所。受区域断裂影响,该区褶皱构造发育,轴向多为北东向,局部受断裂影响呈北西向,大部分褶皱构造因断裂构造发育而残缺不全。

3)岩浆岩

区内发育中酸性侵入岩,时代为加里东期,岩体分布范围较广、规模巨大,呈岩基状产出。该侵入岩的岩石类型多样,主要为二长花岗岩、斑状二长花岗岩、花岗闪长岩、正长花岗岩等,区内则主要为浅红色斑状二长花岗岩。

4)变质岩

区内构造变形复杂,由于地质体形成年代较早,经历了多期构造改造,故动力变质岩较发育;加里东期侵入岩围岩为志留系巴龙贡嘎尔组,且早期变质岩石被后期变质作用不同程度改造,二者接触带上接触变质岩发育。

4. 含矿带及矿体特征

(1)圈定矿化带6条,分别为:

Ⅰ号带,由18TC6、TC8、TC9控制,层位为志留系巴龙贡噶尔组粉砂质板岩及(蚀变)花岗斑岩,多发育不同程度的褐铁矿化,Au品位0.35g/t,岩石样中Zn含量$(336\sim555)\times10^{-6}$,Ag含量$(354\sim813)\times10^{-9}$;

Ⅱ号带,由18TC1控制,层位为志留系巴龙贡噶尔组(蚀变)粉砂质板岩,Au品位$0.1\sim1.85$g/t,发

育不同程度的褐铁矿化,局部见较多的石英细脉或硅质条带;

Ⅲ号带,由18TC3、TC5控制,层位为下—中二叠统勒门沟组($P_{1-2}l$)(蚀变)中砾岩,Au品位0.13~0.19g/t,岩石样Au含量$(108~539)×10^{-9}$;

Ⅳ号带,由18TC11控制,层位为下—中二叠统勒门沟组($P_{1-2}l$)(破碎蚀变)砾岩,Au品位0.14~0.32g/t,平均值为0.21g/t;

Ⅴ号带,由TC2-1控制,层位为下—中二叠统勒门沟组($P_{1-2}l$)(蚀变)中砾岩,发育弱褐铁矿化,Au品位0.17g/t;

Ⅵ号带,由TC11-1、18TC39、TC40、TC47控制,层位为下—中二叠统勒门沟组($P_{1-2}l$)(蚀变)中砾岩、砂岩,Au品位0.1~2.41g/t。

(2)圈定金矿体9条(表2-6),铜(金)矿点3处,铜(金)矿化点3处。

表2-6 尕日力根矿区矿体(点)特征一览表

矿体类型	矿体（点）	矿体品级	控制工程	矿体推测长度/m	最高品位	最低品位	平均品位	平均厚度/m
金矿体	AuⅡ-1	低品位矿体	18TC1	160	1.85	0.90	1.45	2.63
	AuⅥ-1	低品位矿体	ZK801 TC47	160	2.84	0.11	1.16	4.53
	AuⅥ-2	低品位矿体	ZK801	160	1.90	1.23	1.53	1.50
	AuⅥ-3	工业矿体	ZK801	160	4.78	1.16	3.20	1.50
	AuⅥ-4	工业矿体	ZK801	160	6.16	1.05	2.74	3.48
	AuⅥ-5	低品位矿体	ZK801	160	2.21	1.86	2.04	1.00
	AuⅥ-6	低品位矿体	ZK801	160	1.59	0.31	1.05	1.50
	AuⅥ-7	低品位矿体	ZK801	160	1.48	0.53	1.06	1.57
	AuⅥ-8	低品位矿体	TC39	160	2.41	1.52	1.87	1.42
铜(金)矿点	CuⅠ	铜矿点	TC51	160	1.46	0.45	0.95	6.26
	CuⅡ	铜金矿点	TC88-1	64	\multicolumn{4}{c}{$w(Au)=1.09, w(Cu)=0.55$}			
	CuⅠ	铜矿点	只进行了捡块及地表追索	55	\multicolumn{4}{c}{$w(Cu)=0.42$}			

注:Au品位单位为g/t,Cu品位单位为%。

5. 矿石特征

1)矿石岩相学

矿石岩性主要为砾岩和砂岩。

含磁铁矿褐铁矿变中细粒岩屑砂岩:变中细粒砂状结构,块状构造,岩石由碎屑和填隙物组成。碎屑以岩屑为主,石英次之,长石少量。碎屑为中细粒级,分选差,磨圆差。填隙物为泥质、硅质、氧化铁质,以泥质为主,硅质和氧化铁质少量。填隙物蚀变形成的新生矿物粒径多在0.05mm以下,光性模糊,无法清晰分辨颗粒界限。氧化铁质呈微脉浸染状不均匀分布其中。

碎屑:石英+硅质岩岩屑含量35%,长石含量小于5%,其他岩屑含量42%;

填隙物:泥质含量10%,硅质含量小于5%,氧化铁质含量3%;

金属矿物:微量。

含磁铁矿黄铁矿褐铁矿复成分中细砾砾岩:中细砾砾状结构,块状构造。岩石由砾石和填隙物组成。砾石以次圆状为主,次棱角状次之,为中细砾级,成分复杂。填隙物为粒径小于2.0mm的碎屑和泥硅质组成,以碎屑为主,泥硅质次之。填隙物蚀变形成的新生矿物粒径多在0.05mm以下,光性微弱,无法清晰分辨颗粒界限。氧化铁质呈微脉浸染状不均匀分布其中。

砾石含量75%,填隙物含量小于25%,金属矿物微量。

2)矿石矿相学

(1)金属矿物的组分及含量:磁铁矿、黄铁矿微量;褐铁矿、脉石矿物含量99%。

(2)结构构造:半自形晶粒状结构、交代结构、星点状构造。

(3)金属矿物的特征:主要为黄铁矿、褐铁矿、毒砂、赤铁矿、辉锑矿等。

黄铁矿:主要呈他形—半自形粒状,局部可见自形晶体,少数以细粒状集合体产出,浅黄色,均质性,粒度非常细小,一般在0.01~0.20mm之间,少数小于0.01mm,呈针点状产出,呈单晶体或集合体形态零星不均匀分布在岩石中,沿少量黄铁矿的边缘或裂隙出现不同程度的褐铁矿化,形成交代残余结构,部分仅具黄铁矿的交代假象,呈稀疏浸染状分布于脉石中(图版Ⅱ-3、图版Ⅱ-4)。

褐铁矿(包括针铁矿、纤铁矿及铁矾类等):主要呈隐晶质粉末状集合体,为原生黄铁矿或原生铁矿物的后期次生氧化的产物,局部可见,主要呈稀疏浸染状或零星散状分布于脉石中。

毒砂:主要呈他形—半自形粒状,镶嵌分布于黄铁矿中。

6.矿化蚀变

主要矿化蚀变类型有硅化、黄铁矿化、褐铁矿化等。

硅化:发育在钻孔中黄铁矿化分布的青灰色砾岩中,与黄铁矿化分布比较相对较少,主要为部分胶结物的硅化蚀变,导致硬度变大或呈硅质胶结物形式存在,与金矿化关系也较为对应。

黄铁矿化:几乎所有钻孔中金矿化部位均见发育,主要发育于青灰色中砾岩中,多呈稀疏浸染状、星点状分布于胶结物中,局部也可见呈细脉状、薄膜状沿裂隙分布,黄铁矿晶形多为半自形—他形,局部也可见自形。该矿化与青灰色中砾岩层严格对应,矿化分布极不均匀,经过对比分析认为金矿化与黄铁矿化密切相关,有较为严格的对应关系。

褐铁矿化:地表槽探工程及钻孔部分地段普遍发育,大多呈不规则面状或薄膜状,局部沿裂隙呈条带状或细脉状分布,蚀变强弱不均,与金矿化尚无明确的对应关系,但部分褐铁矿化发育处金矿化明显,分析这些地段的褐铁矿有可能为黄铁矿氧化所致。

高岭土化:发育一般,主要为地表发育,在裂隙或细脉发育附近,初步分析与构造有一定关系。

7.矿化阶段

尕日力根金矿点的成矿阶段归纳为砂矿阶段和热液改造富集阶段。

砂矿阶段:尕日力根地区成矿物质来源以古砂矿为主,由志留系巴龙贡嘎尔组和更古老的基底"双基底"供给,受风化剥蚀搬运后富集沉积。金最初是以细粒和质点(粉金)沉积于广阔的潟湖相砂砾岩中,金矿的分布受沉积和岩性强烈控制。经过在矿体、顶底板及周围采集的人工、自然重砂样品测试,其中可见数量不等的明金颗粒,最高为87粒(人工重砂1)(图版Ⅱ-5~图版Ⅱ-8),多以0.025~0.25mm的粒状、片状形式存在,为原始砂金的存在提供了重要依据。

热液改造富集阶段:二叠纪后,早期形成的砂矿被晚期的变质热液作用叠加、改造、破坏和再富集。

8.成矿物理化学条件

(1)根据黏土吸附组分沉积成因图解(图2-8,表2-7),尕日力根地区沉积环境为陆相潟湖相沉积。

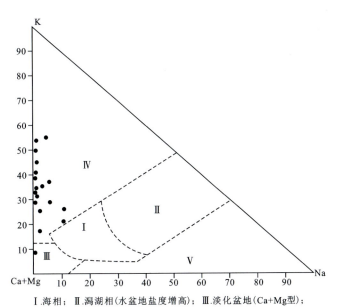

Ⅰ.海相；Ⅱ.潟湖相(水盆地盐度增高)；Ⅲ.淡化盆地(Ca+Mg型)；Ⅳ.潟湖相(K型)；Ⅴ.潟湖相(Na型)

图2-8 黏土吸附组分沉积成因图解

表2-7 尕日力根矿区Ba、Sr含量($\times 10^{-9}$)及其比值一览表

检测编号	送样编号	Ba	Sr	陆相 Sr/Bb 0.1～0.5	过渡相 Sr/Ba 0.7～1.2	海相 Sr/Ba 1.3～1.6
1	2018GDP1GP1	588	71.0	0.12		
2	2018GDP1GP2	606	38.8	0.06		
3	2018GDP1GP3	883	72.4	0.08		
4	2018GDP1GP4	469	73.4	0.16		
5	2018GDP1GP5	479	38.0	0.08		
6	2018GDP1GP6	479	72.6	0.15		
7	2018GDP1GP7	509	75.0	0.15		
8	2018GDP1GP8	684	36.1	0.05		
9	2018GDP1GP9	589	36.8	0.06		
10	2018GDP1GP10	604	40.1	0.07		
11	2018GDP1GP11	769	33.9	0.04		
12	2018GDP1GP12	613	26.8	0.04		
13	2018GDP1GP13	683	33.3	0.05		
14	2018GDP1GP14	588	27.1	0.05		
15	2018GDP1GP15	881	47.8	0.05		
16	2018GDP1GP16	230	101.9	0.44		
17	ZK802GP4	421	64.3	0.15		
18	ZK802GP5	246	42.0	0.17		
19	ZK802GP9	501	68.2	0.14		
20	ZK802GP18	569	37.4	0.07		

(2)矿石中的流体包裹体、石英中的流体包裹体研究结果显示,主要为气液两相包裹体,大小一般在4~10μm之间,气液比在10%~30%之间,在气泡周围有棕色环带,这是因为液相CO_2中含有带色离子。这种包裹体多分布在金属硫化物矿物边部的自形石英中(表2-8)。

表2-8 尕日力根矿区流体包裹体特征一览表

样品号	矿体及岩性	包体类型	大小/μm	气液比/%	冰点温度/℃	均一温度/℃	盐度/(% NaCleqv)	密度/(g·cm⁻³)	压力/MPa
2018ZK 802Bt1	石英脉 Ⅵ-7矿体	气液两相	10	15	-4.1	182.3	6.58	0.93	16.42
		气液两相	6	25	-5.0	169.8	7.86	0.96	16.16
		气液两相	8	10	-2.4	179.4	4.01	0.92	14.15
		气液两相	5	10	-4.6	185.6	7.30	0.94	17.26
		气液两相	5	25	-7.2	215.7	10.74	0.93	22.83
		气液两相	8	20	-6.5	256.3	9.86	0.87	26.32
		气液两相	7	25	-4.6	187.8	7.30	0.93	17.41
		气液两相	4	25	-3.4	195.4	5.55	0.91	16.75
		气液两相	7	20	-2.9	188.9	4.79	0.91	15.56
		气液两相	10	25	-4.8	220.1	7.58	0.90	20.71
		气液两相	4	15	-4.9	170.4	7.72	0.95	16.13
2018ZK 802Bt2	石英脉 Ⅵ-7矿体	气液两相	6	20	-4.4	229.8	7.01	0.88	21.10
		气液两相	5	30	-4.9	192.4	7.72	0.93	18.21
		气液两相	8	30	-3.8	181.6	6.14	0.93	16.03
2018ZK 802Bt3	石英脉	气液两相	8	10	-3.0	181.7	4.94	0.92	15.10
		气液两相	6	10	-6.0	246.1	9.21	0.88	24.69
		气液两相	6	20	-2.6	175.3	4.32	0.93	14.08
		气液两相	7	25	-3.6	187.9	5.85	0.92	16.35
2018ZK 802Bt6	石英脉	气液两相	4	25	-4.9	188.1	7.72	0.94	17.80
		气液两相	5	25	-7.1	219.7	10.62	0.92	23.16

包裹体研究结果认为,尕日力根金矿体盐度为4.01%NaCleqv~10.74%NaCleqv,密度为0.88~0.96g/m³,包裹体均一温度在169.8~256.3℃之间,属中—低温成矿,显示了后期热液叠加改造的热液成矿特点。

9. 矿床成因及时代

(1)控矿因素。主要控矿因素为地层控矿,局部受断裂构造和层间断裂影响富集或破坏。金矿化体赋矿层位主要为下—中二叠统勒门沟组灰白—浅红褐色砾岩,是一套不整合在志留系巴龙贡噶尔组之上以砾岩夹薄层砂岩为主的粗碎屑岩,金矿物赋存于砾岩胶结物中。矿体产出空间多为蚀变的层间碎裂带,伴有部分砾石破碎(破碎带)处金矿化,在勒门沟组中较为普遍。

(2)成因分析。从岩相古地理分析来看,预查区西部类似冲积扇的沉积盆地有利于砂金的沉积。

区内岩石、土壤样测试结果显示,Au元素与As元素对应性较好(图2-9、图2-10),考虑到ZK801

中见到的辉锑矿细脉、光片中见到的毒砂(图版Ⅱ-9、图版Ⅱ-10)等,认为区内金矿是沉积的砂岩受到了后期作用的改造富集而成。

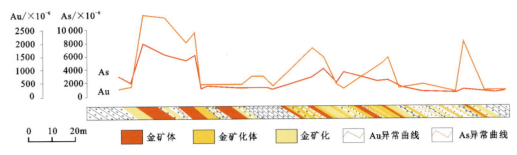

图 2-9　ZK801 岩石样中 Au、As 元素异常对比图

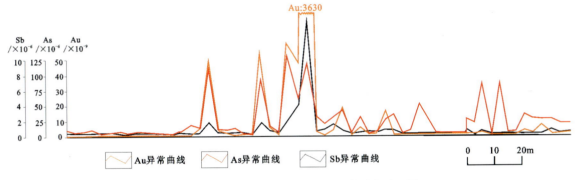

图 2-10　土壤剖面中 Au、As、Sb 元素异常对比图

(3)成矿时代。通过对矿石中的黄铁矿采集 Re-Os 同位素样品测试分析,后期热液改造年龄为 (278±16)Ma(图 2-11)。该区金矿体产在砾岩中,受砾岩控制;矿化在填隙物中粒度较小,存在于碳质、硅质胶结物中;早期阶段矿床为古砂矿,金与砾石同沉积;后期经过了低温热液的改造,具备面型蚀变的绢云母化、黄铁矿化、硅化等特征,伴随毒砂、辉锑矿的出现。成矿作用主要是古砂矿沉积作用,由此认为区内金矿为砾岩型,成矿时代为早—中二叠世。

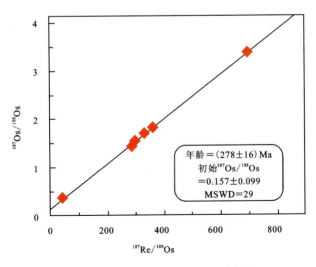

图 2-11　黄铁矿 Re-Os 年龄分析图

10. 成矿机制和成矿模式

1）成矿机制

通过对尕日力根地区勒门沟组分布特征及砾岩的产出特征进行分析，认为古地理环境水流方向为自东向西，至预查区西部河道突然变宽，水动力条件相对变弱，形成类似冲积扇的沉积盆地，利于砂金的沉积，这是该区金矿的成因之一（图2-12）。

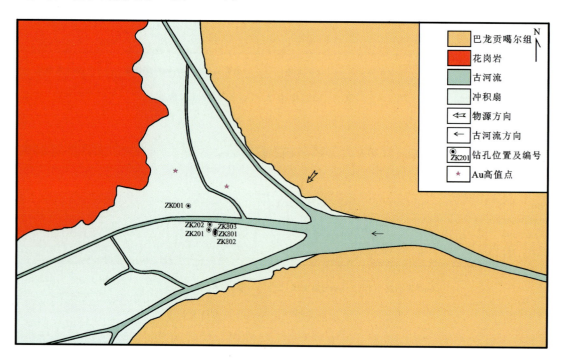

图2-12 尕日力根地区古地理分析示意图

经对尕日力根矿体中钻孔进行的系统编录以及1:2000地质剖面的精细研究，下—中二叠统勒门沟组在本区形成一复式背斜构造，其厚度大于353m，底部以中砾岩夹粗砾岩为主；中部以中砾岩为主；上部以中砾岩夹长石石英砂岩为主。目前发现的矿（化）体赋存在上部，赋矿岩石为以潟湖相为主的复成分中细砾岩和长石石英砂岩，矿体大多赋存在两者的接触部位。经研究，矿化部位与非矿段砾岩有如下差异：

(1) 矿化体赋存部位的中砾岩新鲜面一般为青灰色，非矿段砾岩新鲜面呈浅红褐色。

(2) 矿化部位中砾岩砾石成分以灰白色和烟灰色脉石英、石英岩及硅质岩为主（55%~70%），砂岩、岩浆岩质砾石少量，填隙物一般粒度较小，呈硅、钙质胶结物形式存在，非矿段砾岩中砾石成分复杂，红褐色砂岩、花岗岩等成分砾石比例明显增多，填隙物粒度相对较大，杂基含量较多，多以砂质胶结物（或钙质胶结物）呈现。

(3) 矿化段裂隙较为发育，多切穿砾石及胶结物，部分砾石较为碎裂，沿裂隙多可见含量不等的黄铁矿（他形、自形均可见，钻孔内大部分已氧化为赤铁矿、褐铁矿），局部发育不同程度的硅化蚀变。非矿段裂隙也有发育，但多为砾石内部裂纹，少有切穿胶结物，黄铁矿少见。

通过在探槽矿（化）体处将砾石及胶结物剥离后分别送样测试，基本可确定金的赋存部位为胶结物中（表2-9）。

2）成矿模式

尕日力根金矿是叠加成矿作用的产物，是沉积成矿作用和热液成矿作用的共同结果。早期的砂矿阶段,成矿与成岩为同一沉积时间的产物。后期经历了叠加改造,改造的过程是成矿流体在成矿动力的驱使下发生位移,在运移的过程中萃取巴龙贡噶尔组、勒门沟组中的有用物质 Au、As、Sb、Ag、Fe 等元素(发生水岩交换反应),使得成矿流体中有用组分浓度不断增加,最终在有利的矿石堆积场地沉淀(结晶)堆积,出现新的含金矿物,与古砂矿中自然金一起形成矿床。其中古砂矿起到主要作用(图2-13)。

表 2-9 砾石与胶结物剥离后样品测试结果对比表

工程号	样品号	岩性	刻槽样分析结果	分析结果(Au/×10⁻⁶)			
				胶结物	砾石	砂岩夹层	氧化/淋滤/残坡积层
18TC39	2018SKYG18TC39H1	中砾岩	0.23	0.03	0.03	/	/
18TC39	2018SKYG18TC39H2	破碎蚀变带	0.12				
18TC39	2018SKYG18TC39H3	破碎蚀变带	1.52	1.53/2.54	0.28	0.14	
18TC39	2018SKYG18TC39H4	破碎蚀变带	2.41				
18TC47	2018SKYG18TC47H58	蚀变砾岩	0.46	1.06	0.03	/	/
18TC47	2018SKYG18TC47H59	蚀变砾岩	0.32				
18TC47	2018SKYG18TC47H60	蚀变砾岩	0.72	0.30	0.14	/	/
18TC47	2018SKYG18TC47H62	蚀变砾岩	0.04	0.13	0.07	/	0.60
18TC47	2018SKYG18TC47H63	蚀变砾岩	0.08				
18TC47	2018SKYG18TC47H64	蚀变砾岩	0.05				

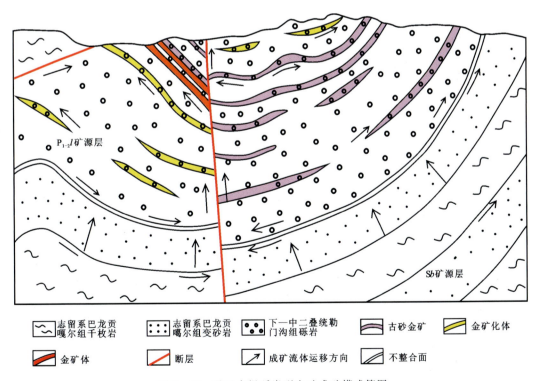

图 2-13 尕日力根砾岩型金矿成矿模式简图

11. 高效利用

尕日力根地区砾岩型金矿,金属矿物主要为褐铁矿、黄铁矿、赤铁矿和微量银金矿。主要的矿石结构为他形晶粒状结构、自形晶粒状结构和交代结构。脉石矿物主要有石英、绢(白)云母、长石、黏土矿物等。赋矿岩石后期发生强烈的蚀变和破碎,现赋矿岩石主要由复成分粗砾岩和碎裂变质石英砂岩组成。金以裸露及半裸露金为主,占比76.32%;其次为褐铁矿包裹金,占比10.53%;碳酸盐包裹金及硫化物包裹金占比均为5.26%;硅酸盐包裹金占比2.63%。针对大于0.5g/t的金矿体及小于0.5g/t且大于0.3g/t的金矿(化)体分别采集了试验样品进行选矿试验,采用矿石细碎后无毒池浸工艺流程,矿石入浸Au品位大于0.30g/t。

二、放射性矿产

查查香卡铀矿床

1. 概况

查查香卡铀矿床位于乌兰县夏日达乌地区托莫尔日特山阿里根刀若山南坡,属乌兰县赛什克乡管辖。距查查香卡农场北东25km处,交通较为便利。

2. 矿床地质

1)地层

查查香卡铀矿床位于托莫尔日特蛇绿混杂岩带南缘,属柴北缘地层小区,出露的地层有古元古界达肯大坂岩群、奥陶系—志留系滩间山群以及第四系(图2-14)。

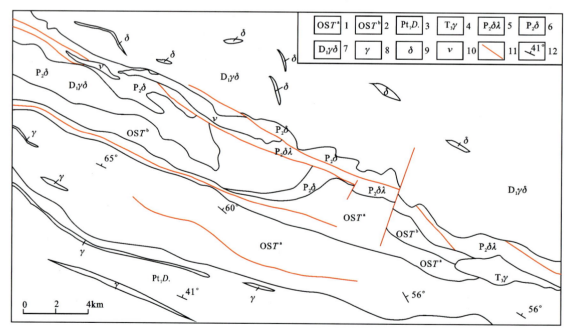

图2-14 查查香卡铀矿区地质简图

1.滩间山群下碎屑岩组;2.滩间山群下火山岩组;3.达肯大坂岩群斜长片麻岩夹黑云母石英片岩;4.晚三叠世中粗粒黑云母花岗岩;5.中二叠世中粗粒花岗闪长岩;6.中二叠世中粒闪长岩;7.早泥盆世中细粒条带状花岗闪长岩;8.花岗岩脉;9.闪长岩脉;10.辉长岩脉;11.断层;12.地层产状

(1) 古元古界达肯大坂岩群：主要分布于南侧的泽日肯古隆起上，北界主要与滩间山群下碎屑岩组接触。总体呈北西西-南东东向展布，因经受了多期次变质与变形作用的改造，具有层状无序特点。岩石组合为一套片麻岩夹云母石英片岩、斜长角闪片岩和大理岩，恢复原岩主要由一套富铝的泥砂质岩类夹基性火山岩、基性岩脉及碳酸盐岩组成。

(2) 奥陶系—志留系滩间山群：主要分布在矿区中北部，该套地层岩石遭受了不甚均一的区域变质作用及动力变质变形作用改造，原岩呈局部残留，绝大部分为绿片岩类。滩间山群在该区出露下碎屑岩组（OST^a）和下火山岩组（OST^b）。

下碎屑岩组（OST^a）：岩石组合主要为变石英砂岩、砂质板岩、变长石石英砂岩夹安山岩、安山质凝灰岩、结晶灰岩、大理岩等，大多变为绿泥石英片岩、绢云绿泥片岩、大理岩等。

下火山岩组（OST^b）：岩石组合为灰绿色变安山岩、变安山质火山角砾岩、变英安质凝灰岩，夹流纹质凝灰岩、英安岩、方解绿帘绢云片岩、绢云石英片岩、绿泥石英片岩。

矿化赋存在滩间山群变质火山岩中，岩石热液蚀变发育，主要有硅化、赤铁矿化、绿泥石化、绿帘石化、黄铁矿化及后生褐铁矿化。

(3) 第四系：冲洪积物分布于矿区南侧的山前带、山前洪积扇，物质成分为砂砾、卵石、胶结物松散。冲积物主要分布于沟谷中及河流阶地之上，以冲积砂砾为主，次为风积亚砂土。

2）构造

区内以北西向、北西西向的韧性剪切带和脆性断裂为主体构造格局，褶皱构造残缺不全。

(1) 褶皱：主要表现在达肯大坂岩群片麻岩、滩间山群片理倾向为北东的单斜，局部地段见有背形及向形构造。

(2) 韧性剪切（变形）带：位于本区中部泽日肯北侧，呈北西西向横贯全区，由中深—中浅两个层状韧性剪切带合并而成，宽度达1km以上。构造带中岩石由眼球状、条痕状及条带状片麻岩和片岩组成，早期角闪石岩及大理岩呈石香肠、透镜状构造定向分布。由于后期断裂构造的叠加，韧性剪切带内形成一系列破劈理、节理及擦痕线理构造痕迹，以及变形形迹、剪切褶皱和拉伸线理等构造形迹。

(3) 脆性断裂：区内脆性断裂主要发育4条，分布于本区中北部和东北部。主要呈北西向展布，少数呈南北向延伸，矿化赋存在北西向断裂构造带中。北西向断层产状 20°～35°∠45°～50°，宽65～245m，贯穿整个矿区。断裂为脆性和压扭性叠合断裂，断裂内为断层泥和碎裂岩等。构造带中岩石呈碎块状，并有大量的脉体贯入，主要为正长花岗岩脉、长英质脉、石英脉及碳酸盐脉，构造带中岩石发生强烈的蚀变，主要为赤铁矿化、褐铁矿化、硅化、绿帘石化、绿泥石化。该构造为区内控矿构造。南北向断层走向10°，长1000m，宽25～50m，切穿北西向断裂，断裂带中岩石呈碎块状，具强烈的褐铁矿化、绿泥石化。

3）岩浆岩

(1) 侵入岩：区内岩浆活动频繁，表现在矿区北侧有二叠纪中粗粒花岗闪长岩岩体。同时区内各类岩脉发育，从基性到酸性均有出露。主要脉体有辉长岩脉、闪长岩脉、闪长玢岩脉、花岗岩脉、石英脉等。

花岗闪长岩：灰白色，花岗结构、碎裂结构，块状构造，岩石中主要成分为斜长石（33%～35%）、角闪石（35%）、石英（25%）等。粒径大小多在1～4mm之间，呈不规则粒状、纤状及半自形粒状不均匀分布。由于发生破裂作用，这些矿物不同程度发生破碎、裂开、揉皱现象，石英粒化及弱波状消光。角闪石揉皱，并一堆堆分布；斜长石裂开，局部地方又被碾细呈粉末，并见细小绿帘石出现。岩石蚀变主要表现为角闪石退变为阳起石、绿泥石。

辉长岩脉：深灰色，中细粒等粒结构，块状构造，成分主要由辉石（45%）和长石（50%）组成，含有少量的黑云母和橄榄石，在矿区内不规则分布。

闪长（玢）岩脉：呈不规则状分布于预查区东部，岩石浅灰色，中细粒似斑状结构，块状构造。岩石主要由斑晶和基质两部分组成，斑晶含量约占45%，粒径在0.3～1.0cm之间，以斜长石、角闪石及黑云母为主,偶见少量石英组成。矿物多呈半自形—他形晶,其中斜长石和角闪石多以短柱状或板状产出,黑云母呈叶片状或麸皮状,石英呈他形晶,多以粒状或不规则状为主;基质含量约占55%,呈微细粒结构,矿物成分与斑晶基本一致,局部岩石具弱的褐铁矿化。

花岗岩脉:灰白色、灰褐色,风化面呈红褐色,中细粒结构,致密块状构造。矿物成分主要由斜长石(50%)、石英(45%)及少量暗色矿物(黑云母、角闪石)组成,矿物多呈半自形—他形晶,粒径在0.2~3mm之间,受构造变质作用,部分岩石为他形粒状变晶结构,矿物具明显的定向性,且具较强的绢云母化、高岭土化。

(2)火山岩:构成奥陶系—志留系滩间山群变火山岩的主体,为一套基性—中基性火山岩组合,由火山碎屑岩+熔岩+火山沉积岩+正常沉积岩组成。区域上出露范围及展布严格受断层控制。主要岩石有变中基性火山岩,其次为强蚀变安山岩和细碧岩,具有海相火山岩的特征。总体为一套灰绿色、灰色岩石组合。

后期构造作用造成奥陶纪火山岩韵律、旋回不完整,前人自下而上共划分了6个韵律层,表现为火山活动的早期以基性爆发+喷溢相岩石组合为主,晚期则以喷发+火山沉积相中酸性岩石组合为其特征,同时随着火山作用演化,粗粒级爆发相岩石在火山岩中所占比例愈来愈少,说明火山作用由强至弱这一过程。根据岩石组合特征,预查区内的火山作用很明显属于晚期。该套火山岩为裂隙式喷发。

4)放射性异常

通过1∶10000能谱测量发现并圈定4个铀异常、2个钍异常,铀含量(12.0~410.4)×10^{-6},钍含量(9.7~452.9)×10^{-6}。异常整体呈串珠状展布,与北西向断裂构造带吻合,大致以断裂为分界,西段主要表现为铀异常,东段为钍异常,中间为铀、钍混合异常。

3. 矿体特征

查查香卡矿床可以划分为西、中、东3段。西段有3条异常带,长500~900m,宽2~10m,一般为(100~200)×0.258nC/(kg·h),最高超过1000×0.258nC/(kg·h);中段异常断续长200m,宽几十米至百余米(由多条带组成),一般(100~300)×0.258nC/(kg·h),最高超过1000×0.258nC/(kg·h);东段异常断续长3km,一般(50~150)×0.258nC/(kg·h),最高超过1000×0.258nC/(kg·h)(傅成铭等,2011)。

通过地表槽探和钻探控制共圈定6个矿体,矿体呈似层状、透镜状、脉状产出,产状为35°~50°∠48°~69°,具上缓下陡的特征。5个矿体在地表有出露,1个矿体为深部盲矿体,其中Ⅲ号矿体规模最大,为矿区主矿体。

Ⅲ号主矿体:长400m,平均厚2.84m,最厚20.07m,矿体中部厚大,两端变薄至尖灭。矿体平均品位0.058%,最高0.087%。矿体受构造及地层控制,赋矿围岩为糜棱岩化斜长角闪片岩,矿体和地层(片理)产状近一致,倾向北东,倾角49°~61°。钻孔沿走向控制均见矿,目前控制斜深288m,深部出现新块段,1个后排钻孔沿倾向查证矿体不连续(图2-15)。

其他矿体:出露在蚀变带中,矿体长123~280m,平均厚1.13~2.06m,最厚4.39m,厚度变化小,局部地段矿体中部厚度大,两端变薄至尖灭。矿体平均品位0.054%~0.108%,最高品位达0.251%。矿体受构造及地层控制,西部受北东向脆性断裂控制被切断。赋矿围岩为糜棱岩化斜长角闪片岩,矿体和地层(片理)产状近一致,倾向北东,倾角46°~69°。钻探控制不够,目前最大控制斜深420m,个别钻孔深部出现新块段。

盲矿体:是在钻探查证过程中发现,东部钍异常区,单工程控制,平均厚0.88m,最厚1.00m,矿体厚度较小。矿体平均品位0.052%,埋深270m,受地层和构造控制。

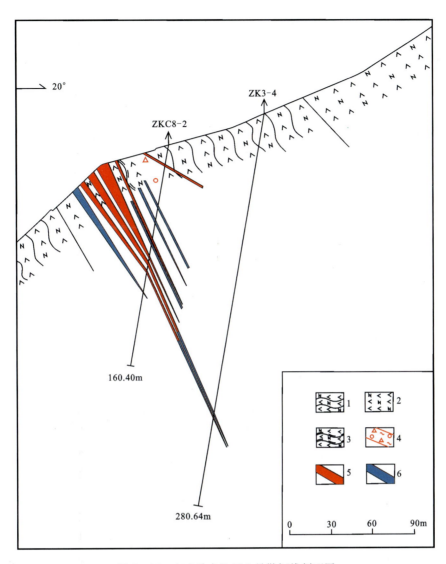

图 2-15 查查香卡地区 3 号勘探线剖面图
1.斜长角闪片岩;2.斜长角闪岩;3.糜棱岩化斜长角闪片岩;4.构造破碎带;5.工业铀矿体;6.低品位铀矿化体

4. 矿石特征

铀矿化主要分布于含矿构造带闪长碎裂岩(或糜棱岩)及碎裂闪长岩中,富矿地段为碎裂岩或糜棱岩,岩石破碎强烈,弱硅化、片理发育;碳酸岩呈细脉或星点状分布多的地段矿化比较好,其他多为贫矿化地段。

含铀矿物为晶质铀矿、沥青铀矿。镜下见沥青铀矿充填交代黄铁矿现象,铀矿化以浸染分散状或吸附形式存在于含矿岩石中。

铀矿化有 2 种表现形式:①碳酸岩呈细脉状沿岩石片理充填,呈条状构造或星点状分布于含矿岩石中,一般矿化较富;②白色钠长石-石英-碳酸岩脉,呈细脉状沿片理分布于含矿岩石中。岩石片理化发育,为黑绿色或紫色,肉眼看不到任何脉体,但矿化较好。

氧化矿石中金属矿物为黄铁矿、褐铁矿、方铅矿、闪锌矿、铌铁矿、铌钽铁矿,脉石矿物为石英、钠长石、云母、绿泥石、绿帘石等。原生矿石中金属矿物为铌铁矿、铌钽铁矿、方铅矿、黄铁矿、锡矿等,脉石矿物为石英、钠长石、云母、绿泥石、绿帘石等。

5. 矿床成因

查查香卡矿床铀矿化蚀变闪长岩的铀含量为 0.021 7%～0.111%,而围岩闪长岩的铀含量较低,为 $5.7×10^{-6}$;微量钍分析表明,矿化岩石中钍含量比较高,为 $(29.6～659)×10^{-6}$,而围岩的钍含量较低,只有 $1.6×10^{-6}$,矿床中铀以原始富集为主(傅成铭等,2011)。对矿化岩石和非矿岩石的化学全分析显示,矿化岩石碱性元素中的 Na_2O 含量为 1.89%～2.39%,非矿岩石 Na_2O 含量为 0.74%,Na_2O 富集程度达 2.55～3.23 倍(刘林等,2011),与我国西北龙首山地区的芨岭碱交代型铀矿床、新水井碱交代型铀矿床和冷龙岭地区的扁都口碱交代型铀矿床有一定相似性,说明查查香卡铀矿床赋矿原岩铀背景值高,后期改造较弱,成矿可能为与花岗岩密切相关的岩浆型矿床。然而,钟军等(2018)认为该矿床形成于与钠长细晶岩脉相关的铀-钍-铌-稀土成矿,成矿经历了岩浆、热液主成矿和成矿后3个阶段,这似乎说明了该矿床为岩浆热液成矿作用而成。

综上所述,该矿床的具体成因尚有待于进一步的研究查明。在该铀矿床铀矿化脉中出现了由大量钠长石组成的钠长岩脉,而在碱交代型铀矿中广泛可见中—低温热液成因的钠交代蚀变岩,这与该矿床矿化岩石碱性元素 Na_2O 高含量较为吻合,结合查查香卡铀矿在野外发现较富及较好的矿化中伴随较多以中—低温为主的"碳酸岩脉",推断该铀矿床具有中—低温热液成矿的有利条件。因而,根据矿床中含矿花岗岩特性与矿化的关系及铀矿化表现特征等,将该矿床成因归为浅成中—低温热液型较为适宜。

6. 控矿因素

(1)地层岩性对成矿的控制作用:查查香卡地区奥陶系—志留系滩间山群火山岩组(斜长角闪岩)是主要的赋矿地层,是成矿物质的矿源层,对矿产的形成起决定性作用。地层中 U、Th、Nb 及 La、Ce 等元素的背景值较高(廉康等,2016)。地层构造线方向为北西-南东向,为一套低绿片岩相的岩石。地层普遍发生糜棱岩化,广泛发育中浅层次韧性剪切带及不同期次、不同规模的脆性断裂。地层中脉岩很发育。

(2)构造对成矿的控制作用:查查香卡地区断裂构造发育,北西-南东向脆—韧性断裂构造严格控制着矿体的产出和展布。断裂构造对矿体的形成起导矿、控矿作用,两组断裂构造的复合部位是成矿的最有利地段。由于经受了区域低温动力变质作用,形成低绿片岩相变质岩石。构造蚀变发育,有黄铁绢云岩化、高岭土化、钠黝帘石化、方解石化、硅化、绢云母化及褐铁矿化、黄铁矿化等,这是携带成矿物质的硫化物热液对其围岩蚀变而形成的,构造蚀变岩型矿(化)体就是多期次韧性剪切活动造成矿液多期活化、迁移、富集成矿的结果(廉康等,2016)。

(3)岩浆岩对成矿的影响:查查香卡地区区域岩浆活动强烈,岩浆岩与铀钍矿、铌钽矿及稀土矿等关系密切,矿化体均产于岩体外接触带,对成矿物质组分起活化萃取作用。

7. 找矿标志

(1)地质标志:滩间山群火山岩组的绿片岩 U、Th、Nb 及 La、Ce 等元素的背景值较高,是矿物质来源的母体。岩浆岩对成矿物质组分起活化萃取作用,对成矿起了决定性作用。普遍发育的糜棱岩化、中浅层次韧性剪切带及不同期次、不同规模的脆性断裂,对矿体的形成起导矿、控矿作用。北西向断裂构造控制着矿体产出和展布,铀矿化、铌钽矿化与稀土矿化主要分布于含矿构造带的碎裂岩及糜棱岩中。

(2)矿化蚀变标志:与铀矿化有关的蚀变为碳酸盐化、钾长石化、硅化、绿泥石化、绿帘石化、褐帘石化、黄铁矿化等,这些蚀变是找矿的直接标志。肉红色钾长石及碳酸盐矿物呈细脉或星点状分布多的地段矿化较好,构造蚀变岩型活动强烈的地段矿化较好,碎裂岩和糜棱岩带为富矿地段。

(3)放射性异常标志:前人通过伽马能谱测量在查查香卡地区圈出 10 个呈北西向分布的铀、钍及铀钍混合的伽马异常。异常呈带状分布,长 0.5～4.7 km,宽 0.25～1.5 km,U 含量 $(12.0～410.4)×$

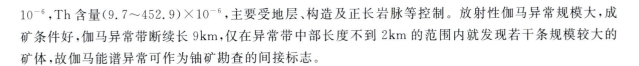

10^{-6},Th 含量$(9.7\sim452.9)\times10^{-6}$,主要受地层、构造及正长岩脉等控制。放射性伽马异常规模大,成矿条件好,伽马异常带断续长 9km,仅在异常带中部长度不到 2km 的范围内就发现若干条规模较大的矿体,故伽马能谱异常可作为铀矿勘查的间接标志。

三、"三稀"矿产

(一)沙柳泉铌钽矿床

沙柳泉铌钽矿床属乌兰县柯柯镇管辖,距乌兰县城 35km,有简易公路,交通方便。

1. 区域地质特征

沙柳泉地区出露地层主要为古元古界达肯大坂岩群、金水口岩群,长城系沙柳河岩群,奥陶系—志留系纪滩间山群,上泥盆统牦牛山组等,其中与成矿密切相关的地层主要为古元古界达肯大坂岩群(湖南省有色地质勘查局,2014)。

区域内褶皱构造、断裂构造均比较发育,断裂主体为北北西向和北西向,次为北东向和北西西向。

区内岩浆活动剧烈,岩浆岩广泛分布,岩性以酸性—基性为主,在时间上有加里东期、海西期两个岩浆旋回,以海西期中酸性侵入活动为主,明显受北西向断裂带控制,且继侵入活动之后各类岩脉均较发育,主要发育于加里东期、海西期,特别是花岗伟晶岩脉,在阿姆内格东北部密集出现,穿层侵入古元古界达肯大坂岩群中,并伴生稀有金属及有关的长石、石英等矿产。

区内与铌钽矿密切相关的伟晶岩脉密集成群出现,主要分布在布赫特山至沙柳泉一带。矿化伟晶岩脉较集中,在空间上与中酸性侵入岩紧密相伴,主要产出在沙柳泉、生格以及察汗诺等地区。区域上已发现沙柳泉铌钽矿床、夏日达乌铌矿点,以及察汉诺-茶卡北山稀有矿点等一批稀有矿床(点)。

2. 矿床地质特征

区内出露地层主要有古元古界达肯大坂岩群、新近系、第四系等(图 2-16)。其中达肯大坂岩群呈北西-南东向展布,是区内出露的主要地层,普遍遭受了强烈的变质作用和深熔作用的叠加改造,属角闪岩相。达肯大坂岩群可划分出 3 个非正式的岩石地层单位,即麻粒岩组、片麻岩组和大理岩组。

区内褶皱构造、断裂构造均较发育。区内古元古代地层南老北新,向北东倾斜,总体为一单斜构造,但次级褶皱极为发育,主要有断头沟背斜、阿姆内格山北向斜、西大沟北背斜、西大沟南向斜、东大沟向斜等次级褶曲构造。断裂构造以北西向阿姆尼克山南逆断层和阿姆尼克山北断层为主要断层。断层主要由北西向、北东向和近东西向 3 组组成,其中区内规模最大的断层主要为北西向断层,其控制了本区地层。

岩浆活动以海西期中酸性侵入活动为主,明显受北西向断裂带控制。岩体出露较少,主要在西北角有少量灰白色花岗闪长斑岩及角闪正长岩,侵入古元古界达肯大坂岩群中。脉岩比较发育,主要有伟晶岩脉、花岗岩脉、花岗闪长斑岩、煌斑岩脉、闪长玢岩脉、中粗粒花岗岩等,多分布于阿姆内格山东段北坡,脉体规模不等,长 10~300m,宽 3~29m(李善平,2016)。

区内矿种可分为金属和非金属矿产,金属矿产主要以钶铌钽铍矿为主,如与伟晶岩脉有关的铌钽矿、铍矿等;非金属矿产以钾长石、石英等为主,此外还有与碳酸盐岩有关的大理石矿、透闪石矿等。

3. 伟晶岩特征

区内铌钽矿主要赋存于伟晶岩中,伟晶岩集中分布于阿姆内格山东段北坡,在矿区约 28km² 范围内分布有 227 条伟晶岩脉。伟晶岩脉沿区域断裂构造形成的次一级断裂构造中展布,多穿层侵入达肯

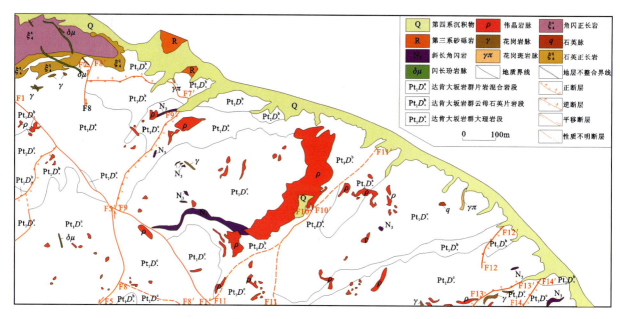

图 2-16 沙柳泉地区地质简图

大坂岩群大理岩组和云母石英片岩组中，脉体围岩以白云质大理岩为主，其次为云母石英片岩。伟晶岩脉成群出露，呈大小不等的透镜状、团块状、瘤状、不规则脉状，脉体走向多为北东，其次为北西，少数呈南北向及东西向分布。倾角陡，向下延伸不大。脉体长度在 100m 以内，宽 0.5~10m；少数脉体长 100~300m，宽 10~50m。长度大于 100m 的花岗伟晶岩脉有 31 条，最长 1700m，最宽 800m。

沙柳泉地区花岗伟晶岩的主要造岩矿物有微斜长石、钠长石、白云母（锂云母）、石英 4 种，其中石英在各类伟晶岩中含量较高（>20%）且变化范围不大，没有分类的意义，故根据微斜长石（钾长石）、钠长石、电气石、白云母（锂云母）4 种主要造岩矿物可将花岗伟晶岩分为 4 类：微斜长石伟晶岩、微斜长石-钠长石-白云母伟晶岩、微斜长石-白云母-电气石伟晶岩、钠长石-锂云母伟晶岩（表 2-10）。

表 2-10 沙柳泉地区伟晶岩类型划分表

类型	亚类
微斜长石伟晶岩	文象变文象微斜长石伟晶岩
	中粗粒微斜长石伟晶岩
	块体微斜长石伟晶岩
微斜长石-钠长石-白云母伟晶岩	中粗粒微斜长石-钠长石伟晶岩
	中粗粒微斜长石-钠长石-白云母伟晶岩
	块体微斜长石-钠长石-白云母伟晶岩
微斜长石-白云母-电气石伟晶岩	中粗粒微斜长石-白云母（叠层状）-电气石伟晶岩
	中粗粒微斜长石-白云母（鳞片状）伟晶岩
	块体微斜长石-白云母（叠层状）-电气石伟晶岩
钠长石-锂云母伟晶岩	中粗粒钠长石-锂云母（鳞片状）伟晶岩

在这4类伟晶岩中,微斜长石伟晶岩和微斜长石-钠长石-白云母伟晶岩的原生结构带发育情况复杂,有的脉体几乎全由细晶结构和文象变文象结构组成,有的脉体却发育大面积块状结构带,有的伟晶岩却是中粗粒结构,组成伟晶岩脉的主体。

(1) 微斜长石伟晶岩:该类型3个亚类中稀有元素矿化有明显差异,文象变文象微斜长石伟晶岩中Rb、Nb、Tb等稀有元素均分散在造岩矿物中(图版Ⅱ-15),基本上没有单矿物产出,无实际工业价值。

(2) 微斜长石-钠长石-白云母伟晶岩:此类型中,钠长石-白云母伟晶岩中铷矿化均匀,部分在边界品位之上,但铌钽矿化相对较差。

(3) 微斜长石-白云母-电气石伟晶岩:此类型伟晶岩中含有黑色电气石(图版Ⅱ-16),电气石粒径大小不等,最大可达30cm,一般为1~10cm,含量5%~20%。一般而言,在伟晶岩中出现大量黑色电气石,为铌钽矿化不佳的标志。沙柳泉地区含电气石伟晶岩中铌钽品位较低,但铷具有矿化显示。在中粗粒钾长石-白云母(鳞片状)伟晶岩中,铌钽及铷具有较好的矿化。

(4) 钠长石-锂云母伟晶岩:由石英-钠长石-锂云母组成(图版Ⅱ-17),在$\rho 4$号伟晶岩脉体中钠长石-锂云母伟晶岩规模较小,多呈透镜状、似层状产出,矿化均匀,浅粉红色锂云母呈鳞片状(图版Ⅱ-18),锂品位较高,部分达工业品位,且铯、铷及铌钽也达到边界品位,部分达工业品位。

4. 矿体特征

区内矿种可分为金属矿产和非金属矿产。金属矿产主要以铷铌钽铍矿为主,非金属矿产以钾长石矿、石英矿、宝玉矿等为主。区内探出的矿体主要为铍矿体、铌钽矿体,另有少量锂矿体。

(1) 铍矿体:呈巢状和不规则脉状,含矿以文象结构、块状构造的伟晶岩和钠长石化的伟晶岩为佳,尤其在岩脉的上部最为富集。矿化的贫富与交代作用有密切关系,铍主要赋存于绿柱石中,绿柱石晶体不佳,长轴一般长2~3cm,颜色有淡黄色、浅绿色、白色和玫瑰色。目前,该矿体已被采空。

(2) 铌钽、锂矿体:铌钽矿体主要与伟晶岩脉密切相关,矿体10个,附属小矿体14个,皆分布于$\rho 1$~$\rho 4$号伟晶岩脉间,圈定的2处工业矿体皆位于$\rho 1$号脉中。$\rho 1$号脉倾向北东,倾角平缓,约10°,沿走向出露长约1700m,沿倾向宽400~800m,呈舌状。$\rho 1$号脉为矿区最大伟晶岩脉,走向总体北北东,向西倾斜,分带不明显,主要是中粗粒结构带,岩石呈肉红色、砖红色,其次为灰白色。局部形成中细粒结构带及微斜长石-石英块体带。从脉体南西端的顶端沿倾向垂向下延伸约400m,此范围内脉有较好分异,以钠长石化为主的交代作用发育。$\rho 1$脉岩中探出4个矿体及所有的附属小矿体,探明有工业储量的一、二矿体即位于此地段伟晶岩顶部及大理岩捕虏体以下。其中$\rho 1-1$矿体走向北西-南东,长162m,中间宽111m,向两端变窄,中间垂直厚100.5m,两端薄。由南西向北东及由北西向南东皆分两支。矿体倾向北东,与伟晶岩倾向相近,矿体底面倾角比伟晶岩底盘倾角稍陡。$\rho 1-2$矿体延长方向为北东-南西,长170m,北东端厚,向南西延长79m后开始变薄,北东部最宽处达110m,最厚22.93m。矿体产状与伟晶岩总产状近一致。

除$\rho 1$号矿体外,尚有多条伟晶岩脉呈近南北向、北东-南西向分布,长150~300m,最长600m左右,宽10~50m,最宽约90m。圈定出不同规模的矿体,如在$\rho 4$号伟晶岩脉中圈定出4条铷、铌钽、锂、铍矿化体,其中$\rho 4-1$宽15~18m,长约30m,Rb_2O品位最高可达0.1563%,Nb_2O_5品位最高为0.0106%,Ta_2O_5品位最高为0.0042%,$Nb_2O_5+Ta_2O_5$品位最高为0.0149%,Li_2O品位最高可达0.9490%;$\rho 4-2$宽5~6m,长约20m,岩性为白云母花岗伟晶岩,Rb_2O品位最高可达0.0579%,Nb_2O_5品位最高为0.0097%,Ta_2O_5品位最高为0.0012%,$Nb_2O_5+Ta_2O_5$品位最高为0.0109%,Li_2O品位最高为0.0580%。另外,在$\rho 87$、$\rho 405$、$\rho 104$等伟晶岩脉中圈定12条矿体或矿化体。

5. 矿石质量

矿石矿物主要为铌钽铁矿、绿柱石,间有少量的锂云母、磷锂铝石、细晶石以及其他含铌钽铍矿物等,脉石矿物为黑云母、钠长石、微斜长石、条纹长石、石英,副矿物为石榴子石、磷灰石、电气石、锆石、绿帘石、铁质等。

矿石结构以伟晶结构、不等粒或粒状结构为主,其次为叶片状结构、交代残余结构,以及文象结构、初糜棱结构、糜棱结构等。

矿石构造主要为块状构造、眼球状构造,其次为片状构造、条带状构造。

6. 围岩蚀变

大部分伟晶岩侵入达肯大坂岩群大理岩组中,部分穿层侵入片岩、角闪片岩中,围岩蚀变不显著,局部见近脉大理岩、角闪片岩的黑云母化、矽卡岩化,在接触边界偶见石榴子石增多、黑云母蚀变为白云母等现象,内接触带可见石榴子石及少量角闪石,蚀变带断续,宽度小于 5cm。

7. 成矿期

在花岗伟晶岩发展演化过程中,锂云母主要形成于岩浆演化晚期交代作用阶段,矿区内伟晶岩的交代作用主要有白云母化、钠长石化、锂云母化等。

(1)白云母成矿期:白云母化在大多数伟晶岩中可见两期,早期大片状、羽状白云母集合体多产在中粗粒结构带中和块状石英微斜长石带边缘,含少量粗晶绿柱石和铌钽铁矿,晚期鳞片状白云母多发育在钾长石-钠长石-白云母伟晶岩类型中,产于糖粒状、小片状钠长石带附近或其中,富含铷矿。

(2)钠长石成矿期:钠长石化可见 2~3 期,早期钠长石化多呈大片状,粗粒状,含 Ca 较高,受原生结构带控制比较明显,矿化差。中—晚期钠长石化为中细粒状、糖粒状、小片状。含铌钽铁矿、碱性绿柱石等,在微斜长石伟晶岩类型中多交代块体微斜长石,在钾长石-钠长石-白云母伟晶岩中最为发育,广布全脉,与矿化关系密切。

(3)锂云母成矿期:钠长石化使残余溶液中钠含量降低,由于钠长石交代了钾长石,使其中钾进入溶液,残余溶液中相对富含钾,这种残余溶液与已结晶的固相间再次发生反应,产生锂云母化。锂云母化多出现在 $\rho 4$ 伟晶岩脉核部,仅在钠长石-锂云母伟晶岩类型脉体中出现,富含锂、铷、铯、铌钽等。

8. 地球化学特征

(1)稀土元素地球化学特征:矿区内伟晶岩类∑REE 最高为 168.67×10^{-6},一般$(13.15 \sim 110.21) \times 10^{-6}$,平均为 39.43×10^{-6};LREE/HREE 值最高为 7.5,平均为 3.52。这些数据显示区内伟晶岩类∑REE 相对较低。伟晶岩 δEu 为 0.42~0.58,平均为 0.49,铕具显著的负异常;δCe 为 0.47~1.01,平均为 0.71,Ce 显亏损性特征。球粒陨石标准化稀土曲线(图 2-17a)显示,多数样品铕、铈略显负异常;电气石化花岗伟晶岩标准化稀土曲线(图 2-17b)显示,铕略显负异常。这些特征表明轻重稀土分馏明显,具轻稀土富集性特征,铕、铈略显负异常。

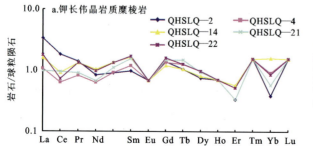
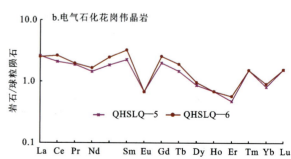

图 2-17 沙柳泉矿区不同岩石类型稀土配分模式图(据李善平等,2016)

(2)流体包裹体特征:沙柳泉铌钽矿床伟晶岩脉中石英流体包裹体主要有4种类型:富液包裹体、CO_2-H_2O两相包裹体、含子矿物富液包裹体以及H_2O-$NaCl$-CO_2三相包裹体(图版Ⅱ-19、图版Ⅱ-20),其中以富液包裹体、CO_2-H_2O两相包裹体为主。

沙柳泉矿区激光拉曼显微探针分析显示,包裹体液相成分主要为H_2O,气相成分为H_2O、CO_2,SLQP1BG8-1气体包裹体气相CO_2谱峰位置为1282.0cm^{-1}、1385.7cm^{-1}(图2-18);SLQP1BG13-1三相包裹体气相CO_2谱峰位置为1282.3cm^{-1}、1386.6cm^{-1}(图2-19)。沙柳泉地区伟晶岩脉主成矿阶段成矿流体为H_2O-CO_2-$NaCl$体系。

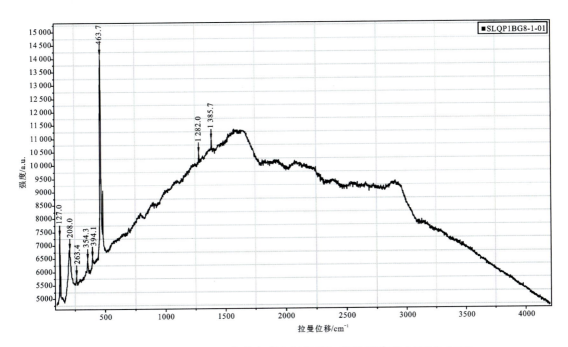

图2-18 SLQP1BG8-1气体包裹体气相CO_2特征图谱(据李善平等,2016)

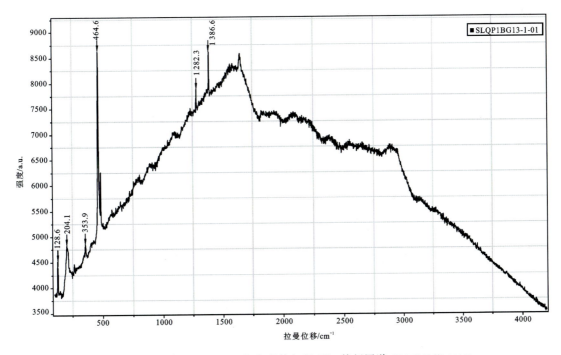

图2-19 SLQP1BG13-1三相包裹体气相CO_2特征图谱(据李善平等,2016)

沙柳泉地区的铌钽矿与其伟晶岩脉中石英关系密切,石英中包裹体多为同期生长的原生包裹体。沙柳泉 $\rho1$ 伟晶岩脉石英中 $H_2O-NaCl-CO_2$ 三相包裹体 Th 一般为 231~499℃,平均为 350℃;富液包裹体 Th 一般为 183~350℃,平均为 242℃;含子矿物富液包裹体 Th 平均为 323℃,与 $H_2O-NaCl-CO_2$ 三相包裹体均一温度接近,具有形成一致温度的特征。上述数据表明沙柳泉地区伟晶岩脉具有明显的两期成矿特征,成矿形成的温度分别对应 231~499℃(平均为 350℃)和 183~350℃(平均为 242℃)。国内外成矿深度主要是通过计算得到包裹体成矿压力,再经过平均静岩压力梯度换算而得出的(孙丰月等,2000;张德会等,2011)。采用 Shepherd(1985)的经验公式[$p=2.7\times0.0981\times H$($p$ 单位为 bar,1bar=1×10^5Pa;H 单位为 m)]来估算成矿深度。沙柳泉地区伟晶岩脉成矿深度具有显著的两个阶段:第一阶段集中在 11.25~12.15km,对应温度为 231~499℃ 的早期高温阶段;第二阶段集中在 8.52~8.67km,对应温度为 183~350℃ 的晚期中低温阶段。包裹体特征显示,早期高温包裹体发育较差,晚期中低温包裹体发育较好。而上述两种包裹体的共存进一步表明了成矿流体应有两次相对独立的活动。

9. 矿床成因

晚古生代海西期在柴达木盆地东北缘岩浆岩活动十分剧烈。沙柳泉—生格地区大量海西期侵入岩在内压力和构造应力作用下,其熔融体沿早期形成的构造裂隙侵位于达肯大坂岩群中的薄弱面和北东向、北西向、南北向构造裂隙,侵入岩主要有中基性的闪长岩类以及酸性的中—粗粒花岗岩、似斑状花岗岩等。由于地壳深部外压大于残余熔融体的内压,形成相对封闭和高温物理化学条件的环境,挥发分不易逸出,使得熔浆能溶解较多的挥发组分。在这些挥发组分的作用下,残浆的黏度降低,活性增强,而挥发分的存在降低了矿物结晶的温度,延缓结晶时间,随着温度的缓慢下降,钾长石、斜长石、石英等从熔浆中分异结晶出来,形成呈近南北向、北东-南西向展布的伟晶岩脉。

沙柳泉地区伟晶岩穿层侵入古元古界达肯大坂岩群大理岩组中,穿插于大理岩组及褶皱带核部的伟晶岩脉在较高压力下,在岩石固化过程中发生了物质的再分配,并发生结晶作用和变质作用而形成,因此具有变质分异伟晶岩的特征。沙柳泉地区西侧发现海西期侵入岩,可能有来自海西期深部的岩浆和变质热流体在岩石发生变质分异作用的同时参与并混合,在后期的重结晶作用和交代作用下,形成不同类型伟晶岩脉。在岩浆结晶分异作用晚期,残余热液中富含大量碱金属,挥发组分浓度增高,如可溶性 Rb、Li、Nb、Ta 等元素含量增高,钠的浓度急剧增加,演化至钠长石化阶段,铌、钽在碱性溶液中沉淀析出形成矿物。随着钠的交代,溶液中铷、锂浓度增高,并不断交代早期生成的黑云母,形成白云母和锂云母,同时分散在云母类矿物中的铌钽形成铌钽铁矿。这反映了岩体由外部岩相带到内部岩相带稀有金属元素含量逐渐增加并具有继承和发展关系,形成铷、锂、铌钽矿床。将沙柳泉地区各类伟晶岩样品投点于 La/Yb-Eu 变异图、Rb-Y+Nb 伟晶岩源区及成岩过程图(图 2-20、图 2-21)中,多数样品投点于壳源区,部分样品为壳幔混合来源,暗示为地壳混合交代型花岗岩,并且经历了变质分异和重结晶过程,致使轻重稀土分馏。综上所述,沙柳泉伟晶岩成因主要与岩浆作用密切相关,具有岩浆热液成矿的特点。

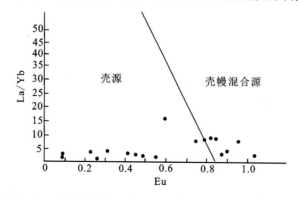

图 2-20　沙柳泉地区 La/Yb-Eu 变异图(据李善平等,2016)

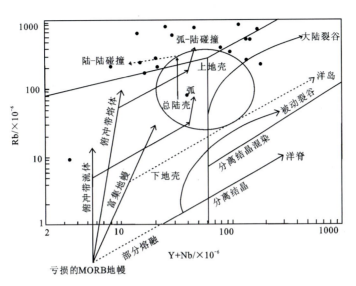

图 2-21　沙柳泉地区伟晶岩源区及成岩过程图(据李善平等,2016)

(二)锡铁山铅锌矿床(伴生稀散)

1. 概况

矿床行政区划属青海省海西蒙古族藏族自治州大柴旦行委锡铁山镇管辖,距大柴旦行委75km,交通较为便利。

2. 区域地质特征

矿床产于柴达木地块北缘由早古生代裂陷形成的一套呈北西向分布的以中基性为主的火山沉积岩系中,该套火山沉积岩系向北东逆冲至前寒武纪中级变质岩之下。出露的地层由老到新为古元古界达肯大坂岩群、奥陶系—志留系滩间山群、下石炭统阿木尼克组、下石炭统城墙沟组及渐新统、新近系、第四系。其中滩间山群是区内铅锌矿体的赋矿层位。区域内褶皱构造复杂,断裂构造十分发育,其中北西向断裂构造为控矿构造。岩浆活动频繁,按侵入时代分为加里东期和海西期两期,主要以中酸性岩浆岩为主。区域上火山活动强烈,岩性为海相基性火山喷出活动后经中深变质形成的斜长角闪岩。

3. 矿区地质特征

(1)地层:矿区内出露有古元古界达肯大坂岩群、奥陶系—志留系滩间山群。与铅锌矿成矿有关的地层为滩间山群,主要为一套由浅海相中基性—酸性火山喷发熔岩、火山碎屑岩夹沉积岩及少量碳酸盐岩组成的绿片岩系,进一步分为4个岩组。底部a岩组主要为中基性和少量中酸性火山沉积岩,是该矿区的主要含矿层;b岩组岩性由变质的中性—基性火山岩(已变质为斜长绢云绿泥片岩等)及沉积岩夹层组成,为次要含矿层;c岩组为碎屑沉积岩,岩性为紫红色长英质砂岩夹少量砾岩;d岩组主要由中性—基性火山碎屑岩组成(图2-22)。

(2)构造:矿区褶皱构造复杂,断裂十分发育,其中北西向断裂构造为控矿构造,规模巨大,具区域性深大断裂特征。北东向断裂常使矿体产生一定的错动;近东西向断裂,对矿带和矿体的延伸有一定影响,导致其向南东段含矿层逐渐隐伏于古元古界达肯大坂岩群之下;近南北向断裂常错断矿体。

(3)岩浆岩:区内侵入岩不发育,而火山活动强烈。滩间山群早期火山喷发物为中基性火山岩——基性凝灰岩、玄武岩夹安山岩,晚期火山喷发物为中酸性火山岩——流纹岩及英安岩。火山喷发间歇期

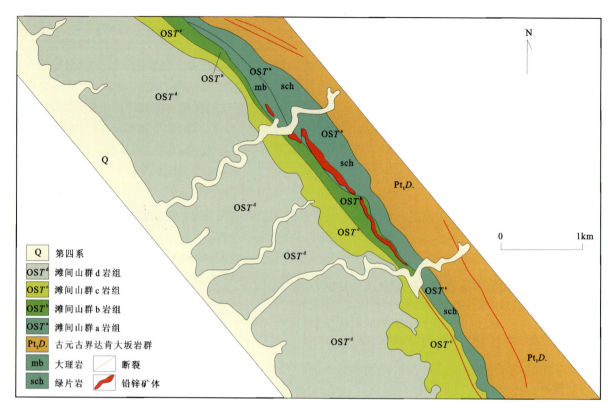

图2-22 锡铁山8矿区地质图简(据谭建湘等,2009;祝新友等,2006修改)

有碳酸盐岩沉积及纹层状石膏、菱铁矿层、纹层状硅质岩等热水沉积岩类。火山喷发沉积物的夹层中,常出现硬砂岩、凝灰质硬砂岩、杂砂岩和少量隐爆角砾岩、砂砾岩及以火山物质胶结的砾岩。其中,火山活动晚期及喷发间歇期形成的岩石组合为铅锌矿的形成提供了物质来源。

(4)变质岩:矿区地处柴北缘裂谷带中,区域变质作用强烈,主要为片麻岩化等一系列深变质作用。矿区内变质作用明显,表现为片理化,火山物质及少量泥质在区域变质作用下形成绿泥石、绢云母、碳质、钙质、石英等。碳酸盐岩中方解石重结晶,矿物定向排列明显。矿区变质程度达绿片岩相。

4. 矿体特征

矿体受地层层位、岩性控制。主要矿体赋存在大理岩与绿片岩接触部位及大理岩中,矿体产出与围岩产状基本一致。矿体呈倾向南西的单斜层,倾角60°~80°,局部见层间揉皱甚至倒转,侵入岩不发育。含矿带长约6km,宽50~850m,以锡铁山沟至中间沟段矿体发育最好,在长3500m、垂深250~500m范围内探明矿体183个,组成3个矿带。

Ⅰ矿带长2473m,宽20~72m,由74个矿体组成,其中Ⅰ1矿体最大,长849m,厚2~46m,延深未封闭;Ⅱ矿带长2355m,宽70~118m,由90个矿体组成,其中Ⅱ10矿体最大,长1365m,平均厚4m;Ⅲ矿带长1850m,较不稳定,其中Ⅲ6矿体最大,长562m,厚23m。其余矿体长几十米至数百米,厚几米至十余米(图2-23)。

主要矿体特征如下:

Ⅳ-3矿体:分布在01~013线之间,已有工程控制长度300m,垂直延深167m,平均真厚度28.39m,平均品位铅0.95%、锌6.38%、硫14.94%、金0.41g/t、银27.66g/t,矿石量占本次资源量估算的44.12%,是本段规模最大的矿体。矿体走向北西,倾向南西,倾角变化大,在5°~40°之间。在2386m标高逐渐尖灭,矿体呈似层状、透镜状,具有分支复合现象,在03线剖面矿体呈雁行排列。工程已控制

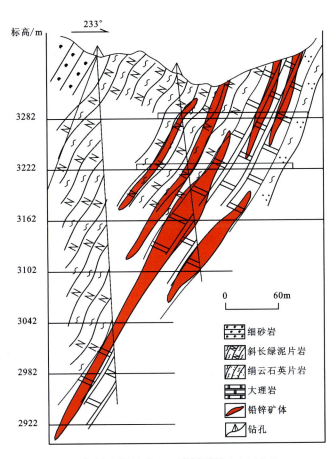

图 2-23　锡铁山铅锌矿 S12 线剖面图（据谭建湘等，2009）

到 2386m 标高。

Ⅱ333 矿体：分布在 3～01 线之间，单剖面见矿，矿体长 75m，垂直延深 133m，平均真厚度 17.92m，平均品位铅 7.81%、锌 12.28%、硫 17.22%、金 0.31g/t、银 116.05g/t。矿体由 3 个小矿体叠加组成，走向北西，倾向南西，倾角 50°～53°，矿体呈似层状。工程已控制到 2496m 标高，矿体尖灭。

Ⅲ5 矿体：分布在 7～15 线之间，已有工程控制长度 200m，垂直延深 112m，平均真厚度 8.84m，平均品位铅 3.74%、锌 3.55%、硫 29.90%、金 0.11g/t、银 61.13g/t。矿体走向北西，倾向南西，倾角 47°，矿体呈似层状。工程已控制到 2441m 标高，矿体尖灭。

5. 矿石特征

（1）矿石物质组成：矿石金属矿物为闪锌矿、方铅矿、黄铁矿、磁黄铁矿，少量白铁矿、毒砂、黄铜矿、黄锡矿、磁黄铁矿、磁铁矿、铬铁矿、银金矿、金银矿、自然金、硫金银矿、黝锑银矿、银砷铜银矿、银锌砷铜银矿、银黝铜矿、硫镉矿、锡石、铜蓝、辉铜矿、金红石等；脉石矿物为石英、方解石、钠长石、绿泥石、炭泥质，其次有绢云母、菱锰矿、石膏等，偶见萤石。

（2）矿石化学成分：据基本分析结果，矿石中平均含铅 2.98%、锌 5.388%、硫 18.60%、金 0.62g/t、银 43.88g/t；据组合分析结果，矿石中平均含砷 0.033%、铜 0.031%、铟 0.005%、铊 0.001%、锗 0.009%、镓 0.001%、镉 0.001%；据多元素分析、化学全分析结果，主矿体平均含二氧化硅 52.43%、三氧化二铁 7.38%、氧化亚铁 10.54%、三氧化二铝 7.08%、氧化镁 3.03%。

（3）矿石结构构造：矿石结构主要有半自形—他形粒状结构、环带结构、交代结构、充填交代结构、压碎粒状结构、交织结构等；矿石构造主要有块状构造、条带状构造、星散浸染状构造、斑状构造、角砾状构造、纹层状构造等。

（4）矿石类型：根据矿石矿物组成与结构构造，划分为条带—块状黄铁矿（胶黄铁矿）-闪锌矿-方铅矿矿石，条带—浸染状黄铁矿（胶黄铁矿）-闪锌矿-方铅矿矿石，星散状、细脉浸染状黄铁矿-闪锌矿-方铅矿矿石，其他矿石类型[结构构造独特的伟晶状矿石、花斑状矿石和角砾状矿石，金属矿物成分单一的方铅矿矿石、闪锌矿矿石、黄铁矿矿石和胶黄铁矿矿石，具特殊成因的石膏-菱锌铁矿矿石（层纹状构造为主）]；按矿石中铅、锌品位划分，大于8%为富铅锌矿石，小于8%为一般铅锌矿石。

6. 围岩蚀变

矿体围岩有大理岩和绿片岩两类。矿区围岩蚀变强烈，蚀变主要有硅化、黄铁矿化、碳酸盐化、钠长石化、重晶石化等。硅化是矿区最常见和最发育的蚀变之一。黄铁矿化与矿化关系非常密切。碳酸盐化包括方解石化和菱锰矿化等，常沿围岩裂隙交代充填，形成各种形态的碳酸盐细网脉，局部地段富集成中晶菱锰矿。钠长石化呈非层状产于层状矿体之下的蚀变网脉状矿带中，多表现为钠长石交代矿下流纹质火山岩中的斜长石，并与硅化等蚀变紧密共生。

7. 伴生矿产

矿区除铅锌主组分外，金、银、硫元素达到伴生组分的综合利用指标，并在选矿过程中可以回收利用。保有伴生组分平均含金0.53g/t、银50.07g/t、硫21.67%。从矿区380件矿石组合分析结果的算术平均值来看，矿石中平均含镓0.0011%、镉0.0345%、铜0.03%、铟0.003%，已达伴生组分评价指标的要求，但其赋存状态及综合回收利用情况未查明，应做进一步综合回收利用研究（李厚有等，2018）。

8. 资源储量

截至2018年底，锡铁山铅锌矿床锡铁山矿区累计查明资源储量铅$206.45×10^4$t、锌金属量$297.56×10^4$t、伴生金32 313kg、伴生银600t、伴生镓179t、伴生铟557t、伴生镉5724t、伴生铜362t。保有资源储量铅$59.28×10^4$t、锌$107.33×10^4$t、伴生金9290kg、伴生银853t、伴生铜362t、伴生镓179t、伴生镉5724t、伴生铟557t。

9. 成矿物理化学条件

（1）刘耀辉等（2006）对矿区流体包裹体的研究认为，该矿床两类矿石的成矿热液具有不同的特点：一类是分布在35线以西的块状矿石，形成于中性、弱还原环境，显示了后期热液叠加改造的热液成矿特点；另一类是分布在35线以东的条带状矿石，形成于弱酸性、弱还原环境。据以上说明可知，火山期后热液为该矿床的形成提供了丰富的物质来源，喷流沉积作用使成矿元素在裂谷凹陷盆地富集，形成条带状矿石，后期热液叠加改造形成了块状矿石。

（2）铅同位素样品依其组成与分布规律大体可分为两组，非层状矿、网脉状以及绝大部分的层状矿体为一组，具有混合铅的特点；另一组以碳质片岩为代表，富含放射性成因铅（祝新友等，2010）。

10. 成矿阶段划分

宋忠宝等（2012）认为矿床的形成过程可归纳为两个重要成矿期，分别为热水（喷流）沉积成矿期和变形变质改造期。

（1）热水（喷流）沉积成矿期：在弧后盆地环境下接受碳酸盐、泥质沉积，受扩张背景下的同生断裂活动影响，海水不断下渗与深部火山期后热液混合，组成混合成矿溶液。成矿溶液在底层中性—酸性火山岩和基底中萃取硫和金属物质，形成富含成矿物质的热液。热液沿通道上升，迅速喷出海底形成矿体。

（2）变形变质改造期：晚奥陶世后期，由于区域地壳收缩作用，柴北缘裂陷海槽逐渐关闭，发生陆壳俯冲。陆壳俯冲过程中，也可析出流体交代上地幔。随俯冲到地幔深处，温度、压力升高，流体交代地幔楔，诱发部分熔融岩浆，形成类岛弧型的中性—基性熔岩-次火山岩建造。这期岩浆活动对成矿作用没有直接贡献。但是由于裂谷强烈挤压封闭，裂谷期火山-沉积岩系发生区域变质，达到绿片岩相，同时使矿体遭受变形改造。

11. 矿床类型

对锡铁山矿床成因认识较多，包括早期的热液型、层控型、火山岩容矿的块状硫化物型以及喷流沉积型等（邓达文等，2003；张代斌等，2005；张德全等，2005；王莉娟等，2009；冯志兴等，2010；王振东等，2012；雷晓清等，2015；孙景，2018）。矿区矿体具富铅锌而贫铜特点，与世界上大多数喷流-沉积（Sedex）型矿床特征一致。再结合矿区的矿体特征、矿石结构、构造特征、微量元素组成特征、同伴素特征等，本研究认为矿床成因类型属海相火山岩型。

12. 成矿机制和成矿模式

（1）成矿时代：矿床主要产于奥陶系—志留系滩间山群下碎屑岩组中，矿体呈层分布，矿体产状与地层产状基本一致，受地层层位控制明显。其中，大理岩型矿体产于滩间山群下碎屑岩组的中下部，（碳质）片岩型矿体产于滩间山群下碎屑岩组的中上部，两类矿体的围岩差别大，上、下层位关系明显，构成典型喷流沉积成矿的"双层结构"。故滩间山群的形成时代大致可以代表矿床的形成时代。赵风清等（2003）曾报道锡铁山铅锌矿床a-1岩段火山岩锆石年龄为约486Ma。冯志兴（2010）报道了锡铁山铅锌矿床d-3岩段火山岩锆石年龄为约440Ma。黄志伟（2013）曾对锡铁山矿床滩间山群火山岩系统取样进行锆石U-Pb年龄测试，显示滩间山群形成年龄应为奥陶纪。结合前人研究资料，本研究将锡铁山铅锌矿床的成矿时代厘定为奥陶纪。

（2）成矿环境：锡铁山地区滩间山群形成于大陆裂谷环境（赵风清等，2003；樊俊昌等，2006；吴昌志等，2008）。成矿环境为大陆边缘弧后盆地拉张环境（吴冠斌等，2010；孙华山等，2012；姚希柱，2019）。本研究结合青海省地质构造演化历史及特征，认为锡铁山铅锌矿床成矿环境为大陆边缘弧后盆地拉张环境。

（3）成矿物质来源：同位素研究资料表明，成矿物质来源于火山活动，喷流过程中的喷流卤水提供了主要的成矿物质，少量物质来自海水（王莉娟等，2009；祝新友等，2010；姚希柱，2019）。

（4）成矿机制及成矿模式：寒武纪—奥陶纪，锡铁山地区在区域上处于大陆边缘弧后盆地环境，局部拉张诱发火山活动。火山期后喷气热液和海水渗滤提供成矿物质，同生断裂将深部含矿热卤水泵送至海底，将海底火山喷气热液及其初期物质和部分火山喷发沉积物转移到次级盆地，最后再沉积下来；晚期火山旋回的强烈活动为早期成矿层位提供热液及物源，使之更加富集。造山运动使早期含矿层位同样变质与变形，新的热液活动沿着岩性-构造有利部位，使矿质活化转移，再沉积。

矿体产于同生断裂通道和近喷口处的封闭洼地，含矿岩系为滩间山群a、b岩组，含矿岩性以热水沉积岩、绿片岩、大理岩为主，明显受地层层位和岩性控制。矿体产出与围岩产状基本一致，围岩蚀变强烈，主要有硅化、碳酸盐化、钠长石化等。矿石具有典型热水喷流沉积的特点。据此建立成矿模式（图2-24）。

13. 找矿模型

（1）成矿环境：大陆边缘弧后盆地。

（2）含矿地层：滩间山群大理岩层与绿片岩之间的层间带成矿，特别是大理岩上盘的层间部位。在大理岩内，若存在条带状大理岩，或薄层大理岩，或夹绿片岩地段，有硅岩、重晶石脉发育地段，则是成矿有利地段。

（3）蚀变特征：重晶石化，以及黄铁矿化、硅化、绢云母化。

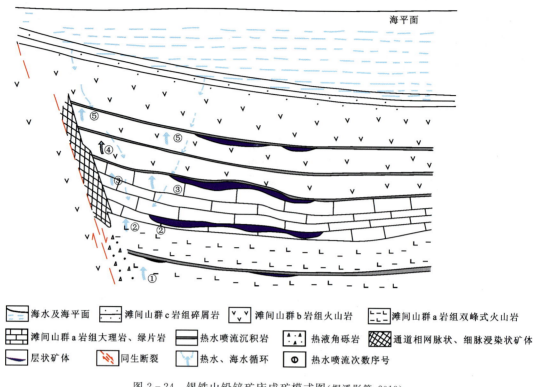

图 2-24 锡铁山铅锌矿床成矿模式图（据潘彤等，2019）

(4)化探异常标志：①出现复杂元素组合的异常，其中以主要成矿元素如 Pb、Zn、Ag 为主，伴 Cu、Au、Sn、Mn、As、Sb、Hg、B、Ba 多种元素为矿异常。②主要成矿元素 Pb、Zn、Cu、Ag 及伴生元素 As、Sb、Sn 的异常中，内浓度带往往紧裹矿体，即当出现 Pb$(500\sim1000)\times10^{-6}$、Zn$>1100\times10^{-6}$、Cu$>500\times10^{-6}$、Ag$(1200\sim6600)\times10^{-9}$、Sn$>20\times10^{-6}$、Au$>165\times10^{-9}$时，特别是同时出现上述元素或同时出现主成矿元素达到或超过上述含量时，则矿产往往就在上述元素的异常中、内浓度带所包裹或对应的区域。

四、铂族矿产

目前研究区内尚未发现已成规模的铂族元素（PGE）独立/伴生矿床，只通过少量的槽探、钻探工作在局部地段发现了 PGE 成矿线索。

呼德生铜金（铂钯）矿点

1. 概况

呼德生矿点属青海省乌兰县管辖，在乌兰县东约 18km 处，交通较为方便。

2. 地质特征

呼德生地区主要出露古元古界金水口岩群（$Pt_1J.$）和中元古界万洞沟群（Pt_2W）。地层受区域构造切割侵蚀和后期岩浆活动影响，连续性较差，总体呈北西向带状、不规则状展布（图 2-25）。

区内构造活动较强烈，造成了区内复杂的构造面貌。主要表现为韧性剪切带及断裂构造极为发育。断裂构造按其展布方向可分为北西向、近东西向两组，共计 8 条断层，其中北西向组活动时间最早，最为发育。各时代地层褶皱强烈，断裂十分发育，多具长期活动、多阶段演化的特点。

该区岩浆活动强烈,主要有晚志留世—晚泥盆世基性—超基性岩、早二叠世闪长岩体、晚三叠世花岗岩及早侏罗世花岗岩等。侵入岩以酸性岩为主,基性岩次之,超基性岩只出露于呼德生断裂以西地区,呈脉状产出于基性岩中;火山岩不发育。岩体多沿构造带分布,与金水口岩群呈侵入接触关系,基性—超基性岩体与周围地质体呈侵入接触。其中,中志留世基性—超基性岩与铜、钴、镍矿有着密切的关系。

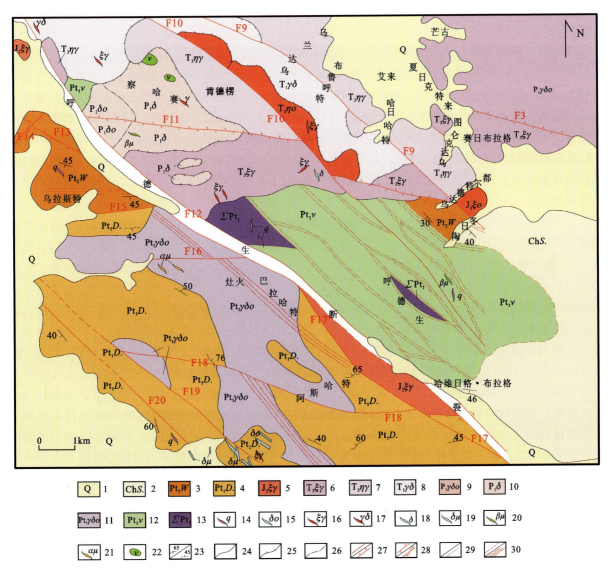

图 2-25 呼德生地区地质简图

1.第四系;2.沙柳河岩群;3.万洞沟群;4.达肯大坂岩群;5.早侏罗世钾长花岗岩;6.晚三叠世钾长花岗岩;7.晚三叠世二长花岗岩;8.早三叠世花岗闪长岩;9.早二叠世英云闪长岩;10.早二叠世闪长岩;11.古元古代英云闪长岩;12.古元古代辉长岩;13.古元古代超基性岩;14.石英脉;15.石英正长岩脉;16.钾长花岗岩脉;17.花岗闪长岩脉;18.闪长岩脉;19.闪长玢岩墙;20.辉绿岩墙;21.安山玢岩脉;22.辉长岩包体;23.片理产状/片麻理产状;24.地质界线;25.超动侵入界线;26.脉动侵入界线;27.性质不明断层/正断层;28.逆断层/走滑断层;29.碎裂岩带/中浅部韧性剪切带;30.推测断层/中部韧性剪切带

3.基性—超基性岩体特征

1)岩体产出地质背景及时代

2001年在1:5万《区域地质调查说明书中尕巴幅 J47E019011》(王毅等,2001)中将区内变质辉长岩的形成年龄定为(1952±15)Ma,确定区内变质辉长岩形成于古元古代。2015年,青海省地质调查院承担的"柴周缘铜镍硫化物矿成矿规律及找矿部署研究"科研项目对区内基性—超基性岩体进行测年分析,测得辉石岩的加权平均年龄为(454.9±3.4)Ma,属晚奥陶世;辉长岩的加权平均年龄为(465.0±2.2)Ma,属晚奥陶世。钱兵等(2017)对柴达木北缘东段呼德生基性—超基性岩体进行锆石取样,通过对与成矿有关的橄榄二辉岩中锆石进行 LA-ICP-MS U-Pb 定年测试,获得锆石加权平均年龄为(425.2±5.8)Ma,属于中志留世,其成岩成矿背景为大陆边缘张性环境。

2)岩体的规模和形态

在呼德生地区基性—超基性岩体中圈出3个不同规模的基性—超基性岩体,其特征如下。

Ⅰ号岩体位于西部,规模较大,呈北西西向延伸,地表出露长约2.5km,宽约2km。岩性主要为橄榄辉石岩、橄榄岩及辉长岩,岩石具不同程度的蛇纹石化。岩体与西侧的中酸性岩呈断层接触,与围岩辉长岩呈侵入接触。岩体与周围橄榄辉长岩应为同期岩浆分异而形成。该岩体分异较好,在橄榄辉石岩中,可见孔雀石化,细粒星点状自形、半自形结构黄铜矿化、黄铁矿化及磁黄铁矿化。局部岩体在裂隙面中可见稀疏浸染状磁黄铁矿及黄铜矿,矿化主要为自形结构。岩体层理明显,具有清晰的垂直分带,下部以超基性岩为主,中上部以基性岩为主,岩体形态倾向南,在此岩体中已发现多处硫化物矿化点和2条铜矿化体。

Ⅱ号岩体位于中北部,规模较小,岩体碎石流覆盖较广,地表出露长约600m,宽100m,大致呈东西向展布。地表出露岩性比较单一,为橄榄岩,呈灰黑—黑绿色,细粒结构,块状构造。岩体中普遍具强的蛇纹石化、磁铁矿化等,局部还见少量黄铜矿化、孔雀石化等。由于目前工作程度低,岩体的形态还不明了。

Ⅲ号岩体位于东部,规模也较小,地表出露长约1km,宽50~300m,大致呈北西向的"V"字形展布。地表出露岩性为橄榄岩,岩体与周围辉长岩应为同期岩浆分异而形成。岩体分异较差,但岩体中可见星点状自形、半自形结构黄铁矿及镍黄铁矿。局部岩体在裂隙面中见团块状黄铁矿、镍黄铁矿,矿化主要为自形结构,目估含量可达10%。由于目前工作程度低,岩体的形态还不明了。

3)岩体岩相、岩性及分异程度

呼德生岩体按岩浆分异特征分为3个岩相,从岩体中部向外部分别为橄榄岩相→橄榄辉石岩相→辉长岩相(图2-26)。岩性主要有橄榄岩、辉石橄榄岩、橄榄辉石岩及辉长岩等。根据各岩相、岩石类型的主要特征及相互之间的关系,岩体的形成是在构造环境很不稳定的条件下侵入、分异成岩的,岩体分异比较好,但分异不完善。从岩体分异特征来看,西段超基性岩体相对东段岩体岩相分异情况好,出露面积较大。岩石总体蚀变较强,主要有蛇纹石化、阳起石化、透闪石化、钠黝帘石化、绿帘石化和绿泥石化。

橄榄岩相:分布于岩体中部,整体呈北西-南东向带状分布,岩性为墨绿色中细粒橄榄岩、斜长单辉橄榄岩。岩石中见有网脉状蛇纹石(图版Ⅱ-21),具一定磁性,强蛇纹石化。

辉橄岩相:仅见于西段岩体Ⅰ号超基性岩体。岩性为中粗粒橄榄辉石岩,为本区主要含矿岩相。矿化主要为孔雀石化、黄铁矿化、褐铁矿化、磁黄铁矿化及镍矿化。矿化分布呈不均匀团块状、稀疏浸染状。岩石具强蛇纹石化、阳起石化、绿泥石化。目前已发现2条铜矿化体。

辉长岩相:出露面积较大。岩性为灰色细粒辉长岩、深灰色粗粒辉长岩。岩石堆晶结构明显(图版Ⅱ-22),表现为基性程度较高的岩位于上部,基性程度较低的岩石位于下部,矿化只分布在基性程度较低的下部,多见有斜长岩脉、石英脉。矿化主要有孔雀石化、黄铁矿化和褐铁矿化。

4.矿化体特征

呼德生地区暂时没有发现铜镍硫化物规模矿体,但在Ⅰ号超基性岩体中地表圈定铜矿化体2条、隐伏铂钯矿化体3条以及厚约100m的硫化物矿化线索,工作区西南角圈定石英脉型金(铜)矿化体2条。

1)铜(金)矿化体

在乌拉斯特$AS_{丙}^{7}$Au水系沉积物异常西侧进行查证工作时,在二云斜长片岩中发现矿化石英脉

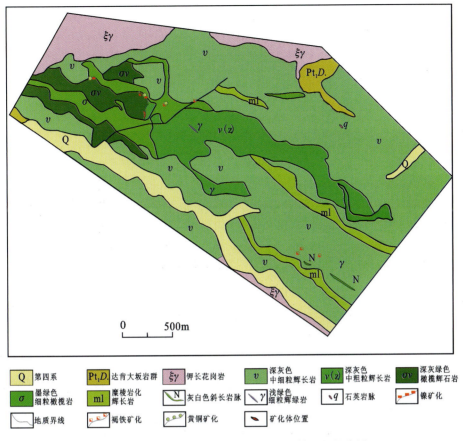

图 2-26 呼德生地区基性—超基性岩体岩相划分图

2条,沿走向两侧被第四系风成沙覆盖。南侧石英脉宽1.2m,长180m;北侧宽3.1m,断续出露长近200m。走向135°,近直立。地表出露岩性为二云斜长片岩、斜长角闪片岩、大理岩。在石英脉中分别圈定KH1、KH2铜金矿化体,具一定找矿空间。

KH1矿化体在地表出露长约80m,向南东方向变窄、尖灭。矿化体出露于万洞沟群灰绿色片理化石英绿帘绿泥石片岩、二云斜长片岩接触带附近的石英脉中。矿化体产状135°∠70°~80°,宽2m,Au品位0.66~0.54g/t,Cu品位0.13%~0.2%,矿化有黄铜矿化、褐铁矿化、黄铁矿化、孔雀石化等(图版Ⅱ-23、图版Ⅱ-24)。

KH2矿化体在地表出露长约60m,沿走向两侧被第四系风成沙厚覆盖,槽探无法揭露。矿化体出露于二云斜长片岩接触带附近的石英脉中。矿化体产状140°∠75°,宽1.1m,Cu品位0.18%。

2)铜矿化体

矿化体位于Ⅰ号超基性岩体内,矿化体产于强片理化裂隙带中。裂隙带呈北东-南西向,产状135∠63°。裂隙带南宽北窄,宽1~4.5m,地表断续延伸近230m。裂隙带沿走向北侧消失在中粗粒辉长岩中;南侧被碎石流覆盖。

金属矿物主要为黄铜矿、黄铁矿,呈细粒浸染状或星点状分布,亦有少量铜蓝,呈薄膜状(图版Ⅱ-25、图版Ⅱ-26)。矿化体出露岩性为中粗粒橄榄辉石岩,中间夹有网脉状灰白色斜长岩脉。KH3矿化体宽1m,地表出露长50m,Cu品位0.13%;KH4矿化体宽1.9m,地表出露长90m,Cu品位0.12%~0.14%。

3)铂钯矿化体

该矿化体位于Ⅰ号超基性岩体C4磁异常区。KH5矿化体在孔深80.5~83.5m处,视厚度3m,岩性为中粗粒橄榄辉石岩。矿化有黄铜矿化、磁黄铁矿化、黄铁矿化(图版Ⅱ-27、图版Ⅱ-28),岩石蛇纹石化、阳起石化、透闪石化较发育。Pt+Pd品位(112.9~128.3)×10^{-9}，Cu品位0.08%~0.11%；KH6矿化体在孔深170.5~172.5m处，视厚度2m，岩性为中粗粒的橄榄辉石岩。矿化为磁黄铁矿化、黄铁矿化、岩石蛇纹石化、阳起石化较发育。Pt+Pd品位(127.1~127.9)×10^{-9}；KH7矿化体在孔深324~329m处，视厚度5m，岩性为中粗粒辉石岩。矿化为磁黄铁矿化、黄铁矿化。Pt+Pd品位(102.6~247.2)×10^{-9}。

5. 矿石特征

地表槽探中见有孔雀石化、黄钾铁矾化、磁黄铁矿化、黄铜矿化、褐铁矿化等矿化蚀变；钻孔中所见硫化物赋矿岩性主要为中粗粒橄榄辉石岩、辉石岩，矿石构造主要以星点状、稀疏浸染状为主，呈深灰色、黑绿色，具磁黄铁矿化、黄铁矿化、磁铁矿化、黄铜矿化，脉石矿物主要为石英、斜长石、白云母、绢云母等。

(1)矿石结构构造：矿石结构有他形晶粒状结构(图版Ⅱ-29)、半自形晶粒状结构(图版Ⅱ-30)；矿石构造有尘点状构造、星点状构造(图版Ⅱ-31)、稀疏浸染状(图版Ⅱ-32)构造(光片照片在单偏光10×10倍显微镜下拍摄)。

(2)矿石矿物特征：金属矿物主要有黄铁矿、磁黄铁矿、磁铁矿、黄铜矿、褐铁矿等。黄铁矿含量一般为1%~5%，磁黄铁矿含量一般为1%~2%，磁铁矿含量一般为1%~5%，黄铜矿含量一般为1%~4%，褐铁矿含量一般在1%以下，大致推断金属矿物生成顺序为磁铁矿→黄铁矿→磁黄铁矿→黄铜矿。脉石矿物主要为橄榄石和辉石，其次为少量蛇纹石、角闪石、斜长石等。

黄铁矿：有两个生成时代，早期黄铁矿多呈压碎结构，部分呈他形或半自形晶粒状，也有的呈脉状分布在裂隙中，其粒径在0.1mm以下，多在0.01~0.08mm之间；晚期黄铁矿呈自形或半自形晶粒状，沿切割岩石和其他金属矿物的裂隙分布，形成脉状构造，其脉宽在0.01~2.60mm之间。

磁黄铁矿：呈半自形晶粒状，淡玫瑰棕色，单体粒径多在0.15mm以下，集合体粒径在0.5mm以下，呈星点状不均匀分布在脉石矿物间，与黄铁矿、黄铜矿间的接触界线平滑、平直，具共生边结构的接触特征，它们均形成于岩浆矿化期。

磁铁矿：部分为岩浆结晶的产物，与黄铜矿等矿物同时生成，呈自形、半自形粒状晶，具压碎裂纹，粒径在0.1mm以下，多在0.05~0.07mm之间；部分为脉石矿物变化的产物，粒径在0.07mm以下，集合体似呈网脉状分布在脉石矿物晶粒边缘或沿不规则裂纹分布。

黄铜矿：多数呈边界光滑的晶粒包含在黄铁矿中，部分包含在脉石矿物构成的间隙中，粒径在0.003~0.2mm之间，与磁黄铁矿、黄铁矿同时生成，形成于岩浆矿化期；部分呈脉状充填在裂隙中，其脉宽在0.02~0.08mm之间。

褐铁矿：多数为地表氧化的产物，胶状集合体常沿岩石裂隙、矿物解理充填分布，褐铁矿集合体粒径在0.2mm以下，一部分单独出现，另一部分见交代磁铁矿，呈交代残余结构。

五、页岩气

1. 概况

柴北缘陆相页岩气主要集中在鱼卡地区，属海西蒙古族自治州天峻县管辖，中心点坐标：东经94°55′44″，北纬38°04′08″。距大柴旦行委约40km。规模为矿点，为未开采页岩气矿(潘彤等，2020)。

2. 地层

鱼卡地层区划属柴北缘地层小区。矿区地层主要有古元古界达肯大坂岩群，奥陶系—志留系滩间山群，下—中侏罗统大煤沟组，中侏罗统采石岭组，上侏罗统红水沟组，以及古近系、新近系和第四系。

暗色泥页岩赋存于下—中侏罗统大煤沟组、中侏罗统采石岭组中，基底为奥陶系—志留系滩间山群、古元古界达肯大坂岩群，与侏罗系呈角度不整合接触，与上覆白垩系呈平行不整合接触，与古近系、新近系呈角度不整合接触（图2-27）。

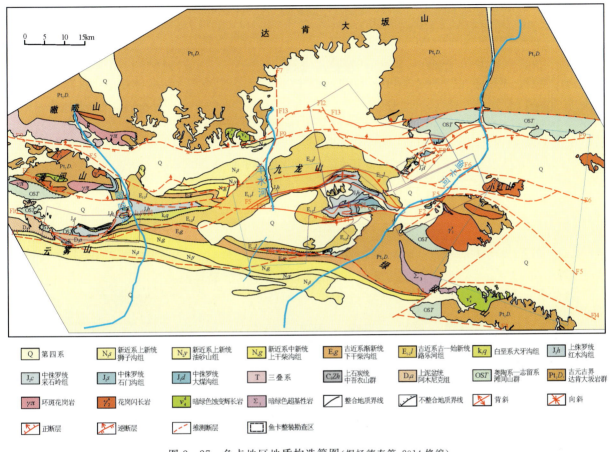

图2-27 鱼卡地区地质构造简图（据杨德寿等，2014修编）

大煤沟组和采石岭组同处于一个湖侵期，在大煤沟组到上覆采石岭组的层序演化中，原始古地理表现为煤田东部地势相对低洼，煤田西部地势相对较高，湖平面上升过程中大煤沟组沉积期是一个古地形填平补齐的阶段，从地势低洼的煤田东部向煤田西部超覆沉积，煤田东部的北山勘查区内大煤沟组厚度达600m，而西部的羊水河地区厚度200m左右。大煤沟组沉积后期，湖平面扩大至整个鱼卡煤田，继而沉积了平面上全区发育的采石岭组。

大煤沟组平面上在嗷唠河以东均有发育，地层总厚度23.96～607.80m，平均143.26m，垂向上东部厚度大，向西部逐渐变薄。根据岩性特征分为大煤沟组含煤段和大煤沟组砂砾岩段。上部含煤段岩性主要为灰色、灰白色厚至中厚层状粗粒长石石英砂岩，夹含砾粗粒砂岩、中—细砂岩、粉砂岩、泥岩、碳质泥岩及煤层等，下部砂岩段岩性主要为灰色、灰白色粉砂岩和泥岩等细碎屑岩夹粗粒砂岩。

在下—中侏罗统大煤沟组上段，泥页岩以黑色泥岩和碳质泥岩为主，夹薄层灰黑色粉砂岩，通常为F煤层的顶底板，垂向连续性很好，平均单层厚16.09m，累计厚度较大，在鱼卡35井达97.92m。

采石岭组在全区发育，地层总厚度26.36～385.65m，平均120.67m，垂向上厚度变化规律不明显。根据岩性特征分为采石岭组页岩段、含煤段。上部页岩段岩性主要为灰褐色、棕褐色油页岩夹薄层泥岩、粉砂质泥岩等。下部含煤段岩性主要为灰色、灰黑色粉砂岩及泥岩夹灰白色含砾粗砂岩和煤层等，详见图2-28～图2-30。

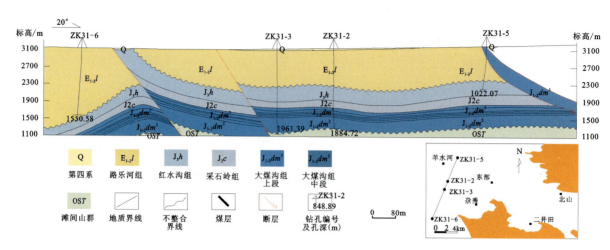

图 2-28　鱼卡羊水河地区示意剖面图（据杨德寿等，2014 修编）

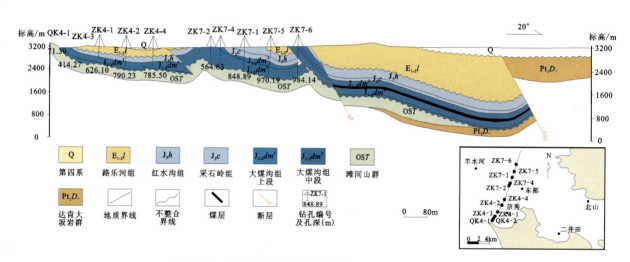

图 2-29　鱼卡本部矿区示意剖面图（据杨德寿等，2014 修编）

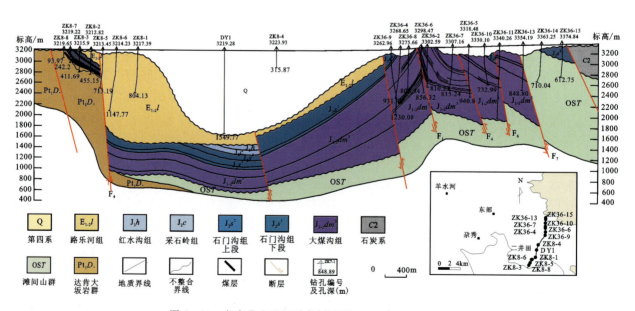

图 2-30　鱼卡北山地区示意剖面图（据杨德寿等，2014 修编）

页二段泥页岩位于中侏罗统采石岭组下段,为灰黑色粉砂岩、黑色泥岩和碳质泥岩,含薄煤层,通常层段结构复杂,夹有多层砂岩和含砾砂岩,大煤沟地区发育相对较好。单层厚度一般在5m以下,鱼卡33井富有机质泥页岩累计厚度为16.5m。

页三段泥页岩层位于中侏罗统采石岭组上段,岩性以油页岩为主,局部渐变为黑色页岩,鱼卡地区和旺尕秀地区油页岩发育较好。泥页岩层结构简单、分布稳定,多呈单一巨厚层状展布。平均累计厚度为45m,大煤沟剖面达55.25m,鱼33井累计厚度为40.62m。

区域上岩浆活动比较强烈,多数属加里东期或海西期的酸性侵入岩,对中生代以来的暗色泥页岩没有直接影响。

3. 构造

鱼卡凹陷地处赛什腾山-锡铁山-埃姆尼克山南断裂和赛什腾山北-达肯大坂-宗务隆山山前断裂之间的中生代断陷盆地中,总体在南北向挤压应力的影响之下形成一组北西西向断裂,在东西向走滑应力的影响下形成北北东向的左行走滑断裂,其对北西西向断裂具有切割作用。据青海煤炭地质勘查院提交的《青海省鱼卡煤田整装勘查区找矿部署研究报告》,区内共有断层19条,褶皱有鱼卡背斜、滩间山背斜、二井田向斜。

4. 有机地球化学特征

本次评价页岩生烃潜力的指标主要包括泥页岩中有机质丰度、有机质类型以及有机质成熟度等。目前针对柴北缘侏罗系泥页岩地球化学分析数据来源为收集前人研究成果,主要包括中国地质调查局油气资源调查中心施工的柴页1井、青海煤炭地质105勘探队施工的YQ-1参数井、露头剖面样品测试成果,以及青海油田、西安地质调查中心编写的各类油气报告。各指标情况详述如下。

1)总有机碳含量

泥页岩中有机质是形成页岩气的物质基础,是生烃强度的主要影响因素,它决定着生烃量的多少。页岩中的有机物质不仅可生成天然气,还可以将气体吸附在其表面。高的有机碳含量意味着更高的生烃潜力及对页岩气更好的吸附能力。

鱼卡YQ-1页岩气参数井针对下—中侏罗统大煤沟组、中侏罗统采石岭组的3段页岩(页一段、页二段、页三段),对52块岩芯进行了详细的总有机碳含量测试分析。样品测试结果表明(表2-11),YQ-1参数井页三段泥页岩TOC(总有机碳含量)主要分布在0.18%~17.4%之间,平均值为5.49%;页二段泥页岩TOC主要分布在0.27%~25.3%之间,平均值为3.02%;页一段泥页岩TOC主要分布在0.4%~25.3%之间,平均值为5.12%(李永红等,2015)。

表2-11 YQ-1参数井富有机质泥页岩有机质丰度特征表

泥页岩层段	深度/m	TOC/% 最小值~最大值/平均值(样品数)
页三段	475.5~530.5	0.18~17.4/5.49(27)
页二段	584.5~644.5	0.27~15.2/3.02(20)
页一段	653.2~709.4	0.40~25.3/5.12(5)

柴页1井针对中侏罗统采集岩芯样品59块,其中泥岩类51块。样品中有机碳含量最高为6.72%,最低为0.30%,平均值为2.62%,有机碳含量为高类(图2-31、图2-32)。

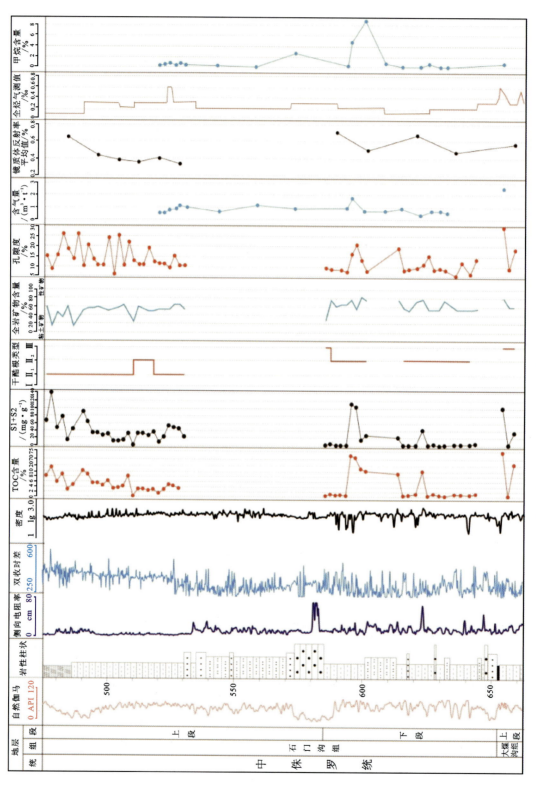

图 2-31 柴页 1 井综合柱状图(据李永红等,2015)

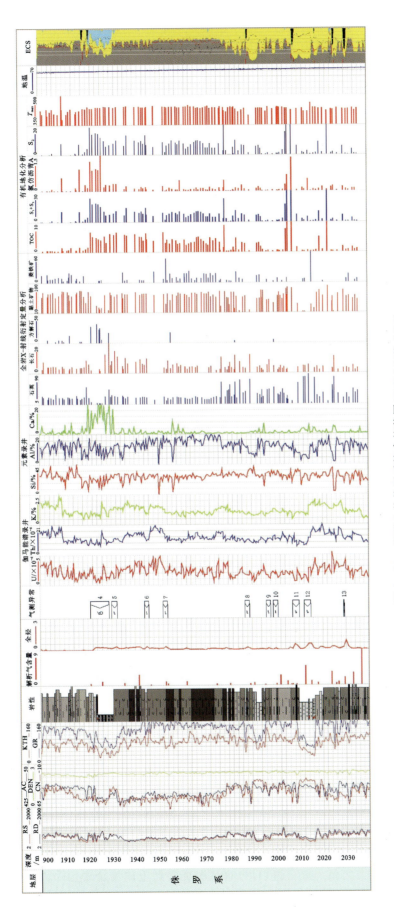

图 2-32 柴页 1 井侏罗系综合柱状图（据李永红等，2015）

2) 有机质类型

元素分析表明,干酪根分子结构中主要由 C、H、O 元素组成,N 与 S 元素也是其常见元素,通常相近演化程度的不同类型干酪根,其 C、H、O 元素组成比例不同。

根据样品测试干酪根元素特征,绘制了干酪根元素组成范氏图(图 2-33),结果表明:页一段(H7)和页二段(H8)泥页岩干酪根 H/C 值主要在 0.3~0.6 之间,O/C 原子比主要在 0.08~0.19 之间,干酪根类型为 $Ⅲ_1$~$Ⅲ_2$ 型,页三段(H9)泥页岩干酪根 H/C 值主要在 0.8~1.7 之间,O/C 原子比主要在 0.075~0.18 之间,干酪根类型为 $Ⅰ_1$~$Ⅱ_2$ 型。

综上所述,鱼卡凹陷泥页岩有机质类型为 Ⅱ~Ⅲ 型,具有生气为主、生油为辅的特征。

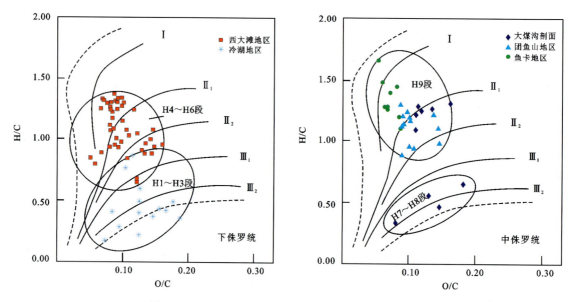

图 2-33 鱼卡侏罗系富有机质泥页岩干酪根元素组成

3) 有机质成熟度

柴页 1 井对中侏罗统 64 块岩芯进行了镜质体反射率测定,测得镜质体反射率的最低值为 0.352%,最高值为 1.523%,平均值为 0.93%。镜质体反射率达到 0.5% 以上的样品有 59 块,反映出鱼卡中侏罗统泥岩有机质基本上达到成熟阶段。

YQ-1 参数井对中侏罗统 3 段页岩的 11 块样品进行了镜质体反射率测定。其中,页三段泥页岩样品镜质体反射率分布在 0.36%~0.64% 之间,平均值为 0.43%;页二段样品镜质体反射率分布在 0.48%~0.66% 之间,平均值为 0.57%;页一段对 1 个样品进行了镜质体反射率测定,结果为 0.58%,表明其处于低成熟阶段。

5. 储层特征

1) 矿物成分特征

黏土矿物是页岩气储层的主要组成矿物,包括伊利石、蒙脱石、高岭石;除黏土矿物外,泥页岩中还含有石英、长石、云母、方解石、白云石、黄铁矿、磷灰石等矿物(图 2-34)。其中,石英、长石等脆性矿物的含量直接影响页岩气开发中储层压裂改造的效果,是页岩储层物性评价的关键指标。

页一段(H7)暗色泥页岩段黏土矿物含量为 44.2%~56.7%,平均为 51.6%;石英平均含量为 28.8%,在 20.1%~40.1% 之间。页二段(H8)暗色泥页岩黏土矿物含量为 9.7%~64.4%,平均为 44.8%;石英含量为 4.1%~40.6%,平均为 29.0%。页三段(H9)暗色泥页岩段矿物组成主要为黏土

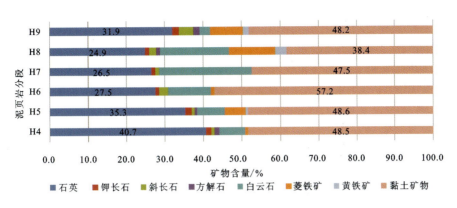

图 2-34 柴北缘中侏罗统泥页岩层段全岩矿物含量分布图

矿物,含量在 11.4%～63.1%之间,平均为 51.6%,其次为石英,平均含量为 34.2%。

综上所述,鱼卡侏罗系富有机质泥页岩石英含量在 24.9%～40.7%之间,长石、白云石和菱铁矿、黄铁矿是除黏土矿物和石英外的主要组成矿物。黏土矿物组成主要包含蒙脱石+伊蒙混层+伊利石+高岭石+绿泥石组合与伊蒙混层+伊利石+高岭石+绿泥石组合两种类型。纵向上各层段矿物组成均以黏土矿物为主,从下到上呈现减小趋势;石英为次要矿物,整体含量在 24.9%～40.7%之间,从下到上依次递减(李永红等,2015)。

2)储层物性特征

页岩气储层不同于常规天然气储层,具有"源储一体"的特征,由于源岩多为致密的泥页岩,因此它属于特低孔、特低渗的天然气储层。

中侏罗统富有机质泥页岩孔隙度规律性不明显。页一段和页三段泥页岩渗透率相当,渗透率平均值分别为 $0.129\ 8\times10^{-3}\ \mu m^2$ 和 $0.101\ 2\times10^{-3}\ \mu m^2$;页二段泥页岩段的渗透率相对较小,水平渗透率平均值分别为 $0.063\ 3\times10^{-3}\ \mu m^2$ 和 $0.048\ 3\times10^{-3}\ \mu m^2$。

孔隙度在不同泥页岩层段呈现不规则变化,页一段(H7)泥页岩孔隙度最大,平均值达 9.63%,页二段(H8)泥页岩孔隙度为 6.18%,页三段(H9)泥页岩孔隙度为 7.29%(图 2-35)(李永红等,2015)。

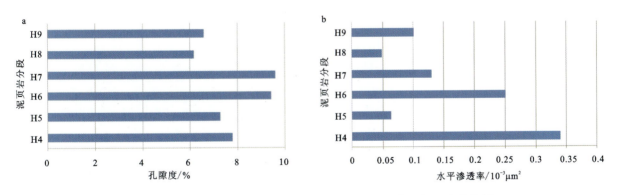

图 2-35 柴北缘侏罗系不同泥页岩分段孔隙度(a)、渗透率(b)变化特征

通过分析页岩储层物性可知,页岩储层孔隙度较大,在 6.18%～9.63%之间;水平渗透率较大,为 $(0.048\ 3\sim0.340\ 8)\times10^{-3}\ \mu m^2$,渗透率呈现出随孔隙度增大而不断增加趋势。

6. 含气性特征

页岩含气量是计算页岩原地气量的关键参数,对页岩含气性评价、资源储量预测具有重要的意义。页岩含气量是指每吨页岩中所含天然气在标准状态(0℃,101.325kPa)下的体积。目前在鱼卡煤田获得的实测页岩含气量数据的钻孔有 3 个,分别为柴页 1 井、YQ-1 井、鱼油页 1 井。

1)柴页 1 井

柴页 1 井是中国地质调查局油气资源调查中心在柴达木盆地针对陆相侏罗系实施的第一口页岩气参数井,于 2013 年 5 月 20 日开钻,7 月 15 日完钻,完钻井深 2250m。柴页 1 井先后钻遇地层有古近系路乐河组(E_{1+2})、白垩系犬牙沟组(K)、中侏罗统采石岭组(J_2)、下—中侏罗统大煤沟组(J_{1-2})、基岩。柴页 1 井全井段共见气测异常显示 65m/22 层,全烃峰值 0.15%~2.82%,组分 C1~C5。其中中侏罗世地层 11m/3 层;早—中侏罗世地层 54m/19 层;气测后效显示 2 次(图 2-36)。

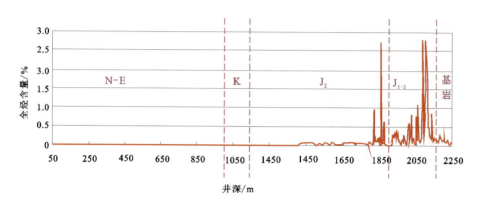

图 2-36　柴页 1 井全烃曲线图(据任收麦等,2014)

根据对现场气测、含气量分析、岩屑岩芯、元素扫描、伽马能谱扫描等资料的综合研究,确定中侏罗统中 1 921.5~1 979.0m(厚 57.5m)、1 994.0~2 062.0m(厚 68.0m)、2 082.0~2 120.0m(厚 38.0m)三段为页岩气显示的有利层段(图 2-37)(任收麦等,2014)。

第 I 有利段:岩性为大套的黑—灰黑色碳质泥岩、粉砂岩,顶部为含油页岩。根据黏土矿物类型分析结果,石英平均含量为 25.6%,黏土矿物平均含量为 57.76%。渗透率最高 $0.126×10^{-3}\mu m^2$,最低 $0.032×10^{-3}\mu m^2$,孔隙度为 3.3%~4%。测井解释平均总含气量 $1.5m^3/t$,平均有机碳含量 3.2%。破裂压力在 40~45MPa 之间。

第 II 有利段:岩性以砂岩、砂质泥岩、碳质泥岩、泥岩为主,含少量煤层。全岩矿物分析显示石英矿物含量在该层段上部和下部较低,而在中部较高,平均石英含量 38.3%,平均黏土矿物含量 54.1%。2005~2035m 段全烃值较高,平均含气量达到 $4.5m^3/t$,平均有机碳含量 3.5%。破裂压力在 33~36MPa 之间。

第 III 有利段:上部岩性为灰黑色碳质泥岩,夹多套煤层(11m)及深灰色砂质泥岩;下部以灰色泥岩、黑色碳质泥岩以及粉砂岩互层为主。成像测井显示该层段发育有少量微裂缝。该段气测显示最好,测井解释出平均有机碳含量 4.2%,平均总含气量 $4.5m^3/t$。破裂压力在 30~40MPa 之间。

2)YQ-1 井

YQ-1 井位于鱼卡尕秀地区,构造位置位于尕秀背斜北翼,F3 和 F2 断层之间,F2 断层的下盘。YQ-1 井对鱼卡煤田侏罗系 3 套暗色泥页岩层均有钻遇,分别为:页三段 475~530m,厚度 55m,位于中侏罗统采石岭组上段;页二段 585~647m,厚度 43m,位于中侏罗统采石岭组下段;页一段 693~705m,厚度 8.9m,位于下—中侏罗统大煤沟组上段。气测录井显示上述 3 套泥页岩层段全烃值多在 0.03%左右,在中侏罗统采石岭组第一套页岩段气测值可以达到 0.06%。

YQ-1 井在钻遇中侏罗统采石岭组上段油页岩(页三段)后,自页三段顶部(约 475m 孔深)处开始实施现场解吸工作。前 30m 页岩地层未见到气测异常,同时在解吸时并未有气体逸出,解吸曲线在前 1h 始终处于平直状态。经分析,认为页三段直接顶板为岩性较疏松的砂岩,同时受埋藏深度的限制,储

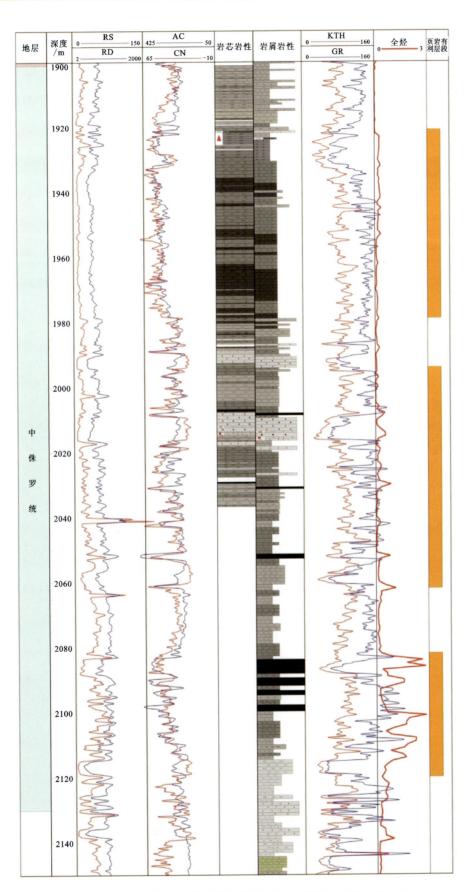

图 2-37　柴页 1 井岩性及页岩有利层段综合柱状图（据任收麦等，2014）

层封闭性较差,使得顶部页岩含气性较差。之后,自孔深520m左右,气测曲线产生变化,出现气测异常。同时在解吸过程中开始有气体逸出。经测定,页三段获得的最高含气量为0.40m³/t,最低含气量为0.13m³/t,平均为0.26m³/t(样品数9个,图2-38a)。

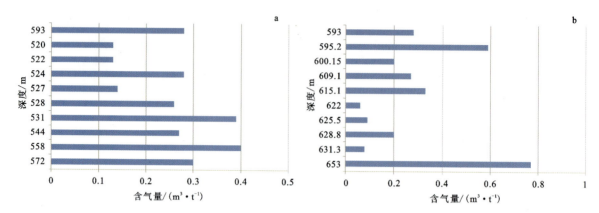

图2-38 鱼卡煤田YQ-1井页三段(a)及页二段(b)含气量图

采石岭组下段泥岩(页二段)含气量较页一段有所增加,所获得的最高含气量为0.77m³/t,最低含气量为0.06m³/t,平均为0.29m³/t(样品数10个,图2-38b)。大煤沟组页一段对采集的1个样品进行了现场解吸,测定结果为0.49m³/t。

由柴页1井和YQ-1井的含气量测试结果可以看出,对于同一套页岩,深部的样品含气性明显优于浅部。这与深部页岩储层变质程度相对较高、盖层封盖条件相对较好有关。

3) 鱼油页1井

鱼油页1井位于鱼卡地区。鱼油页1井发现1段页岩气测异常,为中侏罗统采石岭组泥岩段气测值。解吸的17个样品中页岩最高含气量可达3.8m³/t左右,表明页岩层段有一定的含气性。

第三章　柴达木盆地北部地区战略性矿产成矿规律

第一节　成矿带时空分布规律

研究区包括阿尔金金-铬-石棉-玉石成矿带(Ⅲ-19)、南祁连铅-锌-金-铜-镍-铬成矿带(Ⅲ-23)、柴北缘铅-锌-铬-金-白云母成矿带(Ⅲ-24)、柴达木盆地锂硼钾钠镁盐类-石膏-石油-天然气成矿带(Ⅲ-25)、东昆仑铁-铅-锌-铜-钴-金-钨-锡-石棉成矿带(Ⅲ-26)及西秦岭铅-锌-铜(铁)-金-汞-锑成矿带(Ⅲ-28)的部分。由于阿尔金金-铬-石棉-玉石成矿带(Ⅲ-19)、东昆仑铁-铅-锌-铜-钴-金-钨-锡-石棉成矿带(Ⅲ-26)涉及范围太小,没有代表性,本次只对其他4个成矿带战略性矿产成矿时空分布规律进行讨论。

一、南祁连铅-锌-金-铜-镍-铬成矿带时空分布规律

1. 成矿时代结构与分布规律

南祁连成矿带随秦祁昆造山系的多旋回地质构造演化而经历了自新太古代至第四纪的多期次成矿作用,历经古元古代古陆核形成、中—新元古代(长城纪—青白口纪)板内伸展裂陷(基底形成)、南华纪—泥盆纪洋陆转换(造山)、石炭纪—三叠纪陆内伸展断陷(后造山)、侏罗纪—白垩纪陆内伸展断陷、新生代(第三纪—现代)高原隆升6个地质演化与成矿时期(表3-1),每一时期构造格架与地质作用特点各有不同,造成特色迥异的成矿事件、成矿作用、成矿强度和矿床类型及矿种。如南华纪—泥盆纪造山和石炭纪—三叠纪后造山构造背景下岩浆作用成矿强烈,侏罗纪—新近纪及第四纪以沉积作用成矿为主。

表3-1　南祁连成矿带研究区内各成矿时期矿产地数量统计表　　　　(单位:处)

成矿时代	古元古代	长城纪—青白口纪	南华纪—泥盆纪	石炭纪—三叠纪	侏罗纪—白垩纪	新生代
矿产地数量	1		3	8		5
矿床数量						1
岩浆热液型			3	2		
伟晶岩型	1			3		
碱长花岗岩型				1		
可地浸砂岩型				1		
机械沉积型						5
改造型				1		
主要矿种	白云母		金	金、铀、铷、白云母、铌、钽		金

按照成矿时期划分(表3-1),南祁连成矿带内已知17处矿产地大致可归集于古元古代1处矿产地,矿种为白云母;南华纪—泥盆纪3处矿产地,矿种为金;石炭纪—三叠纪8处矿产地,矿种为金、铀、铌、钽、白云母、铷;新生代5处矿产地(矿床1处),矿种为金。

从矿产地的成矿时代结构(表3-1,图3-1)进一步细分可知,第四纪形成5处矿产地(占成矿带中矿产地的比例为29.41%),二叠纪、三叠纪形成4处矿产(占成矿带中矿产地的比例为23.53%),其次为志留纪(矿产地3处,占17.65%)、古元古代(矿产地1处,占5.88%)。区内只有一处第四纪矿床。

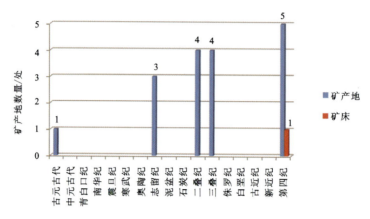

图3-1 南祁连成矿带矿产地及矿床成矿时代结构图

2. 成矿区位结构与分布规律

南祁连成矿带的2个Ⅳ级成矿亚带,因构造单元地质背景、空间展布的差别,其矿床类型、矿床规模及矿产地空间分布表现出很大的差异性和规律性。尽管可能受到较低的勘查工作程度等因素制约,使得目前已发现的矿产地区位分布较集中于勘查条件相对较好的地带,而不能充分体现该成矿带的矿产分布特征,但仍然能够大致反映2个Ⅳ级成矿亚带各自的矿产区位分布规律。Ⅳ级成矿亚带中矿产地(尤其是矿床)的数量一定程度上表明了其成矿地质条件的优劣和找矿潜力,对成矿远景区的划分与评价具有重要的参考价值。

研究区南祁连地区17处矿产地不均匀地分布于2个Ⅳ级成矿亚带中(表3-2,图3-2),按照各成矿亚带中矿产地、矿床数量的多寡排序为:尕日力根-石乃亥金-铅-锌-砂金-硼(铀、银)成矿亚带(矿产地11处,矿床1处),塔塔棱河石英-铜-稀有(白云母、金)成矿亚带(矿产地6处,无矿床)。

表3-2 南祁连Ⅳ级成矿亚带成矿矿化率统计表

Ⅳ级成矿亚带(区)		矿产地规模及其数量/处								矿带之矿化率/%
编号	名称	总数	矿床	超大型	大型	中型	小型	矿点	矿化点	矿化信息点	
Ⅳ-23①	塔塔棱河石英-铜-稀有(白云母、金)成矿亚带	6						3	2	1	0
Ⅳ-23②	尕日力根-石乃亥金-铅-锌-砂金-硼(铀、银)成矿亚带	11	1				1	4	5	1	9.09
	总计	17	1				1	7	7	2	
	占比/%		5.88				5.88	41.18	41.18	11.76	

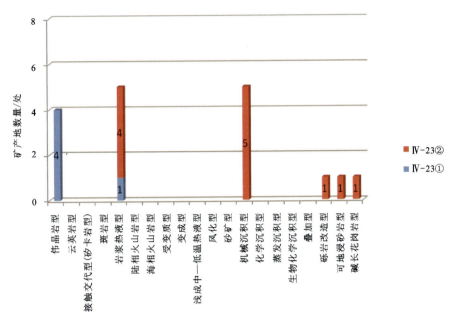

图 3-2 研究区南祁连Ⅳ级成矿亚带矿产地矿床类型空间分布图

成矿亚带的矿化率从大到小排序为：尕日力根-石乃亥金-铅-锌-砂金-硼（铀、银）成矿亚带（9.09%），塔塔棱河石英-铜-稀有（白云母、金）成矿亚带（0）。

在研究区南祁连 2 个Ⅳ级成矿亚带区位中，空间上与塔塔棱河岩浆岩带对应的塔塔棱河石英-铜-稀有（白云母、金）成矿亚带以造山过程洋陆转换有关的岩浆岩较发育为其显著特征，形成与岩浆成矿作用紧密相关的、数量较多的矿产地（图 3-2）。空间上以与宗务隆山北弧后前陆盆地对应的尕日力根-石乃亥金-铅-锌-砂金-硼（铀、银）成矿亚带与残余海盆沉积和断陷-挤压造山有关的沉积地层建造为显著特征，形成与非岩浆作用紧密相关的、数量较多的矿产地及矿床。相对而言，南祁连成矿亚带无论是矿产地、矿床数量还是矿化率均处于较低水平，这一方面反映出该区较低的地质工作程度；另一方面表明该区仍将是未来矿产勘查的有利区域。

3. 矿床类型结构与分布规律

按照《中国矿产地质志·省级矿产地质志研编技术要求》中的矿床类型三级分类方案，目前已发现 18 种分类中的岩浆热液型、伟晶岩型、碱长花岗岩型、可地浸砂岩型、机械沉积型和叠加（复合/改造）型 6 种矿床类型。

各种矿床成因类型的结构及分布规律如表 3-3 及图 3-3 所示，依照各类型矿产地数量由高到低的排序为：岩浆热液型（5 处，占 29.41%）、机械沉积型（5 处，占 29.41%）→伟晶岩型（4 处，占 23.53%）→碱长花岗岩型（1 处，占 5.88%）、可地浸砂岩型（1 处，占 5.88%）、叠加（复合/改造）型（1 处，占 5.88%）。

其中岩浆热液型、机械沉积型、伟晶岩型矿产地数量达 14 处，占已知矿产地的 82.3%，是研究区南祁连成矿带矿化类型的主体，反映出南祁连这三类矿化类型相对集中的产出规律，且基本可归纳为与两类成矿作用相关的类型：岩浆作用矿床（岩浆热液型、伟晶岩型）和沉积作用矿床（机械沉积型）。由此可见，南祁连矿床类型清晰地反映了该成矿带以造山和后造山为背景和以陆内演化为主要成矿作用的基本特征。

区内仅形成一处矿床，为机械沉积型矿床，岩浆热液型、伟晶岩型、碱长花岗岩型、可地浸砂岩型、叠加（复合/改造）型则未能形成矿床。

表3-3 南祁连成矿带(成因/工业)矿床类型划分表

三级分类(处/%)	区内主要矿产地规模及其数量/处					矿床数/处	矿床占成矿带比例/%	主要矿种
	小计	中型	小型	矿点	矿化点	矿化信息点		
岩浆热液型(5/29.41)	5				3	2		金
伟晶岩型(4/23.53)	4			3	1			白云母、铌钽、铷、稀土
碱长花岗岩型(1/5.88)	1				1			铷
可地浸砂岩型(1/5.88)	1				1			铀
机械沉积型(5/29.41)	5	1	3	1			1	100	金
叠加(复合/改造)型(1/5.88)	1			1				金

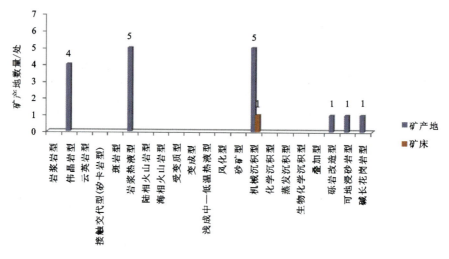

图3-3 南祁连成矿带矿床类型与规模结构图

二、柴达木盆地锂硼钾钠镁盐类-石膏-石油-天然气成矿带时空分布规律

1. 成矿时代结构与分布规律

柴达木盆地成矿带随秦祁昆造山系的多旋回地质构造演化而经历了自新太古代至第四纪的多期次成矿作用,历经古元古代古陆核形成、中—新元古代(长城纪—青白口纪)板内伸展裂陷(基底形成)、南华纪—泥盆纪洋陆转换(造山)、石炭纪—三叠纪陆内伸展断陷(后造山)、侏罗纪—白垩纪陆内伸展断陷、新生代(第三纪—现代)高原隆升6个地质演化与成矿时期(表3-4),每一时期构造格架与地质作用特点各有不同,造成特色迥异的成矿事件、成矿作用、成矿强度和矿床类型及矿种。由于高原隆升的影响,侏罗纪之前区内沉积的地层赋存均较深,工作程度较高的为侏罗纪以后的地层。侏罗纪—新近纪及第四纪以沉积作用(沉积改造)成矿为主。

按照成矿时期划分(表3-4),柴达木盆地成矿带区内已知的58处矿产地大致可归集于石炭纪—三叠纪1处矿产地;矿种为页岩气;侏罗纪—白垩纪5处矿产地,矿种为锶、页岩气;新生代52处矿产地,矿种为锶、铀、锂、煤、石油、页岩气。

从矿产地的成矿时代结构(表3-4,图3-4)进一步细分可知,新近纪以形成43处矿产地而居于各地质成矿时期之首(占成矿带中矿产地的比例为74.14%,下同),其次为古近纪、侏罗纪(矿产地5处,占8.62%),第四纪(矿产地4处,占6.69%)。

表3-4 柴达木盆地成矿带研究区内各成矿时期矿产地数量统计表 (单位:处)

成矿时代	古元古代	长城纪—青白口纪	南华纪—泥盆纪	石炭纪—三叠纪	侏罗纪—白垩纪	新生代
矿产地数量				1	5	52
矿床数量					1	18
化学沉积型						13
化学沉积型及热水沉积叠加改造型						2
可地浸砂岩型					2	4
沉积型				1	3	33
主要矿种				页岩气	铀、煤、石油	锶、铀、锂、煤、石油、页岩气

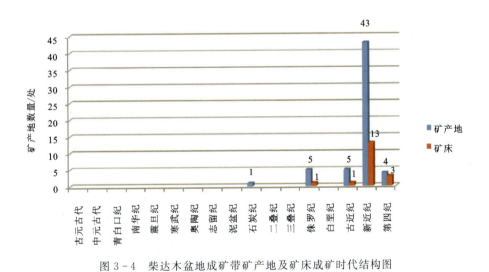

图3-4 柴达木盆地成矿带矿产地及矿床成矿时代结构图

2. 成矿区位结构与分布规律

柴达木盆地成矿带的2个Ⅳ级成矿亚带,因构造单元地质背景、空间展布的差别,其矿床类型、矿床规模及矿产地空间分布表现出差异性和规律性。尽管可能受到较低的勘查工作程度等因素制约,使得目前已发现的矿产地区位分布较集中于勘查条件相对较好的地带,而不能充分体现该成矿带的矿产分布特征,但仍然能够大致反映2个Ⅳ级成矿亚带各自的矿产区位分布规律。Ⅳ级成矿亚带中矿产地(尤其是矿床)的数量在一定程度上表明了其成矿地质条件的优劣和找矿潜力,对成矿远景区的划分与评价具有重要的参考价值。

研究区柴达木盆地58处矿产地不均匀分布于2个Ⅳ级成矿亚带中(表3-5,图3-5),按照各成矿亚带中矿产地、矿床数量的多寡排序为:南翌山-南八仙油气-页岩气-硼-锶-芒硝-钾镁盐成矿亚区(矿产地

52处、矿床18处),东台-霍布逊硼-锂-钾镁盐(油气、页岩气、铀)成矿亚区(矿产地6处、矿床1处)。

表3-5 柴达木盆地Ⅳ级成矿亚带成矿矿化率统计表

Ⅳ级成矿亚带(区)		矿产地规模及其数量/处								矿带之矿化率/%
编号	名称	总数	矿床	超大型	大型	中型	小型	矿点	矿化点	矿化信息点	
Ⅳ-25①	南翌山-南八仙油气-页岩气-硼-锶-芒硝-钾镁盐成矿亚区	52	18		4	6	8	10	24		34.62
Ⅳ-25②	东台-霍布逊硼-锂-钾镁盐(油气、页岩气、铀)成矿亚区	6	1			1		2	3		16.67
总计		58	19		4	7	8	12	27		
占比/%			32.76		6.90	12.07	13.79	20.69	46.55		

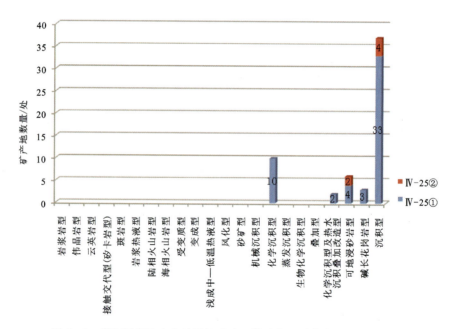

图3-5 研究区柴达木盆地Ⅳ级成矿亚带矿产地矿床类型空间分布图

成矿亚带的矿化率从大到小排序为:南翌山-南八仙油气-页岩气-硼-锶-芒硝-钾镁盐成矿亚区(34.62%),东台-霍布逊硼-锂-钾镁盐(油气、页岩气、铀)成矿亚区(16.67%)。

在研究区柴达木盆地2个Ⅳ级成矿亚带区位中,空间上英雄岭-南八仙新生代盆地对应的南翌山-南八仙油气-页岩气-硼-锶-芒硝-钾镁盐成矿亚区、东台-霍布逊硼-锂-钾镁盐(油气、页岩气、铀)成矿亚区以与盆地湖泊沉积有关的化学沉积较发育为其显著特征,形成与沉积成矿作用紧密相关的、数量较多的矿产地及矿床(图3-5)。

相对而言,柴达木盆地成矿亚带无论是矿产地、矿床数量还是矿化率均处于较低的水平,这反映出该地区较低的地质工作程度;同时也表明该区仍将是未来矿产勘查的有利区域。

3. 矿床类型结构与分布规律

按照《中国矿产地质志·省级矿产地质志研编技术要求》中的矿床类型三级分类方案,该带中目前已发现18种分类中的化学沉积型及热水沉积叠加改造型、可地浸砂岩型、沉积型、化学沉积型、碱长花岗岩型5种矿床类型(表3-6)。

表3-6 柴达木盆地成矿带(成因/工业)矿床类型划分表

三级分类(处/%)	区内矿产地规模及其数量/处						矿床数/处	矿床占成矿带比例/%	主要矿种
	小计	大型	中型	小型	矿点	矿化点	矿化信息点		
化学沉积型及热水沉积叠加改造型(2/3.45)	2	1	1				2	10.53	锶
可地浸砂岩型(6/10.34)	6				4	2			铀
沉积型(37/63.79)	37		6	8	6	17	14	73.68	煤、石油、天然气、页岩气
化学沉积型(10/17.24)	10				2	8			锶、锂
碱长花岗岩型(3/5.17)	3	3					3	15.79	锶

各种矿床成因类型的结构及分布规律如表3-6及图3-6所示,依照各类型矿产地数量由高到低的排序为:沉积型(37处,占63.79%)→化学沉积型(10处,占17.24%)→可地浸砂岩型(6处,占10.34%)→碱长花岗岩型(3处,占5.17%)→化学沉积型及热水沉积叠加改造型(2处,占3.45%)。

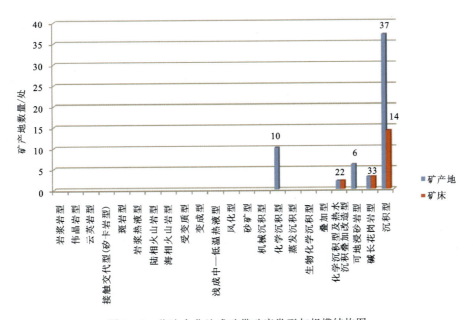

图3-6 柴达木盆地成矿带矿床类型与规模结构图

其中化学沉积型、沉积型矿床矿产地数量达 47 处,占已知矿产地的 81.03%,是研究区柴达木盆地成矿带矿化类型的主体,反映出柴达木盆地这两类矿化类型相对集中的产出规律,且基本可归纳为与两类成矿作用相关的类型:沉积型、化学沉积型。由此可见,柴达木盆地矿床类型清晰地反映了该成矿带以伸展断陷为背景和以盆地演化为主要成矿作用的基本特征。区内仅形成 19 处矿床,为沉积型、化学沉积型及热水沉积叠加改造型、碱长花岗岩型,可地浸砂岩型、化学沉积型目前则未能形成矿床。

三、柴北缘铅-锌-铬-金-白云母成矿带时空分布规律

1. 成矿时代结构与分布规律

柴北缘成矿带随秦祁昆造山系的多旋回地质构造演化而经历了自新太古代至第四纪的多期次成矿作用,历经古元古代古陆核形成、中—新元古代(长城纪—青白口纪)板内伸展裂陷(基底形成)、南华纪—泥盆纪洋陆转换(造山)、石炭纪—三叠纪陆内伸展断陷(后造山)、侏罗纪—白垩纪陆内伸展断陷、新生代(第三纪—现代)高原隆升 6 个地质演化与成矿时期(表 3-7),每一时期构造格架与地质作用特点各有不同,造成特色迥异的成矿事件、成矿作用、成矿强度和矿床类型及矿种。如南华纪—泥盆纪造山和石炭纪—三叠纪后造山构造背景下岩浆作用成矿强烈,侏罗纪—白垩纪及新生代以沉积作用成矿为主。

表 3-7 柴北缘成矿带研究区内各成矿时期矿产地数量统计表 (单位:处)

成功时代	古元古代	长城纪—青白口纪	南华纪—泥盆纪	石炭纪—三叠纪	侏罗纪—白垩纪	新生代
矿产地数量			83	82	64	4
矿床数量			7	11	8	
沉积型				13	43	3
碱长花岗岩型				9		
接触交代型				1		
受变质型			6	16		
岩浆热液型			49	15		
岩浆型			12	8		
可地浸砂岩型			3		10	
陆相火山岩型			5			
生物化学沉积型					10	
化学沉积型						1
海相火山岩型			2			
伟晶岩型			6	17	1	
浅成中—低温热液型及成因不明型				3		
主要矿种	页岩气	页岩气	金、白云母、钛、稀土、铀钍、稀散元素	金、铀、铷、白云母、铌、钽、锂、煤、页岩气	铀、白云母、页岩气、煤层气、稀散元素	锶

按照成矿时期划分(表3-7),柴北缘成矿带区内已知233处矿产地大致可归集于南华纪—泥盆纪83处矿产地,矿种为金、白云母、钛、稀土、铀钍、稀散元素;石炭纪—三叠纪82处矿产地,矿种为金、铀、铷、白云母、铌、钽、锂、页岩气;侏罗纪-白垩纪64处矿产地,矿种为铀、白云母、页岩气、煤层气、稀散元素;新生代4处矿产地,矿种为锶。从矿产地的成矿时代结构(表3-7,图3-7)进一步细分可知,侏罗纪以形成63处矿产地而居于各地质成矿时期之首(占成矿带中矿产地的比例为27.04%,下同);其次为二叠纪,矿产地45处,占19.31%;奥陶纪矿产地38处,占16.31%);石炭纪、泥盆纪、志留纪、三叠纪矿产地数量分别为25处、23处、21处、12处,分别占10.73%、9.87%、9.01%、5.15%。

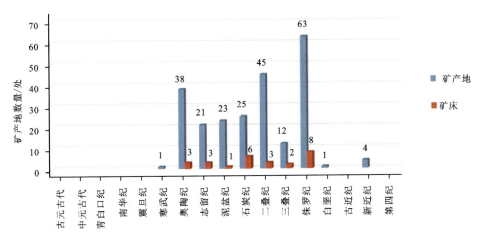

图3-7 柴北缘成矿带矿产地及矿床成矿时代结构图

区内侏罗纪有8处矿床,石炭纪有6处矿床,奥陶纪、志留纪、二叠纪均有3处矿床,三叠纪有2处矿床,泥盆纪有1处矿床。

2. 成矿区位结构与分布规律

柴北缘成矿带的7个Ⅳ级成矿亚带,因构造单元地质背景、空间展布的差别,其矿床类型、矿床规模及矿产地空间分布表现出差异性和规律性。尽管可能受到较低的勘查工作程度等因素制约,使得目前已发现的矿产地区位分布较集中于勘查条件相对较好的地带,而不能充分体现该成矿带的矿产分布特征,但仍然能够大致反映7个Ⅳ级成矿亚带各自的矿产区位分布规律。Ⅳ级成矿亚带中矿产地(尤其是矿床)的数量一定程度上表明了其成矿地质条件的优劣和找矿潜力,对成矿远景区的划分与评价具有重要的参考价值。

研究区柴北缘233处矿产地不均匀地分布于7个Ⅳ级成矿亚带中(表3-8,图3-8),按照各成矿亚带中矿产地数量的多寡排序为:鱼卡-德令哈煤-铀-黏土-页岩气(稀有、稀土、金、石灰石)成矿亚带(Ⅳ-24①)(J,C-P)(46处),绿梁山-锡铁山铅-锌-金-石油-铀-钍(煤、铁、宝玉石)成矿亚带(Ⅳ-24⑤)(O,J)(43处),赛坝沟-阿尔茨托山金-铅-锌-铜-钨-锡-煤-锰(铀、金红石)成矿亚带(Ⅳ-24⑦)(S-D,T-J)(38处),小赛什腾-滩间山金(铀、铅、银、硫)成矿亚带(Ⅳ-24③)(O,C)(33处),布赫特山铁-稀有、稀土-金(铀、铂族、煤)成矿亚带(Ⅳ-24④)(C,P)(31处),阿卡托山-俄博梁石棉-铜-镍-金-白云母(钨、铋、锡)成矿亚带(Ⅳ-24②)(∈-S,P)(31处),阿姆尼克-卜浪沟铅-锌-铀(煤、盐)成矿亚带(Ⅳ-24⑥)(D,T)(11处)。

表 3-8 柴北缘Ⅳ级成矿亚带成矿矿化率统计表

Ⅳ级成矿亚带(区)		矿产地规模及其数量/处								矿带之矿化率/%
编号	名称	总数	矿床	超大型	大型	中型	小型	矿点	矿化点	矿化信息点	
Ⅳ-24①	鱼卡-德令哈煤-铀-黏土-页岩气(稀有、稀土、金、石灰石)成矿亚带	46	4				4	32	4	6	8.70
Ⅳ-24②	阿卡托山-俄博梁石棉-铜-镍-金-白云母(钨、铋、锡)成矿亚带	31	5				5	8	14	4	16.13
Ⅳ-24③	小赛什腾-滩间山金(铀、铅、银、硫)成矿亚带	33	4			2	2	15	6	8	12.12
Ⅳ-24④	布赫特山铁-稀有、稀土-金(铀、铂族、煤)成矿亚带	31	2				2	7	13	9	6.45
Ⅳ-24⑤	绿梁山-锡铁山铅-锌-金-石油-铀-钍(煤、铁、宝玉石)成矿亚带	43	4		1	1	2	15	17	7	9.30
Ⅳ-24⑥	阿姆尼克-卜浪沟铅-锌-铀(煤、盐)成矿亚带	11	1				1	5	4	1	9.09
Ⅳ-24⑦	赛坝沟-阿尔茨托山金-铅-锌-铜-钨-锡-煤-锰(铀、金红石)成矿亚带	38	6				6	20	8	4	15.79
	总计	233	26	1	3	22	102	66	39		
	占比/%		11.16	0.43	1.29	9.44	43.78	28.33	16.74		

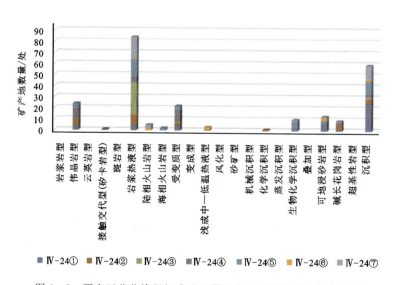

图 3-8 研究区柴北缘Ⅳ级成矿亚带矿产地矿床类型空间分布图

7个Ⅳ级成矿亚带中的矿床数量由高到低排序为：赛坝沟-阿尔茨托山金-铅-锌-铜-钨-锡-煤-锰（铀、金红石）成矿亚带（Ⅳ-24⑦）（S-D、T-J）（6处），阿卡托山-俄博梁石棉-铜-镍-金-白云母（钨、铋、锡）成矿亚带（Ⅳ-24②）（∈-S、P）（5处），鱼卡-德令哈煤-铀-黏土-页岩气（稀有、稀土、金、石灰石）成矿亚带（Ⅳ-24①）（J、C-P）（4处），小赛什腾-滩间山金（铀、铅、银、硫）成矿亚带（Ⅳ-24③）（O、C）（4处），绿梁山-锡铁山铅-锌-金-石油-铀-钍（煤、铁、宝玉石）成矿亚带（Ⅳ-24⑤）（O、J）（4处），布赫特山铁-稀有、稀土-金（铀、铂族、煤）成矿亚带（Ⅳ-24④）（C、P）（2处），阿姆尼克-卜浪沟铅-锌-铀（煤、盐）成矿亚带（Ⅳ-24⑥）（D、T）（1处）。

成矿亚带的矿化率从大到小排序为：阿卡托山-俄博梁石棉-铜-镍-金-白云母（钨、铋、锡）成矿亚带（Ⅳ-24②）（∈-S、P）（17.86%），赛坝沟-阿尔茨托山金-铅-锌-铜-钨-锡-煤-锰（铀、金红石）成矿亚带（Ⅳ-24⑦）（S-D、T-J）（15.38%），小赛什腾-滩间山金（铀、铅、银、硫）成矿亚带（Ⅳ-24③）（O、C）（12.12%），阿姆尼克-卜浪沟铅-锌-铀（煤、盐）成矿亚带（Ⅳ-24⑥）（D、T）（10%），绿梁山-锡铁山铅-锌-金-石油-铀-钍（煤、铁、宝玉石）成矿亚带（Ⅳ-24⑤）（O、J）（9.3%），鱼卡-德令哈煤-铀-黏土-页岩气（稀有、稀土、金、石灰石）成矿亚带（Ⅳ-24①）（J、C-P）（8.16%），布赫特山铁-稀有、稀土-金（铀、铂族、煤）成矿亚带（Ⅳ-24④）（C、P）（6.25%）。在研究区柴北缘7个Ⅳ级成矿亚带区位中，空间上与布赫特山岩浆岩带、阿卡托山-俄博梁岩浆岩带、滩间山岩浆岩带、赛什腾-锡铁山蛇绿混杂岩带、阿尔茨托山蛇绿混杂岩带对应的阿卡托山-俄博梁石棉-铜-镍-金-白云母（钨、铋、锡）成矿亚带（Ⅳ-24②），小赛什腾-滩间山金（铀、铅、银、硫）成矿亚带（Ⅳ-24③），布赫特山铁-稀有、稀土-金（铀、铂族、煤）成矿亚带（Ⅳ-24④），绿梁山-锡铁山铅-锌-金-石油-铀-钍（煤、铁、宝玉石）成矿亚带（Ⅳ-24⑤）（O、J），阿姆尼克-卜浪沟铅-锌-铀（煤、盐）成矿亚带（Ⅳ-24⑥）（D、T），赛坝沟-阿尔茨托山金-铅-锌-铜-钨-锡-煤-锰（铀、金红石）成矿亚带（Ⅳ-24⑦）（S-D、T-J）以与造山过程洋陆转换有关的岩浆岩较发育为其显著特征，形成与岩浆作用紧密相关的、数量较多的矿产地及矿床（图3-8）。空间上与达肯大坂-德令哈地块对应的鱼卡-德令哈煤-铀-黏土-页岩气（稀有、稀土、金、石灰石）成矿亚带（Ⅳ-24①）（J、C-P）以与盆地湖泊沼泽相沉积有关的生物化学沉积较发育为其显著特征，形成与沉积成矿作用紧密相关的、数量较多的矿产地及矿床（图3-8）。

相对而言，柴北缘成矿亚带无论是矿产地、矿床数量还是矿化率均处于较低的水平，这反映出该地区较低的地质工作程度；同时表明该区仍将是未来矿产勘查的有利区域。

3. 矿床类型结构与分布规律

按照《中国矿产地质志·省级矿产地质志研编技术要求》中的矿床类型三级分类方案，该带中矿床类型较为齐全，目前已发现18种分类中的岩浆型、伟晶岩型、接触交代型、岩浆热液型、陆相火山岩型、海相火山岩型、受变质型、浅成中—低温热液型及成因不明型、化学沉积型、生物化学沉积型、沉积型、碱长花岗岩型、可地浸砂岩型13种矿床类型（表3-9）。

各种矿床成因类型的结构及分布规律如表3-9及图3-9所示，依照各类型矿产地数量由高到低的排序为：岩浆热液型（65处，占27.89%）→沉积型（59处，占25.32%）→伟晶岩型（24处，占10.30%）→受变质型（22处，占9.44%）→岩浆型（19处，占8.15%）→可地浸砂岩型（13处，占5.58%）→生物化学沉积型（10处，占4.29%）→碱长花岗岩型（9处，占3.86%）→陆相火山岩型（5处，占2.15%）→浅成中—低温热液型及成因不明型（3处，占1.28%）→海相火山岩型（2处，占0.86%）→接触交代型（1处，占0.43%）、化学沉积型（1处，占0.43%）。

其中岩浆热液型、沉积型、伟晶岩型、受变质型、岩浆型矿产地数量达189处，占已知矿产地的81.12%，是研究区柴北缘成矿带矿化类型的主体，反映出柴北缘这五类矿化类型相对集中的产出规律，且基本可归纳为与两类成矿作用相关的类型：岩浆作用矿床（岩浆热液型、伟晶岩型）和沉积变质作用矿床（沉积型）。由此可见，柴北缘矿床类型清晰地反映了该成矿带以造山为背景和以陆内演化为主要成矿作用的基本特征。区内形成的26处矿床,分别为岩浆热液型、沉积型、伟晶岩型、接触交代型、岩浆型、海相火山岩型、浅成中—低温热液型、碱长花岗岩型。

表3-9 柴北缘成矿带(成因/工业)矿床类型划分表

三级分类(处/%)	区内主要矿产地规模及其数量/处							矿床数/处	矿床占成矿带比例/%	主要矿种
	小计	大型	中型	小型	矿点	矿化点	矿化信息点			
岩浆型(19/8.15)	19				3	2	14			铀、钍、"三稀"、铂族
伟晶岩型(24/10.30)	24			1	4	16	3	1	3.85	白云母、铌钽、铷、锂、稀土
接触交代型(1/0.43)	1			1				1	3.85	金、铜
岩浆热液型(65/27.89)	65		2	9	32	20	2	11	42.31	金
陆相火山岩型(5/2.15)	5				1	3	1			铀
海相火山岩型(2/0.86)	2	1			1			1	3.85	金、多金属、稀散元素
受变质型(22/9.44)	22				2	7	13			铀、钍
浅成中—低温热液型及成因不明型(3/1.28)	3			1	2			1	3.85	铀
化学沉积型(1/0.43)	1				1					锶、锂
生物化学沉积型(10/4.29)	10				4	4	2			铀、煤层气、油页岩
沉积型(59/25.32)	59		1	9	46	3		10	38.46	煤、页岩气、石油
碱长花岗岩型(9/3.86)	9				3	5		1	3.85	稀有稀土
可地浸砂岩型(13/5.58)	13				6	5	2			铀

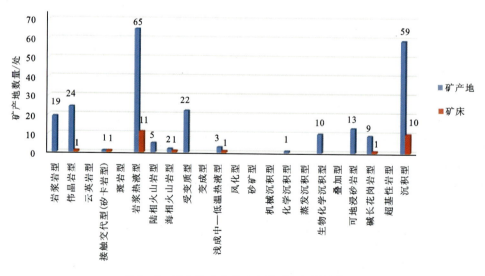

图3-9 柴北缘成矿带矿床类型与规模结构图

四、西秦岭铅-锌-铜(铁)-金-汞-锑成矿带时空分布规律

1. 成矿时代结构与分布规律

西秦岭成矿带随秦祁昆造山系的多旋回地质构造演化而经历了自新太古代至第四纪的多期次成矿作用,历经古元古代古陆核形成、中—新元古代(长城纪—青白口纪)板内伸展裂陷(基底形成)、南华纪—泥盆纪洋陆转换(造山)、石炭纪—三叠纪陆内伸展断陷(后造山)、侏罗纪—白垩纪陆内伸展断陷、新生代(第三纪—现代)高原隆升6个地质演化与成矿时期(表3-10),每一时期构造格架与地质作用特点各有不同,造成特色迥异的成矿事件、成矿作用、成矿强度和矿床类型及矿种。石炭纪—三叠纪后造山构造背景下岩浆作用成矿强烈,侏罗纪—新近纪及第四纪以沉积作用成矿为主。

表 3-10 西秦岭成矿带研究区内各成矿时期矿产地数量统计表 (单位:处)

成矿时代	古元古代	长城纪—青白口纪	南华纪—泥盆纪	石炭纪—三叠纪	侏罗纪—白垩纪	新生代
矿产地数量			1	9	6	2
矿床数量				1	1	
岩浆热液型			1	5		
伟晶岩型				3		
机械沉积型						1
化学沉积型						1
沉积型					6	
变质型				1		
主要矿种			金	稀有稀土、白云母、金	页岩气	金、锶

按照成矿时期划分(表3-10),西秦岭成矿带区内已知18处矿产地大致可归集于南华纪—泥盆纪1处矿产地,矿种为金;石炭纪—三叠纪15处矿产地(矿床1处),矿种为稀有稀土、白云母、金等;新近纪1处矿产地,矿种为锶;第四纪1处矿产地,矿种为金。

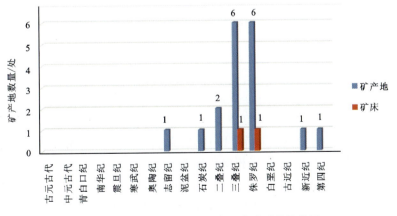

图 3-10 西秦岭成矿带矿产地成矿时代结构图

从矿产地的成矿时代结构(表3-10,图3-10)进一步细分可知,三叠纪、侏罗纪形成6处矿产地(1处矿床)(占成矿带中矿产地的比例为33.33%),二叠纪形成2处矿产地(占成矿带中矿产地的比例为11.11%),志留纪、石炭纪、新近纪、第四纪各形成1处矿产(占成矿带中矿产地的比例为5.56%)。

2. 成矿区位结构与分布规律

西秦岭成矿带在研究区有1个Ⅳ级成矿亚带,因构造单元地质背景、空间展布的差别,其矿床类型、矿床规模及矿产地空间分布表现出很大的差异性和规律性。矿产地(尤其是矿床)的数量一定程度上表明了其成矿地质条件的优劣和找矿潜力,对成矿远景区的划分与评价具有重要的参考价值。

研究区西秦岭地区18处矿产地不均匀地分布于宗务隆山-加木纳哈岗稀有-铅-锌-金(铜、银)成矿亚带(Ⅳ-28①)中(表3-11,图3-11)。矿化率为11.11%。

表3-11 西秦岭Ⅳ级成矿亚带成矿矿化率统计表

Ⅳ级成矿亚带(区)		矿产地规模及其数量/处								矿带之矿化率/%
编号	名称	总数	矿床	超大型	大型	中型	小型	矿点	矿化点	矿化信息点	
Ⅳ-28①	宗务隆山-加木纳哈岗稀有-铅-锌-金(铜、银)成矿亚带(Ⅳ-28①)	18				1	1	9	5	2	11.11
总计		18				1	1	9	5	2	
占比/%						5.56	5.56	50.00	27.77	11.11	

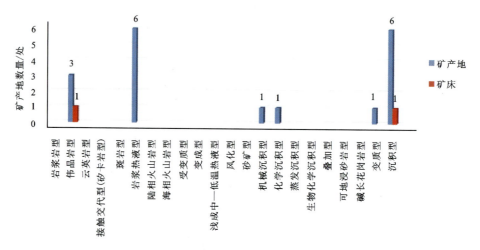

图3-11 研究区西秦岭Ⅳ级成矿亚带矿产地矿床类型空间分布图

宗务隆山-加木纳哈岗稀有-铅-锌-金(铜、银)成矿亚带(Ⅳ-28①)空间上与宗务隆-甘家陆缘裂谷对应,西部以浅海相沉积为主,由于岩性、岩相变化较大,在局部形成与中酸性侵入岩有关的金矿。在秦祁昆结合部附近以与陆内造山过程有关的岩浆岩较发育为其显著特征,形成与伟晶岩和岩浆岩紧密相关的、数量较多的矿产地(图3-11)。相对而言,宗务隆山-加木纳哈岗稀有-铅-锌-金(铜、银)成矿亚带无论是矿产地、矿床数量还是矿化率均处于较低的水平,这反映出该地区较低的地质工作程度;同时表明该区仍将是未来矿产勘查的有利区域,特别是该区茶卡北山、俄当岗、锡墨格地区的找矿工作取得了较大的锂、铍找矿成果,进一步证明了该区的找矿潜力。

3. 矿床类型结构与分布规律

按照《中国矿产地质志·省级矿产地质志研编技术要求》中的矿床类型三级分类方案,目前已发现其18种分类中的岩浆热液型、伟晶岩型、机械沉积型、化学沉积型、沉积型、变质型6种矿床类型(表3-12)。

各种矿床成因类型的结构及分布规律如表3-12及图3-12所示,依照各类型矿产地数量由高到低的排序为:岩浆热液型(6处,占33.33%)、沉积型(6处,占33.33%)→伟晶岩型(3处,占16.66%)→化学沉积型(1处,占5.56%)、机械沉积型矿床(1处,占5.56%)、变质型(1处,占5.56%)。

表3-12 西秦岭成矿带(成因/工业)矿床类型划分表

三级分类(处/%)	区内主要规模及其矿产地数量/处					矿床数/处	矿床占成矿带比例/%	主要矿种
	小计	中型	小型	矿点	矿化点	矿化信息点		
岩浆热液型(6/33.33)	6			2	2	2		金
伟晶岩型(3/16.66)	3	1		2			1	100	白云母、锂、铍、稀土
机械沉积型(1/5.56)	1				1				金
化学沉积型(1/5.56)	1				1				锶
沉积型(6/33.33)	6		1		5				煤
变质型(1/5.56)	1				1				金

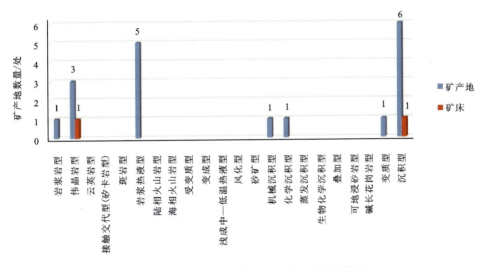

图3-12 西秦岭成矿带矿床类型与规模结构图

其中岩浆热液型、沉积型、伟晶岩型矿床矿产地数量达15处,占已知矿产地的83.33%,是研究区西秦岭成矿带矿化类型的主体,反映出西秦岭这两类矿化类型相对集中的产出规律,且基本可归纳为岩浆作用矿床(岩浆热液型、沉积型)。由此可见,西秦岭矿床类型清晰地反映了该成矿带以造山和后造山为背景和以陆内演化为主要成矿作用的基本特征。

区内仅形成1处矿床,为伟晶岩型矿床,岩浆热液型、化学沉积型、机械沉积型则未能形成矿床。

第二节　战略性矿产时空分布规律

一、金

1. 南祁连铅-锌-金-铜-镍-铬成矿带（Ⅲ-23）

南祁连铅-锌-金-铜-镍-铬成矿带金矿产主要分布于南华纪—泥盆纪洋陆转换（造山）、石炭纪—三叠纪陆内伸展断陷（后造山）期和第四纪，成矿时代分别为志留纪、二叠纪和第四纪。空间分布主要集中在尕日力根-石乃亥金-铅-锌-砂金-硼（铀、银）成矿亚带（表 3-13）。

表 3-13　南祁连铅-锌-金-铜-镍-铬成矿带金矿产分布特征表

成矿亚带	∈	O	S	D	C	P	T	J	Q
塔塔棱河石英-铜-稀有（白云母、金）成矿亚带（Ⅳ-23①）						大柴旦镇八里沟金矿化信息点			
尕日力根-石乃亥金-铅-锌-砂金-硼（铀、银）成矿亚带（Ⅳ-23②）			宗务隆山雅砂图地区金矿化点			德令哈市超力本陶勒盖金矿化信息点			德令哈市雅砂图砂金矿床
			德令哈市卡克图金矿化点			大柴旦镇尕日力根地区金矿点			德令哈市默沟砂金矿点
			德令哈市平头山金矿化点						德令哈市卡克图砂金矿点
									德令哈市察仓郭勒砂金矿化点
									德令哈市伊克拉砂金矿点

2. 柴北缘铅-锌-铬-金-白云母成矿带（Ⅲ-24）

柴北缘铅-锌-铬-金-白云母成矿带（Ⅲ-24）金矿产主要分布于南华纪—泥盆纪洋陆转换（造山）期、石炭纪—三叠纪陆内伸展断陷（后造山）期。南华纪—泥盆纪洋陆转换（造山）期成矿时代主要为奥陶纪、志留纪和泥盆纪，主要集中在奥陶纪、泥盆纪；石炭纪—三叠纪陆内伸展断陷（后造山）期成矿时代为石炭纪、二叠纪和三叠纪，主要为石炭纪。空间分布主要集中在小赛什腾-滩间山金（铀、铅、银、硫）成矿亚带（Ⅳ-24③）、绿梁山-锡铁山铅-锌-金-石油-铀-钍（煤、铁、宝玉石）成矿亚带（Ⅳ-24⑤），赛坝沟-阿尔茨托山金-铅-锌-铜-钨-锡-煤-锰（铀、金红石）成矿亚带（Ⅳ-24⑦）（表 3-14）。

表 3-14 柴北缘铅-锌-铬-金-白云母成矿带(Ⅲ-24)金矿产分布特征表

成矿亚带	∈	O	S	D	C	P	T
鱼卡-德令哈煤-铀-黏土-页岩气(稀有、稀土、金、石灰石)成矿亚带(Ⅳ-24①)	大柴旦行委塔塔棱河金矿点			大柴旦镇东山西金矿化点	大柴旦镇青山地区金矿床		
				大柴旦镇东山东金矿点			
				石底泉金矿点			
阿卡托山-俄博梁石棉-铜-镍-金-白云母(钨、铋、锡)成矿亚带(Ⅳ-24②)			交通社西北山西金矿床				
			茫崖镇采石沟金矿床				
			茫崖镇柴水沟银金矿点				
			冷湖镇俄博梁北山金矿化点				
			茫崖镇柴水沟金矿点				
小赛什腾-滩间山金(铀、铅、银、硫)成矿亚带(Ⅳ-24③)	冷湖镇小赛什腾山金矿化点			冷湖镇三角顶地区金矿点	大柴旦镇青龙沟金矿床		冷湖镇野骆驼泉金钴矿床
	冷湖镇小赛什腾地区金矿点				大柴旦镇滩间山金矿金龙沟矿床		
	冷湖镇千枚岭金矿点				大柴旦镇细金沟金矿床		
	大柴旦镇红柳泉北金铜多金属矿点				大柴旦镇金红沟金矿床		
	大柴旦镇红灯沟金矿点				大柴旦镇爬龙沟北金矿化点		
	大柴旦镇团结沟铜金矿化点				大柴旦镇绝壁沟金矿点		
	大柴旦行委红旗沟金矿点				大柴旦镇小红柳沟金矿点		
	大柴旦镇胜利沟金矿点				大柴旦镇细金沟北东金矿点		
	大柴旦镇白云滩铅银金矿点				大柴旦镇瀑布沟口金矿化信息点		
	大柴旦镇万洞沟金矿点						
	大柴旦镇小紫山西金矿化点						
	大柴旦镇路通沟金矿化点						
	大柴旦镇黑山沟金矿化点						

续表 3-14

成矿亚带	∈	O	S	D	C	P	T
布赫特山铁-稀有、稀土-金（铀、铂族、煤）成矿亚带（Ⅳ-24④）				乌兰县沙柳泉金矿点 德令哈市求绿特金矿点		乌兰县阿母内可山金矿点	乌兰县呼德生沟铜金矿床 德令哈市求绿特南金矿点
绿梁山-锡铁山铅-锌-金-石油-铀-钍（煤、铁、宝玉石）成矿亚带（Ⅳ-24⑤）		大柴旦镇红柳沟金矿床			大柴旦镇龙柏沟金矿床		
		大柴旦镇锡铁山铅锌矿床			大柴旦镇黄绿沟金矿化点		
		大柴旦镇黑石山金铜矿化点					
		大柴旦镇口北沟北西金矿化点					
		大柴旦镇矿点沟东金矿化信息点					
		大柴旦镇双口山南东金矿化点					
		大柴旦行委锡铁山北沟铜金矿点					
		大柴旦镇峰北沟金矿点					
		都兰县望北山金矿化点					
		大柴旦镇二旦沟金矿化点					
		大柴旦镇二旦沟地区金矿化点					
阿姆尼克-卜浪沟铅-锌-铀（煤、盐）成矿亚带（Ⅳ-24⑥）		都兰县苦水泉一带金多金属矿点					都兰县孔雀沟铜金矿点 德令哈市达达肯乌拉山西铜银金矿点

续表 3-14

成矿亚带	∈	O	S	D	C	P	T
赛坝沟-阿尔茨托山金-铅-锌-铜-钨-锡-煤-锰（铀、金红石）成矿亚带（Ⅳ-24⑦）	都兰县沙柳河西金铜矿化点	乌兰县拓新沟金矿床	乌兰县赛坝沟金矿床	乌兰县乌达热乎金矿床		乌兰县灰狼沟金铜矿点	
		都兰县德龙沟东侧金矿化信息点	乌兰县赛坝沟矿区外围5号金矿点	乌兰县巴润可万铜金矿点			
				乌兰县阿里根刀若金矿点			
				乌兰县多仁吉金矿化点			
				乌兰县阿哈大洼金矿化点			
				乌兰县包尔浩日地区金矿化体			
				乌兰县阿移项金矿化点			
				乌兰县托莫尔日特金矿点			
				乌兰县嘎顺金铜矿点			

二、铀钍矿

1. 柴达木盆地锂硼钾钠镁盐类-石膏-石油-天然气成矿带（Ⅲ-25）

柴达木盆地锂硼钾钠镁盐类-石膏-石油-天然气成矿带（Ⅲ-25）铀钍矿产主要分布于新生代（第三纪—现代）高原隆升时期，成矿集中于新近纪。空间分布主要集中在南翌山-南八仙油气-页岩气-锂-硼-锶-芒硝-钾镁盐成矿亚区（Ⅳ-25①）（表3-15）。

表 3-15 柴达木盆地锂硼钾钠镁盐类-石膏-石油-天然气成矿带（Ⅲ-25）铀钍矿产分布特征表

成矿亚带（区）	O	S	D	P	T	J	E-N
南翌山-南八仙油气-页岩气-锂-硼-锶-芒硝-钾镁盐成矿亚区（Ⅳ-25①）						石地26号铀矿化点	茫崖市七个泉铀矿点
						茫崖市冷湖三号铀矿点	茫崖市花土沟铀矿点
东台-霍布逊硼-锂-钾镁盐（油气、页岩气、铀）成矿亚区（Ⅳ-25②）							大柴旦镇南八仙铀矿化点
							大柴旦镇马北铀矿点

2. 柴北缘铅-锌-铬-金-白云母成矿带(Ⅲ-24)

柴北缘铅-锌-铬-金-白云母成矿带(Ⅲ-24)铀钍矿产主要分布于南华纪—泥盆纪洋陆转换(造山)期、石炭纪—三叠纪陆内伸展断陷(后造山)期、侏罗纪—白垩纪陆内伸展断陷期。南华纪—泥盆纪洋陆转换(造山)期成矿时代主要为奥陶纪、志留纪、泥盆纪;石炭纪—三叠纪陆内伸展断陷(后造山)期成矿时代为二叠纪和三叠纪;侏罗纪—白垩纪陆内伸展断陷期成矿时代为侏罗纪。空间分布主要集中在鱼卡-德令哈煤-铀-黏土-页岩气(稀有、稀土、金、石灰石)成矿带(Ⅳ-24①),阿卡托山-俄博梁石棉-铜-镍-金-白云母(钨、铋、锡)成矿亚带(Ⅳ-24②),小赛什腾-滩间山金(铀、铅、银、硫)成矿亚带(Ⅳ-24③),布赫特山铁-稀有、稀土-金(铀、铂族、煤)成矿亚带(Ⅳ-24④),绿梁山-锡铁山铅-锌-金-石油-铀-钍(煤、铁、宝玉石)成矿亚带(Ⅳ-24⑤),赛坝沟-阿尔茨托山金-铅-锌-铜-钨-锡-煤-锰(铀、金红石)成矿亚带(Ⅳ-24⑦)(表3-16)。

表3-16 柴达木盆地锂硼钾钠镁盐类-石膏-石油-天然气成矿带(Ⅲ-25)铀钍矿产分布特征表

成矿亚带	O	S	D	P	T	J	E-N
鱼卡-德令哈煤-铀-黏土-页岩气(稀有、稀土、金、石灰石)成矿亚带(Ⅳ-24①)				德令哈市灶火沟铀矿点		大柴旦镇绿草山铀矿点	
				德令哈市诺火图沟铀矿点		大柴旦镇绿草山304铀矿点	
				德令哈市白金图东南2km铀矿化点		大柴旦镇绿草山303铀矿点	
				大柴旦镇塔塔棱河口铀矿化信息点		大柴旦镇绿草山38—53铀矿点	
				德令哈市GT1-110铀矿化信息点		大柴旦镇大煤沟煤矿铀矿化信息点	
				德令哈市铀矿化信息点		德令哈市航亚铀矿点	
						德令哈市柏树山煤矿西铀矿化信息点	
						德令哈市北山1104铀矿化点	
						绿草山301铀矿化点	
						都兰县大煤沟铀矿化信息点	
阿卡托山-俄博梁石棉-铜-镍-金-白云母(钨、铋、锡)成矿亚带(Ⅳ-24②)		冷湖镇加拉玛萨依铀钍矿点		大柴旦镇牛鼻梁铀矿化信息点(2)			
		冷湖镇黄矿山铀钍矿化点		大柴旦镇牛鼻梁铀矿化信息点(3)			
		俄博梁247铀矿化点		大柴旦镇牛鼻梁铀矿化信息点(4)			
		大柴旦镇牛鼻梁铀矿化信息点(1)					

续表3-16

成矿亚带	O	S	D	P	T	J	E-N
小赛什腾-滩间山金（铀、铅、银、硫）成矿亚带（Ⅳ-24③）	大柴旦镇公路沟中段钍铀矿化信息点			大柴旦镇赛什腾山铀矿化信息点（1）			
	大柴旦镇古炮台南西铀钍矿化信息点			大柴旦镇赛什腾山铀矿化信息点（2）			
	大柴旦镇滩间山铀钍矿化信息点						
	大柴旦镇赛什腾山铀矿化信息点（3）						
	大柴旦镇马海农场铀矿化信息点（2）						
布赫特山铁-稀有、稀土-金（铀、铂族、煤）成矿亚带（Ⅳ-24④）				德令哈市巴音郭勒河南铀矿化点	乌兰县柴凯湖北铀矿点		
				德令哈市泽令沟西铀矿化信息点			
				德令哈市尕海417铀矿化点			
				乌兰县310-Ⅲ铀矿化点			
				乌兰县310-Ⅱ铀矿点（阿姆内可山310矿点）			
				乌兰县泽令沟铀矿化信息点			
				乌兰县阿汗达来寺铀矿化信息点（1）			
				乌兰县阿汗达来寺铀矿化信息点（2）			
				乌兰县阿汗达来寺铀矿化信息点（3）			
				乌兰县阿汗达来寺铀矿化信息点（4）			
				乌兰县赛什克乡铀矿化信息点（1）			
				果可山（地191）铀矿化信息点			
				乌兰县赛什克乡铀矿化信息点（2）			

续表 3-16

成矿亚带	O	S	D	P	T	J	E-N
绿梁山-锡铁山铅-锌-金-石油-铀-钍（煤、铁、宝玉石）成矿亚带（Ⅳ-24⑤）	都兰县铅石山钍铀矿化点	大柴旦镇落凤坡铀矿化点					
	大柴旦镇马海农场铀矿化信息点(1)	大柴旦镇峰北沟钍矿化点					
	落凤坡（地67）铀矿化信息点	大柴旦镇鱼卡铀矿化信息点(1)					
	都兰县怀头他拉铀矿化信息点	大柴旦镇怀头他拉铀矿化信息点					
阿姆尼克-卜浪沟铅-锌-铀（煤、盐）成矿亚带（Ⅳ-24⑥）			都兰县阿木尼克山南缘铀矿点				
			都兰县长沟中上游北铀矿化点				
			阿木尼克山307-1铀矿化点				
			都兰县309铀矿化点				
			都兰县阿木尼克山南坡铀矿化点				
赛坝沟-阿尔茨托山金-铅-锌-铜-钨-锡-煤-锰（铀、金红石）成矿亚带（Ⅳ-24⑦）	乌兰县黑山铀钍矿点		德令哈市扎布萨尕秀西(681)铀矿点	乌兰县查查香卡铀多金属矿床	乌兰县哈莉哈德山铀钍矿化信息点	德令哈市扎布萨尕秀东铀矿化信息点	
			乌兰县六〇一工区铀钍矿化信息点		都兰县查查香卡铀矿化信息点	德令哈市旺尕秀铀矿化点	
			乌兰县681铀矿化点			德令哈市北大滩铀102矿点	

南华纪—泥盆纪洋陆转换（造山）期铀钍矿产主要分布在阿卡托山-俄博梁石棉-铜-镍-金-白云母（钨、铋、锡）成矿亚带（Ⅳ-24②），小赛什腾-滩间山金（铀、铅、银、硫）成矿亚带（Ⅳ-24③），绿梁山-锡铁山铅-锌-金-石油-铀-钍（煤、铁、宝玉石）成矿亚带（Ⅳ-24⑤），赛坝沟-阿尔茨托山金-铅-锌-铜-钨-锡-煤-锰（铀、金红石）成矿亚带（Ⅳ-24⑦）；石炭纪—三叠纪陆内伸展断陷（后造山）期铀钍矿产主要分布在鱼卡-德令哈煤-铀-黏土-页岩气（稀有、稀土、金、石灰石）成矿亚带（Ⅳ-24①），阿卡托山-俄博梁石棉-铜-镍-金-白云母（钨、铋、锡）成矿亚带（Ⅳ-24②），布赫特山铁-稀有、稀土-金（铀、铂族、煤）成矿亚带（Ⅳ-24④），赛坝沟-阿尔茨托山金-铅-锌-铜-钨-锡-煤-锰（铀、金红石）成矿亚带（Ⅳ-24⑦）；侏罗纪—白垩纪陆内伸展断陷期铀钍矿产主要分布在鱼卡-德令哈煤-铀-黏土-页岩气（稀有、稀土、金、石灰石）成矿亚带（Ⅳ-24①），绿梁山-锡铁山铅-锌-金-石油-铀-钍（煤、铁、宝玉石）成矿亚带（Ⅳ-24⑤），赛坝沟-阿尔茨托山金-铅-锌-铜-钨-锡-煤-锰（铀、金红石）成矿亚带（Ⅳ-24⑦）。

三、"三稀"矿产

1. 柴达木盆地锂硼钾钠镁盐类-石膏-石油-天然气成矿带(Ⅲ-25)

柴达木盆地锂硼钾钠镁盐类-石膏-石油-天然气成矿带(Ⅲ-25)"三稀"矿产主要分布于新生代(第三纪—现代)高原隆升时期,成矿集中于新近纪。空间分布主要集中在南翌山-南八仙油气-页岩气-锂-硼-锶-芒硝-钾镁盐成矿亚区(Ⅳ-25①)(表3-17)。

表3-17 柴达木盆地锂硼钾钠镁盐类-石膏-石油-天然气成矿带(Ⅲ-25)"三稀"矿产分布特征表

成矿亚带	S	P	T	K	E	N	Q
南翌山-南八仙油气-页岩气-锂-硼-锶-芒硝-钾镁盐成矿亚区(Ⅳ-25①)					冷湖镇不整合锶矿点	茫崖镇尖顶山锶矿床	茫崖镇碱1井-碱山锶矿床
						茫崖镇大风山锶矿区	冷湖镇一里坪锂矿区
						茫崖镇阿哈堤锶矿化点	大柴旦镇西台吉乃尔湖锂矿区
						茫崖镇红沟子锶矿化点	
						茫崖镇南翼山锶矿化点	
						茫崖镇南翼山油水湖锂硼矿点	
						茫崖镇油泉子锶矿化点	
						茫崖镇黑梁子锶矿化点	
						茫崖镇油墩子锶矿化点	
						冷湖镇俄博梁1号(双气泉)锶矿化点	
						冷湖镇冷湖六号(水鸭子墩六号)锶矿化点	

2. 柴北缘铅-锌-铬-金-白云母成矿带(Ⅲ-24)

柴北缘铅-锌-铬-金-白云母成矿带(Ⅲ-24)"三稀"矿产主要分布于南华纪—泥盆纪洋陆转换(造山)期、石炭纪—三叠纪陆内伸展断陷(后造山)期。南华纪—泥盆纪洋陆转换(造山)期成矿时代主要为志留纪;石炭纪—三叠纪陆内伸展断陷(后造山)期成矿时代为二叠纪和三叠纪。空间分布主要集中在阿卡托山-俄博梁石棉-铜-镍-金-白云母(钨、铋、锡)成矿亚带(Ⅳ-24②),布赫特山铁-稀有、稀土-金(铀、铂族、煤)成矿亚带(Ⅳ-24④),绿梁山-锡铁山铅-锌-金-石油-铀-钍(煤、铁、宝玉石)成矿亚带(Ⅳ-24⑤)(表3-18)。

表 3-18 柴北缘铅-锌-铬-金-白云母成矿带（Ⅲ-24）"三稀"矿产分布特征表

成矿亚带	S	P	T	K	E	N	Q
鱼卡-德令哈煤-铀-黏土-页岩气（稀有、稀土、金、石灰石）成矿亚带（Ⅳ-24①）		乌兰县石灰沟东稀有稀土矿化点		德令哈市波京吐白云母矿化点			
		德令哈市小北山萤石矿化点					
阿卡托山-俄博梁石棉-铜-镍-金-白云母（钨、铋、锡）成矿亚带（Ⅳ-24②）	冷湖镇克希钛、稀土矿化点	交通社西北山铌钽矿床	牛鼻子梁稀有稀土矿点			茫崖镇金红山锶矿化点	
	冷湖镇盐场北山白云母矿点	花土沟镇大通沟南山地区铷铌钽矿化点	茫崖镇野马滩白云母矿化点				
		冷湖镇俄博梁稀土矿化点					
		茫崖镇西通沟铷矿化点					
		茫崖镇牛鼻子梁西稀有稀土矿化点					
		冷湖镇西柴达木大门口东轻稀土矿化点					
		冷湖镇五一沟白云母矿化点					
布赫特山铁-稀有、稀土-金（铀、铂族、煤）成矿亚带（Ⅳ-24④）		乌兰县阿姆内格地区稀有稀土多金属矿化点	乌兰县高特拉蒙稀有稀土矿化点				
		德令哈市阿里特克山北西白云母矿化点	乌兰县阿姆内格锂铷矿化点				
		乌兰县沙柳泉地区稀有稀土矿化点					
		天峻县野马滩南铌钽矿化点					
		乌兰县生格地区稀有稀土矿化点					
		乌兰县陶力阿木地区稀有稀土矿化点					
		乌兰县哈里哈答铋铍矿化点					
		沙柳泉铌钽铍矿床					

续表 3-18

成矿亚带	S	P	T	K	E	N	Q
绿梁山-锡铁山铅-锌-金-石油-铀-钍（煤、铁、宝玉石）成矿亚带（Ⅳ-24⑤）	大柴旦镇鱼卡白云母矿点 大柴旦镇双口山白云母矿化点 大柴旦镇黄羊沟白云母矿化点 大柴旦镇锡铁山白云母矿化点						
赛坝沟-阿尔茨托山金-铅-锌-铜-钨-锡-煤-锰（铀、金红石）成矿亚带（Ⅳ-24⑦）		乌兰县夏日达乌地区铌钽矿点					

3. 西秦岭铅-锌-铜（铁）-金-汞-锑成矿带（Ⅲ-28）

西秦岭铅-锌-铜（铁）-金-汞-锑成矿带（Ⅲ-28）"三稀"矿产主要分布于石炭纪—三叠纪陆内伸展断陷（后造山）期，成矿集中于三叠纪。空间分布主要集中在秦祁昆结合部附近与陆内造山过程有关的岩浆岩发育区域，分布于察汗诺—茶卡北山一带。

四、页岩气

1. 柴达木盆地锂硼钾钠镁盐类-石膏-石油-天然气成矿带（Ⅲ-25）

柴达木盆地锂硼钾钠镁盐类-石膏-石油-天然气成矿带（Ⅲ-25）页岩气矿产主要分布于侏罗纪—白垩纪陆内伸展断陷期、新生代（第三纪—现代）高原隆升时期，成矿集中于侏罗纪、新近纪（表3-19）。空间分布主要集中在南翌山-南八仙油气-页岩气-锂-硼-锶-芒硝-钾镁盐成矿亚区（Ⅳ-25①）。

表3-19 柴达木盆地锂硼钾钠镁盐类-石膏-石油-天然气成矿带页岩气矿产分布特征表

成矿亚带	O	S	D	C	P	T	J	E-N
南翌山-南八仙油气-页岩气-锂-硼-锶-芒硝-钾镁盐成矿亚区（Ⅳ-25①）				青德地1井页岩气矿点				沟105页岩气矿点

2. 柴北缘铅-锌-铬-金-白云母成矿带（Ⅲ-24）

柴北缘铅-锌-铬-金-白云母成矿带（Ⅲ-24）页岩气矿产主要分布于石炭纪—三叠纪陆内伸展断陷（后造山）期、侏罗纪—白垩纪陆内伸展断陷期。石炭纪—三叠纪陆内伸展断陷（后造山）期成矿时代为石炭纪；侏罗纪—白垩纪陆内伸展断陷期成矿时代为侏罗纪。空间分布主要集中在鱼卡-德令哈煤-铀-黏土-页岩气（稀有、稀土、金、石灰石）成矿亚带（Ⅳ-24①），绿梁山-锡铁山铅-锌-金-石油-铀-钍（煤、铁、宝玉石）成矿亚带（Ⅳ-24⑤），赛坝沟-阿尔茨托山金-铅-锌-铜-钨-锡-煤-锰（铀、金红石）成矿亚带

(Ⅳ-24⑦)(表3-20)。石炭纪—三叠纪陆内伸展断陷(后造山)期页岩气主要分布于绿梁山-锡铁山铅-锌-金-石油-铀-钍(煤、铁、宝玉石)成矿亚带(Ⅳ-24⑤);侏罗纪—白垩纪陆内伸展断陷期页岩气主要分布在鱼卡-德令哈煤-铀-黏土-页岩气(稀有、稀土、金、石灰石)成矿亚带(Ⅳ-24①)。

表3-20 柴北缘锂硼钾钠镁盐类-石膏-石油-天然气成矿带页岩气矿产分布特征表

成矿亚带	O	S	D	C	T	J	E-N
鱼卡-德令哈煤-铀-黏土-页岩气(稀有、稀土、金、石灰石)成矿亚带(Ⅳ-24①)						大柴旦镇石灰沟地区页岩气矿点(柴页2) 西大滩13-30页岩气矿点	
阿卡托山-俄博梁石棉-铜-镍-金-白云母(钨、铋、锡)成矿亚带(Ⅳ-24②)							狮43井页岩气矿点
绿梁山-锡铁山铅-锌-金-石油-铀-钍(煤、铁、宝玉石)成矿亚带(Ⅳ-24⑤)						大柴旦镇石灰沟地区页岩气矿点(柴页1) 大柴旦行委鱼卡地区煤层气矿点	
阿姆尼克-卜浪沟铅-锌-铀(煤、盐)成矿亚带(Ⅳ-24⑥)						绿草山8-2号孔页岩气矿点	
赛坝沟-阿尔茨托山金-铅-锌-铜-钨-锡-煤-锰(铀、金红石)成矿亚带(Ⅳ-24⑦)						黑浅1井页岩气矿点	

五、铂族

研究区铂族矿产主要分布于南华纪—泥盆纪洋陆转换(造山)期,秦祁昆结合部哇洪山-温泉断裂两侧,位于赛坝沟-阿尔茨托山金-铅-锌-铜-钨-锡-煤-锰(铀、金红石)成矿亚带(Ⅳ-24⑦)、生格-茶卡稀有-铀-盐(金、白云母)成矿亚带(Ⅳ-26②)中。铂族矿产与柳稍沟超基性岩体、呼德生超基性岩体关系密切。研究区内分布有柳稍沟锇铱矿化信息点、呼德生铂钯矿点。

六、多种能源矿产时空分布特征

柴北缘地区具有丰富的煤炭、石油、天然气、煤层气、页岩气、砂岩型铀矿等能源矿产。含矿层位联系密切、空间分布复杂有序、赋存环境和成藏(矿)作用有机关联,成藏(矿)与定位时期相同或相近。王明儒等(2003)在前人研究的基础上明确了盆地含油气系统及其分布范围:侏罗系含油气系统分布在北缘块断带东西向展布的条带中,新近系含油气系统以茫崖坳陷为主,第四系含油气系统以三湖坳陷为主。王永卓等(2003)通过对柴北缘烃源岩的演化历史模拟和油气源对比,分析了其成藏历史。徐凤银等(2003)和金之钧等(2004)均认为盆地烃源岩的分布演化、圈闭的形成、油气运移、成藏和保存都受构造演化的影响,盆地早—中侏罗世伸展断陷阶段和新生代阿尔金隆升期分别形成了柴北缘和柴东地区的烃源岩,构造活动为油气提供了动力和运移通道——断裂和不整合面,挤压反转的幕式构造运动控制了油气的多次成藏。据上述特点,徐凤银等(2003)提出盆地油气勘探重点区域为柴西南的七个泉-东柴山、狮子沟-油砂山构造带,柴北缘的南八仙-马北、冷湖构造带。曾春林等(2009)对柴北缘侏罗系烃源岩的微量元素进行了分析测试,结果表明柴北缘侏罗系烃源岩中 Mo、Sc、Ti、Cs、Ni 等元素的含量明显高于地壳克拉克值,并据此推测柴北缘鱼卡地区中侏罗世为还原环境(刘世明等,2018)。

  柴北缘地区中下侏罗统为页岩气主要目标层段,其中下—中侏罗统大煤沟组是该区煤的主要赋存层位。砂岩型铀矿化的矿化层位也是下—中侏罗统的砂岩层;在柴北缘地区,天然气储层有下—中侏罗统和古近系—新近系,而在冷湖地区的油气藏顶部古近系渐新统砂岩中也发现了铀矿化现象。上石炭统既有油气资源,又有煤炭资源,根据目前柴北缘地区能源矿产的分布规律和成藏特征来看,各能源矿产的成藏、分布、改造和定位较为复杂,可开采煤矿埋藏较浅,一般在盆缘区。砂岩型铀矿的分布区邻近北缘的富铀蚀源区,主要分布在盆缘区的古隆起等构造高部位,是柴北缘油气运移的指向区。总体表现为砂岩型铀矿、煤,铀矿面积小,煤田展布广;浅部铀(煤),中下部页岩气。根据各能源矿产的时空分布、成藏(矿)定位等特征,将柴北缘地区油气、煤、铀等能源矿产划分为以下几种组合类型(表 3-21)。

表 3-21 柴北缘油气、煤、铀赋存层位划分表

地层系统					年代/Ma	构造运动	沉积环境	油	气	煤	铀
界	系	统	组(群)	代号							
新生界	第四系	全新统	达布逊岩桥组	Qh	0.0253	喜马拉雅晚期	河流泛滥平原相				
		更新统	七个泉组	Qp_{1-2}							
	新近系	上新统	狮子沟组	N_2	5.1		河流泛滥平原相	●	○		△
		中新统	上油砂山组	N_1^2		喜马拉雅中期	河流泛滥平原相浅湖相	●	○		
			下油砂山组	N_1^1	15.09		半深湖、深湖相河流泛滥平原相	●	○		
	古近系	渐新统	上干柴沟组 上段	E_3^2	24.6		三角洲前缘相河流泛滥平原相	●			△
			上干柴沟组 下段	E_3^1							
		始新统	下干柴沟组 上段	E_2^2	40	喜马拉雅中期	三角洲前缘相滨湖相	●			
			下干柴沟组 下段	E_2^1							
		古新统	路乐河组	E_1	50.5	燕山晚期	河流泛滥平原相	●			
中生界	白垩系	上白垩统	犬牙沟组	K_1	65		河流冲积平原相				
		下白垩统									
	侏罗系	上侏罗统	红水沟组 采石岭组	J_3	135	燕山早期	河流冲积平原相滨湖相				△
		中侏罗统	石门沟组 大煤沟组	J_2		印支晚期	滨湖相冲积扇	●	○	▲	△
		下侏罗统	小煤沟组	J_1	208		深湖、半深湖相	●	○	▲	
古生界	石炭系	上石炭统	扎布萨尔秀组 克鲁克组	C_2		印支晚期	滨海、障壁岛-潟湖相	●	○	▲	

  从平面(图 3-13)和层位分布特征可知,柴达木盆地北缘地区油气、煤和砂岩型铀矿的时空分布联系密切。油气集中分布在柴北缘的冷湖、鱼卡等地,煤在冷湖、鱼卡、大煤沟、德令哈等地都有分布,砂岩型铀矿层间氧化带主要发育在冷湖、鱼卡、北大滩等地,目前发现的铀矿化孔和异常都分布在这些地区;

且上述能源矿产主要赋存在下—中侏罗统,为煤系烃源岩层位,富含有机质,油气源岩及煤系层位在空间分布上与砂岩型铀矿化相匹配。

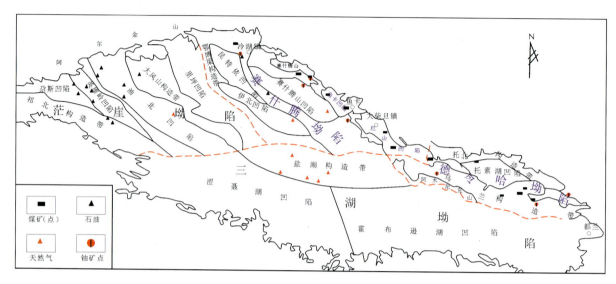

图 3-13 柴北缘能源矿产平面分布示意图

1. 砂岩型铀矿与油气的共存组合

柴北缘地区为油气发育区,形成一个较为闭合的还原环境,喜马拉雅晚期构造运动使该区在形成油气藏的同时,也使该区地层抬升造成剥蚀,致使油藏受到破坏和改造,发生油气渗漏或逸散,在圆顶山、鱼卡、马海、尕秀构造地区的地表可见到沥青和油气苗,同时在多个钻孔中观察到黑色的油浸砂岩和鲜绿色泥岩。裴明明等(2016)认为油气逸散与砂岩型铀矿化的形成有一定联系。在侏罗系中,油气及油田水沿断裂向上运移过程中,遇到来自蚀源区从地表向下运移的含铀含氧水,与其发生氧化还原反应,形成氧化还原过渡带,在其前锋线上发育铀矿化。在铀矿钻孔中所见铀矿石主要为黄绿色、灰绿色粗砂岩和细砂岩,就是油气还原所致;在航亚、团鱼山地区发现深部的油田水、油气等还原性物质沿断裂等裂隙上升渗出,进入上部的透水性岩层中,沿渗入水流动方向形成氧化还原地球化学障,使渗入水中的铀还原沉淀形成铀矿体(图3-14)。同时在冷湖三号油藏的顶部渐新统透水性较好的砾状砂岩层中发育有铀矿化,这些现象都表明砂岩型铀矿化的形成与该区油气逸散存在一定的内在联系,油气逸散有助于铀的富集成矿(刘世明等。2018)。

2. 砂岩铀矿与煤层气的共存组合

柴北缘地区煤层气的运移指向区也是盆缘区,在喜马拉雅晚期构造运动的影响下,煤层气从生烃凹陷沿断裂向上部运移,同时也沿区域不整合面横向运移至盆缘区,并在古隆起构造带富集成藏。在柴北缘的绿草山煤矿区-宽沟煤矿区出露的侏罗系中,可见中厚层漂白砂岩及其氧化残留,因此可以推断盆地北缘为侏罗系煤层气或页岩气向北逸散的指向区,这一特点有利于砂岩型铀矿的形成。

3. 砂岩型铀矿与煤的共存组合

盆地铀矿化发育在煤系地层及其上部,层间氧化带也都位于下—中侏罗统中,下—中侏罗统煤系地层生成的煤层气在向上运移成藏过程中,使地层中的铀酰离子被还原,在层间氧化带前锋线上形成铀矿化。可见煤与砂岩型铀矿弱相关,且二者有密切的共存关系。

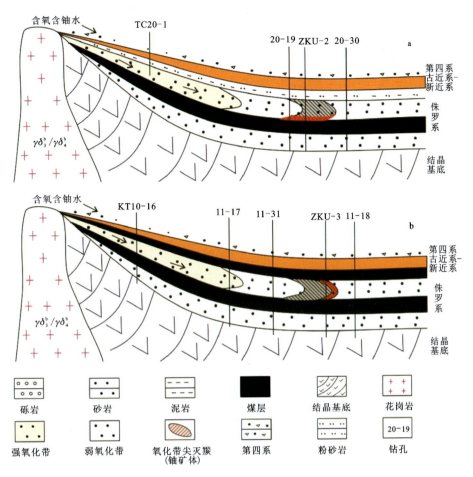

图 3-14 柴达木盆地北缘渗入型层间氧化铀成矿作用(据裴明明等,2016)
a.航亚异常区;b.团鱼山异常区

侏罗纪、石炭纪含煤岩系上部赋存的放射性元素均为次生,它主要来源于热液型火成岩,其中以酸性火成岩为最多,如花岗岩、流纹岩及富含二氧化硅岩体火山岩。它含地壳中大部分的 U、Th、K 元素,其中 U 元素具有不稳定和变价性,总以化合状态存在。基性和超基性火山岩的含量则较少。它们是含放射性元素的原生矿物,当遇到潜水氧化、层间氧化等水动力表生作用时由 U^{4+} 变为 U^{6+},或在自然表生作用下富铀火山岩遭到破坏分解过程中,U 元素就从其中分离出来,大部分变成可溶性岩盐溶于水中,在其随水流动运移过程中遇适宜的物化环境条件时,铀可被还原或吸附重新沉积,而形成富铀矿层。一般海相沉积的含碳和含沥青泥岩与深水淤泥,以及中生代含煤盆地及其边缘部位的含碳泥岩(碳质页岩)等富矿层都是在沉积物堆积时放射性元素同时被有机物沉淀剂吸收,从已发现含铀页岩或河流相砂岩的聚集特点的地质条件分析,它们沉积于平缓的陆缘、海湾及潟湖以及海底中酸性火成岩喷出古河口三角洲地段,在这里大陆上的酸性火成岩风化物可以不断地供给,浅海中经常有磷等或有机质的堆集,这些为铀矿的聚集创造了良好条件。因此放射性物质的沉积与富集,除铀源供给、运移通道外,还需适宜的古地理环境的氧化还原条件,以及 U 元素运移过程中携带的含量。铀的聚集类型主要有以下 3 种。

(1)微孔隙、高孔隙度、大比面积型:在沉积环境和放射性物质来源相同的条件下,聚集体孔隙度愈大,组成聚集体岩屑粒度愈细,单位体积的表面积愈大,则吸收的放射性物质愈多,当岩体本身不含放射性物质时,其强度与粒级呈负相关,即组成岩体的颗粒愈大含放射性强度愈小,反之则愈大。这就是目前煤炭测井自然γ参数划分沉积岩性,定性煤层、放射性异常层主要理论依据。

(2)有机质沉淀剂:如迁移铀离子呈六价状态(U^{6+}),当它流入具有还原介质的水盆地时即还原为U^{4+}而被有机物质所吸收,此外二氧化硅、黏土等也都是吸收剂。

(3)大孔隙、小孔隙度砂岩型:这种岩层虽然孔隙度小,但单孔隙单位体积内面积较大,渗透系数、通透性能高,是地下水主要载体的承压富水层。从母岩体酸性火成岩分离出来后的放射性物质,在各种外力搬运过程中,易溶于水的U^{6+}在还原环境中,还原成U^{4+},而U^{4+}很难被溶解,从溶液中分离出来后富集在河流相砂岩中,其他易溶解者则变成放射性水溶液而被流水带走,这种沉积模式形成的铀矿床称地浸砂岩型,因其可采用原地浸出工艺,开采成本低,矿量大,有利于环保,是目前国内外铀矿勘查主攻类型之一。

4. 无机与有机能源相互作用

柴北缘下—中侏罗统烃源岩样品的生烃模拟实验证实了同盆共存的有机-无机能源相互作用:U等无机元素加入烃源岩中对其生烃(气)均不同程度地起到催化作用,在侏罗系烃源岩中加入U及与其密切共生的Mn、Mo、V、Cs元素,在不同温度下进行模拟生烃(气),结果表明,它们均不同程度地使烃源岩总烃产率和总产气率增加,个别元素的加入还使烃源岩提前进入生烃(气)高峰。

5. 稀有稀土矿产与铀钍共存组合

在岩浆演化的过程中,萃取各类元素到岩浆热液中,由于"三稀"元素及放射性元素大部分属于不相容元素,不相容元素因受其离子半径、电荷和化合键所限,很难进入造岩矿物晶体结构中,而在残余岩浆或热液中相对富集[低场强元素:K、Rb、Cs、Ba、Sr、Pb^{2+}、Eu^{2+}、(Th^{4+}、U^{4+});高场强元素:Nb、Ta、Zr、Hf和Ti、P(REE、Pb^{4+}、Th^{6+}、U^{6+})、Ce]。因此,形成伟晶岩时则在伟晶岩中相对富集或在岩浆演化后期的参与岩浆中相对富集。与中酸性岩体和伟晶岩岩浆成矿作用形成矿床中,稀有稀土矿产与铀钍是共存关系。因此,在研究区与中酸性岩体岩浆成矿作用和伟晶岩有关的矿产要综合考虑稀有稀土、放射性元素综合找矿及综合评价工作。

6. 稀散元素与煤层及铅锌矿共存

研究区稀散元素矿产有锗、镓、铟、铊、镉等,呈共(伴)生赋存于铅锌矿等有色金属矿产和煤系地层中,锡铁山铅锌矿床中伴生稀散元素矿产有铟、铊、锗、镓、镉,详见第二章第三节锡铁山铅锌矿床;青海省大柴旦行委绿草山煤矿Ge含量$(0.61\sim40.24)\times10^{-6}$,Ga含量$(1.75\sim36)\times10^{-6}$;青海省鱼卡煤田尕秀区段Ge含量$(1\sim12)\times10^{-6}$,Ga含量$(1\sim12)\times10^{-6}$。Y15孔在387.55~388.35m处Ge含量达到56×10^{-6};青海省乌兰县下叉叉山煤矿点Ge含量$(3.1\sim14)\times10^{-6}$,Ga含量一般大于25×10^{-6},少数达35×10^{-6};青海省乌兰县牦牛山东煤矿地表TC02中Ge含量40×10^{-6},Ga含量24×10^{-6}。部分矿区达到伴生指标可以综合利用。很明显,稀散元素与煤层及铅锌矿共存。因此在研究区开展与上述煤矿和锡铁山铅锌矿床有关的勘查开发工作中要综合考虑稀散元素综合找矿和综合评价工作。

第三节 区域成矿演化及区域成矿模式

研究区柴北缘成矿带内金成因类型有岩浆型(含岩浆热液型)、机械沉积型、海相火山岩型、砾岩型(复合/改造)、浅成中—低温热液型、矽卡岩型、受变质型,其中最主要的为岩浆热液型和海相火山岩型。铀(钍)成因类型主要有可地浸砂岩型、岩浆型(花岗岩体内带亚型和花岗岩体外带亚型)、陆相火山岩型(火山熔岩型、次陆相火山岩型、火山碎屑岩型)、受变质型、伟晶岩型、生物化学沉积型,其中最主要的为可地浸砂岩型。稀有矿床类型有盐湖型、陆相湖泊化学沉积型、伟晶岩型、岩浆型、变质碎屑岩型(区域上阿尔金南缘甘肃省内)等,其中以陆相湖泊化学沉积型、伟晶岩型为主要成矿类型。稀土矿床类型主要为岩浆型;稀散元素主要呈共(伴)生赋存于铅锌矿及铜矿等有色金属矿产和煤系地层中。

一、区域成矿演化

研究区地壳演化经历了漫长的地质进程:大陆地壳早期演化期→大陆裂解及洋陆演化期→板内伸展海陆演化期→陆内盆山演化期→高原隆升演化期。其中,南部地区比北部地区进入陆内演化的时间要晚,在二叠纪中晚期—三叠纪早中期展现"南海-北陆"格局。不同时期的不同构造环境常常具有不同的成矿特点,下面按照前寒武纪、早古生代、晚古生代、中生代、新生代的顺序,概略论述本区成矿演化阶段性特征。

(一)前寒武纪成矿演化

柴达木盆地北部地区有地质资料记载的时代较老的矿产,主要形成于古元古代、中元古代,新元古代矿产很少。其中,古元古代、中元古代、新元古代青白口纪早期属于大陆地壳早期演化期。

1. 古元古代成矿

吕梁运动使全吉地块(欧龙布鲁克地块)结晶基底形成。古元古代的基底代表陆核-陆块发展过程,形成达肯大坂岩群中深变质岩。该套深变质岩是研究区内铀、"三稀"及金矿的载体,为赋矿地层或围岩,是后来加里东期、海西期、印支期岩浆活动和成矿作用发生的场所。该时期没有明显的成矿作用发生,但经历了距今18亿年左右发生的强烈造山运动,受变质作用明显而强烈,对后来的成矿作用起到了或多或少的促进作用。

2. 中元古代成矿

中元古代的变质基底则代表了陆块-联合陆块的发展过程。在结晶初始陆壳的基础上,本时期主要表现为活动陆缘和陆间裂谷裂陷的形式,长城纪强烈的伸展裂陷,沉积形成中元古界万洞沟群(下碎屑岩组、碳酸盐岩组、上碎屑岩组)。该时期发育板内伸展裂陷成矿体系,在小赛什腾-滩间山金(铀、铅、银、硫)成矿亚带(Ⅳ-24③)形成沼泽相沉积并发育与烃源岩有关的页岩气成矿系列(Ⅳ24③-Pt_2-M-1)。经过晋宁运动,罗迪尼亚超大陆形成,全吉地块成为罗迪尼亚超大陆的一部分。

3. 新元古代成矿

新元古代早期,陆壳转为稳定区沉积环境,主要表现为稳定陆缘的坳陷盆地沉积。青白口纪末期,各陆块联合形成超级大陆,此后进入大陆裂解及洋盆演化期。南华纪—震旦纪,陆壳表现出裂解的迹象。南华纪—寒武纪,大陆裂解成洋,形成全吉群中深变质岩,在鱼卡-德令哈煤-铀-黏土-页岩气(稀有、稀土、金、石灰石)成矿亚带(Ⅳ-24①)中形成南华纪—震旦纪黑土坡组与变质作用有关的页岩气成矿系列(Ⅳ24①-Z-M-1)。

南华纪地幔热柱作用与地块的"地毯效应"耦合,深部低温部分熔融产生碱性岩浆,侵入中元古代地层断裂破碎带中,外接触带形成破碎变粒岩型铌钽矿石,内接触带形成云英岩型铌钽矿石,伴生有益组分为稀土、锆、铪,从而组成铌-钽-稀土-锆-铪成矿系列(例如南祁连西端的余石山式铌钽矿:甘肃省阿克塞县余石山铌钽矿床)。在阿卡托山-俄博梁石棉-铜-镍-金-白云母(钨、铋、锡)成矿亚带(Ⅳ-24②)的青海省内部分是否存在此种成矿系列,还要进一步研究确定。

（二）早古生代成矿演化

寒武纪—奥陶纪的洋陆俯冲，在区内形成了欧龙布鲁克组、多泉山组、石灰沟组、大头羊沟组及滩间山群，在鱼卡-德令哈煤-铀-黏土-页岩气（稀有、稀土、金、石灰石）成矿亚带（Ⅳ-24①）形成了奥陶纪与岩浆成矿作用有关的金成矿系列（如大柴旦行委塔塔棱河金矿点），在小赛什腾-滩间山金（铀、铅、银、硫）成矿亚带（Ⅳ-24③）形成了奥陶纪与中酸性侵入岩岩浆成矿作用有关的金-铀钍成矿系列（如大柴旦镇红灯沟金矿点、冷湖镇小赛什腾地区金矿点、大柴旦镇胜利沟金矿点）、奥陶纪产在前寒武纪变质岩中与变质和叠加成矿作用有关的铀钍-石墨成矿系列、奥陶纪洋陆俯冲环境沼泽相沉积与烃源岩有关的页岩气成矿系列，在绿梁山-锡铁山铅-锌-金-石油-铀-钍（煤、铁、宝玉石）成矿亚带（Ⅳ-24⑤）形成奥陶纪与中酸性侵入岩岩浆成矿作用有关的金-铀成矿亚系列（如大柴旦镇红柳沟金矿床）、与海相火山岩有关的多金属-金-稀散元素成矿亚系列（如大柴旦镇锡铁山铅锌矿床、大柴旦行委锡铁山北沟铜金矿点）和沼泽相沉积与烃源岩有关的页岩气成矿系列（如滩间山群暗色泥页岩页岩气信息），在赛坝沟-阿尔茨托山金-铅-锌-铜-钨-锡-煤-锰（铀、金红石）成矿亚带（Ⅳ-24⑦）形成寒武纪—奥陶纪洋陆俯冲阶段与岩浆成矿作用有关的金-铀成矿系列（如乌兰县拓新沟金矿点、乌兰县黑山铀钍矿点）。

志留纪的陆-陆碰撞，在柴北缘形成赛什腾组和环斑花岗岩（塔塔棱河岩浆岩），在南祁连形成巴龙贡噶尔组。在柴北缘、南祁连、西秦岭形成志留纪与岩浆成矿作用有关的稀有稀土-金-铀钍成矿系列，进一步划分为与中酸性侵入岩有关的金-铀钍成矿亚系列（乌兰县赛坝沟金矿床、交通社西北山西金矿床、茫崖镇采石沟金矿床、茫崖镇柴水沟金矿点）和与伟晶岩有关的稀有稀土成矿亚系列（冷湖镇克希钛稀土矿化点、冷湖镇盐场北山白云母矿点）。

（三）晚古生代成矿演化

1. 泥盆纪成矿

晚泥盆世区内进入造山带伸展拆沉阶段，开始了大规模的陆内裂解并形成伸展海盆，形成牦牛山组。在东昆仑夏日哈-鄂拉山铁-铜-铅-锌-钨-锡-铋-金-钼-页岩气成矿亚带（Ⅳ-26①）形成与中酸性侵入岩有关的金成矿亚系列（如都兰县南戈滩金矿点）、中酸性侵入岩与滩间山群接触交代作用（矽卡岩型）有关的金成矿亚系列（如都兰县柯柯赛庞加丽铜金矿床），在柴北缘形成与中酸性侵入岩有关的金成矿亚系列（冷湖镇三角顶地区金矿点、乌兰县乌达热乎金矿床、乌兰县巴润可万铜金矿点、乌兰县阿里根刀若金矿点）、与晚泥盆世陆相火山岩有关的铀钍成矿亚系列〔都兰县阿木尼克山南坡铀矿化点、都兰县309矿化点、德令哈市扎布萨尕秀西（681）铀矿点〕。

2. 石炭纪成矿

在晚泥盆世陆内伸展的基础上形成了石炭纪陆表海沉积，沉积了阿木尼克组、城墙沟组、怀头他拉组、克鲁克组。在鱼卡-德令哈煤-铀-黏土-页岩气（稀有、稀土、金、石灰石）成矿亚带（Ⅳ-24①）形成石炭纪陆表海环境与烃源岩（怀头他拉组、克鲁克组）有关的页岩气成矿系列（如柴页2井、青德地1井）。在鱼卡-德令哈煤-铀-黏土-页岩气（稀有、稀土、金、石灰石）成矿亚带（Ⅳ-24①）、小赛什腾-滩间山金（铀、铅、银、硫）成矿亚带（Ⅳ-24③）、绿梁山-锡铁山铅-锌-金-石油-铀-钍（煤、铁、宝玉石）成矿亚带（Ⅳ-24⑤）形成石炭纪与中酸性侵入岩岩浆成矿作用有关的金成矿系列（如大柴旦镇青山地区金矿床、大柴旦镇青龙沟金矿床、大柴旦镇滩间山金矿金龙沟矿床、大柴旦镇细金沟金矿床、大柴旦镇龙柏沟金矿床）。

3. 二叠纪成矿

研究区南祁连地区为海相沉积的巴音河群,为一套碎屑岩-碳酸盐岩组合,是古特提斯海向北延伸的海湾沉积,从下而上依次为下—中二叠统勒门沟组(下粗上细的碎屑岩)、草地沟组(南部以灰岩为主,北部及东西边部以碎屑岩为主),上二叠统哈吉尔组(碎屑岩,上部夹灰岩)和忠什公组(砂岩、粉砂岩,上部夹页岩、泥岩)。该时期形成与早二叠世凹陷盆地河湖相沉积作用有关的砾岩型金成矿系列(如尕日力根金矿点)。

二叠纪岩浆活动强烈,在研究区内各Ⅳ级成矿亚带中以中酸性侵入岩、碱长花岗岩、伟晶岩的产出形式大规模活动,形成了与岩浆作用有关的大量成矿事实。在宗务隆山-加木纳哈岗稀有-铅-锌-金(铜、银)成矿亚带(Ⅳ-28①)形成与岩浆成矿作用有关的金成矿系列(如德令哈市赛日-京根郭勒地区金矿点、乌兰县那任金矿化信息点);在柴北缘的鱼卡-德令哈煤-铀-黏土-页岩气(稀有、稀土、金、石灰石)成矿亚带(Ⅳ-24①)形成与岩浆成矿作用有关的稀稀土-铀钍成矿系列,分为与碱长花岗岩有关的稀有稀土-铀钍成矿亚系列(如德令哈市小北山萤石矿化点)和与伟晶岩有关的稀有稀土-铀成矿亚系列(如乌兰县石灰沟东稀有稀土矿化点、德令哈市灶火沟铀矿点、德令哈GT1-110矿化信息点);在布赫特山铁-稀有、稀土-金(铀、铂族、煤)成矿亚带(Ⅳ-24④)形成与岩浆成矿作用有关的金-稀有稀土-铀钍成矿系列,分为与中酸性侵入岩有关的金成矿亚系列(如乌兰县阿母内可山金矿点、乌兰县莫河西山铜金矿化点)和与伟晶岩有关的稀有稀土-铀成矿亚系列(有沙柳泉式铌钽铍矿:沙柳泉铌钽铍矿床、乌兰县生格地区稀有稀土矿化点、德令哈市泽令沟西铀矿化信息点);在阿卡托山-俄博梁石棉-铜-镍-金-白云母(钨、铋、锡)成矿亚带(Ⅳ-24②)形成与岩浆成矿作用有关的稀有稀土-铀钍成矿系列,分为与碱长花岗岩有关的稀有稀土-铀钍成矿亚系列(有西北山式:交通社西北山铌钽矿床、茫崖镇牛鼻子梁西稀有稀土矿点)和与伟晶岩有关的稀有稀土成矿亚系列(如冷湖镇西柴达木大门口东轻稀土矿化点、冷湖镇五一沟白云母矿化点、冷湖镇俄博梁稀土矿化点);在小赛什腾-滩间山金(铀、铅、银、硫)成矿亚带(Ⅳ-24③)形成与中酸性岩体岩浆成矿有关的铀钍成矿系列[如大柴旦赛什腾山矿化信息点(1)、大柴旦赛什腾山矿化信息点(2)];在赛坝沟-阿尔茨托山金-铅-锌-铜-钨-锡-煤-锰(铀、金红石)成矿亚带(Ⅳ-24⑦)形成与岩浆成矿作用有关的稀有稀土-金-铀钍成矿系列,分为与中酸性侵入岩有关的金成矿亚系列(如乌兰县灰狼沟金铜矿点)、与碱长花岗岩有关的稀有稀土成矿亚系列:乌兰县夏日达乌地区铌钽矿点和与中酸性侵入岩有关的铀钍成矿亚系列(有查查香卡式铀矿:如乌兰县查查香卡铀多金属矿床)。

二叠纪,变质作用也较显著,在布赫特山铁-稀有、稀土-金(铀、铂族、煤)成矿亚带(Ⅳ-24④)、阿卡托山-俄博梁石棉-铜-镍-金-白云母(钨、铋、锡)成矿亚带产在前寒武纪变质岩中与变质和叠加成矿作用有关的铀钍-石墨成矿亚系列[有310式铀矿,如乌兰县310-Ⅱ铀矿点(阿姆内可山310矿点)、德令哈市尕海417铀矿化点、乌兰县310-Ⅲ铀矿化点]。

(四)中生代成矿演化

1. 三叠纪成矿

三叠纪受南部挤压影响研究区,整体处于隆升剥蚀期。三叠纪岩浆活动强烈,在南祁连形成与岩浆作用有关的稀有稀土-金-铀成矿系列,分为与伟晶岩有关的稀有稀土、白云母成矿亚系列(如大柴旦镇红旗峰白云母矿点、大柴旦北山钽铌钽矿化点、大柴旦镇爱斯沟白云母矿化点、大柴旦镇擦勒特钽稀土矿化点)和与碱长花岗岩有关的稀有稀土(金、铀)成矿亚系列(如超立本陶勒盖钽矿化点、大柴旦镇八里沟金矿化信息点);在西秦岭形成与岩浆成矿作用有关的金-稀有稀土成矿系列,分为与中酸性侵入岩有关的金-铀钍成矿亚系列(如德令哈市红柳沟地区金矿点、德令哈市恩格沟金矿化点)和挤压造山后阶段与伟晶岩有关的稀有稀土成矿亚系列(有茶卡北山式:茶卡北山地区锂稀有稀土金属矿床、大柴旦镇冷泉沟白云母矿点、天峻县二郎洞白云母矿点);在东昆仑形成与中酸性侵入岩有关的铀成矿系列[如都兰县阿尔茨托山铀矿点、都兰县都兰117铀矿点、阿尔茨托山(地261)矿化信息点]和与伟晶岩有关的"三稀"-铀成矿系列(如共和县大水桥东白云母矿点、共和县橡皮山308铀矿化点);在布赫特山铁-稀有、稀土-金(铀、铂族、煤)成矿亚带(Ⅳ-24④)形成与岩浆成矿作用有关的稀有稀土成矿系列,分为与碱长花岗岩有关的稀有稀土-铀成矿亚系列(有柴凯湖北式:乌兰县柴凯湖北铀矿点、乌兰县呼德生地区铷矿化点、乌兰县阿姆内格锂铷矿化点、乌兰县茶卡寺地区稀有稀土矿化点)和与伟晶岩有关的稀有稀土-铀钍成矿亚系列(如乌兰县果可山铀钍矿点、乌兰县察汗诺铷矿化点、乌兰县察汗诺稀散矿化点、乌兰县察汗诺西铀钍矿点);在阿卡托山-俄博梁石棉-铜-镍-金-白云母(钨、铋、锡)成矿亚带(Ⅳ-24②)形成与岩浆成矿作用有关的稀有稀土成矿系列,分为与碱长花岗岩有关的稀有稀土成矿亚系列(如牛鼻子梁稀有稀土矿点)和与伟晶岩有关的稀有稀土成矿亚系列(如茫崖镇野马滩白云母矿化点);在赛坝沟-阿尔茨托山金-铅-锌-铜-钨-锡-煤-锰(铀、金红石)成矿亚带(Ⅳ-24⑦)形成与中酸性侵入岩有关的铀钍成矿系列(乌兰县哈莉哈德山铀钍矿化信息点、都兰县查查香卡矿化信息点)。

三叠纪,含矿流体成矿作用也较发育,在小赛什腾-滩间山金(铀、铅、银、硫)成矿亚带(Ⅳ-24③)形成与含矿流体成矿作用有关的金成矿系列(有野骆驼泉式:冷湖镇野骆驼泉金钴矿床),在绿梁山-锡铁山铅-锌-金-石油-铀-钍(煤、铁、宝玉石)成矿亚带(Ⅳ-24⑤)形成与含矿流体成矿作用有关的金多金属成矿系列(如都兰县孔雀沟铜金矿点、德令哈市达达肯乌拉山西铜银金矿点)。

2. 侏罗纪成矿

晚印支运动使侏罗纪地块发生断裂、拗陷,造成差异升降。在柴北缘山前形成一系列断陷盆地,沉积了侏罗纪湖相含煤建造(大煤沟组、采石岭组、红水沟组)。早侏罗世以夷平作用为主,虽然气候温暖潮湿,生成有含煤岩系,但不太发育;进入中侏罗世后,早期剥蚀作用使得洼地得以填平补齐,风化土壤又为植物繁衍提供了良好的场地,形成厚大的煤系沉积,并夹石英砂岩、菱铁矿、油页岩等矿产,煤层伴生有煤层气,局部地段有石油显示,形成小型油田。煤系地层经变质改造,形成页岩气。在周缘高铀地层的参与下,沉积高铀的煤系地层,在氧化还原作用和地下水作用下形成铀矿。

柴达木盆地中形成侏罗纪采石岭组—大煤沟组与沉积作用有关的铀-页岩气成矿系列,分为与烃源岩有关的页岩气成矿亚系列(有采石岭-大煤沟式)和与含矿流体有关的铀成矿亚系列(有冷湖三号式:茫崖市冷湖三号铀矿点、石地26号铀矿化点)。

在柴北缘鱼卡-德令哈煤-铀-黏土-页岩气(稀有、稀土、金、石灰石)成矿亚带(Ⅳ-24①)形成与沉积作用(变质作用、成矿流体作用)有关的铀-煤(煤层气)-页岩气-稀散元素成矿系列,分为与煤层有关的煤层气、稀散元素成矿亚系列[有大煤沟式:大柴旦镇西大滩煤矿及西大滩南部、大柴旦行委大煤沟煤矿大煤沟井田深部、德令哈市航亚煤矿(欧南)、大柴旦行委绿草山深部煤矿]、与烃源岩有关的页岩气成矿亚系列(有采石岭-大煤沟式:采石岭组、大煤沟组,西大滩地区13-30号钻孔与绿草山地区8-2号钻孔,解吸暗色泥页岩含气量平均为4.17m³/t)、与含矿流体有关的铀钍成矿亚系列(有航亚式铀矿:德令哈市航亚铀矿点、德令哈市北山1104铀矿化点,大柴旦镇绿草山304铀矿点、大柴旦镇绿草山303铀矿点)和与煤层生物化学沉积作用有关的铀钍成矿亚系列(大柴旦镇绿草山铀矿点、绿草山301矿化点);在绿梁山-锡铁山铅-锌-金-石油-铀-钍(煤、铁、宝玉石)成矿亚带(Ⅳ-24⑤)形成与沉积作用(变质作用、含矿流体成矿作用)有关的页岩气、煤层气、铀钍、稀散元素成矿系列,分为与煤层有关的煤层气、稀散元素成矿亚系列(有鱼卡式:鱼卡煤矿区煤层气)、与烃源岩有关的页岩气成矿亚系列(柴页1井页岩气)、与含矿流体作用有关的铀钍成矿亚系列(如大柴旦镇鱼卡九龙山铀矿化点、鱼卡煤田尕秀西段砂岩型铀矿化点)和与煤层生物化学沉积作用有关的铀钍成矿亚系列(大柴旦镇结绿素铀矿点、大柴旦镇五彩山铀矿点、大柴旦镇五彩山南301铀矿点);在赛坝沟-阿尔茨托山金-铅-锌-铜-钨-锡-煤-锰(铀、金红石)成矿亚带(Ⅳ-24⑦)形成与沉积作用(成矿流体作用和变质作用)有关的页岩气、煤层气、铀钍、稀散元素成矿系列,分为与成矿流体作用有关的铀成矿亚系列(如德令哈市北大滩铀102矿点、德令哈市旺尕秀铀矿化点)、与煤层有关的煤及煤层气、稀散元素成矿亚系列(有旺尕秀式:旺尕秀煤矿区)和与烃源岩有关的页岩气成矿亚系列(如下—中侏罗统页岩气信息)。

(五)新生代成矿演化

新生代板内成山成盆,盆山耦合时期,形成高原隆升成矿系统。新生代成矿作用主要发生在柴达木盆地内,在柴北缘及宗务隆山间盆地内也有成矿作用,主要发生在新近纪、第四纪。

柴达木盆地在古—新近纪发育咸化湖相沉积。由于古构造、古气候、古物源、古地形等条件的差异性和分割性,湖盆具有一个主沉积-沉降中心和多个分散的局部沉降中心。随着时间的推移,青藏高原逐步隆升,加之阿尔金断裂的活动,盆地沉积-沉降中心呈现有规律地转移(图3-15),其沉积演化可划分为4个阶段。

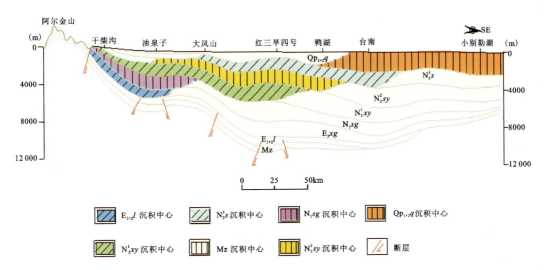

图3-15 柴达木盆地新生代沉积中心迁移剖面示意图(据马达德和陈琰,2015)

注:Mz. 中生界;$E_{1+2}l$. 古近系路乐河组;E_3xg. 古近系下干柴沟组;N_1sg. 新近系上干柴沟组;N_2^1xy. 新近系下油砂山组;N_2^2sy. 新近系上油砂山组;N_2^3s. 新近系狮子沟组;$Qp_{1-2}q$. 第四系七个泉组

古近纪—新近纪主要为咸化湖相,岩性以泥岩、泥灰岩为主,是一套独特的高原咸化湖相沉积岩。第四纪岩性以灰褐色膏泥岩、白色膏岩呈不等厚互层,夹砂质泥岩、粉砂岩及少量方解石。高山深盆环境悬殊,成矿特点也不相同。

1. 古近纪成矿

本成矿期在柴西缘的南翌山-南八仙油气-页岩气-锂-硼-锶-芒硝-钾镁盐成矿亚区(Ⅳ-25①)形成古近纪干柴沟组与沉积作用有关的铀-页岩气-锶成矿系列,分为与含矿流体有关的铀成矿亚系列(如茫崖市七个泉铀矿点、茫崖市花土沟铀矿点);与古近纪湖盆沉积有关的稀有成矿系列(如冷湖镇不整合锶矿点);与烃源岩有关的页岩气成矿亚系列(有干柴沟式:柴西沟105井和狮43井页岩气信息)。在邻近赛什腾山的东台-霍布逊硼-锂-钾镁盐(油气、页岩气、铀)成矿亚区(Ⅳ-25②)发育与含矿流体有关的铀成矿系列(大柴旦镇马北铀矿点、大柴旦镇南八仙铀矿化点)。

2. 新近纪成矿

本成矿期在柴西缘的南翌山-南八仙油气-页岩气-锂-硼-锶-芒硝-钾镁盐成矿亚区（Ⅳ-25①）形成与化学沉积作用有关的稀有矿成矿系列,分为与湖盆沉积有关的稀有矿成矿亚系列[如茫崖镇南翼山油水湖锂硼矿点、茫崖镇阿哈堤锶矿化点、茫崖镇油泉子锶矿化点、茫崖镇油墩子锶矿化点、冷湖镇俄博梁1号（双气泉）锶矿化点]和与受含矿流体改造有关的稀有矿成矿亚系列（有大风山式:茫崖镇大风山锶矿区、茫崖镇尖顶山锶矿床）;在阿尔金山的阿卡托山-俄博梁石棉-铜-镍-金-白云母（钨-铋-锡）成矿亚带（Ⅳ-24②）形成与化学沉积作用有关的稀有矿成矿系列（如茫崖镇金红山锶矿化点）;在宗务隆地区宗务隆山-加木纳哈岗稀有-铅-锌-金（铜、银）成矿亚带（Ⅳ-28①）存在与化学沉积作用有关的稀有矿成矿系列（如大柴旦镇巴戈雅乌汝锶矿化点）。

3. 第四纪成矿

研究区第四纪成矿作用主要为沉积作用成矿（水流机械沉积成矿和湖泊化学沉积作用）。在宗务隆地区宗务隆山-加木纳哈岗稀有-铅-锌-金（铜、银）成矿亚带（Ⅳ-28①）发育与河湖冲洪积有关的砂金成矿系列（如德令哈市水文站砂金矿化点）;在南祁连铅-锌-金-铜-镍-铬成矿带（Ⅲ-23）发育与河湖冲洪积有关的砂金成矿系列（有雅砂图式:雅砂图砂金矿、德令哈市卡克图砂金矿点）;在柴达木盆地西缘发育与化学沉积作用有关的稀有矿成矿系列,分为与第四纪湖盆沉积有关的稀有矿成矿系列（有台吉乃尔湖式:冷湖镇一里坪锂矿区、大柴旦镇西台吉乃尔湖锂矿区）和与受含矿流体改造有关的稀有矿成矿亚系列（有碱山式:茫崖镇碱1井—碱山锶矿床）。

二、区域成矿模式

根据上述柴达木盆地北部地区成矿带的成矿演化分析,着重对带内以岩浆热液型金矿、海相火山岩型铅锌（金银）矿、伟晶岩型"三稀"矿、陆相湖泊化学沉积型锶矿为代表的优势矿产初步构建了区域成矿模式图,基本代表了柴达木盆地北部地区成矿带最主要的成矿特点,综合反映了成矿演化阶段及其控矿的构造环境、地层建造、侵入岩系列与矿化类型及成矿系列的密切关系。

1. 岩浆热液型金矿区域成矿模式

代表性的岩浆热液型金矿区域成矿模式为滩间山式金矿。

晚寒武世—奥陶纪洋壳向北俯冲,逆冲型韧性剪切带形成;志留纪—早泥盆世洋盆消亡,碰撞造山,右行走滑韧性剪切带形成;晚泥盆世—早三叠世可能一度伸展,并伴有伸展型韧性剪切带形成;侏罗纪—第四纪向南推覆控制柴达木压陷盆地形成与发展。滩间山式金矿与海西期花岗闪长斑岩、斜长细晶岩成矿关系密切,次为闪长玢岩,此外有石英脉、碳酸岩脉等。赛坝沟式金矿与加里东期的斜长花岗岩成矿关系密切,后期叠加区域性断裂及韧—脆性剪性带控制,尤其北西向区域断裂与其旁侧的次级断裂交会处,是金矿床最有利的产出部位。而复式褶皱的层间破碎带、层间滑脱带是矿区最主要的控矿容矿构造。该成矿带以前造山期块体和造山期物质组分的相间格局为特征,纵向断裂十分发育,呈斜列形式分布,为岩浆侵入体的产出和成矿活动进行提供了构造条件。地层单元和断裂构造均在东段以收敛态势被青藏北特提斯造山系截切,为成矿和聚矿提供了有利条件。

含矿建造为中元古代蓟县纪沉积含金岩系（大理岩-变质砂岩-千枚岩）。本区位于柴北缘大型逆冲型韧性剪切带之间,区内构造发育,早期形成的北西向区域性断裂是控岩构造,晚期形成的北北西向片理化带是重要的导矿构造,层间破碎带、层间滑脱带是矿区的主要的控矿容矿构造（图3-16）。

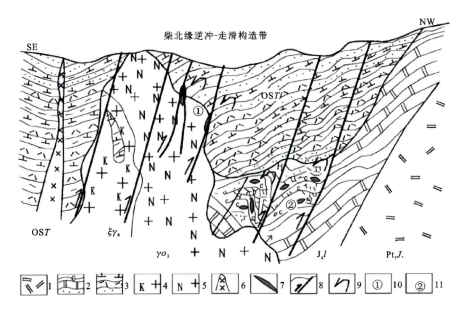

图 3-16 柴北缘岩浆热液型金矿区域成矿模式图

1.达肯大坂岩群片麻岩;2.万洞沟群沉积变质含金岩系(大理岩-变砂岩-千枚岩);3.滩间山群斜长角闪片岩;4.海西期钾长花岗岩;5.加里东期斜长花岗岩;6.辉长岩;7.金矿化部位;8.压扭性断裂;9.含矿热液运移方向;10.赛坝沟式金矿床;11.滩间山式金矿床

2. 海相火山岩型矿产区域成矿模式

海相火山岩型矿产以锡铁山式海相火山岩型铅锌(银、硫)矿区域成矿模式为特色,由造山前期沉降作用主导的寒武系—奥陶系和造山后期隆升作用主导的志留系组成,志留纪末槽地闭合成为褶皱带。造山期后的盖层沉积开始于晚泥盆世,从晚泥盆世到第四纪的盖层系统中,缺失二叠纪和三叠纪沉积。裂解过程中形成的槽地或裂谷,其内残留下的古陆块体较多,充分显示了裂解不充分的成生特点。构造环境为陆块边缘裂陷环境,晚奥陶世裂陷槽中的有限小海盆沉降幅度较大,是沉积环境比较稳定的地段。含矿建造为奥陶系—志留系滩间山群变火山-沉积岩系,含矿层位于火山-沉积岩段下部的碳酸盐岩层位中,具有一定的层控性。火山期后喷气热液与海水渗滤提供了成矿物质,生长性断裂活动与火山丘联合形成的海底次级盆地,晚期火山旋回的强烈活动为早期成矿层位提供热源及物源,使之更加富集;造山运动使早期含矿层位同样经受了变质与变形,新的热液活动沿着岩性-构造有利部位,使矿质活化转移,再沉积,呈现热液叠加改造特点(图 3-17)。

3. 伟晶岩型矿产区域成矿模式

柴达木盆地北部地区"三稀"(铀钍)矿成矿类型属伟晶岩型、花岗岩型,且均产出于柴北缘成矿带中断续出露的伟晶岩脉带。花岗伟晶岩脉在成因及空间上与花岗岩类侵入体密切相关,多数产出于中深—深成相的花岗岩岩基或岩株的顶部、边部或与围岩接触带以及附近区域变质围岩中,且与稀有矿产关系密切。

柴达木盆地北部地区伟晶岩脉在空间分布上明显受地质构造控制,沿古地块边缘断裂带、不同构造单元结合带、深大断裂及其次级断裂等部位展布,形成断续延伸分布的伟晶岩带,长达200多千米,从阿尔金龙尾沟断续延伸至乌兰沙柳泉等地区。伟晶岩带宽几十米至数百米,伟晶岩脉(群)集中分布在古元古界达肯大坂岩群、石炭系—二叠系中吾农山群果可山组以及下二叠统隆务河组下岩组。

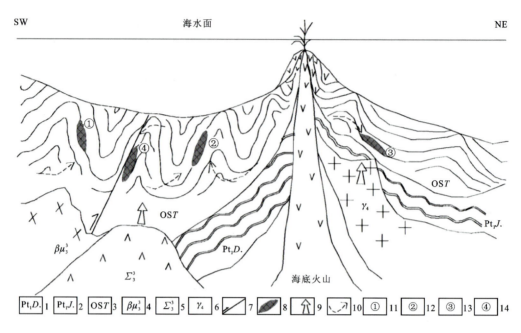

图 3-17 柴北缘成矿带海相火山岩型矿产区域成矿模式图

1.达肯大坂岩群片麻岩建造;2.金水口岩群片岩建造;3.滩间山群火山岩建造;4.加里东期蚀变辉绿岩;5.加里东期超基性岩;6.海西期中酸性侵入岩;7.逆断层;8.矿体;9.含矿热液运移方向;10.含矿变质热液运移方向;11.绿梁山式海相火山岩型铜矿;12.锡铁山式海相火山岩型铅锌银矿;13.沙柳河式海相火山岩型铅锌银矿;14.锡铁山式热液型重晶石矿

对于区域成矿带而言,自西向东交通社西北山铌钽矿床、茫崖镇牛鼻子梁西稀有稀土矿点、冷湖镇五一沟白云母矿化点、沙柳泉铌钽矿床、生格铌钽矿点、夏日达乌铌矿点、阿姆内格铌钽矿点、茶卡北山锂铍铷矿床等均位于不同构造单元的交会部位,是古老地块和后期造山带拼接融合的产物,如阿卡托山-俄博梁石棉-铜-镍-金-白云母(钨、铋、锡)成矿亚带(Ⅳ-24②),布赫特山铁-稀有、稀土-金(铀、铂族、煤)成矿亚带(Ⅳ-24④)。

成矿时代集中于早—中志留世、早二叠世、晚三叠世 3 个时期,对应两个成矿单元的陆-陆碰撞环境,必然生成大量的壳源、幔源中酸性岩体。岩浆演化的过程中带入了大量的成矿元素,作为不相容的大部分"三稀"元素和铀钍在形成伟晶岩的过程中形成伟晶岩型矿床,并在上部地质体节理裂隙中就位。碱长花岗岩携带的成矿元素在适宜的场所就位形成花岗岩型矿床。

4. 陆相湖泊化学沉积型锶矿区域成矿模式

柴达木盆地西北缘地区锶矿床形成于干燥气候条件下的内陆滨浅湖环境,成矿物质主要来源于盆地周边山系岩石的风化剥蚀;蒸发作用(振荡干化)使湖水浓缩咸化,湖水中锶浓度随之增大,达到硫酸锶饱和,天青石则同碳酸盐以胶结物的形式或与黏土矿物等混杂沉积形成原始天青石矿层,后期背斜的改造对矿床品位的提高起到积极作用,在保留原始面貌的同时,成矿物质进一步富集(图 3-18)。在各成矿阶段矿物的生成主要受溶解度和溶液浓度的控制,一般按方解石、钙菱锶矿→方解石→(重晶石)→天青石→石膏的顺序生成。经沿倾向上钻探工程的验证,含矿层位存在,但并不形成矿体,说明后期次生富集是矿床形成中的重要成矿阶段。由此,柴达木盆地西北缘地区锶矿床的形成具有陆相湖泊化学沉积型兼具次生富集型特征。

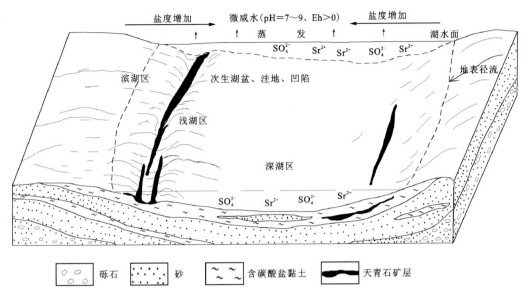

图 3-18 陆相湖泊化学沉积型锶矿成矿模式图

第四章　柴达木盆地北部地区战略性矿产成矿系列

第一节　矿床成矿系列

一、矿床成矿系列的理论及内涵

矿床成矿系列的定义可简略为在特定的四维时间、空间域中，由特定的地质成矿作用形成有成因联系的矿床组合。矿床成矿系列的内涵为：特定的时间域是指一定的地质历史发展阶段内，一般是指一个大地构造活动旋回或相对独立的构造活动阶段；特定的空间域就是成矿的地质构造环境，亦指一定的地质构造单元，即上述地质构造活动所涉及的地质构造单元，一般相当于形成的三级构造单元（本次在研究区内划分至四级构造单元，成矿系列按Ⅳ级单元进行划分），或跨越或包含在老的构造单元内；一定的地质成矿作用是指在此特定的时空域中发生的地质成矿作用；形成有成因联系的矿床组合是指在上述特定的时空域内由特定的地质成矿作用形成的矿床组合，它们之间具有内在的成因联系。这"四个一定（因素）"组成一个矿床成矿系列，构成特定时空域中一个矿床组合自然实体，因此，这通用的"四个一定"，对于一个具体矿床成矿系列则变成为"四个特定"，即每一个矿床成矿系列在全球均是唯一的矿床组合实体，也可以说每一个矿床成矿系列就是一个完整的亦是最基本的成矿系统（陈毓川等，1998）。

矿床的成矿系列就是研究各种地质构造环境中的矿床组合自然体，实际上是对矿床产出本质属性的基本自然分类。这个矿床自然分类的组成是以矿床成矿系列为基本单元，成因归类为矿床成矿系列组合、构造旋回归类为矿床成矿系列组、地质构造环境归类为矿床成矿系列类型。而矿床成矿系列本身由亚系列、矿床式及众多的矿床所组成。

成矿系列理论的核心思想认为矿床不是单独出现，而是以不同成因、不同矿种、甚至属于不同地质建造的矿床组成的相互有成因联系的矿床组合的自然体成群出现。陈毓川等（2006）提出矿床成矿系列划分为5个序次（表4-1）。

表4-1　成矿系列序次划分表（据陈毓川等，2006）

序次	名称	含义
第1序次	矿床成矿系列组合	由不同地质成矿作用所形成的矿床成矿系列集合
	矿床成矿系列类型	不同时代、不同地区、在类似的地质构造和同类成矿作用中，形成的各具特色的矿床成矿系列组合
	矿床成矿系列组	在一个成矿区带内，同一个大地构造旋回活动过程中，在不同阶段、不同大地构造环境条件中形成的各种成矿系列组合

续表 4-1

序次	名称	含义
第2序次	矿床成矿系列	在特定的四维时间-空间域中,由特定的地质成矿作用形成的有成因联系的矿床组合
第3序次	矿床成矿亚系列	对于地质构造区较大,形成时间相对较长,而不同地段成矿的地质构造条件有一定差异形成的矿床组合构成成矿系列内的成矿亚系列
第4序次	矿床式	矿床成矿系列中由相同成因和相似的矿物构成的矿床类型组成一个矿床式,一般常以其中的代表性矿床来命名
第5序次	矿床	单个矿床作为成矿系列最基础的组成单元(工作程度低的地区,矿点、矿化点可列入研究范围)

二、矿床成矿系列的厘定

如前所说,对于每一个具体的矿床成矿系列而言,构造空间、成矿时间、地质成矿作用、元素或矿种是厘定成矿系列的"四要素"。

矿床成矿系列的命名应反映4种要素:成矿空间(四级构造单元或Ⅳ级成矿单元)+成矿时间(地质年代或大地构造旋回)+成矿地质作用(岩浆作用、沉积作用、变质作用、表生作用和含矿流体作用)+成矿矿种(矿种多时可表示主要的,按先金属后非金属列出)。但是,论述单个成矿区带的成矿系列特征时,该成矿区带名称可统一反映为标题、表名、图名,达到科技文献要求的自明性即可。

成矿空间代号:用代号表示,如塔塔棱河石英-铜-稀有(白云母、金)成矿亚带(Ⅳ-23①)(T),简化为Ⅳ23①。

成矿时间代号:对与岩浆作用、变质作用有关的矿床成矿系列常用大地构造旋回;对与沉积作用、表生作用有关的矿床成矿系列常用地质年代。时代代号:元古宙用 Pt[古元古代 Pt_1、中元古代 Pt_2、新元古代 Pt_3(南华纪 Nh、震旦纪 Z)];古生代用 Pz(早古生代 Pz_1:寒武纪 Pz_1^1、奥陶纪 Pz_1^2、志留纪 Pz_1^3;晚古生代 Pz_2:泥盆纪 Pz_2^1、石炭纪 Pz_2^2、二叠纪 Pz_2^3);中生代 Mz(早中生代 Mz_1:三叠纪;晚中生代 Mz_2:侏罗纪 Mz_2^1、白垩纪 Mz_2^2);新生代 Cz(早新生代 Cz_1:古近纪 Cz_1^1、新近纪 Cz_1^2;晚新生代 Cz_2:第四纪)。文中论述成矿时代则尽可能具体。

成矿地质作用代号:以5类地质作用的英文第一字母大写代号表示,即岩浆作用为 I(图解时用红色)、沉积作用为 S(图解时用绿色)、变质作用为 M(图解时用紫色)、表生作用为 F(图解时用橘黄色)、含矿流体作用为 N(图解时用蓝色)。

矿床成矿系列的编号方法:Ⅳ级成矿单元编号+时代代号+成矿作用代号+该单元的成矿系列序号(1,2,3,…)。概括地讲,就是空间、时间、地质成矿作用 3 种要素的代号组合再加序号,例如Ⅳ25② Mz_2^1:Cz_2-S-1;需要划分亚系列时,则进一步用英文小写字母分别表示,依次排序(a,b,c,d,…),如Ⅳ25② Mz_2^1:Cz_2-S-1a,Ⅳ25② Mz_2^1:Cz_2-S-1b。

对于矿床式命名,主要沿用前人习惯,有的借用典型矿床名称来命名,有的借用地区名称来命名。此外,本书对于沉积矿床或沉积变质矿床的矿床式还尝试借用有关地层群组名称来命名。例如,对于本区页岩气(煤层气)矿产,侏罗纪采石岭组—大煤沟组的页岩气(煤层气)可称为"采石岭-大煤沟式页岩气(煤层气)"。对于非常规天然气矿产,沉积烃源岩后再演化才形成,可以借用烃源岩的群组名称来命名,比如古—新近纪干柴沟组烃源岩产生的页岩气可称为"干柴沟式页岩气"。

第二节 矿床成矿系列的基本特征

依据上述矿床成矿系列的基本理论、内涵和厘定的原则,对研究区战略性矿产矿床成矿系列在以往研究成果的基础上据新的成果进行了深化,突出研究柴北缘及邻区大地构造演化与成矿关系,故以成矿时代为主线,按构造-成矿旋回重新厘定了研究区战略性矿产矿床成矿系列组。据柴北缘及邻区大地构造演化与成矿的特点,成矿时代划分为古元古代、中—新元古代(长城纪—青白口纪)、南华纪—泥盆纪、石炭纪—三叠纪、侏罗纪—白垩纪、新生代(古近纪—现代)6个构造-成矿旋回来厘定矿床成矿系列,并据其演化不同阶段的地质构造环境的差异和不同成矿特点,而厘定出成矿亚系列,同时列出相应的矿床式或代表性矿床。

研究区涉及Ⅲ级成矿单元5个,分别为南祁连(Ⅲ-23)、柴北缘(Ⅲ-24)、西秦岭(Ⅲ-28)、柴达木盆地(Ⅲ-25)、东昆仑(Ⅲ-26)。Ⅳ级成矿单元15个。本书对各成矿亚带的成矿系列进行了总结。

一、南祁连铅-锌-金-铜-镍-铬成矿带(Ⅲ-23)

本次在南祁连铅-锌-金-铜-镍-铬成矿带(Ⅲ-23)涉及研究区内共厘定出战略性矿产矿床成矿系列组4个、矿床成矿系列4个、亚系列2个、矿床式2个(表4-2)。其中,2个属于沉积成矿系列组(S组),2个属于岩浆作用成矿系列组(Ⅰ组)。

表4-2 研究区内南祁连成矿带成矿系列一览表

成矿区带	成矿时代(构造旋回)	主要成矿作用	成矿系列组	成矿系列	成矿亚系列	矿床式	矿床(点)实例
南祁连铅-锌-金-铜-镍-铬成矿带(Ⅲ-23)	新生代(Cz)	沉积成矿作用	与沉积作用有关的砂金成矿系列组	第四纪与河湖冲洪积有关的砂金成矿系列(Ⅳ23②-Cz_2-S-2)		雅砂图式	雅砂图砂金矿、德令哈市卡克图砂金矿点
	石炭纪—三叠纪(Pz_2^2-Mz)	岩浆作用、沉积作用及含矿流体作用	与岩浆作用有关的金-铀-稀有稀土、白云母成矿系列组	三叠纪与岩浆作用有关的稀有稀土(金、铀)成矿系列(Ⅳ23①-Pz_2^3-Ⅰ-2)	三叠纪挤压造山阶段与碱长花岗岩有关的稀有稀土(金、铀)成矿亚系列(Ⅳ23①-Pz_2^3-Ⅰ-2b)		超立本陶勒盖铷矿化点、大柴旦镇八里沟金矿化信息点
					三叠纪与伟晶岩有关的稀有稀土、白云母成矿亚系列(Ⅳ23①-Pz_2^3-Ⅰ-2a)		大柴旦镇红旗峰白云母矿点、大柴旦北山铷铌钽矿化点、大柴旦镇爱斯沟白云母矿点、大柴旦镇擦勒特铷稀土矿化点
			与沉积作用有关的金成矿系列组	二叠纪凹陷盆地内河湖相与砾岩有关的金成矿系列(Ⅳ23②-Pz_2^3-S-1)		尕日力根式	尕日力根金矿点
	南华纪—泥盆纪(Nh-Pz_2^1)	含矿流体作用	与含矿流体有关的金成矿系列组	志留纪陆-陆碰撞阶段与中酸性侵入岩岩浆作用有关的金成矿系列(Ⅳ23②-Pz_2^3-N-1)			德令哈市卡克图金矿化点、德令哈市平头山金矿化点、宗务隆山雅砂图地区金矿化点

1. 志留纪陆-陆碰撞阶段与中酸性侵入岩岩浆作用有关的金成矿系列（Ⅳ23②-Pz_2^3-N-1）

该成矿系列的矿种主要为金，分布在尕日力根-石乃亥金-铅-锌-砂金-硼（铀、银）成矿亚带（Ⅳ-23②）雅砂图及东部区域，志留系巴龙贡噶尔组分布区，基本上为矿化点，有德令哈市卡克图金矿化点、德令哈市平头山金矿化点、宗务隆山雅砂图地区金矿化点。地表还未发现成型的矿床。成矿时代为早志留世。

2. 二叠纪凹陷盆地内河湖相与砾岩有关的金成矿系列（Ⅳ23②-Pz_2^3-S-1）

该成矿系列的矿种为金，分布在尕日力根-石乃亥金-铅-锌-砂金-硼（铀、银）成矿亚带（Ⅳ-23②）尕日力根地区，二叠系勒门沟组分布区，该成矿系列于2017年被发现，工作程度较低。2018—2019年在该成矿带的东部勒门沟组地层出露的阿让郭勒地区（巴音河中上游）开展了1∶2.5万水系沉积物测量及初步查证工作，在志留系巴龙贡噶尔组和二叠系勒门沟组不整合界面附近圈定了找矿靶区，存在以金为主元素的异常6处，异常套合较好，强度较高，具有找砾岩型金矿的前景。成矿时代为早二叠世。

【尕日力根矿床式】

成矿区带：尕日力根-石乃亥金-铅-锌-砂金-硼（铀、银）成矿亚带（Ⅳ-23②）。

矿床（点）实例：尕日力根金矿点（特征见第二章第三节）。

3. 三叠纪与岩浆作用有关的稀有稀土-金-铀成矿系列（Ⅳ23①-Pz_2^3-Ⅰ-2）

该成矿系列的矿种为金，分布在塔塔棱河石英-铜-稀有（白云母、金）成矿亚带（Ⅳ-23①）柴旦北山—超立本陶勒盖一带，进一步划分为以伟晶岩、碱长花岗岩为含矿地质体的两个成矿亚系列。

1）三叠纪与伟晶岩有关的稀有稀土、白云母成矿亚系列（Ⅳ23①-Pz_2^3-Ⅰ-2a）

该成矿亚系列的矿种为铷、铌钽、白云母，分布在塔塔棱河石英-铜-稀有（白云母、金）成矿亚带（Ⅳ-23①）柴旦北山—牙马图一带。伟晶岩主要分布在塔塔棱河岩体及达肯大坂岩群地层中。含矿伟晶岩主要为白云母花岗伟晶岩，成群成带出现，部分脉体白云母达到工业利用价值，含有70%左右的长石，铷、铌钽含量有大于边界品位的样品，并含锂铍等稀有金属矿物，但含量均很低。放射性铀钍含量低。区内有大柴旦镇红旗峰白云母矿点、大柴旦北山铷铌钽矿化点、大柴旦镇爱斯沟白云母矿点、大柴旦镇擦勒特铷稀土矿化点。成矿时代为晚三叠世。

2）三叠纪与二长花岗岩有关的稀有稀土（金、铀）成矿亚系列（Ⅳ23①-Pz_2^3-Ⅰ-2b）

该成矿亚系列的矿种为铷、金、轻稀土，分布在塔塔棱河石英-铜-稀有（白云母、金）成矿亚带（Ⅳ-23①）柴旦北山—塔塔棱河一带。矿化分布在塔塔棱河岩体附近，含矿岩性为二长花岗岩和斑状二长花岗岩。铷、轻稀土均达到矿化品位；金产于断层破碎带中，动力变质岩为糜棱岩化花岗岩、断层泥，金品位达到矿化，为0.25～0.65g/t（1/3边界品位—边界品位）。区内有超立本陶勒盖铷矿化点、大柴旦镇八里沟金矿化信息点。成矿时代为晚三叠世。

4. 第四纪与河湖冲洪积有关的砂金成矿系列（Ⅳ23②-Cz_2-S-2）

该成矿系列的矿种为金，主要分布在尕日力根-石乃亥金-铅-锌-砂金-硼（铀、银）成矿亚带（Ⅳ-23②）的塔塔棱河流域，砂金分布于主河谷的河漫滩及Ⅰ级阶地前缘，赋存于第四系上更新统和全新统冲积物的砂砾石层内。区内有雅砂图砂金矿床、德令哈市卡克图砂金矿点、德令哈市默沟砂金矿点、德令哈市察仓郭勒砂金矿化点、德令哈市伊克拉砂金矿点。成矿时代为第四纪。

【雅砂图矿床式】

成矿区带：尕日力根-石乃亥金-铅-锌-砂金-硼（铀、银）成矿亚带（Ⅳ-23②）。

建造构造：第四系上更新统和全新统冲积物的砂砾石层。产于主河谷的河漫滩及Ⅰ级阶地前缘。

成矿时代:第四纪。

成矿组分:金。

矿床(点)实例:雅砂图砂金矿床。

简要特征:分布于主河谷的河漫滩及Ⅰ级阶地前缘,赋存于第四系上更新统和全新统冲积物的砂砾石层内。

圈出河谷砂矿3个,阶地砂矿4个,另有雅砂图沟下游砂矿4个,共计11个。矿体在平面上呈细长条状,剖面上呈似层状、透镜状。矿体上游窄,下游宽,平均宽度为35.87m。混合砂矿体厚度下游大于上游,平均厚度1.96m。混合砂金品位一般0.2~0.32g/m³,最高品位11.99g/m³。纵向上,中上游品位较高,下游较贫。

矿石自然类型分为季节性冻结矿石和多年冻结矿石。

阶地砂矿属于古河床型,河谷砂矿是古河床砂矿经后期流水搬运或由流水从其他地质体带来的金再沉积而成。砂金一部分来自含金石英脉,另一部分来自其他地质体。本区自喜马拉雅期以来以隆升为主,剥蚀侵蚀作用强烈。砂金主要分布于河谷下部的砂砾石层中,阶地砂金多遭破坏。因此,本区砂金矿床成因类型应以冲积型河漫滩砂金矿和冲积型阶地砂金矿为主。

二、宗务隆山-加木纳哈岗稀有-铅-锌-金(铜、银)成矿亚带(Ⅳ-28①)

本次在宗务隆山-加木纳哈岗稀有-铅-锌-金(铜、银)成矿亚带(Ⅳ-28①)涉及研究区内共厘定出战略性矿产矿床成矿系列组3个、矿床成矿系列6个、亚系列2个、矿床式1个(表4-3)。其中,1个成矿系列组属于沉积成矿系列组(S组),2个属于岩浆作用成矿系列组(I组)。

表4-3 宗务隆山-加木纳哈岗稀有-铅-锌-金(铜、银)成矿亚带(Ⅳ-28①)(T、P)成矿系列一览表

成矿区带	成矿时代(构造旋回)	主要成矿作用	成矿系列组	成矿系列	成矿亚系列	矿床式	矿床(点)实例
宗务隆山-加木纳哈岗稀有-铅-锌-金(铜、银)成矿亚带(Ⅳ-28①)	新生代(Cz)	沉积作用	与沉积作用有关的锶-砂金成矿系列组	第四纪与河湖冲洪积有关的砂金成矿系列(Ⅳ28①-Cz_2-S-6)			德令哈市水文站砂金矿化点
				新近纪湖盆沉积与化学沉积作用有关的稀有矿成矿系列(Ⅳ28①-Cz_1^2-S-5)			大柴旦镇巴戈雅乌汝锶矿化点
	石炭纪—三叠纪(Pz_2^2-Mz)	岩浆作用	与岩浆成矿作用有关的铀钍-稀有稀土-金成矿系列组	三叠纪挤压造山阶段与岩浆成矿作用有关的金-稀有稀土成矿系列(Ⅳ28①-Mz_1-I-4)	三叠纪挤压造山后阶段与伟晶岩有关的稀有稀土成矿亚系列(Ⅳ28①-Mz_1-I-4b)	茶卡北山式	茶卡北山地区锂稀有稀土金属矿床、大柴旦镇冷泉沟白云母矿点、天峻县二郎洞白云母矿点
					三叠纪挤压造山阶段与中酸性侵入岩有关的金-铀钍成矿亚系列(Ⅳ28①-Mz_1-I-4a)		德令哈市红柳沟地区金矿点、德令哈市恩格沟金矿化点
				二叠纪陆内演化阶段与岩浆成矿作用有关的金成矿系列(Ⅳ28①-Pz_2^3-I-3)			德令哈市赛日-京根郭勒地区金矿点、乌兰县那任金矿化信息点
				石炭纪断陷与中酸性侵入岩有关的金成矿系列(Ⅳ28①-Pz_2^2-I-2)			德令哈市滚艾尔沟地区铜金多金属矿化点
	南华纪—泥盆纪(Nh-Pz_1^1)	岩浆作用	与岩浆成矿作用有关的金成矿系列组	志留纪陆-陆碰撞阶段与中酸性侵入岩有关的金多金属成矿系列(Ⅳ28①-Pz_2^1-I-1)			德令哈市那木英郭勒地区金矿化点

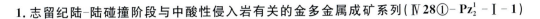

1. 志留纪陆-陆碰撞阶段与中酸性侵入岩有关的金多金属成矿系列（Ⅳ28①- Pz_2^1 -Ⅰ-1）

该成矿系列的矿种主要为金、铜、铅，分布在宗务隆山-加木纳哈岗稀有-铅-锌-金（铜、银）成矿亚带（Ⅳ-28①）宗务隆山—温尔格特勒地区，有德令哈市那木英郭勒地区金矿化点。含矿岩性为绿泥绢云母千枚岩、石英脉，以金、铜、铅为主要矿化。成矿时代为早志留世。

2. 石炭纪断陷与中酸性侵入岩有关的金成矿系列（Ⅳ28①- Pz_2^2 -Ⅰ-2）

该成矿系列的矿种主要为金、铜，分布在宗务隆山-加木纳哈岗稀有-铅-锌-金（铜、银）成矿亚带（Ⅳ-28①）蓄集山一带，石炭系—二叠系中吾农山群土尔根大坂组分布区，有德令哈市滚艾尔沟地区铜金多金属矿化点。含矿岩性为灰绿色变质砂岩、透镜状石英脉，以铜、金为主要矿化，岩石表面可见浸染状褐铁矿化、孔雀石化。成矿时代为晚石炭世。

3. 二叠纪陆内演化阶段与岩浆成矿作用有关的金成矿系列（Ⅳ28①- Pz_2^3 -Ⅰ-3）

该成矿系列的矿种主要为金、锌、铅、铜、银，分布在宗务隆山-加木纳哈岗稀有-铅-锌-金（铜、银）成矿亚带（Ⅳ-28①）温尔格特勒及生格东部区域，石炭系—二叠系中吾农山群土尔根大坂组分布区，有德令哈市赛日-京根郭勒地区金矿点、乌兰县那任金矿化信息点。含矿岩性为石英脉。成矿以锌为主，伴生高品位的铅、金、银、铜矿体。成矿时代为早二叠世。

4. 三叠纪挤压造山阶段与岩浆成矿作用有关的金-稀有稀土成矿系列（Ⅳ28①- Mz_1 -Ⅰ-4）

该成矿系列的矿种为金，分布在宗务隆山-加木纳哈岗稀有-铅-锌-金（铜、银）成矿亚带（Ⅳ-28①）柴旦北山—超立本陶勒盖一带，进一步划分为以伟晶岩、中酸性侵入岩为含矿地质体的两个成矿亚系列。

1）三叠纪挤压造山阶段与中酸性侵入岩有关的金-铀钍成矿亚系列（Ⅳ28①- Mz_1 -Ⅰ-4a）

该成矿亚系列的矿种主要为金、铜，分布在宗务隆山-加木纳哈岗稀有-铅-锌-金（铜、银）成矿亚带（Ⅳ-28①）宗务隆山—温尔格特勒地区，石炭系—二叠系中吾农山群土尔根大坂组和三叠系隆务河组分布区，有德令哈市红柳沟地区金矿点、德令哈市恩格沟金矿化点。含矿岩性为隆务河组碎屑岩和土尔根大坂组绿泥绢云母千枚岩。成矿时代为晚三叠世。

2）三叠纪挤压造山后阶段与伟晶岩有关的稀有稀土成矿亚系列（Ⅳ28①- Mz_1 -Ⅰ-4b）

该成矿亚系列的矿种主要为锂、铍，分布在宗务隆山-加木纳哈岗稀有-铅-锌-金（铜、银）成矿亚带（Ⅳ-28①）茶卡北山、俄当岗、锶墨格山等地，石炭系—二叠系中吾农山群土尔根大坂组分布区，有茶卡北山地区锂稀有稀土金属矿床、大柴旦镇冷泉沟白云母矿点、天峻县二郎洞白云母矿点。含矿岩性为伟晶岩，伟晶岩型矿产以锂、铍为主，有铌钽、铷、铯共生成矿。成矿时代为晚三叠世。

【茶卡北山式】

成矿区带：宗务隆山-加木纳哈岗稀有-铅-锌-金（铜、银）成矿亚带（Ⅳ-28①）。

建造构造：出露石炭系—二叠系土尔根大坂组，区内南侧出露少量石炭系—二叠系果可山组、三叠系隆务河组。断裂构造主体方向为北西-南东向，与地层的走向基本一致，并发育近东西向、北西向、北东向和近南北向的多组呈"X"形的节理裂隙系统。侵入岩分为两期：一期是中酸性侵入岩，测得年龄为440Ma，为晚奥陶世，沿区域性断裂产出，呈北西向长条带状展布延伸出图，局部有后期花岗伟晶岩脉呈北西向贯入；另一期是晚三叠世的中酸性侵入岩，呈脉岩或者小岩块产出。其中土尔根大坂组下段和晚奥陶世石英闪长岩中发育有大量的花岗伟晶岩脉。区内伟晶岩有白云母花岗伟晶岩、含绿柱石花岗伟晶岩、含绿柱石锂辉石花岗伟晶岩、白云母钠长石花岗伟晶岩4个大类。

成矿时代：晚三叠世。

成矿组分：锂、铍、铷、铌、钽、铯。

矿床(点)实例：茶卡北山地区锂稀有稀土金属矿床。

简要特征：划分了3条伟晶岩带(Ⅰ、Ⅱ、Ⅲ)。Ⅰ号伟晶岩带，北西向延伸约1km，宽200m左右，目前在其中圈定29条伟晶岩脉，其中17条为含矿伟晶岩，圈定锂铍矿体8条，铍矿体8条，钽矿体2条；Ⅱ号伟晶岩带，北西向延伸约7km，宽200～700m，其中发育大量白色花岗伟晶岩和浅肉红色花岗伟晶岩，伟晶岩宽0.2～20m，地表延伸10～200m，伟晶岩脉约300条，含矿伟晶岩脉58条，圈定了铍矿体31条，锂铍铌钽铷矿体1条，铌钽矿体1条；Ⅲ号伟晶岩带，北西向延伸约7km，延伸稳定，宽300～500m，其中发育的伟晶岩脉较多，主要以白色花岗伟晶岩为主，伟晶岩脉有127条，其中含矿伟晶岩11条，圈定锂铍铯矿体1条，铍矿体7条。

较大规模的矿体有Ⅰ号伟晶岩带的M2、M3、M5矿体和Ⅲ号伟晶岩带的M23矿体。

M2矿体位于Ⅰ号伟晶岩带，矿体长420m，真厚度1.62～6.71m，Li_2O平均品位1.33%、最高品位2.59%，BeO平均品位0.063%、最高品位0.090%。矿体倾向290°～45°、倾角30°～65°。含矿岩性为灰白—浅肉红色花岗伟晶岩，伟晶岩中矿物有石英、斜长石、钾长石、白云母、少量石榴子石、黑色电气石、锂辉石、绿柱石。

M3矿体位于Ⅰ号伟晶岩脉带，矿体长500m，真厚度0.87～2.42m；Li_2O平均品位1.20%、最高品位2.17%，BeO平均品位0.061%、最高品位0.080%。矿体倾向295°～36°、倾角38°～58°。含矿岩性为灰白—浅肉红色花岗伟晶岩，伟晶岩中矿物有石英、斜长石、少量白云母、钾长石、石榴子石、黑色电气石、锂辉石、绿柱石。

M5矿体位于Ⅰ号伟晶岩脉带，矿体长80m，厚1.03m，Li_2O平均品位1.11%，BeO平均品位0.063%。矿体产状355°∠58°。含矿岩性为灰白色—浅肉红色花岗伟晶岩，伟晶岩中矿物有石英、斜长石、少量白云母、钾长石、石榴子石、黑色电气石、锂辉石、绿柱石。

M23矿体位于Ⅲ号伟晶岩脉带，矿体长80m，厚2.22m，Li_2O平均品位0.46%、最高品位1.62%，BeO平均品位0.067%、最高品位0.13%。矿体产状220°∠55°。赋矿岩性为锂辉石花岗伟晶岩，岩石中矿物有石英、斜长石、钾长石、白云母，少量石榴子石、黑色电气石、锂辉石、绿柱石。

锂辉石：呈板柱状晶，锂辉石呈粒状变晶，晶体长短轴值在1.3mm×2.0mm～11mm×40mm之间，光性特征为二轴晶正光性，正延性，纵切面斜消光，CNG≈21°，晶内见有不规则状裂纹，在岩石中不均匀分布于长石和石英等矿物间隙。受动力变质作用发育波状消光变形结构，并见不规则裂纹，沿裂纹充填有钠长石。

绿柱石：岩石中分布较少，呈六方柱状，大部分由于变质作用较破碎，并且晶形不完整，粒径在0.2～5mm之间，分布于石英、斜长石、锂辉石等矿物颗粒之间。

脉石矿物：钾长石、斜长石、石英、石榴子石、电气石、白云母、黑云母(极少)、磷灰石(极少)、锆石(极少)。

含矿岩性为花岗伟晶岩，主要为花岗伟晶结构、碎裂结构，块状构造。

锂铍铷矿化主要赋存在侵入晚奥陶世石英闪长岩体中的白云母花岗伟晶岩脉中，铍铷矿化主要赋存于二云石英片岩中的白云母花岗伟晶岩中。区内成矿是一个多期次复合叠加成矿过程，在区内强烈的岩浆活动中，成矿物质被带入岩浆，在岩浆演化的后期阶段，稀有稀土元素在重结晶和交代作用下形成以含稀有稀土元素矿物为主的伟晶岩，形成伟晶岩型稀有金属矿床。伟晶岩脉就位受近东西向、北西向、北东向和近南北向等多组呈"X"形的节理裂隙系统控制。

区域上海西期侵入岩在内压力和构造应力的作用下，其熔融体沿早期形成的构造裂隙侵位于石炭系—二叠系地层薄弱面和北东向、北西向构造裂隙，侵入岩主要有中基性石英闪长岩、酸性中—粗粒花岗岩等。在岩浆结晶分异作用的晚期，残余热液中富含大量碱金属，挥发组分浓度增高，如可溶性铷、锂、铌、钽等含量增高，钠的浓度急剧增加，演化至钠长石化阶段，铌、铍在碱性溶液中沉淀析出形成矿物；随着钠的交代，熔浆中铷、锂浓度增高，形成含锂云母、绿柱石、锂辉石型花岗伟晶岩。茶卡北山地区伟晶岩中除Li、Be外，Nb、Ta、Cs也可能是有潜力的成矿元素。

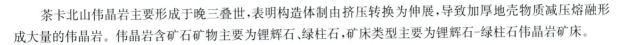

茶卡北山伟晶岩主要形成于晚三叠世，表明构造体制由挤压转换为伸展，导致加厚地壳物质减压熔融形成大量的伟晶岩。伟晶岩含矿石矿物主要为锂辉石、绿柱石，矿床类型主要为锂辉石-绿柱石伟晶岩矿床。

5. 新近纪湖盆沉积与化学沉积作用有关的稀有矿成矿系列（Ⅳ28①-Cz_1^2-S-5）

该成矿系列的矿种主要为锶，分布在宗务隆山-加木纳哈岗稀有-铅-锌-金（铜、银）成矿亚带（Ⅳ-28①）超力本陶勒盖西南，狮子沟组分布区，有大柴旦镇巴戈雅乌汝锶矿化点。区内以天青石化为主要矿化。成矿时代为上新世。

6. 第四纪与河湖冲洪积有关的砂金成矿系列（Ⅳ28①-Cz_2-S-6）

该成矿系列的矿种主要为金，分布在宗务隆山-加木纳哈岗稀有-铅-锌-金（铜、银）成矿亚带（Ⅳ-28①）巴音河中上游，河谷第四系河漫滩底部冲积砂砾石中，有德令哈市水文站砂金矿化点。成矿时代为第四纪。

三、东昆仑铁-铅-锌-铜-钴-金-钨-锡-石棉成矿带（Ⅲ-26）

东昆仑铁-铅-锌-铜-钴-金-钨-锡-石棉成矿带（Ⅲ-26）在研究区内划分为生格-茶卡稀有-铀-盐（金、白云母）成矿亚带（Ⅳ-26②）（T、Q）、夏日哈-鄂拉山铁-铜-铅-锌-钨-锡-铋-金-钼成矿亚带（Ⅳ-26①）两个Ⅳ成矿亚带。涉及研究区内生格-茶卡稀有-铀-盐（金、白云母）成矿亚带（Ⅳ-26②）本次共厘定出战略性矿产矿床成矿系列组1个、矿床成矿系列1个；在夏日哈-鄂拉山铁-铜-铅-锌-钨-锡-铋-金-钼成矿亚带（Ⅳ-26①）本次共厘定出战略性矿产矿床成矿系列组3个，矿床成矿系列3个、亚系列2个（表4-4）。上述成矿系列组均属于岩浆作用成矿系列组（Ⅰ组）。

表4-4 研究区内东昆仑成矿带成矿系列一览表

成矿区带	成矿时代（构造旋回）	主要成矿作用	成矿系列组	成矿系列	成矿亚系列	矿床式	矿床（点）实例
生格-茶卡稀有-铀-盐（金、白云母）成矿亚带（Ⅳ-26②）	石炭纪—三叠纪（Pz_2^2-Mz）	岩浆作用	与岩浆成矿作用有关的铀-稀有稀土-金成矿系列组	三叠纪挤压造山后阶段与伟晶岩有关的"三稀"-铀成矿系列（Ⅳ26②-Mz_1-Ⅰ-1）			共和县大水桥东白云母矿点、共和县橡皮山308铀矿化点
夏日哈-鄂拉山铁-铜-铅-锌-钨-锡-铋-金-钼成矿亚带（Ⅳ-26①）	侏罗纪—白垩纪（Mz_2）	岩浆作用	与接触交代作用有关的金成矿系列组	侏罗纪与矽卡岩有关的金成矿系列（Ⅳ26①-Pz_2^1-Ⅰ-3）			都兰县折剑其金矿化点
	石炭纪—三叠纪（Pz_2^2-Mz）	岩浆作用	与岩浆成矿作用有关的铀-稀有稀土-金成矿系列组	三叠纪挤压造山阶段与中酸性侵入岩有关的铀成矿系列（Ⅳ26①-Mz_1-Ⅰ-2）			都兰县阿尔茨托山铀矿点、都兰县都兰117铀矿点、阿尔茨托山（地261）矿化信息点
	南华纪—泥盆纪（Nh-Pz_2^1）	岩浆作用	与接触交代作用有关的金多金属成矿系列组	泥盆纪与岩浆成矿作用有关的金成矿系列（Ⅳ26①-Pz_2^1-Ⅰ-1）	泥盆纪拆沉阶段与中酸性侵入岩和滩间山群接触交代作用（矽卡岩型）有关的金成矿亚系列（Ⅳ26①-Pz_2^1-Ⅰ-1b）		都兰县柯柯赛庞加丽铜金矿床
					泥盆纪与中酸性侵入岩有关的金成矿亚系列（Ⅳ26①-Pz_2^1-Ⅰ-1a）		都兰县南戈滩金矿点

1. 三叠纪挤压造山后阶段与伟晶岩有关的"三稀"-铀成矿系列（Ⅳ26②-Mz_1-Ⅰ-1）

该成矿系列的矿种主要为白云母、铀，分布在生格-茶卡稀有-铀-盐（金、白云母）成矿亚带（Ⅳ-26②）茶卡盐湖东部的大水桥一带，分布晚三叠世闪长岩、花岗岩及含电气石白云母伟晶岩，有共和县大水桥东白云母矿点、共和县橡皮山308铀矿化点。白云母产在伟晶岩中。成矿时代为晚三叠世。

2. 泥盆纪与岩浆成矿作用有关的金成矿系列（Ⅳ26①-Pz_2^1-Ⅰ-1）

该成矿系列的矿种主要为金、铜，分布在夏日哈-鄂拉山铁-铜-铅-锌-钨-锡-铋-金-钼-页岩气成矿亚带（Ⅳ-26①）沙柳河中游一带，进一步划分为以矽卡岩、中酸性侵入岩为含矿地质体的两个成矿亚系列。

1）泥盆纪与中酸性侵入岩有关的金成矿亚系列（Ⅳ26①-Pz_2^1-Ⅰ-1a）

该成矿亚系列的矿种主要为金，分布在夏日哈-鄂拉山铁-铜-铅-锌-钨-锡-铋-金-钼成矿亚带（Ⅳ-26①）阿尔茨托山南部、沙柳河中游南部一带，金水口岩群分布区，附近有海西期中—粗粒花岗闪长岩、中细粒花岗岩，有都兰县南戈滩金矿点。成矿时代为晚泥盆世。

2）泥盆纪拆沉阶段与中酸性侵入岩和滩间山群接触交代作用（矽卡岩型）有关的金成矿亚系列（Ⅳ26①-Pz_2^1-Ⅰ-1b）

该成矿亚系列的矿种主要为金、铜，分布在夏日哈-鄂拉山铁-铜-铅-锌-钨-锡-铋-金-钼成矿亚带（Ⅳ-26①）阿尔茨托山南部、沙柳河中游南部一带，滩间山群分布区，有都兰县柯柯赛庞加丽铜金矿床，矿体赋存于滩间山群与侵入岩的外接触带矽卡岩中。成矿时代为晚泥盆世。

3. 三叠纪挤压造山阶段与中酸性侵入岩有关的铀成矿系列（Ⅳ26①-Mz_1-Ⅰ-2）

该成矿系列的矿种主要为铀，分布在夏日哈-鄂拉山铁-铜-铅-锌-钨-锡-铋-金-钼成矿亚带（Ⅳ-26①）阿尔茨托山南部、沙柳河中游南部一带，祁漫塔格群分布区，有晚三叠世二长花岗岩侵入，有都兰县阿尔茨托山铀矿点、都兰县都兰117铀矿点、阿尔茨托山（261）矿化信息点。矿化与长英质混合岩或长英质岩脉关系密切。成矿时代为晚三叠世。

4. 侏罗纪与矽卡岩有关的金成矿系列（Ⅳ26①-Pz_2^1-Ⅰ-3）

该成矿系列的矿种主要为金，分布在夏日哈-鄂拉山铁-铜-铅-锌-钨-锡-铋-金-钼成矿亚带（Ⅳ-26①）阿尔茨托山西南部、沙柳河下游南部一带，下石炭统城墙沟组分布区，附近有早侏罗世肉红色细粒钾长花岗岩体侵入，有都兰县折剑其金矿化点。矿化产于下石炭统城墙沟组的灰白色大理岩与早侏罗世肉红色细粒钾长花岗岩体的外接触带矽卡岩中。成矿时代为早侏罗世。

四、柴达木盆地锂硼钾钠镁盐类-石膏-石油-天然气成矿带（Ⅲ-25）

柴达木盆地锂硼钾钠镁盐类-石膏-石油-天然气成矿带（Ⅲ-25）在研究区内划分为南翌山-南八仙油气-页岩气-锂-硼-锶-芒硝-钾镁盐成矿亚区（Ⅳ-25①），东台-霍布逊硼-锂-钾镁盐（油气、页岩气、铀）成矿亚区（Ⅳ-25②）两个成矿亚带。

（一）南翌山-南八仙油气-页岩气-锂-硼-锶-芒硝-钾镁盐成矿亚区（Ⅳ-25①）

本次在南翌山-南八仙油气-页岩气-锂-硼-锶-芒硝-钾镁盐成矿亚区（Ⅳ-25①）共厘定出战略性矿产矿床成矿系列组2个，矿床成矿系列4个、亚系列9个，矿床式6个（表4-5）。上述成矿系列组均属于沉积作用成矿系列组(S组)。

表4-5 南翌山-南八仙油气-页岩气-锂-硼-锶-芒硝-钾镁盐成矿亚区(Ⅳ-25①)成矿系列一览表

成矿区带	成矿时代(构造旋回)	主要成矿作用	成矿系列组	成矿系列	成矿亚系列	矿床式	矿床(点)实例
南翌山-南八仙油气-页岩气-锂-硼-锶-芒硝-钾镁盐成矿亚区(Ⅳ-25①)	新生代(Cz)	沉积成矿作用、变质作用、含矿流体作用	与沉积成矿作用、变质作用、含矿流体作用有关的稀有-铀-油气-页岩气成矿系列组	第四纪与化学沉积作用有关的稀有矿成矿系列(Ⅳ25①-Cz_2-S-4)	第四纪湖盆沉积与受含矿流体改造有关的稀有矿成矿亚系列(Ⅳ25①-Cz_2-S-4b)	碱山式	茫崖镇碱1井-碱山锶矿床
					第四纪与湖盆沉积有关的稀有矿成矿亚系列(Ⅳ25①-Cz_2-S-4a)	台吉乃尔湖式	冷湖镇一里坪锂矿区、大柴旦镇西台吉乃尔湖锂矿区
				新近纪与化学沉积作用有关的稀有矿成矿系列(Ⅳ25①-Cz_1^2-S-3)	新近纪湖盆沉积与受含矿流体改造有关的稀有矿成矿亚系列(Ⅳ25①-Cz_1^2-S-3b)	大风山式	茫崖镇大风山锶矿区、茫崖镇尖顶山锶矿床
					新近纪与湖盆沉积有关的稀有矿成矿亚系列(Ⅳ25①-Cz_1^2-S-3a)		茫崖镇南翌山油水湖锂硼矿点、茫崖镇阿哈堤锶矿化点、茫崖镇油泉子锶矿化点、茫崖镇油墩子锶矿化点、冷湖镇俄博梁1号(双气泉)锶矿化点
				古近纪干柴沟组与沉积作用有关的铀-页岩气-锶成矿系列(Ⅳ25②-Cz_1^1-S-2)	古近纪湖沼相沉积与烃源岩有关的页岩气成矿亚系列(Ⅳ25①-Cz_1^1-M-2c)	干柴沟式	柴西沟105井和狮43井页岩气信息
					古近纪与湖盆沉积有关的稀有矿成矿亚系列(Ⅳ25②-Cz_1^1-S-2b)		冷湖镇不整合锶矿点
					古近纪与含矿流体有关的铀成矿亚系列(Ⅳ25①-Cz_1^1-N-2a)		茫崖市七个泉铀矿点、茫崖市花土沟铀矿点
	侏罗纪—白垩纪(Mz_2)	变质作用、含矿流体作用		侏罗纪与沉积作用有关的铀-油气-页岩气成矿系列(Ⅳ25①-Mz_2^1-S-1)	侏罗纪断陷盆地湖沼相沉积与含矿流体有关的铀成矿亚系列(Ⅳ25①-Mz_2^1-N-1b)	冷湖三号式	茫崖市冷湖三号铀矿点、石地26号矿化点
					侏罗纪断陷盆地湖沼相沉积与烃源岩有关的页岩气成矿亚系列(Ⅳ25①-Mz_2^1-M-1a)	石门沟-大煤沟式	黑浅1井

1. 侏罗纪与沉积作用有关的铀-页岩气成矿系列(Ⅳ25①-Mz_2^1-S-1)

该成矿系列的矿种主要为铀、页岩气,分布在南翌山-南八仙油气-页岩气-锂-硼-锶-芒硝-钾镁盐成矿亚区(Ⅳ-25①)阿尔金—赛什腾山前的花土沟—采石岭、冷湖—马海一带,地表狮子沟组—干柴沟组分布区,深部普遍赋存有采石岭组—大煤沟组,可分为与烃源岩有关的和与含矿流体有关的两个亚系列。

1)侏罗纪断陷盆地湖沼相沉积与烃源岩有关的页岩气成矿亚系列(Ⅳ25①-Mz_2^1-M-1a)

该成矿亚系列的矿种主要为页岩气,分布在南翌山-南八仙油气-页岩气-锂-硼-锶-芒硝-钾镁盐成矿亚区(Ⅳ-25①)阿尔金—赛什腾山前的花土沟—采石岭、冷湖—马海一带,深部普遍赋存有中侏罗统采石岭组—下中侏罗统大煤沟组。以往较深的石油钻孔中均见有采石岭组—大煤沟组。在茫崖黑石山黑浅1井、团鱼山煤矿区钻孔中均有页岩气的显示。成矿时代为早—中侏罗世。

【采石岭-大煤沟式】

成矿区带:南翌山-南八仙油气-页岩气-锂-硼-锶-芒硝-钾镁盐成矿亚区(Ⅳ-25①)。

矿床(点)实例:柴页1井(特征见第二章第三节)。

2)侏罗纪与含矿流体有关的铀成矿亚系列(Ⅳ25①-Mz_2^1-N-1b)

该成矿亚系列的矿种主要为铀,分布在南翌山-南八仙油气-页岩气-锂-硼-锶-芒硝-钾镁盐成矿亚区(Ⅳ-25①)赛什腾山前的冷湖—马海一带,深部普遍赋存有采石岭组和大煤沟组。以往较深的石油钻孔中均见有采石岭组—大煤沟组。区内分布有茫崖市冷湖三号铀矿点、石地26号矿化点。成矿时代为早—中侏罗世。

【冷湖三号式】

成矿区带:南翌山-南八仙油气-页岩气-锂-硼-锶-芒硝-钾镁盐成矿亚区(Ⅳ-25①)。

建造构造:下—中侏罗统大煤沟组为目的层位,厚度大于644m。上部岩性为深灰色砾岩与深灰色、灰黑色泥岩、砾质砂岩、碳质砂质泥岩,或碳质砂岩互层,夹砾状砂岩、含砾砂岩、砂岩、粉砂岩,粉砂岩中夹有较多黑色碳质植物化石碎片及煤斑块、煤线。中下部岩性以角砾岩及砾岩为主。根据石油钻孔资料把大煤沟组分为3段:四段、五段、六段。3段地层中均发育不同程度4套砂体,砂体的顶底板均为泥岩及粉砂岩和砾岩。4套砂体中以五段、六段在区内稳定发育,厚度巨大,厚度在50～577m之间不等。砂岩以灰色砾状砂岩、细砂岩为主,砂岩的顶部为砖红色细砾岩及泥岩,底部为岩性细腻的泥岩及粉砂岩,具备典型的"泥-砂-泥"地层结构。

区内发育两组断裂,一组北西向展布,另一组北西西—近东西向展布。

成矿时代:中侏罗世。

成矿组分:铀。

矿床(点)实例:冷湖三号铀矿点。

简要特征:冷湖三号筛查钻孔98个,有4个孔为潜在铀矿孔,23个孔为潜在矿化孔,测井自然伽马数值大于500API。区内有石地26、石地27、石地28、石深7、8003、7706、冷105、中18、冷91、ZK005、ZK401及ZK801等钻井,其中石地26井经伽马测井解释品位为0.031%,厚度为14.12m。根据异常筛查提供的线索,青海油田公司在冷湖三号地区施工4个验证钻孔(ZK4301、ZK0001、ZK1401、ZK2801),2个钻孔见矿(ZK0001、ZK2801),1个钻孔见异常(ZK1401),发现了较好的铀矿体;ZK0001发现4层铀矿(化)体,平均厚度为6.58m,最大厚度为15.90m,一般埋深290～436m,铀平均品位为$(115～660)×10^{-6}$,单孔平米铀量为5.24～20.78kg/m²。ZK2801见矿1层,视厚度为15.90m,铀平均品位为$0.0147×10^{-6}$,单孔平米铀量为5.24kg/m²。

冷湖三号中潜在铀矿和矿化孔占筛查钻井数的27.55%。区内伽马异常强度值较高,厚度较大,岩性多为砂岩。在ZK0001、ZK2801中已发现工业铀矿体。铀源丰富,层间氧化带发育,含矿层位具备"泥-砂-泥"的地层结构。目的层岩性以砂岩为主,砂岩结构松散,孔隙度高,渗透性好。区内地层产状较缓等,为典型的可地浸砂岩型铀矿。

2. 古近纪干柴沟组与沉积作用有关的铀-页岩气-锶成矿系列（Ⅳ25②-Cz_1^1-S-2）

该成矿系列的矿种主要为铀、页岩气、锶，分布在南翌山-南八仙油气-页岩气-锂-硼-锶-芒硝-钾镁盐成矿亚区（Ⅳ-25①）阿尔金—赛什腾山前的花土沟—采石岭、冷湖—马海一带，地表狮子沟组—干柴沟组分布区，可分为与烃源岩、含矿流体和湖泊化学沉积有关的3个亚系列。

1）古近纪与含矿流体有关的铀成矿亚系列（Ⅳ25②-Cz_1^1-N-2a）

该成矿亚系列的矿种主要为铀，分布在南翌山-南八仙油气-页岩气-锂-硼-锶-芒硝-钾镁盐成矿亚区（Ⅳ-25①）阿尔金山前的花土沟—采石岭一带七个泉油田、花土沟油田。主要存在上干柴沟组/下干柴沟组和上油砂山组/下油砂山组两个干旱期，有利于古层间氧化带的形成。区内已发现茫崖市七个泉铀矿点、茫崖市花土沟铀矿点。七个泉筛查井数21个，其中潜在铀矿孔4个，潜在矿化孔10个。花土沟筛查井数161个，其中潜在铀矿孔19个，潜在矿化孔111个。赋矿地层为古近系干柴沟组、新近系狮子沟组。成矿时代为古—新近纪。

2）古近纪与湖盆沉积有关的稀有成矿亚系列（Ⅳ25②-Cz_1^1-S-2b）

该成矿亚系列的矿种主要为铀，分布在南翌山-南八仙油气-页岩气-锂-硼-锶-芒硝-钾镁盐成矿亚区（Ⅳ-25①）阿尔金山牛鼻子梁山前一带，渐新统干柴沟组分布区域，有冷湖镇不整合锶矿点。赋矿地层为古近系渐新统干柴沟组。成矿时代为渐新世。

3）古近纪与烃源岩有关的页岩气成矿亚系列（Ⅳ25②-Cz_1^1-M-2c）

该成矿亚系列的矿种主要为页岩气，分布在南翌山-南八仙油气-页岩气-锂-硼-锶-芒硝-钾镁盐成矿亚区（Ⅳ-25①）阿尔金山前的柴西沟、狮子沟—英雄岭一带，有柴西沟105井和狮43井页岩气信息。赋矿地层为古近系干柴沟组。成矿时代为古近纪渐新世。

【干柴沟式】

成矿区带：南翌山-南八仙油气-页岩气-锂-硼-锶-芒硝-钾镁盐成矿亚区（Ⅳ-25①）。

建造构造：下干柴沟组上段—上干柴沟组以湖相沉积为主，加上生物发育，有机质丰富，形成了盆地新生界最好的烃源岩，平均有效厚度达1000m。在阿尔金山山前，由于山系隆升，地形较陡，深水浊流沉积更为发育，形成了许多扇相浊积岩和非扇沟道相浊积岩，如湖底扇、扇三角洲、滑塌浊积岩等。

柴西坳陷发育一套古—新近系咸水湖相烃源岩，岩性以泥岩、泥灰岩为主，分布广、厚度大，纵向上烃源岩主要分布于古近系渐新统下干柴沟组—新近系中新统上干柴沟组，优质烃源岩主要集中分布于下干柴沟组上段及上干柴沟组，其中又以渐新统下干柴沟组上段有机质丰度相对更高，是盆地新生界最优质的烃源岩发育段，其有效烃源岩分布面积达$1.26×10^4 km^2$，厚度可达1000m，中新统（上干柴沟组）有效烃源岩分布面积为$1.05×10^4 km^2$，厚度600m，其中柴西南（下干柴沟组上段）优质烃源岩主要分布在红柳泉—狮子沟、跃进—扎哈泉和茫崖凹陷的西部，厚度大于400m，是柴西南最主要的烃源岩。上干柴沟组在柴西南也有一定范围的分布，主要分布在红狮凹陷和扎哈泉凹陷（付锁堂等，2013）。

成矿时代：渐新世。

成矿组分：页岩气。

矿床（点）实例：柴西沟105井和狮43井页岩气信息。

简要特征：柴西南区下干柴沟组上段烃源岩有机碳含量分布范围为0.05%～2.71%，平均值0.48%（965），主要分布于0.4%～0.6%之间，其样品的分布频率为39.2%。柴西南下干柴沟组上段烃源岩氯仿沥青A含量分布范围为0.0032%～1.2135%，平均值0.1232%（343块样品）。该层位大多数样品的氯仿沥青A在0.1%以上，其中大于0.15%的样品分布频率占30.5%，可见柴西南氯仿沥青A含量较高。柴西南下干柴沟组上段烃源岩生烃潜量（S_1+S_2）分布范围为0.03～17.63mg/g，平均值3.294mg/g（147块样品），主要分布于0.5～2.0mg/g之间。总烃的分布范围为$26.31×10^{-6}$～$3489.23×10^{-6}$，平均值$838.057×10^{-6}$（25块样品），40%的样品大于$750×10^{-6}$。在柴西南区的七个泉、狮子沟、跃进地区都存在着产烃潜量和总烃含量较高的好—很好的下干柴沟组上段烃源岩。

柴西南区上干柴沟组烃源岩有机碳含量的分布范围为0.02%～2.94%,平均值0.35%(646块样品),主要分布于0.2%～0.4%之间,其分布频率为45%。氯仿沥青A含量分布范围为0.000 4%～0.408 4%,平均值0.057 4%(296块样品),主要分布于0.015%～0.05%之间,其分布频率占32.5%。生烃潜量分布范围为0.02～7.9mg/g,平均值1.676mg/g(64块样品),主要分布于0.5～2.0mg/g之间。总烃含量的分布范围为33.44×10^{-6}～804×10^{-6},平均值275.031×10^{-6}(11块样品)。总体来看,狮子沟、跃进等地区存在一定范围的较好—好烃源岩。

柴西南下干柴沟组上段源岩R_o(镜质体反射率)分布范围为0.26%～1.193%,平均值0.77%(156块样品),主要分布于0.5%～0.8%和0.8%～1.0%之间的样品分布频率分别占44%和32.1%。

柴西南上干柴沟组源岩R_o分布范围为0.36%～1.39%,平均值0.75%(77块样品),主要分布于0.5%～0.8%之间。数据比较表明,柴西南上干柴沟组烃源岩热演化基本属于低成熟阶段,部分接近成熟阶段,成熟度总体偏低。

对柴西沟105井和狮43井2口油气探井进行现场取样解吸,对古近系下干柴沟组上段暗色泥页岩(厚度超过千米)岩芯进行解吸,解吸气含量0.11～0.22m³/t,气体纯度高,可点燃。

3. 新近纪与化学沉积作用有关的稀有矿成矿系列（Ⅳ25①-Cz_1^2-S-3）

该成矿系列的矿种主要为锶,分布在南翌山-南八仙油气-页岩气-锂-硼-锶-芒硝-钾镁盐成矿亚区(Ⅳ-25①)阿尔金山山前柴达木盆地北部地区,地表狮子沟组分布区。该成矿系列根据是否存在热水沉积叠加改造可分为两个亚系列。

1)新近纪与湖盆沉积有关的稀有矿成矿亚系列(Ⅳ25①-Cz_1^2-S-3a)

该成矿亚系列的矿种主要为锶,分布在南翌山-南八仙油气-页岩气-锂-硼-锶-芒硝-钾镁盐成矿亚区(Ⅳ-25①)柴达木盆地北部,受新近系狮子沟组分布和背斜构造的控制,没有热水沉积叠加改造。区内已发现茫崖镇南翌山油水湖锂硼矿点、茫崖镇阿哈堤锶矿化点、茫崖镇油泉子锶矿化点、茫崖镇油墩子锶矿化点、冷湖镇俄博梁1号(双气泉)锶矿化点。成矿时代为晚上新世。

2)新近纪湖盆沉积与受含矿流体改造有关的稀有矿成矿亚系列(Ⅳ25①-Cz_1^2-S-3b)

该成矿亚系列的矿种主要为锶,分布在南翌山-南八仙油气-页岩气-锂-硼-锶-芒硝-钾镁盐成矿亚区(Ⅳ-25①)北柴达木盆地中部,受新近系狮子沟组分布和背斜构造的控制,有热水沉积叠加改造。区内已发现茫崖镇大风山锶矿区、茫崖镇尖顶山锶矿床。成矿时代为晚上新世。

【大风山式】

成矿区带:南翌山-南八仙油气-页岩气-锂-硼-锶-芒硝-钾镁盐成矿亚区(Ⅳ-25①),位于柴达木断陷带之中央凹陷。

建造构造:有3个含矿层位,主含矿层位为新近系上新统狮子沟组下岩段上部层位,Ⅱ、Ⅲ两个主矿体均赋存于该层位的钙质泥岩中,呈延伸稳定的板状体,与围岩呈整合接触关系,底部局部地段赋存薄层菱锶矿层,次含矿层位为狮子沟组上岩段下部及狮子沟组下岩段上部,矿体多呈透镜状、扁豆状、薄层状、似层状等产于含碳钙质泥岩中,矿体较薄,延深小。

天青石矿处于舒缓短轴复式背斜构造部位,背斜轴向290°,属新近系上新统狮子沟组。背斜核部为下岩段,两翼为上岩段,两翼次级褶皱发育,天青石矿体沿这些次级褶皱重复出现。区内发育东西向、北东东向次级平移断裂。

成矿时代:上新世。

成矿组分:锶。

矿床(点)实例:茫崖镇大风山锶矿区、茫崖镇尖顶山锶矿床。

简要特征:主要赋矿地层为新近系上新统狮子沟组下岩段含碳钙质泥岩、竹叶状(角砾状)灰岩及上岩段下部层位白云质灰岩、鲕状灰岩、石膏碎屑灰岩及碎屑石膏岩;含矿层位不稳定,多呈薄层状或透镜状产出,矿体厚度多为0.1~1m;矿体处于碳酸盐相及早期硫酸盐相之间;矿石主要为天青石、菱锶矿等;呈晶粒状、碎屑状及鲕状结构,具晶洞状、条带状、土块状、葡萄状、细脉状等构造。

矿石矿物为天青石、菱锶矿,浅灰绿色、灰白色、深灰色,呈糖粒状、土状、角砾状、泥状和少量块状,天青石分布相对较广,菱锶矿零星。天青石矿石可划分为原生天青石和次生天青石矿石,原生天青石矿石呈层状、似层状、透镜状等产出,是主要矿石类型;次生天青石矿石多产于表层次级构造裂隙或节理中,可能为含锶流体顺层沿裂隙、节理面充填交代作用的结果,呈脉状、针状、放射状、柱状等,局部可见角砾状结构和鲕状结构矿石。

脉石矿物主要由白云石、方解石、绢云母、伊利石、石英、石盐、石膏等组成,含少量角闪石、绿泥石、绿帘石、重晶石、磷灰石等;金属矿物主要为褐铁矿。

矿石结构:自形晶—半自形晶结构、不规则状结构、他形粒状结构、隐晶—微晶质结构、交代结构、包含结构、纤维状结构和球粒状结构。

矿石构造:糖粒状构造、土状构造、角砾状构造、块状构造、浸染状构造、泥状构造、条带状构造和晶洞(巢)状构造。

在气候持续炎热干旱条件下,早期盐湖卤水蒸发析出的天青石矿处于碳酸盐相及早期硫酸盐相之间,矿石为天青石、菱锶矿、石膏等;而部分富锶成矿热液在运移过程中,与孔隙度较大的围岩发生渗滤、交代、充填等作用沉淀形成网脉状、纹层状、鞘状等次生天青石矿脉及矿体。

由于蒸发作用(振荡干化),湖水浓缩咸化,湖水中锶浓度随之增大,达到硫酸锶饱和,天青石则同碳酸盐以胶结物的形式或与黏土矿物等混杂沉积形成原始天青石矿层,后期背斜的改造对矿床品位的提高起到积极作用,在保留原始面貌的同时,成矿物质进一步富集。在各成矿阶段矿物的生成主要受溶解度和溶液浓度的控制[一般按方解石、钙菱锶矿→方解石→(重晶石)→天青石→石膏的顺序生成]。经沿倾向上钻探工程的验证,含矿层位存在,但并不形成矿体,说明后期次生富集是矿床形成中的重要成矿阶段。由此,形成具有陆相湖泊化学沉积型兼具次生富集型特征。

4. 第四纪与化学沉积作用有关的稀有矿成矿系列(Ⅳ25①-Cz_2-S-4)

该成矿系列的矿种主要为锂、锶,分布在南翼山-南八仙油气-页岩气-锂-硼-锶-芒硝-钾镁盐成矿亚区(Ⅳ-25①)阿尔金山山前柴达木盆地北部地区,地表第四纪地层分布地区。该成矿系列根据是否存在热水沉积叠加改造分为两个亚系列。

1)第四纪与湖盆沉积有关的稀有矿成矿亚系列(Ⅳ25①-Cz_2-S-4a)

该成矿亚系列的矿种主要为锂,分布在南翼山-南八仙油气-页岩气-锂-硼-锶-芒硝-钾镁盐成矿亚区(Ⅳ-25①)柴达木盆地北部一里坪—东台吉乃尔湖一带,受第四纪地层和现代洼地的控制,没有热水沉积叠加改造。区内有冷湖镇一里坪锂矿区、大柴旦镇西台吉乃尔湖锂矿区。锂矿主要赋存于盐湖卤水及盐湖盆地地下卤水中。成矿时代为更新世—全新世。

【台吉乃尔湖式】

成矿区带:南翼山-南八仙油气-页岩气-锂-硼-锶-芒硝-钾镁盐成矿亚区(Ⅳ-25①),位于柴达木断陷带之中央凹陷。

建造构造:地层主要为第四系全新统和上更新统,中、下更新统仅在矿区深孔中见到,地表未出露,盐类矿产主要赋存于上更新统上部和全新统的化学沉积层中。上更新统按成因分为湖积、化学沉积及湖沼沉积3种类型,划分为4个岩段。第一岩段为湖泊机械碎屑层,岩性以含黏土的粉砂、灰绿色黏土为主,夹薄层淤泥,地表未出露;第二岩段为湖泊机械碎屑层,岩性为含粉砂的淤泥,淤泥夹含粉砂淤泥黏土、黏土淤泥,地表未出露;第三岩段为湖泊机械碎屑层,岩性为含黏土的粉砂、黏土粉砂、粉砂黏土互层;第四岩段分为机械碎屑沉积与化学沉积互层,机械碎屑沉积为含黏土的粉砂、黏土粉砂、粉砂黏土、中粗砂、含石盐的黏土粉砂、含石盐的粉砂黏土夹石盐薄层和含粉砂的石盐透镜体,化学沉积主要为含粉砂、黏土、芒硝、石膏、白钠镁矾的石盐层;全新统可分为风积、化学沉积、冲积、湖积4种,其中湖积划分为上、下两个岩段,下岩段为碎屑岩段,岩性以湖积棕红色黏土及含黏土的粉细砂为主;上岩段为化学岩段,细分为4个沉积层,主要为含粉砂、芒硝等的石盐层。

第四纪褶皱和断裂构造十分发育。

成矿时代:第四纪。

成矿组分:锂。

矿床(点)实例:冷湖镇一里坪锂矿区、大柴旦镇西台吉乃尔湖锂矿区。

简要特征:固体矿有石盐矿、钾盐矿、镁盐矿、固体锂矿化,液体矿有地表(湖水)卤水矿、晶间潜卤水矿层、孔隙潜卤水矿层、晶间承压卤水矿层。

石盐矿:一般分为上、下两矿层,上部矿层属全新统化学沉积,NaCl 97.0%,60%~70%。下部矿层属上更新统,埋深6~35m不等,厚度15~20m,NaCl含量一般在80%~90%之间,平均品位57.77%。

钾盐矿:主要产于上更新统化学沉积盐层中,第一层埋深0~0.94m,厚0.5~1m,KCl品位15%左右;第二层埋深12.97~25.74m,局部为2.12~12.44m,一般厚2~5m,KCl品位在1.5%~3%之间,主要为含光卤石石盐、含钾石盐粉砂石盐。

镁盐矿:第一矿层赋存于全新统和上更新统中,品位在5%~6.5%之间,厚0.5~1m,分布星散,无工业意义;第二矿层产于上更新统白钠镁矾层中,埋深在25m以下,单个矿体厚0.5~1.5m,$MgCl_2$品位13%~26%,岩性为含白钠镁矾的石盐等。

固体锂矿化:在盐类沉积层和碎屑层中普遍含锂,一般底部LiCl多在0.1%以下,上部在0.1%以上,最高0.27%,经统计大于0.1%的矿化层最厚为18.58m,一般只有1~5m。

地表(湖水)卤水矿:湖水均为高矿化度卤水,矿化度326.2~345.2g/L,锂、硼、钾等组分含量远高于最低工业品位或边界品位要求,已构成可利用矿层。

晶间潜卤水矿层:平均厚0.19m,矿化度350~360g/L,LiCl平均品位3.85g/L,B_2O_3平均品位3.49g/L,K^+平均品位17.56g/L,Mg^{2+}平均品位41.13g/L,Na^+平均品位54.17g/L。

孔隙潜卤水矿层:主要赋存于上更新统的中粗砂和含砂石盐互层等岩层中,分为上、下两岩段,埋深0.30~3.13m,矿化度一般320~350g/L,LiCl平均品位3.60g/L,B_2O_3平均品位0.93g/L,K^+平均品位12.58g/L,Mg^{2+}平均品位42.86g/L,Na^+平均品位64.28g/L。

晶间承压卤水矿层:岩性为含砂石盐和含白钠镁矾、粉细砂石盐,矿化度320~330g/L,LiCl平均品位1.88g/L,B_2O_3平均品位1.29g/L,K^+平均品位9.51g/L,Mg^{2+}平均品位31.89g/L,Na^+平均品位70.21g/L。

2)第四纪湖盆沉积与受含矿流体改造有关的稀有矿成矿亚系列(Ⅳ25①-Cz_2-S-4b)

该成矿亚系列的矿种主要为锶,分布在南翌山-南八仙油气-页岩气-锂-硼-锶-芒硝-钾镁盐成矿亚区(Ⅳ-25①)北柴达木盆地北中部碱山—碱1井一带,受第四纪地层和背斜构造的控制,有热水沉积叠加改造。区内有茫崖镇碱1井-碱山锶矿床。锂矿主要赋存于盐湖卤水及盐湖盆地地下卤水中。成矿时代为早更新世。

【碱山式】

成矿区带:南翌山-南八仙油气-页岩气-锂-硼-锶-芒硝-钾镁盐成矿亚区(Ⅳ-25①),位于柴达木断陷带之中央凹陷。

建造构造:出露地层主要为第四系、下更新统七个泉组、上更新统以及全新统等。其中,下更新统七个泉组较发育,可划分为上、下两个岩性段,上岩性段为泥岩、石膏泥岩、角砾状灰岩;下岩性段为泥岩夹含石膏泥岩、鲕粒灰岩、碎屑灰岩。

构造主要有褶皱,次为断裂,地层产状较平缓,构成了一系列短轴背斜。背斜轴平面分布呈反"S"形。断裂以北西向、北西西向为主,大多为正断层;其次为近南北向断层,规模较小,为正断层或平移断层。

成矿时代:第四纪。

成矿组分:锶。

矿床(点)实例:茫崖镇碱1井-碱山锶矿床。

简要特征:天青石矿体近地表分布,矿体产于第四系下更新统七个泉组第二岩性段中,含矿岩系为灰绿—灰白色钙质泥岩及鲕状灰岩、角砾状灰岩,其底部附近的棕色钙质泥岩及泥灰岩也含矿,往下则不含矿。含矿层与围岩呈渐变过渡关系,天青石以胶结物形式存在于鲕状灰岩中或以团块状、薄层状与泥质混合在一起形成矿体。次生天青石充填于鲕状灰岩矿石裂隙中。矿层自上而下可分为3个含矿层:上部角砾状、鲕状灰岩含矿层;中部杂色泥岩、泥灰岩含矿层和底部的棕色钙质泥岩含矿层。矿体出露于背斜构造的倾伏端,受褶皱构造作用影响较大。矿体呈薄层状、透镜状。

矿石按自然类型分为原生天青石和次生天青石,矿石工业类型为硫酸锶。矿石矿物以原生天青石、次生天青石为主,脉石矿物由石英、石盐、石膏、碳酸盐、黏土矿物和粉砂质碎屑物组成。

矿石组构按成因分为沉积成岩组构和后期次生改造组构两类,其中沉积成岩组构中结构主要有隐晶结构、砾屑结构、鲕粒结构,构造主要有稠密浸染状构造、层状构造、角砾状构造、块状构造等。后期次生改造组构中结构主要有隐晶-微粒结构、纤状-柱状结构,构造有脉状构造-微层纹状构造、同心圆状构造。

矿床形成于干燥气候条件下内陆滨浅湖环境,成矿物质主要来源于盆地周边山系岩石的风化剥蚀;蒸发作用(振荡干化)使湖水浓缩咸化,湖水中锶浓度随之增大,达到硫酸锶饱和,天青石则同碳酸盐以胶结物的形式或与黏土矿物等混杂沉积形成原始天青石矿层。后期背斜的改造使成矿物质进一步富集;后期次生富集是矿床形成中的重要成矿阶段。矿床具有内陆湖泊化学沉积叠加改造型矿床特征。

(二)东台-霍布逊硼-锂-钾镁盐(油气、页岩气、铀)成矿亚区(Ⅳ-25②)

本次在东台-霍布逊硼-锂-钾镁盐(油气、页岩气、铀)成矿亚区(Ⅳ-25②)划分矿床成矿系列组2个,矿床成矿系列2个、亚系列2个、矿床式2个(表4-6)。矿床成矿系列组均属于沉积作用成矿系列组(S组)。

表4-6 东台-霍布逊硼-锂-钾镁盐(油气、页岩气、铀)成矿亚区(Ⅳ-25②)成矿系列一览表

成矿区带	成矿时代(构造旋回)	主要成矿作用	成矿系列组	成矿系列	成矿亚系列	矿床式	矿床(点)实例
东台-霍布逊硼-锂-钾镁盐(油气、页岩气、铀)成矿亚区(Ⅳ-25②)	新生代(Cz)	沉积成矿作用、变质作用、含矿流体作用	与沉积成矿作用、变质作用、含矿流体作用有关的稀有-铀-油气-页岩气成矿系列组	古近纪与含矿流体有关的铀成矿系列(Ⅳ25②-Cz$_1^1$-N-2)			大柴旦镇马北铀矿点、大柴旦镇南八仙铀矿化点
	侏罗纪—白垩纪(Mz$_2$)	沉积成矿作用、含矿流体作用	侏罗纪与湖沼相沉积及后期地质作用有关的铀-油气-页岩气成矿系列组	侏罗纪与湖沼相沉积及后期地质作用有关的铀-页岩气成矿系列(Ⅳ25②-Mz$_2^1$-S-1)	侏罗纪断陷盆地湖沼相沉积与含矿流体有关的铀成矿亚系列(Ⅳ25②-Mz$_2^1$-N-1b)	冷湖三号式	
					侏罗纪断陷盆地湖沼相沉积与烃源岩有关的页岩气成矿亚系列(Ⅳ25②-Mz$_2^1$-M-1a)	石门沟-大煤沟式	

1. 侏罗纪与湖沼相沉积及后期地质作用有关的铀-页岩气成矿系列（Ⅳ25②-Mz_2^1-S-1）

该成矿系列的矿种主要为铀、页岩气，分布在东台-霍布逊硼-锂-钾镁盐（油气、页岩气、铀）成矿亚区（Ⅳ-25②）赛什腾山前的马海—南八仙一带，地表狮子沟组—干柴沟组分布地区，深部普遍赋存有采石岭组—大煤沟组，可分为与烃源岩和含矿流体有关的两个亚系列。

1）侏罗纪断陷盆地湖沼相沉积与烃源岩有关的页岩气成矿亚系列（Ⅳ25②-Mz_2^1-M-1a）

该成矿亚系列的矿种主要为页岩气，分布在东台-霍布逊硼-锂-钾镁盐（油气、页岩气、铀）成矿亚区（Ⅳ-25②）赛什腾山前的马海—南八仙一带，地表狮子沟组—干柴沟组分布地区，深部普遍赋存有采石岭组—大煤沟组。以往较深的石油钻孔中均见有采石岭组—大煤沟组。东北部位于鱼卡九龙山的柴页1井和西北方向的团鱼山煤矿区钻孔中均有页岩气的显示。

据青海油田资料显示，柴达木盆地下—中侏罗统为一套含煤层系，主要发育煤系烃源岩，生烃母质以高等植物为主，生烃凹陷主体埋藏深度大、烃源岩成熟度高，利于煤型气的生成和聚集。下—中侏罗统烃源岩广泛发育，煤型气资源丰富，主要分布于柴北缘西段及阿尔金山山前带，目前已发现东坪、马海、马北八号等煤型气田。成矿时代为早—中侏罗世。

【采石岭-大煤沟式】

在南翌山—南八仙油气-页岩气-锂-硼-锶-芒硝-钾镁盐成矿亚区（Ⅳ-25①）已论述。

2）侏罗纪断陷盆地湖沼相沉积与含矿流体有关的铀成矿亚系列（Ⅳ25①-Mz_2^1-N-1b）

该成矿亚系列的矿种主要为铀，分布在东台-霍布逊硼-锂-钾镁盐（油气、页岩气、铀）成矿亚区（Ⅳ-25②）(Kz)赛什腾山前的马海—南八仙一带，地表狮子沟组—干柴沟组分布区，深部普遍赋存有采石岭组—大煤沟组。目前还未见钻孔控制信息。成矿时代为早—中侏罗世。

【冷湖三号式】

在南翌山—南八仙油气-页岩气-锂-硼-锶-芒硝-钾镁盐成矿亚区（Ⅳ-25①）已论述。

2. 古近纪与含矿流体有关的铀成矿系列（Ⅳ25②-Cz_1^1-N-2）

该成矿系列的矿种主要为铀，分布在东台-霍布逊硼-锂-钾镁盐（油气、页岩气、铀）成矿亚区（Ⅳ-25②）赛什腾山前的马海—南八仙一带马北油田、南八仙油田。主要存在上干柴沟组/下干柴沟组干旱期，有利于古层间氧化带的形成。区内有大柴旦镇马北铀矿点、大柴旦镇南八仙铀矿化点。南八仙地区潜在铀矿化孔占筛查钻井数的13%；马北地区潜在铀矿化孔占筛查钻井数的87.5%，区内伽马异常强度值较高，厚度较大，岩性多为砂岩。盆地岩相组合与充填序列、黏土矿物类型、元素地球化学特征及微体古生物组合研究证实柴达木盆地古气候逐渐干旱，有利于古层间氧化带的形成。赋矿地层为古近系干柴沟组、新近系狮子沟组。成矿时代为古—新近纪。

五、柴北缘铅-锌-铬-金-白云母成矿带（Ⅲ-24）

柴北缘铅-锌-铬-金-白云母成矿带（Ⅲ-24）在研究区内划分为鱼卡-德令哈煤-铀-黏土-页岩气（稀有、稀土、金、石灰石）成矿亚带（Ⅳ-24①），阿卡托山-俄博梁石棉-铜-镍-金-白云母（钨、铋、锡）成矿亚带（Ⅳ-24②），小赛什腾-滩间山金（铀、铅、银、硫）成矿亚带（Ⅳ-24③），布赫特山铁-稀有、稀土-金（铀、铂族、煤）成矿亚带（Ⅳ-24④），绿梁山-锡铁山铅-锌-金-石油-铀-钍（煤、铁、宝玉石）成矿亚带（Ⅳ-24⑤），阿姆尼克-卜浪沟铅-锌-铀（煤、盐）成矿亚带（Ⅳ-24⑥），赛坝沟-阿尔茨托山金-铅-锌-铜-钨-锡-煤-锰（铀、金红石）成矿亚带（Ⅳ-24⑦）共7个成矿亚带，除阿姆尼克-卜浪沟铅-锌-铀（煤、盐）成矿亚带（Ⅳ-24⑥）仅有正在实施的青德地1井页岩气井暂时还没有矿产产出外，对该成矿亚带没有进行成矿系列的划分，其他成矿亚带均进行了较详细的研究。

在划分的古元古代、中—新元古代(长城纪—青白口纪)、南华纪—泥盆纪、石炭纪—三叠纪、侏罗纪—白垩纪、新生代(第三纪—现代)6个构造-成矿旋回中,古元古代古陆核形成阶段没有成矿的信息,没有划分成矿系列;中—新元古代(Pt_2-Pt_3)仅在小赛什腾-滩间山金(铀、铅、银、硫)成矿亚带(Ⅳ-24③)梳理出中元古代伸展裂陷环境沼泽相沉积与烃源岩有关的页岩气成矿系列(Ⅳ24③-Pt_2-M-1)1个,为与变质作用有关的页岩气成矿系列组(M组)。成矿主要发生在南华纪—泥盆纪、石炭纪—三叠纪和侏罗纪—白垩纪3个构造-成矿旋回中,南华纪—泥盆纪、石炭纪—三叠纪构造-成矿旋回主要为与岩浆作用、少数变质作用有关的成矿系列组(Ⅰ组、M组),侏罗纪—白垩纪构造-成矿旋回主要为与沉积成矿作用有关的成矿系列组(S组)。

由于页岩气、铀矿(地浸型)成矿作用过程较复杂,经历了较多的成矿作用过程,严格意义上讲可能属于叠加(复合/改造型)矿床。因此很难用固定的成矿作用去围限严格的成矿系列,在南华纪—泥盆纪、石炭纪—三叠纪构造-成矿旋回中,将页岩气、铀矿(地浸型)归为与变质作用有关的成矿系列;在侏罗纪—白垩纪构造-成矿旋回将其归为与沉积作用有关的成矿系列,在成矿系列下划分为与变质作用有关的亚系列。

(一)鱼卡-德令哈煤-铀-黏土-页岩气(稀有、稀土、金、石灰石)成矿亚带(Ⅳ-24①)

本次在鱼卡-德令哈煤-铀-黏土-页岩气(稀有、稀土、金、石灰石)成矿亚带(Ⅳ-24①)共厘定出战略性矿产矿床成矿系列组3个、矿床成矿系列7个、亚系列6个、矿床式5个(表4-7)。其中,1个属于沉积成矿系列组(S组),2个属于岩浆作用成矿系列组(Ⅰ组)。

1. 震旦纪黑土坡组与烃源岩有关的页岩气成矿系列(Ⅳ24①-Z-M-1)

该成矿系列的矿种主要为页岩气,分布在鱼卡-德令哈煤-铀-黏土-页岩气(稀有、稀土、金、石灰石)成矿亚带(Ⅳ-24①)欧龙布鲁克地区,南华系—震旦系全吉群分布区域。区内有黑土坡组页岩气信息。全吉群为潮坪沉积体系,据欧龙布鲁克地区实测剖面显示,全吉群发育两层暗色页岩,上层灰—深灰色砂质页岩厚度为43.03m,下层灰黑色碳质页岩厚度为21.75m。全吉群黑色页岩TOC为0.02%~1.37%,石灰沟组黑色页岩TOC为0.16%~1.52%,平均0.61%,大多达到有效烃源岩的评价标准。在有机质成熟度方面,新元古代—早古生代地层暗色岩系R_o大部分大于1.5%,说明新元古代—早古生代烃源岩整体处于中—高演化阶段。成矿时代为震旦纪。

2. 奥陶纪与中酸性侵入岩有关的金成矿系列(Ⅳ24①-Pz_1^2-Ⅰ-2)

该成矿系列的矿种主要为金,分布在鱼卡-德令哈煤-铀-黏土-页岩气(稀有、稀土、金、石灰石)成矿亚带(Ⅳ-24①)塔塔棱河岩体南部一带,奥陶系大头羊沟组分布区域,有大柴旦行委塔塔棱河金矿点。成矿时代为中奥陶世。

3. 泥盆纪与岩浆成矿作用有关的金成矿系列(Ⅳ24①-Pz_2^1-Ⅰ-3)

该成矿系列的矿种主要为金,分布在鱼卡-德令哈煤-铀-黏土-页岩气(稀有、稀土、金、石灰石)成矿亚带(Ⅳ-24①)柴旦东山—石底泉一带,全吉群与达肯大坂岩群和下奥陶统多泉山组断层接触界面上,发育韧性剪切带。区内有大柴旦镇东山东金矿点、石底泉金矿点、大柴旦镇东山西金矿化点,含矿地质体为石英脉和碎裂岩。成矿时代为晚泥盆世。

表 4-7　鱼卡-德令哈煤-铀-黏土-页岩气成矿亚带（Ⅳ-24①）成矿系列一览表

成矿区带	成矿时代（构造旋回）	主要成矿作用	成矿系列组	成矿系列	成矿亚系列	矿床式	矿床(点)实例
鱼卡-德令哈煤-铀-黏土-页岩气（稀有、稀土、金、石灰石）成矿亚带（Ⅳ-24①）	侏罗纪—白垩纪（Mz_2）	沉积成矿作用、含矿流体作用	与变质作用、含矿流体成矿作用有关的页岩气、煤层气、铀钍、石墨成矿系列组	侏罗纪断陷盆地沉积阶段与沉积作用(变质作用、成矿流体作用)有关的铀-煤(煤层气)-页岩气-稀散元素成矿系列（Ⅳ24①-Mz_2^1-S-7）	侏罗纪与煤层生物化学沉积作用有关的铀钍成矿亚系列（Ⅳ24①-Mz_2^1-S-7d）		大柴旦镇绿草山铀矿点、绿草山301矿化点
					侏罗纪与含矿流体有关的铀钍成矿亚系列（Ⅳ24①-Mz_2^1-N-7c）	航亚式	大柴旦镇绿草山304铀矿点、大柴旦镇绿草山303铀矿点、德令哈市航亚铀矿点、德令哈市北山1104铀矿化点
					侏罗纪沼泽相沉积与烃源岩有关的页岩气成矿亚系列（Ⅳ24①-Mz_2^1-M-7b）	石门沟-大煤沟式	石门沟组、大煤沟组。西大滩地区13-30号钻孔与绿草山地区8-2号钻孔,解吸暗色泥页岩含气量平均为4.17m³/t
					侏罗纪沼泽相沉积与煤层有关的煤层气-稀散元素成矿亚系列（Ⅳ24①-Mz_2^1-M-7a）	大煤沟式	大柴旦镇西大滩煤矿及西大滩南部、大柴旦行委大煤沟煤矿大煤沟井田深部、德令哈市航亚煤矿(欧南)、大柴旦行委绿草山深部煤矿
	石炭纪—三叠纪（Pz_2^2-Mz）	岩浆成矿作用	与岩浆作用、变质作用、含矿流体作用有关的铀钍、铌钽、铷、白云母、金多金属、页岩气、石墨成矿系列组	二叠纪与岩浆成矿作用有关的稀有稀土-铀钍成矿系列（Ⅳ24①-Pz_2^3-Ⅰ-6）	二叠纪与伟晶岩有关的稀有稀土-铀成矿亚系列（Ⅳ24①-Pz_2^3-Ⅰ-6b）		乌兰县石灰沟东稀有稀土矿化点、德令哈市灶火沟铀矿点、德令哈GT1-110铀矿化信息点
					二叠纪与碱长花岗岩有关的稀有稀土-铀钍成矿亚系列（Ⅳ24①-Pz_2^3-Ⅰ-6a）		德令哈市小北山萤石矿化点
				石炭纪陆表海环境与烃源岩有关的页岩气成矿系列（Ⅳ24①-Pz_2^2-M-5）		克鲁克式	柴页2井、青德地1井页岩气矿点
				石炭纪与中酸性侵入岩有关的金成矿系列（Ⅳ24①-Pz_2^2-Ⅰ-4）		青山式	大柴旦镇青山地区金矿床
	南华纪—泥盆纪（Nh-Pz_2^1）	岩浆作用、变质作用	与岩浆作用、变质作用、火山沉积作用有关的铀钍、金多金属、页岩气、石墨成矿系列组	泥盆纪与岩浆成矿作用有关的金成矿系列（Ⅳ24①-Pz_2^1-Ⅰ-3）			大柴旦镇东山东金矿点、石底泉金矿点、大柴旦镇东山西金矿化点
				奥陶纪与中酸性侵入岩有关的金成矿系列（Ⅳ24①-Pz_2^1-Ⅰ-2）			大柴旦行委塔塔棱河金矿点
				震旦纪黑土坡组与烃源岩有关的页岩气成矿系列（Ⅳ24①-Z-M-1）			黑土坡组页岩气信息

4. 石炭纪与中酸性侵入岩有关的金成矿系列（Ⅳ24①-Pz_2^2-Ⅰ-4）

该成矿系列的矿种主要为金、铅、锌，分布在鱼卡-德令哈煤-铀-黏土-页岩气（稀有、稀土、金、石灰石）成矿亚带（Ⅳ-24①）科克塞尔南部一带，达肯大坂岩群和万洞沟群分布区域，有大柴旦镇青山地区金矿床，含矿岩性为蚀变闪长岩、蚀变绢英岩、构造碎裂岩等，围岩为片岩、板岩，硅化、褐铁矿化、绢云母化发育。成矿时代为早石炭世。

【青山式】

成矿区带：鱼卡-德令哈煤-铀-黏土-页岩气（稀有、稀土、金、石灰石）成矿亚带（Ⅳ-24①）。

建造构造：地层主要为古元古界达肯大坂岩群、中元古界万洞沟群，以及三叠系隆务河组。主要构造形式为断裂构造，构造线总体方向呈北西西向展布。岩浆活动强烈，侵入时代为印支期，岩石类型以中酸性岩为主，侵入体以石英闪长岩、花岗岩为主。

成矿时代：晚石炭世。

成矿组分：金、铅、锌。

矿床（点）实例：大柴旦镇青山地区金矿床。

简要特征：矿体赋存于构造破碎带中，有铅矿体、金铅锌矿（化）体，主要以金铅锌矿（化）体为主。铅矿体厚2.25m，长260m，Pb品位0.57％、Zn品位0.38％、Au品位0.38g/t；铅锌金矿体厚0.5～9.7m，长170～570m，Pb平均品位0.67％～1.8％，Zn平均品位0.79％～1.7％，Au品位1.23～8.8g/t，含矿岩性为蚀变闪长岩、蚀变绢英岩、构造碎裂岩，发育褐铁矿化、硅化，围岩为片岩、板岩。

5. 石炭纪陆表海环境与烃源岩有关的页岩气成矿系列（Ⅳ24①-Pz_2^2-M-5）

该成矿系列的矿种主要为页岩气，分布在鱼卡-德令哈煤-铀-黏土-页岩气（稀有、稀土、金、石灰石）成矿亚带（Ⅳ-24①）德令哈凹陷、欧南凹陷，石炭纪地层分布区域，有柴页2井、青德地1井页岩气矿点。成矿时代为早石炭世。

【克鲁克式】

成矿区带：鱼卡-德令哈煤-铀-黏土-页岩气（稀有、稀土、金、石灰石）成矿亚带（Ⅳ-24①）。

建造构造：柴达木盆地东部暗色泥岩的分布受沉积的控制，主要分布在古陆周围，主要为泥坪亚相以及沼泽、潟湖相沉积，前三角洲亚相中的暗色泥岩也较常见。整体上，下石炭统怀头他拉组暗色泥岩不是十分发育，出露的残余厚度一般为0.3～240.0m，而平均厚度仅为48.8m。相对而言，上石炭统克鲁克组暗色泥岩较发育，沉积厚度较大，分布范围较广，残余厚度一般为5.4～330.1m，平均厚度为97.1m。

克鲁克组主要的沉积相类型为局限台地、碳酸盐岩浅滩、砂坝、潮坪、潟湖、沼泽，垂向上变化快，发育暗色泥岩、灰岩及薄煤层，在扎布萨尕秀东、石灰沟、穿山沟等剖面出露，灰岩厚227.1～480.4m，暗色泥岩厚5.4～330.1m，尕丘1井中暗色泥岩厚度最大，达330.1m。

怀头他拉组沉积相类型以潮坪及碳酸盐岩台地、礁滩为主，发育了较厚的暗色泥岩和灰岩。泥岩厚度一般为0.5～167.4m，平均为66.8m。

成矿时代：晚石炭世。

成矿组分：页岩气。

矿床（点）实例：柴页2井页岩气。

简要特征：上石炭统克鲁克组，潮坪、潟湖、沼泽相中，暗色泥岩的平均有机碳含量分别为2.37％、2.2％和3.12％，都在好烃源岩的标准之上；下石炭统怀头他拉组，潮坪、潟湖、前三角洲相、台地相发育的暗色泥岩有机碳含量分别为0.62％、0.95％、0.62％和0.65％，仅为中等烃源岩的标准。

干酪根类型从Ⅰ型干酪根到Ⅲ型干酪根均有分布，主要类型为Ⅲ型。有84.8％（67/79）样品的干酪根δ^{13}C(PDB)值大于-25.0‰，类型为Ⅲ型。

柴页 2 井页岩样品的 R_o 分布在 1.19%～1.54%之间,分布范围较窄,有机质处于高成熟阶段,是生成大量页岩气的有利条件(曹军等,2016)。

对于石炭系烃源岩而言,存在 4 套区域性盖层,3 套局部性盖层。4 套区域性盖层:①第四纪沉积中的湖相泥岩;②下干柴沟组上段泥岩;③路乐河组泥岩;④下石炭统海侵体系域上部的致密碳酸盐岩及上石炭统海陆交互相泥质岩。3 套局部性盖层:①油砂山组湖相泥岩;②上干柴沟组湖相泥岩;③中生界侏罗系暗色泥岩。盖层条件好,有利于石炭系油气的保存。

基于岩芯观察、测井解释、气测异常数据,最终在全烃较高的异常段(280.00～1770m)优选 2 段气层段[Ⅰ段 1 061.0～1 081.0m(C_2k_1)、Ⅱ段 800.0～820.0m(C_2k_2)]进行了压裂试气。

Ⅰ段 1 061.0～1 081.0m(C_2k_1):该段处克鲁克组一段底,厚 19.4m,为沼泽沉积,全段以砂质泥岩、碳质泥岩间互为特征,夹煤层。具体描述如下:1061～1076m 为砂质泥岩、泥岩间互,1070～1073m 为黑色碳质泥岩,1076～1079m 发育煤层,1079～1082m 为灰色泥岩。核磁共振显示有效孔隙度 2%～7%,平均 2%,孔隙度曲线波动强烈,有效储层与封隔层间互,足见裂缝对全段进行了小规模的储层改造,储集空间仍以孔隙型为主,为典型的低孔渗页岩气储层。全烃平均为 0.53%,最高 0.67%。该层泥质含量相对比较高,有机碳比较发育,暗色泥岩 TOC 一般在 1%～5%之间,平均 1.7%,总含气量一般低于 4m³/t,平均 1.76m³/t,为相对最好的非常规储层段(Ⅰ类储层)。煤层/碳质泥岩 TOC 可以达到 8%以上,总含气量也相对高一些(按页岩评价)。

Ⅱ段 800.0～820.0m(C_2k_2):本段处于克鲁克二段底,厚 20m。该套为潟湖相沉积,录井显示为泥页岩段,细分岩性为灰色砂质泥岩与碳质泥岩间互,在 800～801m、806～807m 见薄层粉砂岩和砂质泥岩夹层。本层声波时差 232μs/m,低于围岩;补偿中子 13.9%,低于围岩;岩性密度 2.50g/cm³,略低于围岩;阵列感应深电阻率 215.2Ω·m,高于围岩;测井计算孔隙度 7.9%,渗透率 6.9×10⁻³μm²,含油饱和度 32.1%,具有一定的储集性。本段录井显示共见 3 套气测异常层,包括 800～801m、804～806m、807～808m。R_o 在 808m 处达到最大值 2.73%,岩屑岩性为黑色碳质泥岩。本段储层致密,电性特征与干层类似,但考虑到声波时差在层中有跳跃,且显示较好,综合解释为气层。

石英及黏土含量相对较高,样品石英含量平均值 52.25%,黏土含量平均值 36.83%,其余为碳酸盐矿物,说明该目的层脆性指数高,具有较好的可压性。由于黏土含量较高,易发生水化膨胀。

柴页 2 井针对石炭系克鲁克组实施直井分段压裂试气,压裂段为 1081～1061m、820～800m,合计 40m,分 2 段进行压裂,压后试气采用旋进旋涡电子流量计测试,获得测试最高流量 55.52m³/h,计算无阻流量 1 180.70m³/d 的天然气流,点火火焰高度 2～2.5m,同时产出 0.65m³ 轻质油,在柴达木盆地古生界首获页岩油气。

6. 二叠纪与岩浆成矿作用有关的稀有稀土-铀钍成矿系列(Ⅳ24①-Pz_2^3-Ⅰ-6)

该成矿系列的矿种主要为铀、萤石、稀有稀土,分布在鱼卡-德令哈煤-铀-黏土-页岩气(稀有、稀土、金、石灰石)成矿亚带(Ⅳ-24①)怀头他拉西羊肠子沟、德令哈北宗务隆南—黑石山一带,达肯大坂岩群分布地区。该成矿系列可分为与碱长花岗岩和伟晶岩有关的两个亚系列。

1)二叠纪与碱长花岗岩有关的稀有稀土-铀钍成矿亚系列(Ⅳ24①-Pz_2^3-Ⅰ-6a)

该成矿亚系列的矿种主要为萤石,分布在鱼卡-德令哈煤-铀-黏土-页岩气(稀有、稀土、金、石灰石)成矿亚带(Ⅳ-24①)德令哈黑石山一带,达肯大坂岩群分布地区。区内有德令哈市小北山萤石矿化点。成矿时代为早二叠世。

2)二叠纪与伟晶岩有关的稀有稀土-铀成矿亚系列(Ⅳ24①-Pz_2^3-Ⅰ-6b)

该成矿亚系列的矿种主要为铀、铷、轻稀土,分布在鱼卡-德令哈煤-铀-黏土-页岩气(稀有、稀土、金、石灰石)成矿亚带(Ⅳ-24①)怀头他拉西羊肠子沟、德令哈北宗务隆南—黑石山一带,达肯大坂岩群分布地区。区内有乌兰县石灰沟东稀有稀土矿化点、德令哈市灶火沟铀矿点、德令哈 GT1-110 铀矿化信息点。含矿地质体为伟晶岩脉和煌斑岩脉、钾长花岗岩。成矿时代为早二叠世。

7. 侏罗纪断陷盆地沉积阶段与沉积作用(变质作用、成矿流体作用)有关的铀-煤(煤层气)-页岩气-稀散元素成矿系列(Ⅳ24①-Mz_2^1-S-7)

该成矿系列的矿种主要为铀钍、页岩气、煤及煤层气,分布在鱼卡-德令哈煤-铀-黏土-页岩气(稀有、稀土、金、石灰石)成矿亚带(Ⅳ-24①)绿草山、欧南、德令哈北山、西大滩、大煤沟一带,侏罗纪地层分布地区。该成矿系列可分为与沼泽相沉积、含矿流体和生物化学作用有关的4个亚系列,其中沼泽相沉积包括2个亚系列。

1)侏罗纪沼泽相沉积与煤层有关的煤层气-稀散元素成矿亚系列(Ⅳ24①-Mz_2^1-M-7a)

该成矿亚系列的矿种主要为煤、煤层气,分布在鱼卡-德令哈煤-铀-黏土-页岩气(稀有、稀土、金、石灰石)成矿亚带(Ⅳ-24①)绿草山、欧南、德令哈北山、西大滩、大煤沟一带,全为煤矿区。区内有大柴旦镇西大滩煤矿及西大滩南部、大柴旦行委大煤沟煤矿大煤沟井田深部、德令哈市航亚煤矿(欧南)、大柴旦行委绿草山深部煤矿。煤层气赋存在深部煤层中。成矿时代为中侏罗世。

【大煤沟式】

成矿区带:鱼卡-德令哈煤-铀-黏土-页岩气(稀有、稀土、金、石灰石)成矿亚带(Ⅳ-24①),全吉煤田。

建造构造:含煤地层为下—中侏罗统大煤沟组,中侏罗统采石岭组。

大煤沟组出露于小煤沟煤矿、西大滩矿区及煤田北部的绿草山一带,为主要含煤层段。据大煤沟煤矿资料显示,该组地层下部岩性为灰白色砾岩、中—粗砂岩、泥层、油页岩、碳质泥岩和煤层,含大部可采煤层B、C两煤组,B煤组厚2.70m,C煤组厚11.60m,其他A、D两个煤组不稳定,局部可采,厚168m。中部灰—深灰色泥岩,碳质泥岩,薄层状,层理发育,一般由泥质、细砂岩及碳质泥岩等组成,夹灰白色砂岩及紫红色菱铁矿透镜体。含局部可采的E煤组和主要可采煤层F煤组,为全区可采煤层。煤层厚度在14.52~27.12m之间,平均厚20.57m。

采石岭组,出露于绿草山、东山及大煤沟一带,该含煤层段属河湖相碎屑岩沉积,以深灰色、灰黑色泥岩,粉砂岩,灰色、浅灰色细砂岩,中粗砂岩为主。本段地层总厚度20~130m,平均厚115m。含区内局部可采煤层G煤组,煤层有益总厚度3.60~6.17m,平均厚4.88m。

绿草山深部煤矿:含煤地层为大煤沟组和采石岭组,大煤沟组(不全)厚83.77m,煤层真厚度1.50m。采石岭组平均总厚度136.02m,煤层平均总厚度1.85m,平均有益厚度1.38m,含煤系数1.36%。

西大滩煤矿:含煤地层为大煤沟组和采石岭组。采石岭组含G煤组;大煤沟组含F1煤层和F2煤层、C煤组、B煤组、A煤组。F1煤层为大部可采煤层,B、C煤组局部可采,其他煤层组均不可采。西大滩煤矿F1煤层平均总厚度9.90m,平均有益厚度7.15m,平均利用厚度6.69m。C煤组平均总厚度5.87m,平均有益厚度2.94m,平均利用厚度2.54m。B煤组平均总厚度4.21m,平均有益厚度3.43m,平均利用厚度3.35m。

大煤沟煤矿:含煤地层主要为大煤沟组和采石岭组。含煤层段由上而下分别含G煤组、F煤组、E煤组,其中F煤组全区发育,是该区的主要可采煤层;G煤组和E煤组仅局部发育,为不稳定零星可采煤层。大煤沟组、采石岭组主要含煤层段含煤性叙述如下。

(1)采石岭组:该段地层含G煤组,位于大煤沟组上部,其上标志层为油页岩。地层总厚度一般40~50m,以滨湖相细—中砂岩沉积为主夹薄煤层,共含5个煤分层,分别为G5、G4、G3、G2、G1,煤层厚度0~3.13m,分煤层最厚只有1.03m,仅在南翼浅部发育,至深部煤层尖灭,属零星可采煤层。与其下部F煤组间距82.46~167.79m,平均117m,层间距较稳定。

(2)大煤沟组:该段地层含 E 煤组和 F 煤组,地层厚 95m。

E 煤组位于该段地层中部,属局部发育的复杂薄煤层,有些地方偶尔可达到可采厚度。在南部露头处大部分为一套与黑色粉砂岩、砂岩互层,含不可采薄煤层或碳质泥岩,仅在 3—4 勘探线附近有达到可采厚度的煤层,煤层厚度一般 0.19~2.24m,属零星可采煤层。

F 煤组位于该段地层中上部,为全区可采煤层,分为 F2 和 F1 煤层,F2 煤层位于 F1 煤层之上,含煤总厚度 14.52~27.12m,平均 20.57m,含煤系数 21.65%。煤层厚度及夹矸纵横向均稳定,在煤矿范围内未见不可采点或尖灭现象,但煤厚有一定变化,走向上煤层在东部较厚,一般 20m 以上,西部变为 14.52m;沿倾向方向,南翼浅部煤层较厚,深部变薄,煤层结构简单—较简单。

成矿时代:早—中侏罗世。

成矿组分:煤层气。

矿床(点)实例:大柴旦镇西大滩南部煤矿、大煤沟井田深部。

简要特征:全吉煤田赋煤面积约 237.54km²,潜在煤炭资源量 15.5 亿 t。矿区包括大煤沟、绿草山、宽沟、金洋、东山、西大滩等勘查区,探明煤炭资源量约 3.29 亿 t。

全吉煤田浅部可采煤层分布稳定性较差,煤矿分布呈鸡窝状,不利于煤层气开发。区内有大柴旦镇西大滩南部、大柴旦行委大煤沟煤矿大煤沟井田深部、大柴旦行委绿草山深部煤矿,有较好的煤层气勘查条件。

煤体结构以原生结构和碎裂结构为主,局部地层存在碎粒结构。

M5、M7 煤层显微煤岩组分有机质占 94.6%。镜质组占 67.7%,惰质组占 30.0%,壳质组占 2.0%。镜质组以基质镜质体(胶结半丝质体、碎屑惰质体、粗粒体、孢子体等,少数被黏土矿物浸染)为主;少量结构镜质体(胞腔多受挤压变形,多中空,少数被黏土充填);偶见均质镜质体、碎屑镜质体。惰质组以半丝质体为主,其次为碎屑惰质体,少量粗粒体,偶见氧化丝质体。壳质组为少量孢子体。矿物含量以黏土类和碳酸盐类为主,黏土平均含量为 5.5%,碳酸盐岩平均含量为 1.07%。以不黏煤为主,具备生气适中,储气能力较强的阶段,因此区内煤层气资源量具有很大的潜力。M5、M7 煤层 R_o 测试最小值 0.45%,最大值 0.71%,平均值 0.58%。

本区煤层气工作程度低,可与同一成煤带的鱼卡煤田、赛什腾煤田类比,有很大的煤层气潜力。故暂定为大煤沟式,取意来源为大煤沟组。

2)侏罗纪沼泽相沉积与烃源岩有关的页岩气成矿亚系列(Ⅳ24①- Mz_2^1 - M - 7b)

该成矿亚系列的矿种主要为页岩气,分布在鱼卡-德令哈煤-铀-黏土-页岩气(稀有、稀土、金、石灰石)成矿亚带(Ⅳ-24①)宗务隆山前的绿草山、西大滩、大煤沟及欧南一带,与采石岭组—大煤沟组煤系地层关系紧密。在各煤矿区钻孔中均有暗色泥页岩,均为较好的烃源岩。成矿时代为早—中侏罗世。

【采石岭-大煤沟式】

在南翌山-南八仙油气-页岩气-锂-硼-锶-芒硝-钾镁盐成矿亚区(Ⅳ-25①)已叙述。

页岩有利层段埋深大多在 200~2000m 之间。目的层位为采石岭组泥页岩,其平均厚度为 70m。西大滩地区 13-30 号钻孔与绿草山地区 8-2 号钻孔,解吸暗色泥页岩含气量平均为 4.17m³/t,视密度平均为 2.30。构造较为复杂,以逆断层为主,对泥页岩含气性的影响有待进一步验证。

3)侏罗纪与含矿流体有关的铀钍成矿亚系列(Ⅳ24①- Mz_2^1 - N - 7c)

该成矿亚系列的矿种主要为铀,分布在鱼卡-德令哈煤-铀-黏土-页岩气(稀有、稀土、金、石灰石)成矿亚带(Ⅳ-24①)宗务隆山前的绿草山、西大滩、大煤沟及欧南一带,与采石岭组—大煤沟组煤系地层关系紧密。区内有大柴旦镇绿草山 304 铀矿点、大柴旦镇绿草山 303 铀矿点、德令哈市航亚铀矿点、德令哈市北山 1104 铀矿化点。成矿时代为早—中侏罗世。

【航亚式】

成矿区带:鱼卡-德令哈煤-铀-黏土-页岩气(稀有、稀土、金、石灰石)成矿亚带(Ⅳ-24①)。

建造构造：在伸展构造应力场作用下，在欧龙布鲁克山和埃姆尼克山之间的航亚地区形成了一个相对稳定的地块，沉积了中侏罗统采石岭组一套河流-沼泽-湖泊相含煤碎屑岩建造，形成砂岩型铀成矿的目的层。晚侏罗世—晚白垩世缺失沉积，使侏罗系与古近系之间形成不整合。构造的适度抬升造成下—中侏罗统（目的层）被掀斜、暴露地表，可接受含铀含氧水进入目的层形成地下水的循环系统，进而发育层间氧化和铀的富集。

中侏罗统采石岭组是区内的主要找矿目的层位，采石岭组以三角洲相沉积为主，自上而下由细变粗构成一个大的沉积旋回，可分为上、中、下3个旋回，形成3套砂体，中间以煤层分开，分别为G1和G2之间、G2和G3之间、G3底部的砂体，厚度分别为15～25m、7m、4m。砂体岩性以灰色、灰白色细砂岩、中砂岩和粗砂岩为主，其中G1和G2之间、G2和G3之间所含的砂体特征以碳酸盐含量为Ⅰ级、疏松—较疏松、中等—强透水性为主，自北向南逐渐变细减薄，其顶部出现一套稳定的粉砂岩、泥岩，厚度在5～10m之间，构成稳定的"泥-砂-泥"结构，G3砂体特征以分选性差、较致密、含植物叶片化石、煤线和黄铁矿结核为主。根据前人在航亚施工的2个铀矿验证孔得知，铀矿化多集中在G煤组前2套砂体中，这2套砂体是本区寻找砂岩型铀矿最主要的砂体。

采石岭组以三角洲平原沉积为主，形成了三角洲平原分流河道和泥炭沼泽广布的沉积背景，砂体联通广布，为砂岩型铀矿的形成提供了良好的岩性岩相条件。

来自北部欧龙布鲁克山的基岩裂隙水通过侏罗系含砂层渗流，向盆地中心运移，以泉的形式在盆地南部排泄，在断陷盆地内形成独立而完整的"补-径-排"体系。中侏罗统采石岭组"砂-泥-砂"的地层结构为地下水的渗透提供良好的空间。欧龙布鲁克山作为补给区，铀矿化异常点的发育也为铀成矿提供铀源，为铀迁移、富集创造了有利的水文地质条件。

成矿时代：早—中侏罗世。

成矿组分：铀。

矿床（点）实例：德令哈市航亚铀矿点、大柴旦镇绿草山304铀矿点。

简要特征：航亚施测的17个钻孔测井综合解释分析中发现，其中7个钻孔中自然伽马值明显呈高异常。

航亚工作区煤田测井放射性异常形成南、北两个条带，均集中在向斜斜坡带中，其中北部异常带范围较大，长11km，宽400m，呈近东西向分布。南部异常带集中在中部背斜与南部向斜之间的过渡区域，由3个孔控制，呈近东西向分布，长约6km，显示了较大的成矿前景。

根据自然伽马测井异常层分布情况，可分为两个铀矿化层位：①古近系地层铀异常层，分布在24线以西，F1断层以南，深度在28～470m之间，层位岩性为泥岩，最高异常值4.31～6.73PA/kg。可能为底部侏罗系煤层气等还原性气体的上移致使铀离子被还原吸附，造成底部放射性异常。②中侏罗统采石岭组铀矿化层，位于煤层上11.5～36.5m，平均21.04m，层位岩性为粗砂岩、细砂岩、粉砂岩、泥岩，顶底板岩性以泥岩、粉砂岩为主，层位稳定，是本地区砂岩铀矿勘查的主要目的。可地浸砂岩型铀矿成矿条件的9个方面在本区基本全部具备，为典型的可地浸砂岩型铀矿。

4）侏罗纪与煤层生物化学沉积作用有关的铀钍成矿亚系列（Ⅳ24①- Mz_2^1 -S-7d）

该成矿亚系列的矿种主要为铀，分布在鱼卡-德令哈煤-铀-黏土-页岩气（稀有、稀土、金、石灰石）成矿亚带（Ⅳ-24①）绿草山煤矿一带，有大柴旦镇绿草山铀矿点、绿草山301矿化点。含矿地质体为煤层、高碳泥岩。成矿时代为早—中侏罗世。

（二）阿卡托山-俄博梁石棉-铜-镍-金-白云母（钨、铋、锡）成矿亚带（Ⅳ-24②）

本次在阿卡托山-俄博梁石棉-铜-镍-金-白云母（钨、铋、锡）成矿亚带（Ⅳ-24②）共厘定出战略性矿产矿床成矿系列组4个，矿床成矿系列7个、亚系列6个、矿床式2个（表4-8）。属于岩浆作用成矿系列组（Ⅰ组）2个，变质作用成矿系列组（M组）1个，沉积成矿系列组（S组）1个。

表4-8 阿卡托山-俄博梁石棉-铜-镍-金-白云母成矿亚带（Ⅳ-24②）成矿系列一览表

成矿区带	成矿时代（构造旋回）	主要成矿作用	成矿系列组	成矿系列	成矿亚系列	矿床式	矿床（点）实例
阿卡托山-俄博梁石棉-铜-镍-金-白云母（钨、铋、锡）成矿亚带（Ⅳ-24②）	新生代（Cz）	沉积作用	新近纪高原隆升阶段与古老盐湖沉积体系有关的锶成矿系列组	新近纪湖泊相与化学沉积作用有关的稀有矿成矿系列（Ⅳ24②-Cz_1^2-S-7）			茫崖镇金红山锶矿化点
	侏罗纪—白垩纪（Mz_2）	变质作用	与变质作用、含矿流体成矿作用有关的页岩气、煤层气、铀钍、石墨成矿系列组	侏罗纪沼泽相沉积与煤层有关的煤层气-石墨成矿系列（Ⅳ24②-Mz_2^1-M-6）			茫崖镇金鸿山煤矿、茫崖镇小西沟煤矿、茫崖镇柴水沟煤矿
	石炭纪—三叠纪（Pz_2^2-Mz）	岩浆作用、变质作用	与岩浆作用、变质作用、含矿流体作用有关的铀钍、铌钽、铷、白云母、金多金属、页岩气、石墨成矿系列组	三叠纪与岩浆成矿作用有关的稀有稀土成矿系列（Ⅳ24②-Mz_1-Ⅰ-5）	三叠纪与伟晶岩有关的稀有稀土成矿亚系列（Ⅳ24②-Mz_1-Ⅰ-5b）		茫崖镇野马滩白云母矿化点
					三叠纪与碱长花岗岩有关的稀有稀土成矿亚系列（Ⅳ24②-Mz_1-Ⅰ-5a）		牛鼻子梁稀有稀土矿点
				二叠纪产在前寒武纪变质岩中与变质和叠加成矿作用有关的铀钍-石墨成矿系列（Ⅳ24②-Pz_2^3-M-4）			大柴旦牛鼻梁铀矿化信息点（4）、大通沟南山北西石墨矿点、大通沟南山西石墨矿点、大通沟南山石墨矿床
				二叠纪与岩浆成矿作用有关的稀有稀土-铀钍成矿系列（Ⅳ24②-Pz_2^3-Ⅰ-3）	二叠纪与伟晶岩有关的稀有稀土成矿亚系列（Ⅳ24②-Pz_2^3-Ⅰ-3b）		冷湖镇西柴达木大门口东轻稀土矿化点、冷湖镇五一沟白云母矿化点、冷湖镇俄博梁稀土矿化点
					二叠纪与碱长花岗岩有关的稀有稀土-铀钍成矿亚系列（Ⅳ24②-Pz_2^3-Ⅰ-3a）	交通社西北山式（铌钽）	交通社西北山铌钽矿床、茫崖镇西通沟矿化点、茫崖镇牛鼻子梁西稀有稀土矿点、大柴旦牛鼻梁铀矿化信息点（2）、大柴旦牛鼻梁铀矿化信息点（3）
	南华纪—泥盆纪（Nh-Pz_2^1）	岩浆作用、变质作用	与岩浆作用、变质作用、火山沉积作用有关的铀钍、金多金属、页岩气、石墨成矿系列组	志留纪产在前寒武纪变质岩中与变质和叠加成矿作用有关的铀钍-石墨成矿亚系列（Ⅳ24②-Pz_1^3-M-2）			冷湖镇黄矿山铀钍矿化点、俄博梁247矿化点、金鸿山东石墨矿点、金鸿山南石墨矿点、斑红山石墨矿点、远视红山石墨矿点、黄矿山石墨矿床
				志留纪与岩浆成矿作用有关的稀有稀土-金-铀钍成矿系列（Ⅳ24②-Pz_1^3-Ⅰ-1）	志留纪与伟晶岩有关的稀有稀土成矿亚系列（Ⅳ24②-Pz_1^3-Ⅰ-1b）		冷湖镇克希钛稀土矿化点、冷湖镇盐场北山白云母矿点
					志留纪与中酸性侵入岩有关的金-铀钍成矿亚系列（Ⅳ24②-Pz_1^3-Ⅰ-1a）	柴水沟式	交通社西北山西金矿床、茫崖镇采石沟金矿床、茫崖镇柴水沟银金矿点、冷湖镇俄博梁北山金矿化点、冷湖镇加拉玛萨依铀钍矿点、大柴旦牛鼻梁矿化信息点（1）

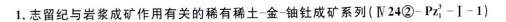

1. 志留纪与岩浆成矿作用有关的稀有稀土-金-铀钍成矿系列（Ⅳ24②-Pz_1^3-Ⅰ-1）

该成矿系列的矿种主要为金、铀、铌钽、铷、白云母，分布在阿卡托山-俄博梁石棉-铜-镍-金-白云母（钨、铋、锡）成矿亚带（Ⅳ-24②）牛鼻子梁—柴达木大门口—俄博梁—盐场北山一带，古元古界达肯大坂岩群和志留纪花岗闪长岩、二长花岗岩分布区域。该成矿系列可分为与伟晶岩和中酸性花岗岩有关的两个亚系列。

1）志留纪与中酸性侵入岩有关的金-铀钍成矿亚系列（Ⅳ24②-Pz_1^3-Ⅰ-1a）

该成矿亚系列的矿种主要为金、铀、钍，分布在阿卡托山-俄博梁石棉-铜-镍-金-白云母（钨、铋、锡）成矿亚带（Ⅳ-24②）柴水沟—采石沟、俄博梁一带，滩间山群、达肯大坂岩群、早志留世花岗闪长岩、二长花岗岩、中志留世闪长岩、石英闪长岩分布地区。区内有交通社西北山西金矿床、茫崖镇采石沟金矿床、茫崖镇柴水沟银金矿点、冷湖镇俄博梁北山金矿化点、冷湖镇加拉玛萨依铀钍矿点、大柴旦牛鼻梁矿化信息点（1）。成矿时代为早—中志留世。

【柴水沟式】

成矿区带：阿卡托山-俄博梁石棉-铜-镍-金-白云母（钨、铋、锡）成矿亚带（Ⅳ-24②）。

建造构造：出露地层主要为滩间山群。喷出岩和侵入岩分布广泛。侵入岩有海西期闪长岩、花岗岩，脉岩有花岗斑岩、石英正长斑岩。断裂构造发育，近东西断裂对成矿有明显控制作用。

成矿时代：早—中志留世。

成矿组分：金。

矿床（点）实例：茫崖镇柴水沟金矿点。

简要特征：矿点分为Ⅰ、Ⅱ两个矿化带。Ⅰ矿化带东段长约150m，宽1～2.2m；西段长600余米，宽100～180m，圈出Au1—Au9共9条金矿体。矿体长30～50m，延深15～50m，厚0.82～1.02m，平均品位1.38～4.35g/t。

矿石类型主要为石英脉型。矿石中金属矿物有银金矿、黄铁矿、赤铁矿、褐铁矿、方铅矿、闪锌矿、磁黄铁矿等；脉石矿物主要有石英、方解石、长石、绢云母等。

围岩蚀变主要有黄铁绢英岩化、电气石化、碳酸盐化、绿帘石化、绢云母化。赋矿围岩有滩间山群和中志留世花岗闪长岩，岩性分别为变火山岩、碎屑岩、闪长岩、花岗岩、花岗斑岩。

2）志留纪与伟晶岩有关的稀有稀土成矿亚系列（Ⅳ24②-Pz_1^3-Ⅰ-1b）

该成矿亚系列的矿种主要为钛、稀土、白云母，分布在阿卡托山-俄博梁石棉-铜-镍-金-白云母（钨、铋、锡）成矿亚带（Ⅳ-24②）俄博梁一带，古元古界达肯大坂岩群和志留纪花岗闪长岩、闪长岩中伟晶岩分布地区。区内有冷湖镇克希钛稀土矿化点、冷湖镇盐场北山白云母矿点。含矿地质体为伟晶岩脉。成矿时代为早—中志留世。

2. 志留纪产在前寒武纪变质岩中与变质和叠加成矿作用有关的铀钍-石墨成矿系列（Ⅳ24③-Pz_1^3-M-2）

该成矿系列的矿种主要为铀、晶质石墨，分布在阿卡托山-俄博梁石棉-铜-镍-金-白云母（钨、铋、锡）成矿亚带（Ⅳ-24②）俄博梁地区，古元古界达肯大坂岩群分布区域，有冷湖镇黄矿山铀钍矿化点、俄博梁247矿化点、金鸿山东石墨矿点、金鸿山南石墨矿点、斑红山石墨矿点远视红山石墨矿点、黄矿山石墨矿产地。成矿时代为早—中志留世。

3. 二叠纪与岩浆成矿作用有关的金-稀有稀土-铀钍成矿系列（Ⅳ24②-Pz_2^3-Ⅰ-3）

该成矿系列的矿种主要为金、铀、铌、钽、铷、白云母，分布在阿卡托山-俄博梁石棉-铜-镍-金-白云母（钨、铋、锡）成矿亚带（Ⅳ-24②）牛鼻子梁—俄博梁一带，古元古界达肯大坂岩群和二叠纪花岗闪长岩、二长花岗岩分布区域。该成矿系列可分为与伟晶岩和中酸性花岗岩有关的两个亚系列。

1)二叠纪与碱长花岗岩有关的稀有稀土-铀钍成矿亚系列（Ⅳ24②-Pz_2^3-Ⅰ-3a）

该成矿亚系列的矿种主要为铌、钽、轻稀土、铷、铀，分布在阿卡托山-俄博梁石棉-铜-镍-金-白云母（钨、铋、锡）成矿带（Ⅳ-24②）牛鼻子梁—俄博梁地区，达肯大坂岩群地层和二叠纪花岗闪长岩、二长花岗岩分布区域，有交通社西北山铌钽矿床、茫崖镇西通沟铷矿化点、茫崖镇牛鼻子梁西稀有稀土矿点、花土沟镇大通沟南山地区铷铌钽矿化点、大柴旦牛鼻梁铀矿化信息点（2）、大柴旦牛鼻梁铀矿化信息点（3）。成矿时代为早二叠世。

【交通社西北山式】

成矿区带：阿卡托山-俄博梁石棉-铜-镍-金-白云母（钨、铋、锡）成矿亚带（Ⅳ-24②）。

建造构造：出露地层主要为古元古界达肯大坂岩群及第四系，其中达肯大坂岩群主要为片麻岩组，岩性为斜长角闪岩、黑云斜长片麻岩、镁质大理岩；断裂构造发育，呈南北向、北西-南东向、北东-南西向展布；褶皱构造较发育，见有流劈理、节理、裂隙和小的揉皱；岩浆活动较弱，脉岩类型较多，有石英脉、正长花岗岩脉、花岗伟晶岩脉等；区域变质、动力变质及接触变质作用均比较发育。

成矿时代：早二叠世。

成矿组分：铌钽、轻稀土。

矿床（点）实例：交通社西北山铌钽矿床。

简要特征：圈定铌钽矿化带1条，带内圈定铌钽矿体4条（其中盲矿体1条）、矿（化）体16条。矿体长200～4300m，厚1.00～34.51m，$(Nb+Ta)_2O_5$品位0.015%～0.043%，Ce_2O_3品位0.04%～0.11%。赋矿岩性为褐铁矿化大理岩，具褐铁矿化、碳酸盐化、硅化等蚀变。

矿石主要为褐铁矿化、褐钇铌化大理岩。金属矿物为黄铁矿、褐铁矿；脉石矿物以石英为主，另有少量的黑云母、白云母、黄钾铁矾。赋矿围岩为达肯大坂岩群大理岩，多具褐铁矿化、碳酸盐化、硅化，局部见黄铁矿化、矽卡岩化。

铌矿成矿与花岗伟晶岩脉密切相关，为伟晶岩型铌矿。

2)二叠纪与伟晶岩有关的稀有稀土成矿亚系列（Ⅳ24②-Pz_2^3-Ⅰ-3b）

该成矿亚系列的矿种主要为轻稀土、白云母，分布在阿卡托山-俄博梁石棉-铜-镍-金-白云母（钨、铋、锡）成矿亚带（Ⅳ-24②）俄博梁—柴达木大门口一带，古元古界达肯大坂岩群和二叠纪花岗闪长岩、二长花岗岩分布区域中伟晶岩分布地区，有冷湖镇西柴达木大门口东轻稀土矿化点、冷湖镇五一沟白云母矿化点、冷湖镇俄博梁稀土矿化点。含矿地质体为伟晶岩脉。成矿时代为早二叠世。

4. 二叠纪产在前寒武纪变质岩中与变质和叠加成矿作用有关的铀钍-石墨成矿系列（Ⅳ24②-Pz_2^3-M-4）

该成矿系列的矿种主要为铀、晶质石墨，分布在阿卡托山-俄博梁石棉-铜-镍-金-白云母（钨、铋、锡）成矿亚带（Ⅳ-24②）俄博梁—大通沟南山地区，古元古界达肯大坂岩群分布区域，有大柴旦牛鼻梁铀矿化信息点（4）、大通沟南山北西石墨矿点、大通沟南山南石墨矿点、大通沟南山石墨矿床。成矿时代为早二叠世。

5. 三叠纪与岩浆成矿作用有关的稀有稀土成矿系列（Ⅳ24②-Mz_1-Ⅰ-5）

该成矿系列的矿种主要为铌、钽、铷、白云母，分布在阿卡托山-俄博梁石棉-铜-镍-金-白云母（钨、铋、锡）成矿亚带（Ⅳ-24②）阿卡托山—牛鼻子梁一带，古元古界达肯大坂岩群和三叠纪二长花岗岩分布区域。该成矿系列可分为与伟晶岩和碱长花岗岩有关的两个亚系列。

1)三叠纪与碱长花岗岩有关的稀有稀土成矿亚系列（Ⅳ24②-Mz_1-Ⅰ-5a）

该成矿亚系列的矿种主要为轻稀土，分布在阿卡托山-俄博梁石棉-铜-镍-金-白云母（钨、铋、锡）成矿亚带（Ⅳ-24②）牛鼻子梁一带，古元古界达肯大坂岩群和三叠纪二长花岗岩分布地区，有牛鼻子梁稀有稀土矿点。成矿时代为晚三叠世。

2) 三叠纪与伟晶岩有关的稀有稀土成矿亚系列（Ⅳ24②-Mz_1-Ⅰ-5b）

该成矿亚系列的矿种主要为白云母，分布在阿卡托山-俄博梁石棉-铜-镍-金-白云母（钨、铋、锡）成矿亚带（Ⅳ-24②）阿卡托山一带，古元古界达肯大坂岩群中伟晶岩分布地区，有茫崖镇野马滩白云母矿化点。含矿地质体为伟晶岩脉。成矿时代为晚三叠世。

6. 侏罗纪沼泽相沉积与煤层有关的煤层气-石墨成矿系列（Ⅳ24②-Mz_2^1-M-6）

该成矿系列的矿种主要为石墨、煤层气，分布在阿卡托山-俄博梁石棉-铜-镍-金-白云母（钨、铋、锡）成矿亚带（Ⅳ-24②）阿卡托山一带，下—中侏罗统大煤沟组分布地区，有茫崖镇金鸿山煤矿、茫崖镇小西沟煤矿、茫崖镇柴水沟煤矿。煤层与断裂及岩体附近，形成石墨矿（化）体，具备条件的地段存在煤层气。成矿时代为早—中侏罗世。

7. 新近纪湖泊相与化学沉积作用有关的稀有矿成矿系列（Ⅳ24②-Cz_1^2-S-7）

该成矿系列的矿种主要为锶，分布在阿卡托山-俄博梁石棉-铜-镍-金-白云母（钨、铋、锡）成矿亚带（Ⅳ-24②）金鸿山一带，新近系狮子沟组分布地区，有茫崖镇金红山锶矿化点。成矿时代为晚上新世。

（三）小赛什腾-滩间山金（铀、铅、银、硫）成矿亚带（Ⅳ-24③）（O、C）

本次在小赛什腾-滩间山金（铀、铅、银、硫）成矿亚带（Ⅳ-24③）（O、C）共厘定出战略性矿产矿床成矿系列组3个、矿床成矿系列8个、矿床式3个（表4-9）。属于岩浆作用成矿系列组（Ⅰ组）2个，变质作用成矿系列组（M组）1个。

1. 中元古代伸展裂陷环境沼泽相沉积与烃源岩有关的页岩气成矿系列（Ⅳ24③-Pt_2-M-1）

该成矿系列的矿种主要为页岩气，分布在小赛什腾-滩间山金（铀、铅、银、硫）成矿亚带（Ⅳ-24③）赛什腾山一带，中元古界万洞沟群分布地区，有小赛什腾、滩间山一带页岩气信息点。中元古界万洞沟群主要出露于滩间山至万洞沟一带。万洞沟群碎屑岩组（Pt_2W^a）为一套砂页岩夹灰岩建造，是暗色岩系的主要发育层段，厚度大于626m，为远滨环境陆源碎屑沉积环境。在滩间山地区进行野外踏勘发现，该区万洞沟群碎屑岩组黑色碳质千枚岩出露厚约50m，千枚岩含少量碳质、污手。样品测试结果显示，赛什腾地区中元古界万洞沟群粉砂岩的TOC含量在0.78%～1.30%之间，平均1.12%，所有样品均达到有效烃源岩评价标准。13个样品中，仅有1个样品小于1.0%，其余样品TOC含量均大于1.0%，分类为中等。青龙滩地区见有万洞沟群黑色碳质千枚岩，碳质含量最高达30%。样品测试结果显示，其TOC为0.65%～0.88%，达到有效烃源岩评价标准。滩间山地区滩间山群碎屑岩组发育黑色泥岩，其有机碳含量分布在0.45%～1.29%之间，平均1.23%，达到有效烃源岩评价标准，有效烃源岩厚度约为70.01m。中元古界万洞沟群碎屑岩组的粉砂岩R_o均大于2.0%，处于高成熟阶段。中元古界万洞沟群烃源岩的有机质类型以Ⅱ$_2$型为主，为过渡型，母质主要为藻类和高等植物。成矿时代为中元古代。

2. 奥陶纪与中酸性侵入岩岩浆成矿作用有关的金-铀钍成矿系列（Ⅳ24③-Pz_1^2-Ⅰ-2）

该成矿系列的矿种主要为金、铀、钍，分布在小赛什腾-滩间山金（铀、铅、银、硫）成矿亚带（Ⅳ-24③）赛什腾山一带，中元古界万洞沟群分布地区，有大柴旦镇红灯沟金矿点、冷湖镇小赛什腾地区金矿点、大柴旦镇胜利沟金矿点、冷湖镇小赛什腾山金矿化点、冷湖镇千枚岭金矿点、大柴旦镇红柳泉北金铜多金属矿点、大柴旦镇团结沟铜金矿化点、大柴旦行委红旗沟金矿点、大柴旦镇白云滩铅银金矿点、大柴旦镇万洞沟金矿点、大柴旦镇小紫山西金矿化点、大柴旦镇路通沟金矿化点、大柴旦镇黑山沟金矿化点、大柴旦镇滩间山铀钍矿信息化点、大柴旦镇古炮台南西铀钍矿化信息点、大柴旦赛什腾山矿化信息点(3)、大柴旦马海农场矿化信息点(2)。成矿时代为早奥陶世。

表4-9 小赛什腾-滩间山金(铀、铅、银、硫)成矿亚带(Ⅳ-24③)成矿系列一览表

成矿区带	成矿时代（构造旋回）	主要成矿作用	成矿系列组	成矿系列	成矿亚系列	矿床式	矿床(点)实例
小赛什腾-滩间山金(铀、铅、银、硫)成矿亚带(Ⅳ-24③)	石炭纪—三叠纪 (Pz_2^2-Mz)	岩浆作用、含矿流体作用	与岩浆作用、变质作用、含矿流体作用有关的铀钍、铌钽、锂、白云母、金多金属、页岩气、石墨成矿系列组		三叠纪挤压造山阶段与含矿流体成矿作用有关的金成矿系列(Ⅳ24③-Mz_1-N-8)	野骆驼泉式	冷湖镇野骆驼泉金钴矿床
					二叠纪与中酸性岩体岩浆成矿作用有关的铀钍成矿系列(Ⅳ24③-Pz_2^3-Ⅰ-7)		大柴旦赛什腾山矿化信息点(1)、大柴旦赛什腾山矿化信息点(2)
					石炭纪与中酸性侵入岩岩浆作用有关的金成矿系列(Ⅳ24③-Pz_2^2-Ⅰ-6)	金龙沟式	大柴旦镇青龙沟金矿床、大柴旦镇滩涧山金矿金龙沟金矿床、大柴旦镇细金沟金矿床
	南华纪—泥盆纪 (Nh-Pz_2^1)	岩浆作用、变质作用	与岩浆作用、变质作用、火山沉积作用有关的铀钍、金多金属、页岩气、石墨成矿系列组		泥盆纪与中酸性侵入岩岩浆成矿作用有关的金成矿系列(Ⅳ24③-Pz_2^1-Ⅰ-5)	三角顶式	冷湖镇三角顶地区金矿点
					奥陶纪洋陆俯冲环境沼泽相沉积与烃源岩有关的页岩气成矿系列(Ⅳ24③-Pz_1^2-M-4)		滩间山群暗色泥页岩页岩气信息
					奥陶纪产在前寒武纪变质岩中与变质和叠加成矿作用有关的铀钍-石墨成矿系列(Ⅳ24③-Pz_1^2-M-3)		大柴旦镇公路沟中段钍铀矿化信息点
					奥陶纪与中酸性侵入岩岩浆成矿作用有关的金-铀钍成矿系列(Ⅳ24③-Pz_1^2-Ⅰ-2)		大柴旦镇红灯沟金点、冷湖镇小赛什腾地区金点、大柴旦镇胜利沟金点、大柴旦镇滩间山铀钍矿信息化点
	中—新元古代 (Pt_2-Pt_3)	变质作用	与变质作用有关的页岩气成矿系列组		中元古代伸展裂陷环境沼泽相沉积与烃源岩有关的页岩气成矿系列(Ⅳ24③-Pt_2-M-1)		万洞沟群页岩气信息

3. 奥陶纪产在前寒武纪变质岩中与变质和叠加成矿作用有关的铀钍-石墨成矿系列(Ⅳ24③-Pz_1^2-M-3)

该成矿系列的矿种主要为铀、钍、石墨，分布在小赛什腾-滩间山金(铀、铅、银、硫)成矿亚带(Ⅳ-24③)三角顶—路乐河一带，滩间山群分布地区，有大柴旦镇公路沟中段钍铀矿化信息点。成矿时代为中奥陶世。

4. 奥陶纪洋陆俯冲环境沼泽相沉积与烃源岩有关的页岩气成矿系列（Ⅳ24③-Pz_1^2-M-4）

该成矿系列的矿种主要为页岩气，分布在小赛什腾-滩间山金（铀、铅、银、硫）成矿亚带（Ⅳ-24③）（O、C）三角顶—路乐河一带，滩间山群分布地区，有石灰沟组页岩气信息点。石灰沟组发育页岩、灰岩互层，单层厚度 3.1~52m，总厚度 130.11m，泥地比 74.7%。TOC 为 0.16%~1.52%，平均 0.61%。有机质成熟度大部分位于 1.5%~2.0% 之间，整体处于中—高成熟阶段，具备形成页岩气藏的条件。成矿时代为早奥陶世。

5. 泥盆纪与中酸性侵入岩岩浆成矿作用有关的金成矿系列（Ⅳ24③-Pz_2^1-Ⅰ-5）

该成矿系列的矿种主要为金，分布在小赛什腾-滩间山金（铀、铅、银、硫）成矿亚带（Ⅳ-24③）三角顶一带，奥陶系—志留系滩间山群和奥陶纪花岗闪长岩、石英闪长岩分布地区，有冷湖镇三角顶地区金矿点。成矿时代为晚泥盆世。

【三角顶式】

成矿区带：小赛什腾-滩间山金（铀、铅、银、硫）成矿亚带（Ⅳ-24③）。

建造构造：出露地层主要为奥陶系—志留系滩间山群。断裂构造较为发育，以北西向为主，北东向次级断裂构造及其与北西向构造交会部位为主要的控矿构造。区内岩浆岩发育，多呈岩基、小岩株状产出，主要为奥陶纪、二叠纪侵入岩体；酸性—基性岩脉较为发育，以花岗岩、花岗斑岩、辉绿玢岩等岩脉为主。

成矿时代：晚泥盆世。

成矿组分：金。

矿床（点）实例：冷湖镇三角顶地区金矿点。

简要特征：圈定金矿体 12 条，Au 品位在 1.1~25.8g/t 之间，均为单工程揭露控制，真厚度在 0.59~2.38m 之间，延伸长度小于或等于 40m。同时单工程圈定金矿化体 21 条，Au 品位 1.0~45.0g/t 不等，最高达到 71.7g/t，真厚度小于 0.5m。矿石类型以石英脉或网状微细石英脉、硅化脉为主，近脉蚀变花岗闪长岩次之。矿化为黄铁矿化、褐铁矿化。矿化石英脉产状多变，不稳定。矿点为与岩浆热液有关的石英脉型金矿类型。

6. 石炭纪与中酸性侵入岩岩浆作用有关的金成矿系列（Ⅳ24③-Pz22-Ⅰ-6）

该成矿系列的矿种主要为金，分布在小赛什腾-滩间山金（铀、铅、银、硫）成矿亚带（Ⅳ-24③）滩间山—红旗沟一带，滩间山群分布地区，有大柴旦镇青龙沟金矿床、大柴旦镇滩间山金矿金龙沟矿床、大柴旦镇细金沟金矿床、大柴旦镇金红沟金矿点、大柴旦镇爬龙沟北金矿化点、大柴旦镇绝壁沟金矿点、大柴旦镇小红柳沟金矿点、大柴旦镇细金沟北东金矿点、大柴旦镇瀑布沟口金矿化信息点。成矿时代为早石炭世。

【金龙沟式】

成矿区带：小赛什腾-滩间山金（铀、铅、银、硫）成矿亚带（Ⅳ-24③）。

建造构造：万洞沟群碳质千枚岩片岩，海西期斜长花岗斑岩；矿体严格受北北东向和北西向片理化带中的断裂构造破碎带（脆性破裂）及层间走滑断裂的控制，主要工业矿体（占 90% 以上储量）全部产于褶皱轴部及翼部的北北东-南北向的断裂-裂隙带中。

成矿时代：早石炭世。

成矿组分：金（银）。

矿床（点）实例：金龙沟金矿床、青龙沟金矿床、细晶沟金矿床等。

简要特征：金矿体赋存于中元古界万洞沟群碳质千枚岩中，矿体形态和产状受褶皱和断裂构造的控制。矿体形态呈脉状、似板状、向斜状、透镜状等，平均品位 4.29~8.20g/t；矿石中金属矿物有含银自然金、自然金、银金矿、自然铋、黄铁矿、黄钾铁矾、毒砂、褐铁矿、黄铜矿、闪锌矿、方铅矿、硫锑铜银矿、辉砷镍矿等,脉石矿物有石英、绢云母、白云石、石墨、方解石等。围岩蚀变主要为黄铁矿化、硅化、绢云母化,其中黄铁矿化、硅化强烈者矿石品位较高。

成因认识:万洞沟群区域变质的碳酸盐岩和黑色碎屑岩系为控矿层位;矿体严格受断裂破碎带、层间滑脱带以及韧—脆性断裂-裂隙带的控制;海西晚期侵入岩浆活动,活化深部地层中矿质,使其运移到构造带有利部位沉淀成矿。

7. 二叠纪与中酸性岩体岩浆成矿作用有关的铀钍成矿系列(Ⅳ24③-Pz_2^3-Ⅰ-7)

该成矿系列的矿种主要为铀、钍,分布在小赛什腾-滩间山金(铀、铅、银、硫)成矿亚带(Ⅳ-24③)赛什腾山一带,中二叠世斑状二长花岗岩、二长花岗岩分布地区,有大柴旦赛什腾山铀矿化信息点(1)、大柴旦赛什腾山铀矿化信息点(2)。成矿时代为中二叠世。

8. 三叠纪挤压造山阶段与含矿流体成矿作用有关的金成矿系列(Ⅳ24③-Mz_1-Ⅳ-8)

该成矿系列的矿种主要为金,分布在小赛什腾-滩间山金(铀、铅、银、硫)成矿亚带(Ⅳ-24③)赛什腾山一带,达肯大坂岩群分布地区,有冷湖镇野骆驼泉西金钴矿床。成矿时代为晚三叠世。

【野骆驼泉西式】

成矿区带:小赛什腾-滩间山金(铀、铅、银、硫)成矿亚带(Ⅳ-24③)。

建造构造:出露地层主要有古元古界金水口岩群、奥陶系—志留系滩间山群和第四系。其中滩间山群主要岩性有灰黑色千枚岩、灰绿色千枚岩、灰色千枚岩等,是野骆驼泉金矿床的赋矿地层。主构造线与区域一致,呈北西向,其余方向的断裂均为主断裂的次级断裂;褶皱构造较发育。区域岩浆活动强烈,矿区岩浆活动较弱,多以岩脉产出,主要有石英闪长岩脉、花岗岩脉及石英脉,大部分在滩间山群内顺层理面侵入。区域变质作用、气液变质作用和动力变质作用较发育。

成矿时代:早二叠世。

成矿组分:铌钽、轻稀土。

矿床(点)实例:冷湖镇野骆驼泉金钴矿床。

简要特征:金矿体、钴矿体、金钴矿体共6条赋存于构造破碎蚀变带之中,矿体走向均为近南北向,与控矿构造展布方向一致。主要矿体形态呈长条带状、条带状和透镜状。矿床Au平均品位4.09g/t,Co平均品位0.044%。矿石中金属矿物主要是褐铁矿、黄钾铁矾,含金的矿物为自然金,以及少量的钛铁矿、金红石。脉石矿物主要是石英、钠长石、绿泥石、黑云母。围岩蚀变主要为硅化、绿泥石化、黄铁绢英化、碳酸盐化等。矿石类型主要为构造角砾岩、褐铁矿化糜棱岩等。构造角砾岩主要发育在破碎蚀变带与围岩的接触部位,其Au平均品位10~20g/t,最高可达60.5g/t;组合分析Co平均含量0.022%,最高0.070%。矿石中的有益元素为Au、Co,有害元素含量较低。

成因认识:金钴矿床产于绿片岩相变质岩中,在产出形态上严格受构造控制的破碎蚀变岩制约。金钴矿床的形成经历了漫长的、多阶段的富集演化过程,成矿时代经历了加里东晚期、海西期及印支期的漫长历程,矿床与造山过程紧密联系。结合矿区的控矿因素、矿石类型等要素综合分析,该矿床成因类型为中—低温热液型,工业类型为破碎蚀变岩型。

(四)布赫特山铁-稀有、稀土-金(铀、铂族、煤)成矿亚带(Ⅳ-24④)

本次在布赫特山铁-稀有、稀土-金(铀、铂族、煤)成矿亚带(Ⅳ-24④)共厘定出战略性矿产矿床成矿系列组2个,矿床成矿系列5个、亚系列4个、矿床式4个(表4-10)。属于岩浆作用成矿系列组(Ⅰ组)2个。

表 4-10　布赫特山铁-稀有、稀土-金（铀、铂族、煤）成矿亚带（Ⅳ-24④）成矿系列一览表

成矿区带	成矿时代（构造旋回）	主要成矿作用	成矿系列组	成矿系列	成矿亚系列	矿床式	矿床（点）实例
布赫特山铁-稀有、稀土-金（铀、铂族、煤）成矿亚带（Ⅳ-24④）	石炭纪—三叠纪（Pz_2^2-Mz）	岩浆作用、变质作用	与岩浆作用、变质作用、含矿流体作用有关的铀钍、铌钽、铷、白云母、金多金属、页岩气、石墨成矿系列组		三叠纪与矽卡岩有关的金成矿系列（Ⅳ24④-Mz_1-Ⅰ-5）	霍德森沟式（矽卡岩型铁铜金）	乌兰县霍德森沟铜金矿床
				三叠纪与岩浆成矿作用有关的稀有稀土成矿系列（Ⅳ24④-Mz_1-Ⅰ-4）	三叠纪与伟晶岩有关的稀有稀土-铀成矿亚系列（Ⅳ24④-Mz_1-Ⅰ-4b）		乌兰县果可山铀钍矿点、乌兰县察汗诺铷矿化点、乌兰县察汗诺稀散矿化点、乌兰县察汗诺西铀钍矿点
					三叠纪与碱长花岗岩有关的稀有稀土-铀成矿系列（Ⅳ24④-Mz_1-Ⅰ-4a）	柴凯湖北式	乌兰县柴凯湖北铀矿点、乌兰县呼德生地区铷矿化点、乌兰县阿姆内格锂铷矿化点、乌兰县茶卡寺地区稀有稀土矿化点
				二叠纪产在前寒武纪变质岩中与变质和叠加成矿作用有关的铀钍-石墨成矿亚系列（Ⅳ24④-Pz_2^3-M-3）		310式	乌兰县310-Ⅱ铀矿点（阿姆内可山310矿点）、德令哈市尕海417铀矿化点、乌兰县310-Ⅲ铀矿化点、乌兰县阿汗达来寺矿化信息点(1)—(4)
				二叠纪与岩浆成矿作用有关的金-稀有稀土-铀钍成矿系列（Ⅳ24④-Pz_2^3-Ⅰ-2）	二叠纪与伟晶岩有关的稀有稀土-铀成矿亚系列（Ⅳ24④-Pz_2^3-Ⅰ-2b）	沙柳泉式（伟晶岩型Nb-Ta）	沙柳泉铌钽铍矿床、乌兰县生格地区稀有稀土矿化点、德令哈市泽令沟西铀矿化信息点、乌兰县赛什克乡铀矿化信息点(1)
					二叠纪与中酸性侵入岩有关的金成矿亚系列（Ⅳ24④-Pz_2^3-Ⅰ-2a）		乌兰县阿姆内可山金矿点、乌兰县莫河西山铜金矿化点、乌兰县尧托特金矿化信息点
	南华纪—泥盆纪（Nh-Pz_2^1）	岩浆作用	与岩浆作用、变质作用、火山沉积作用有关的铀钍、金多金属、页岩气、石墨成矿系列组	泥盆纪与岩浆成矿作用有关的金成矿系列（Ⅳ24④-Pz_2^1-Ⅰ-1）			乌兰县沙柳泉金矿点、德令哈市求绿特金矿点

1. 泥盆纪与岩浆成矿作用有关的金成矿系列（Ⅳ24④-Pz_2^1-Ⅰ-1）

该成矿系列的矿种主要为金，分布在布赫特山铁-稀有、稀土-金（铀、铂族、煤）成矿亚带（Ⅳ-24④）沙柳泉地区，达肯大坂岩群分布区域，有乌兰县沙柳泉金矿点、德令哈市求绿特金矿点。成矿时代为晚泥盆世。

2. 二叠纪与岩浆成矿作用有关的金-稀有稀土-铀钍成矿系列（Ⅳ24④-Pz_2^3-Ⅰ-2）

该成矿系列的矿种主要为金、铀、铌、钽、铍、铷，分布在布赫特山铁-稀有、稀土-金（铀、铂族、煤）成矿亚带（Ⅳ-24④）沙柳泉—生格、乌兰—莫河西山地区，达肯大坂岩群分布区域。该成矿系列可分为与伟晶岩和中酸性花岗岩有关的两个亚系列。

1) 二叠纪与中酸性侵入岩有关的金成矿亚系列（Ⅳ24④-Pz_2^3-Ⅰ-2a）

该成矿亚系列的矿种主要为金，分布在布赫特山铁-稀有、稀土-金（铀、铂族、煤）成矿亚带（Ⅳ-24④）生格—沙柳泉—莫河西山一带，古元古界达肯大坂岩群，早二叠世花岗闪长岩、二长花岗岩、闪长岩、石英闪长岩分布地区，有乌兰县阿母内可山金矿点、乌兰县莫河西山铜金矿化点、乌兰县尧托特金矿化信息点。成矿时代为早二叠世。

2) 二叠纪与伟晶岩有关的稀有稀土-铀成矿亚系列（Ⅳ24④-Pz_2^3-Ⅰ-2b）

该成矿亚系列的矿种主要为铀、铷、轻稀土，分布在布赫特山铁-稀有、稀土-金（铀、铂族、煤）成矿亚带（Ⅳ-24④）生格—沙柳泉—乌兰一带，达肯大坂岩群中伟晶岩分布地区，有沙柳泉铌钽铍矿矿床、乌兰县生格地区稀有稀土矿矿化点、德令哈市泽令沟西铀矿化信息点、乌兰县赛什克乡铀矿化信息点(1)。含矿地质体为伟晶岩脉。成矿时代为早二叠世。

【沙柳泉式】

成矿区带：布赫特山铁-稀有、稀土-金（铀、铂族、煤）成矿亚带（Ⅳ-24④）。

矿床（点）实例：沙柳泉铌钽铍矿矿床（特征见第二章第三节）。

3. 二叠纪产在前寒武纪变质岩中与变质和叠加成矿作用有关的铀钍-石墨成矿亚系列（Ⅳ24④-Pz_2^3-M-3）

该成矿系列的矿种主要为铀，分布在布赫特山铁-稀有、稀土-金（铀、铂族、煤）成矿亚带（Ⅳ-24④）生格—沙柳泉地区，达肯大坂岩群分布区域，有乌兰县310-Ⅱ铀矿点（阿姆内可山310矿点）、德令哈市尕海417铀矿化点、乌兰县310-Ⅲ铀矿化点、乌兰县阿汗达来寺矿化信息点(1)—(4)。成矿时代为早二叠世。

4. 三叠纪与岩浆成矿作用有关的稀有稀土成矿系列（Ⅳ24④-Mz_1-Ⅰ-4）

该成矿系列的矿种主要为铀、钍、铌、钽、铍、铷，分布在布赫特山铁-稀有、稀土-金（铀、铂族、煤）成矿亚带（Ⅳ-24④）沙柳泉—茶卡北山一带，可分为与伟晶岩和碱长花岗岩有关的两个亚系列。

1) 三叠纪与碱长花岗岩有关的稀有稀土-铀成矿亚系列（Ⅳ24④-Mz_1-Ⅰ-4a）

该成矿亚系列的矿种主要为铀、铷、锂、轻稀土，分布在布赫特山铁-稀有、稀土-金（铀、铂族、煤）成矿亚带（Ⅳ-24④）沙柳泉—茶卡北山一带，古元古界达肯大坂岩群，晚三叠钾长花岗岩、二长花岗岩分布地区，有乌兰县柴凯湖北铀矿点、乌兰县阿姆内格锂铷矿化点。成矿时代为晚三叠世。

【柴凯湖北式】

成矿区带：布赫特山铁-稀有、稀土-金（铀、铂族、煤）成矿亚带（Ⅳ-24④）。

建造构造：出露的主要地层为古元古界金水口岩群、下—中侏罗统大煤沟组、古—新近系干柴沟组及第四系；发育近东西向、北东向断裂构造；晚三叠世二长花岗岩、花岗闪长岩出露。古元古界金水口岩群为黑云角闪斜长片麻岩，局部夹黑云石英片岩。岩石混合岩化强烈，多形成条痕状、条带状、眼球状混合岩。岩石背景铀含量较高，一般为$(7\sim20)\times10^{-6}$；地层内北西向断裂构造发育，后期中酸性侵入岩及脉岩顺层或切层侵入，有利于铀成矿。下—中侏罗统大煤沟组主要岩性由粗—中砂岩、细砂岩、粉砂岩、碳质泥岩夹煤层组成，出露最大厚度98.79m。北东部、北西部与金水口岩群呈断裂接触，与南部干柴沟组呈角度不整合接触。岩石背景铀含量一般为$(5\sim8)\times10^{-6}$，1:10万伽马测量发现多处伽马值大于

1000API 的异常带。

区内发育近东西向及北东向断裂,其中近东西向断裂与预查区铀矿化关系密切。

出露晚三叠世二长花岗岩($T_3\eta\gamma$)、花岗闪长岩($T_3\gamma\delta$),近东西向展布于金水口岩群中,局部被断裂切穿,与铀成矿关系较密切。

成矿时代:晚三叠世。

成矿组分:铀。

矿床(点)实例:柴凯湖北铀矿点。

简要特征:在YU-6铀异常带圈出长度大于1km的铀矿化带一条,宽50～100m,铀含量一般$(50～500)\times10^{-6}$,最高8326×10^{-6};矿化带受F3-1断裂构造控制,带内高岭土化、绿泥石化、碳酸盐化、赤铁矿化发育。

在矿化带内圈出长度大于300m工业铀矿体,单工程U平均品位0.0374%～0.1326%,矿体平均品位0.076%,单样最高品位0.2833%,真厚度1.62～8.2m,矿体呈中间厚、两头薄的透镜状;见有大量的次生铀矿物钙铀云母。矿体产于F3-1断裂中。

矿石产于构造破碎带内,因受构造作用影响岩石较破碎,局部呈泥状,含矿岩石主要为构造角砾岩、断层泥。

矿石自然类型:氧化矿石,地表蚀变岩石表面可见钙铀云母,矿石呈黄褐色、土黄色。

矿石工业类型:根据矿石物质组分、化学成分、含矿围岩等确定矿石工业类型为硅酸盐铀矿石。

矿体产在破碎带内(同时也是岩体外接触带),受构造破碎带控制,且空间上与花岗岩有一定的关系。矿床成因类型为花岗岩型。

2)三叠纪与伟晶岩有关的稀有稀土-铀成矿亚系列(Ⅳ-24④-Mz1-Ⅰ-4b)

该成矿亚系列的矿种主要为铀、铷、铌、钽、镧、铈,分布在布赫特山铁-稀有、稀土-金(铀、铂族、煤)成矿亚带(Ⅳ-24④)沙柳泉—察汗诺一带,伟晶岩分布地区,有高特拉蒙稀土矿化点、乌兰县阿姆内格地区稀有稀土多金属矿化点。含矿地质体为伟晶岩脉。成矿时代为晚三叠世。

5. 三叠纪与矽卡岩有关的金成矿系列(Ⅳ24④-Mz₁-Ⅰ-5)

该成矿系列的矿种主要为铁、铜、金,分布在布赫特山铁-稀有、稀土-金(铀、铂族、煤)成矿亚带(Ⅳ-24④)霍德森地区,古元古界达肯大坂岩群分布区域,有乌兰县霍德森沟铜金矿床。成矿时代为早三叠世。

【霍德森沟式(矽卡岩型铁铜金)】

成矿区带:布赫特山铁-稀有、稀土-金(铀、铂族、煤)成矿亚带(Ⅳ-24④)。

建造构造:出露的主要地层为古元古界达肯大坂岩群、中元古界万洞沟群、奥陶系—志留系滩间山群、上泥盆统牦牛山组。区内构造线与区域构造线一致,以北西西向及近东西向断裂构造为主,也发育有北东向及南北向断裂(层)构造。超基性岩以海西期为主,为辉长岩,沿北西西向构造带分布,呈脉状或透镜状产出,多与铬、镍、锰等矿床有关。中酸性岩类以海西期为主,次为加里东晚期侵入体,主要呈北西西或东西向带状分布,岩性以黑云母花岗岩、似斑状花岗岩、二长花岗岩、花岗闪长岩及辉石闪长岩为主,与铜、铅锌矿化有关。

成矿时代:三叠纪。

成矿组分:金、铜、铅锌。

矿床(点)实例:乌兰县霍德森沟铜金矿。

简要特征:矿区内发现铜矿化点2处。Ⅰ号铜矿化点铜矿化主要富集在磁铁石英岩的下盘附近,常与块状磁铁矿石相伴生,厚0.2m,矿体产状40°∠26°,经化学分析Au品位0.20g/t,Cu品位1%。Ⅱ号铜矿化点铜矿化主要赋存于矽卡岩化磁铁石英岩中,铜矿化体长度大于20m,厚0.5～1.0m,矿体呈似层状、扁豆状产出,产状40°~50°∠10°~30°。围岩蚀变有矽卡岩化、绿泥石化、硅化、磁铁矿化、黄铁矿化、孔雀石化及铜蓝等。初步分析Au品位0.25~0.29g/t,Cu品位0.35%~0.64%。发现含金破碎蚀变带4条,走向为北东向或北西向,长数十米,宽一般0.5~1.0m,近矿围岩主要为片岩系,主要蚀变类型有褐铁矿化、黄铁矿化、绿泥石化,有时含少量碳质。带内岩石一般较破碎,局部可见断层角砾。拣块样分析Au品位0.51~0.86g/t。

(五)绿梁山-锡铁山铅-锌-金-石油-铀-钍(煤、铁、宝玉石)成矿亚带(Ⅳ-24⑤)

本次在绿梁山-锡铁山铅-锌-金-石油-铀-钍(煤、铁、宝玉石)成矿亚带(Ⅳ-24⑤)共厘定出战略性矿产矿床成矿系列组3个、矿床成矿系列7个、矿床成矿亚系列8个、矿床式5个(表4-11)。属于岩浆作用成矿系列组(Ⅰ组)2个,沉积作用成矿系列组(M组)1个。

1. 奥陶纪与中酸性侵入岩岩浆成矿作用有关的金-铀成矿系列(Ⅳ24⑤-Pz_1^2-Ⅰ-1)

该成矿系列的矿种主要为金、铀、多金属、稀散元素,分布在绿梁山-锡铁山铅-锌-金-石油-铀-钍(煤、铁、宝玉石)成矿亚带(Ⅳ-24⑤)滩间山南—绿梁山—锡铁山一带,滩间山群、达肯大坂岩群分布地区,可分为与中酸性侵入岩和海相火山岩有关的两个亚系列。

1)奥陶纪与中酸性侵入岩岩浆成矿作用有关的金-铀成矿系列(Ⅳ24⑤-Pz_1^2-Ⅰ-1a)

该成矿亚系列的矿种主要为金、铀,分布在绿梁山-锡铁山铅-锌-金-石油-铀-钍(煤、铁、宝玉石)成矿亚带(Ⅳ-24⑤)滩间山南—绿梁山—锡铁山一带,滩间山群、达肯大坂岩群分布地区,有大柴旦镇红柳沟金矿床、大柴旦镇二旦沟金矿化点、大柴旦镇二旦沟地区金矿化点、大柴旦镇黑石山金铜矿化点、大柴旦镇口北沟北西金矿化点、大柴旦镇矿点沟东金矿化信息点、大柴旦镇双口山南东金矿化点、大柴旦镇峰北沟金矿点、都兰县望北山金矿化点、都兰县铅石山钍铀矿化点、大柴旦鱼卡矿化信息点(1)、都兰县怀头他拉矿化信息点。成矿时代为中奥陶世。

2)奥陶纪与海相火山岩有关的多金属-金-稀散元素成矿亚系列(Ⅳ24⑤-Pz_1^2-Ⅰ-1b)

该成矿亚系列的矿种主要为铅、锌、金、稀散元素,分布在绿梁山-锡铁山铅-锌-金-石油-铀-钍(煤、铁、宝玉石)成矿亚带(Ⅳ-24⑤)锡铁山一带,滩间山群分布地区,有大柴旦镇锡铁山铅锌矿床、大柴旦行委锡铁山北沟铜金矿点。成矿时代为中奥陶世。

【锡铁山式】

成矿区带:绿梁山-锡铁山铅-锌-金-石油-铀-钍(煤、铁、宝玉石)成矿亚带(Ⅳ-24⑤)。

矿床(点)实例:大柴旦镇锡铁山铅锌矿床(特征见第二章第三节)。

2. 奥陶纪洋陆俯冲环境沼泽相沉积与烃源岩有关的页岩气成矿系列(Ⅳ24⑤-Pz_1^2-M-2)

该成矿系列的矿种主要为页岩气,分布在绿梁山-锡铁山铅-锌-金-石油-铀-钍(煤、铁、宝玉石)成矿亚带(Ⅳ-24⑤)滩间山南一带,滩间山群分布地区,有滩间山群页岩气信息。成矿时代为早奥陶世。

3. 志留纪陆-陆碰撞阶段与岩浆成矿作用有关的白云母-铀钍成矿系列(Ⅳ24⑤-Pz_1^3-Ⅰ-3)

该成矿系列的矿种主要为白云母、铀、钍,分布在绿梁山-锡铁山铅-锌-金-石油-铀-钍(煤、铁、宝玉石)成矿亚带(Ⅳ-24⑤)绿梁山—锡铁山一带,古元古界达肯大坂岩群和中志留世二长花岗岩分布地区,可分为与伟晶岩和中酸性侵入岩有关的两个亚系列。

表 4－11　绿梁山-锡铁山铅-锌-金-石油-铀-钍成矿亚带（Ⅳ-24⑤）成矿系列一览表

成矿区带	成矿时代（构造旋回）	主要成矿作用	成矿系列组	成矿系列	成矿亚系列	矿床式	矿床（点）实例
绿梁山-锡铁山铅-锌-金-石油-铀-钍（煤、铁、宝玉石）成矿亚带（Ⅳ-24⑤）	侏罗纪—白垩纪（Mz₂）	沉积作用、变质作用、含矿流体作用	与沉积作用（变质作用、含矿流体作用）有关的页岩气、煤层气、铀钍、石墨成矿系列组	侏罗纪断陷盆地沉积阶段与沉积作用（变质作用、含矿流体作用）有关的页岩气-煤层气-铀钍-稀散元素成矿系列（Ⅳ24⑤-Mz$_2^1$-S-7）	侏罗纪与煤层生物化学沉积作用有关的铀钍成矿亚系列（Ⅳ24⑤-Mz$_2^1$-S-7d）		大柴旦镇结绿素铀矿点、大柴旦镇五彩山铀矿点、大柴旦镇五彩山南301铀矿点
					侏罗纪与含矿流体作用有关的铀钍成矿亚系列（Ⅳ24⑤-Mz$_2^1$-N-7c）		大柴旦镇鱼卡九龙山铀矿化点、鱼卡煤田尕秀西段砂岩型铀矿矿化点
					侏罗纪沼泽相沉积与烃源岩有关的页岩气成矿亚系列（Ⅳ24⑤-Mz$_2^1$-M-7b）	石门沟-大煤沟式	柴页1井页岩气
					侏罗纪沼泽相沉积与煤层有关的煤层气-稀散元素成矿亚系列（Ⅳ24⑤-Mz$_2^1$-M-7a）	大煤沟式	鱼卡煤矿区煤层气、团鱼山煤矿区
	石炭纪—三叠纪（Pz$_2^2$-Mz）	岩浆作用、含矿流体作用	与岩浆作用、变质作用、含矿流体作用有关的铀钍、铌钽钶、白云母、金多金属、页岩气、石墨成矿系列组	三叠纪与含矿流体成矿作用有关的金多金属成矿系列（Ⅳ24⑤-Mz$_1$-N-6）			都兰县孔雀沟铜金矿点、德令哈市达达肯乌拉山西铜银金矿点
				石炭纪与中酸性侵入岩岩浆成矿作用有关的金成矿系列（Ⅳ24⑤-Pz$_2^2$-Ⅰ-5）		龙柏沟式	大柴旦镇龙柏沟金矿床、大柴旦镇黄绿沟金矿化点
	南华纪—泥盆纪（Nh-Pz$_2^1$）	沉积作用、岩浆作用、变质作用、火山沉积作用及含矿流体作用	与岩浆作用、变质作用、火山沉积作用有关的铀钍、金多金属、页岩气、石墨成矿系列组	泥盆纪伸展拆成与火山沉积作用有关的铀钍成矿系列（Ⅳ24⑤-Pz$_2^2$-Ⅰ-4）		阿木尼克式	都兰县阿木尼克山南缘铀矿点、都兰309矿化点
				志留纪陆-陆碰撞阶段与岩浆成矿作用有关的白云母-铀钍成矿系列（Ⅳ24⑤-Pz$_1^3$-Ⅰ-3）	志留纪陆-陆碰撞阶段与伟晶岩有关的白云母成矿亚系列（Ⅳ24⑤-Pz$_1^3$-Ⅰ-3b）		大柴旦镇鱼卡白云母矿点、大柴旦镇双口山白云母矿化点
					志留纪陆-陆碰撞阶段与中酸性侵入岩有关的铀钍成矿亚系列（Ⅳ24⑤-Pz$_1^3$-Ⅰ-3a）		大柴旦镇落凤坡铀矿化点、大柴旦镇峰北沟钍矿化点
				奥陶纪洋陆俯冲环境沼泽相沉积与烃源岩有关的页岩气成矿系列（Ⅳ24⑤-Pz$_1^2$-M-2）			滩间山群暗色泥页岩页岩气信息
				奥陶纪与岩浆成矿作用有关的金-铀成矿系列（Ⅳ24⑤-Pz$_1^2$-Ⅰ-1）	奥陶纪与海相火山岩有关的多金属-金-稀散成矿亚系列（Ⅳ24⑤-Pz$_1^2$-Ⅰ-1b）	锡铁山式	大柴旦镇锡铁山铅锌矿床、大柴旦行委锡铁山北沟铜金矿点
					奥陶纪与中酸性侵入岩岩浆成矿作用有关的金-铀成矿亚系列（Ⅳ24⑤-Pz$_1^2$-Ⅰ-1a）		大柴旦镇红柳沟金矿床、都兰县苦水泉一带金多金属矿点

1) 志留纪陆-陆碰撞阶段与中酸性侵入岩有关的铀钍成矿亚系列（Ⅳ24⑤-Pz_1^3-Ⅰ-3a）

该成矿亚系列的矿种主要为铀、钍，分布在绿梁山-锡铁山铅-锌-金-石油-铀-钍（煤、铁、宝玉石）成矿亚带（Ⅳ-24⑤）绿梁山—锡铁山一带，古元古界达肯大坂岩群和中志留世二长花岗岩分布地区，有大柴旦镇落凤坡铀矿化点、大柴旦镇峰北沟钍矿化点、大柴旦怀头他拉矿化信息点。成矿时代为中志留世。

2) 志留纪陆-陆碰撞阶段与伟晶岩有关的白云母成矿亚系列（Ⅳ24⑤-Pz_1^3-Ⅰ-3b）

该成矿亚系列的矿种主要为白云母，分布在绿梁山-锡铁山铅-锌-金-石油-铀-钍（煤、铁、宝玉石）成矿亚带（Ⅳ-24⑤）绿梁山一带，达肯大坂岩群中伟晶岩分布地区，有大柴旦镇落凤坡铀矿化点、大柴旦镇峰北沟钍矿化点。成矿时代为中志留世。

4. 石炭纪与中酸性侵入岩岩浆成矿作用有关的金成矿系列（Ⅳ24⑤-Pz_2^2-Ⅰ-5）

该成矿系列的矿种主要为金，分布在绿梁山-锡铁山铅-锌-金-石油-铀-钍（煤、铁、宝玉石）成矿亚带（Ⅳ-24⑤）滩间山南一带，滩间山群、万洞沟群分布地区，有大柴旦镇龙柏沟金矿床、大柴旦镇黄绿沟金矿化点。成矿时代为早石炭世。

【龙柏沟式】

成矿区带：绿梁山-锡铁山铅-锌-金-石油-铀-钍（煤、铁、宝玉石）成矿亚带（Ⅳ-24⑤）。

建造构造：出露地层以中元界万洞沟群为主，断裂发育，主体呈北西-南东向，与区域构造线方向一致。岩浆岩发育，分布较广，侵入岩以海西期斜长花岗斑岩为主，呈脉状、透镜状和不规则岩株状分布。

成矿时代：早石炭世。

成矿组分：金。

矿床（点）实例：大柴旦镇龙柏沟金矿床。

简要特征：矿区圈出金矿体2条，均赋存于滩间山群b岩组变安山岩内。Ⅰ号矿体以脉状呈325°方向延展，倾向北东，倾角80°左右，矿体长280m，其中工业矿体平均视厚2.00m，加权平均品位3.94g/t；低品位矿体视厚16.00m，加权平均品位1.39g/t。Ⅱ号矿体分布于Ⅰ号矿体南西约80m，矿体呈脉状延展，长160m，平均视厚1.10m，加权平均品位1.46g/t；矿体产于北西向断裂带上盘，附近斜长花岗斑岩发育，矿石由蚀变安山岩组成（镜下鉴定为石英斑岩），地表呈土黄色、黄褐色、紫红色，具蜂窝状构造，以硅化、黄钾铁矾化蚀变为主，Au品位在0.00～8.35g/t之间，向下矿石完整，以块状构造为主，Au品位有增高趋势。金属矿物有黄铁矿、褐铁矿和黄钾铁矾，以黄钾铁矾为主；脉石矿物有石英、斜长石、绢云母等。

主要成矿类型：蚀变破碎岩型金矿。

5. 侏罗纪断陷盆地沉积阶段与沉积作用（变质作用、含矿流体作用）有关的页岩气、煤层气、铀钍成矿系列（Ⅳ24⑤-Mz_2^1-S-7）

该成矿系列的矿种主要为铀、钍、页岩气、煤及煤层气，分布在绿梁山-锡铁山铅-锌-金-石油-铀-钍（煤、铁、宝玉石）成矿亚带（Ⅳ-24⑤）鱼卡煤田一带，侏罗纪地层分布地区，可分为与沼泽相沉积（2个）、含矿流体和生物化学作用有关的4个亚系列。

1) 侏罗纪沼泽相沉积与煤层有关的煤层气、稀散元素成矿亚系列（Ⅳ24⑤-Mz_2^1-M-7a）

该成矿亚系列的矿种主要为煤、煤层气，分布在绿梁山-锡铁山铅-锌-金-石油-铀-钍（煤、铁、宝玉石）成矿亚带（Ⅳ-24⑤）鱼卡煤田尕秀西段、九龙山、二井田、云雾山一带，全为煤矿区。区内有鱼卡煤田羊水河、鱼卡本部矿区、北山采煤矿区。煤层气赋存在深部煤层中。成矿时代为中侏罗世。

【鱼卡式】

成矿区带：绿梁山-锡铁山铅-锌-金-石油-铀-钍（煤、铁、宝玉石）成矿亚带（Ⅳ-24⑤）。

建造构造：含煤地层为采石岭组含煤段和大煤沟组含煤段。大煤沟组平面上嗷唠河以东均有发育，地层总厚度 23.96～607.80m,平均 143.26m,垂向上东部厚度大,向西部逐渐变薄,根据岩性特征分为大煤沟组含煤段和大煤沟组砂砾岩段。上部含煤段岩性主要为灰色、灰白色厚至中厚层状粗粒长石石英砂岩,夹含砾粗砂岩、中一细砂岩、粉砂岩、泥岩、碳质泥岩及煤层等,下部砂岩段岩性主要为以灰色、灰白色粉砂岩、泥岩等细碎屑岩夹粗砂岩。区内发育 M6、M7 煤层。其中,M7 大煤沟鱼卡煤田全区发育较稳定,为主要可采煤层;M6 煤层仅在尕秀区段和北山地区有发育,为零星可采。中侏罗统采石岭组全区发育,地层总厚度 26.36～385.65m,平均 120.67m,垂向上厚度变化规律不明显。根据岩性特征分为采石岭组页岩段、采石岭组含煤段。上部页岩段岩性主要为灰褐色、棕褐色油页岩夹薄层泥岩、粉砂质泥岩等。下部含煤段岩性主要为灰色、灰黑色粉砂岩及泥岩夹灰白色含砾粗砂岩和煤层等,自上而下含 M1、M2、M3、M4 及 M5 煤层,其中 M5 是采石岭组主要可采煤层,M3、M4 煤层为零星可采或局部可采煤层,M1、M2 不可采。

鱼卡煤矿区由赛什腾山古隆起两侧聚煤区和鱼卡聚煤凹陷构成,为一呈北西向展布的山前坳陷盆地,属柴达木盆地北缘的一部分,也是柴北缘聚煤环境最好的地段。鱼卡聚煤凹陷为由中间滩间山-鱼卡背斜带、南侧云雾山北-尕秀向斜、北侧鱼卡向斜组成的复式向斜。鱼卡煤矿区主要由 2 个北西西向隆起带和向斜带及北西西向区域性逆断层和近南北向逆断层组成。

成矿时代:早—中侏罗世。

成矿组分:煤层气。

矿床(点)实例:大柴旦行委鱼卡地区煤层气矿点。

简要特征:鱼卡煤田共有 6 个煤矿列入《截至二〇一七年底青海省矿产资源储量简表》,累计查明资源量 189 510.4 万 t,另外还有探获资源量 93 848.61 万 t,鱼卡煤矿共探获资源量 278 975.83 万 t。

煤质煤类:鱼卡煤矿区总体以低灰分、低硫分、中高发热量长焰煤为主,其次为不黏煤,仅在北山地区为弱黏煤、气煤、长焰煤、不黏煤和 1/2 中黏煤。

孔隙度:据鱼卡煤田 YQ-1 参数井 13 件样品成果显示,M7 的孔隙度为 5.26%～23.78%,平均孔隙度为 14.87%。鱼卡煤田 YQ-1 参数井 3 件样品渗透率:YQ1-M-18 的渗透率为 $42.5\times10^{-3}\mu m^2$,YQ1-M-75 的渗透率为 $12.6\times10^{-3}\mu m^2$,YQ1-M-82 的渗透率为 $5.11\times10^{-3}\mu m^2$。鱼卡五彩矿业露天矿区现场钻取的 M7 煤岩,测得其渗透率为 $0.892\times10^{-3}\mu m^2$。总体来看,鱼卡煤田 M7 煤层的孔隙度和渗透率均较高,达到有利标准。

煤储层吸附性:柴北缘鱼卡凹陷 M7 煤层煤样兰氏体积介于 4.16～16.62m^3/t 之间,平均值为 11.84m^3/t;兰氏压力介于 4.0～8.09MPa 之间;理论吸附能力较好。

煤层含气性:鱼卡东部 ZK11-1 钻孔采样深度为 470m 的一个 M7 样品,经测定,煤瓦斯成分 CH_4 含量为 86.22%,CO_2 为 11.29%,含气量达 5.87m^3/t。尕秀地区西部 ZK3-3 钻孔 M7 煤层瓦斯含量为 4.29m^3/t,CH_4 含量为 80.6%。Y35 钻孔 M7 煤层瓦斯含量为 29.10m^3/t,CH_4 含量为 89.36%。尕秀区段 YQ-1 参数井 M_6 煤层含气量 0.68～1.44m^3/t,平均 1.10m^3/t;M7 煤层含气量 1.19～2.54m^3/t,平均值 1.66m^3/t。YQ-2 参数井含气量最高值可达 7.67m^3/t,最低值为 0.61m^3/t,平均值 2.30m^3/t。鱼卡煤田二井田及其外围收集到 17 个瓦斯测试结果(其中 M5 煤层样品 5 个,M7 煤层样品 10 个,其他煤层样品 2 个)中仅有 1 个样品瓦斯含量超过 1m^3/t。从构造位置上看,二井田所处的构造位置紧邻两条大型断裂,呈条带状分布,煤层受断裂破坏较严重,认为二井田地区煤层含气性较差。在羊水河地区,柴页 1 井利用密闭取心的方法获取了 3 个下—中侏罗统大煤沟组煤层样品,测得的含气量最高值可达到 4m^3/t以上。

2)侏罗纪沼泽相沉积与烃源岩有关的页岩气成矿亚系列(Ⅳ24⑤-Mz_2^1-M-7b)

该成矿亚系列的矿种主要为页岩气,分布在绿梁山-锡铁山铅-锌-金-石油-铀-钍(煤、铁、宝玉石)成矿亚带(Ⅳ-24⑤)鱼卡煤田中,与采石岭组—大煤沟组煤系地层关系紧密。在各煤矿区钻孔中均有暗色泥页岩,均为较好的烃源岩,有柴页1井页岩气。成矿时代为早—中侏罗世。

【采石岭-大煤沟式(柴页1井)】

成矿区带:绿梁山-锡铁山铅-锌-金-石油-铀-钍(煤、铁、宝玉石)成矿亚带(Ⅳ-24⑤)。

在南翼山-南八仙油气-页岩气-锂-硼-锶-芒硝-钾镁盐成矿亚区(Ⅳ-25①)已论述。

3)侏罗纪与含矿流体作用有关的铀钍成矿亚系列(Ⅳ24⑤-Mz_2^1-N-7c)

该成矿亚系列的矿种主要为铀,分布在绿梁山-锡铁山铅-锌-金-石油-铀-钍(煤、铁、宝玉石)成矿亚带(Ⅳ-24⑤)鱼卡煤田,与采石岭组—大煤沟组煤系地层关系紧密,有大柴旦镇鱼卡九龙山铀矿化点、鱼卡煤田尕秀西段砂岩型铀矿矿化点。成矿时代为早—中侏罗世。

4)侏罗纪与煤层生物化学沉积作用有关的铀钍成矿亚系列(Ⅳ24⑤-Mz_2^1-S-7d)

该成矿亚系列的矿种主要为铀,分布在绿梁山-锡铁山铅-锌-金-石油-铀-钍(煤、铁、宝玉石)成矿亚带(Ⅳ-24⑤)结绿素、五彩山煤矿点一带,有大柴旦镇结绿素铀矿点、大柴旦镇五彩山铀矿点、大柴旦镇五彩山南301铀矿点。含矿地质体为煤层、高碳泥岩。成矿时代为早—中侏罗世。

(六)赛坝沟-阿尔茨托山金-铅-锌-铜-钨-锡-煤-锰(铀、金红石)成矿亚带(Ⅳ-24⑦)

本次在赛坝沟-阿尔茨托山金-铅-锌-铜-钨-锡-煤-锰(铀、金红石)成矿亚带(Ⅳ-24⑦)共厘定出战略性矿产矿床成矿系列组3个、矿床成矿系列6个、矿床成矿亚系列10个、矿床式5个(表4-12)。属于岩浆作用成矿系列组(Ⅰ组)2个,沉积作用成矿系列组(M组)1个。

1. 寒武纪—奥陶纪洋陆俯冲阶段与岩浆成矿作用有关的金-铀成矿系列(Ⅳ24⑦-Pz_1^{1-2}-Ⅰ-1)

该成矿系列的矿种主要为金、铀,分布在赛坝沟-阿尔茨托山金-铅-锌-铜-钨-锡-煤-锰(铀、金红石)成矿亚带(Ⅳ-24⑦)赛坝沟—哈日茨托山一带,达肯大坂岩群、滩间山群和元古宙花岗闪长岩、二长花岗岩分布区域,可分为两个亚系列。

1)寒武纪与中酸性侵入岩有关的金成矿亚系列(Ⅳ24⑦-Pz_1^2-Ⅰ-1a)

该成矿亚系列的矿种主要为金、铜,分布在赛坝沟-阿尔茨托山金-铅-锌-铜-钨-锡-煤-锰(铀、金红石)成矿亚带(Ⅳ-24⑦)阿尔茨托山沙柳河一带,达肯大坂岩群、新元古代花岗闪长岩分布地区,有都兰县沙柳河西金铜矿化点。成矿时代为寒武纪。

2)奥陶纪与中酸性侵入岩有关的金、铀成矿亚系列(Ⅳ24⑦-Pz_1^1-Ⅰ-1b)

该成矿亚系列的矿种主要为金、铀,分布在赛坝沟-阿尔茨托山金-铅-锌-铜-钨-锡-煤-锰(铀、金红石)成矿亚带(Ⅳ-24⑦)拓新沟—德龙沟一带,奥陶系—志留系滩间山群、古元古代二长花岗岩分布地区,有乌兰县拓新沟金矿床、都兰县德龙沟东侧金矿化信息点、乌兰县黑山铀钍矿点。成矿时代为晚奥陶世。

【拓新沟式】

成矿区带:赛坝沟-阿尔茨托山金-铅-锌-铜-钨-锡-煤-锰(铀、金红石)成矿亚带(Ⅳ-24⑦)。

建造构造:出露地层为奥陶系—志留系滩间山群,呈北西-南东向带状展布,可分为角闪片岩组、斜长角闪片岩组、二云石英片岩组。区内构造形式主要表现为断裂构造。褶皱构造仅限于滩间山群片岩中,一般规模较小。断裂构造以北西向最为发育,南北向、北东向次之。北西向断裂组内挤压片理发育,多形成碎裂岩、糜棱岩化碎裂岩及糜棱岩,局部构成金矿体。区内主要矿床、矿点、矿化点多分布在韧性剪切带两侧之北西向断裂破碎蚀变带中,并受其严格控制。岩浆活动强烈,从超基性岩—酸性岩均可见到,以斜长花岗岩为主,其次为钾长花岗岩、闪长岩、花岗闪长岩等。常见岩脉有闪长岩脉、闪长玢岩脉、花岗岩脉、钾长花岗岩脉、石英脉、花岗斑岩脉等。

表 4-12　赛坝沟-阿尔茨托山金-铅-锌-铜-钨-锡-煤-锰(铀、金红石)成矿亚带(Ⅳ-24⑦)成矿系列一览表

成矿亚带	成矿时代(构造旋回)	主要成矿作用	成矿系列组	成矿系列	成矿亚系列	矿床式	矿床(点)实例
赛坝沟-阿尔茨托山金-铅-锌-铜-钨-锡-煤-锰(铀、金红石)成矿亚带(Ⅳ-24⑦)	侏罗纪—白垩纪(Mz_2)	沉积作用、变质作用、含矿流体作用	与沉积作用(变质作用、含矿流体作用)有关的页岩气、煤层气、铀钍、石墨成矿系列组	侏罗纪断陷盆地沉积阶段与沉积作用(成矿流体作用和变质作用)有关的页岩气-煤层气-铀钍-稀散元素成矿系列(Ⅳ24⑦-Mz_2^1-S-6)	侏罗纪沼泽相沉积与烃源岩有关的页岩气成矿亚系列(Ⅳ24⑦-Mz_2^1-M-6c)		中侏罗统页岩气信息
					侏罗纪沼泽相沉积与煤层有关的煤及煤层气-稀散元素成矿亚系列(Ⅳ24⑦-Mz_2^1-M-6b)	旺尕秀式	旺尕秀煤矿区
					侏罗纪与成矿流体作用有关的铀成矿亚系列(Ⅳ24⑦-Mz_2^1-N-6a)		德令哈市北大滩铀102矿点、德令哈市旺尕秀铀矿化点
	石炭纪—三叠纪(Pz_2^2-Mz)	岩浆作用、变质作用及含矿流体作用	与岩浆作用、变质作用、含矿流体作用有关的铀钍、铌钽、铷、白云母、金多金属、页岩气、石墨成矿系列组	三叠纪挤压造山阶段与中酸性侵入岩有关的铀钍成矿系列(Ⅳ24⑦-Mz_1-Ⅰ-5)			乌兰县哈莉哈德山铀钍矿化信息点、都兰县查查香卡矿化信息点
				二叠纪与岩浆成矿作用有关的稀有-金-铀钍成矿系列(Ⅳ24⑦-Pz_2^3-Ⅰ-4)	二叠纪与中酸性侵入岩有关的铀钍成矿亚系列(Ⅳ24⑦-Pz_2^3-Ⅰ-4c)	查查香卡式	乌兰县查查香卡铀多金属矿床
					二叠纪与碱长花岗岩有关的稀有成矿亚系列(Ⅳ24⑦-Pz_2^3-Ⅰ-4b)		乌兰县夏日达乌地区铌钽矿点
					二叠纪与中酸性侵入岩有关的金成矿亚系列(Ⅳ24⑦-Pz_2^3-Ⅰ-4a)		乌兰县灰狼沟金铜矿点
	南华纪—泥盆纪(Nh-Pz_2^1)	岩浆作用、变质作用	与岩浆作用、变质作用、火山沉积作用有关的铀钍、金多金属、页岩气、石墨成矿系列组	泥盆纪伸展拆沉阶段与岩浆成矿作用、火山沉积作用有关的金-铀钍成矿系列(Ⅳ24⑦-Pz_2^1-Ⅰ-3)	泥盆纪伸展拆沉阶段与晚泥盆世陆相火山岩有关的铀钍成矿亚系列(Ⅳ24⑦-Pz_2^1-Ⅰ-3b)		德令哈市扎布萨尕秀西(681)铀矿点、乌兰县六〇一工区铀钍矿化信息点、乌兰681矿化点
					泥盆纪伸展拆沉阶段与中酸性侵入岩有关的金成矿亚系列(Ⅳ24⑦-Pz_2^1-Ⅰ-3a)	乌达热乎式	乌兰县乌达热乎金矿床、乌兰县巴润可万铜金矿点、乌兰县阿里根刀若金矿化点、乌兰县多仁吉金矿化点、乌兰县阿哈大洼金矿化点、乌兰县包尔浩日地区金矿化点、乌兰县阿移项金矿化点、乌兰县托莫尔日特金矿点、乌兰县嘎顺铜矿点
				志留纪陆-陆碰撞阶段与中酸性侵入岩岩浆作用有关的金成矿系列(Ⅳ24⑦-Pz_1^3-Ⅰ-2)		赛坝沟式	乌兰县赛坝沟金矿床
				寒武纪—奥陶纪洋陆俯冲阶段与岩浆成矿作用有关的金-铀成矿系列(Ⅳ24⑦-Pz_1^{1-2}-Ⅰ-1)	奥陶纪与中酸性侵入岩有关的金-铀钍成矿亚系列(Ⅳ24⑦-Pz_1^{1-2}-Ⅰ-1b)	拓新沟式	乌兰县拓新沟金矿床、乌兰县黑山铀钍矿点
					寒武纪与中酸性侵入岩有关的金成矿亚系列(Ⅳ24⑦-Pz_1^{1-2}-Ⅰ-1a)		都兰县沙柳河西金铜矿化点

成矿时代:晚奥陶世。

成矿组分:金。

矿床(点)实例:乌兰县拓新沟金矿床。

简要特征:矿体规模较大,以似层状、透镜状为主,脉状次之。矿体厚度一般 0.43~4.90m,平均 1.09~1.80m,金矿石品位一般为 1~10g/t,平均品位为 6.12g/t,矿体产出稳定,以含黄铁矿的云母绿泥长英片岩为主。金属矿物主要为黄铁矿,次为黄铜矿等,总量小于 5%。氧化矿物以褐铁矿为主。脉石矿物主要为石英、斜长石、白云母、绿帘石、绿泥石、碳酸盐矿物等,总量大于 95%。矿床氧化深度 15~20m,过渡带不发育。蚀变以硅化、绿泥石化、孔雀石化、褐铁矿化为主,次为碳酸盐化、绢云母化,具有明显的侧向分带现象。

成因认识:区内控矿岩性为滩间山群变火山岩组合,后期发生造山运动并延续到早中生代,地层发生浅变质,金矿化形成于造山带的区域变质条件下。据中南大学研究报告测试成果,成矿热液具有低温($120~200℃$)、高压($1000~>2000bar$)、中等盐度($4%~13%$)、含 CO_2 等特点,成矿热液可能主要来源于变质热液。

成矿方式:地下含矿热液的上升把深部矿质以及分散在岩石中的成矿元素溶解出来,把它们携带到一定的构造-岩石孔隙中通过充填交代方式把矿质沉淀下来形成矿体。在流体与通道和围岩的相互作用过程中使围岩发生蚀变,在充填过程中常伴有不同程度的交代蚀变成矿作用。拓新沟金矿床成因类型属浅成中—低温热液型,工业类型为破碎蚀变岩型。

2. 志留纪陆-陆碰撞阶段与中酸性侵入岩岩浆作用有关的金成矿系列(Ⅳ24⑦- Pz_1^3 - Ⅰ - 2)

该成矿系列的矿种主要为金,分布在赛坝沟-阿尔茨托山金-铅-锌-铜-钨-锡-煤-锰(铀、金红石)成矿亚带(Ⅳ-24⑦)赛坝沟一带,奥陶系—志留系滩间山群和中—晚奥陶世二长花岗岩、花岗闪长岩、石英闪长岩分布地区,有乌兰县赛坝沟金矿床、乌兰县赛坝沟矿区外围5号金矿点。成矿时代为早志留世。

【赛坝沟式】

成矿区带:赛坝沟-阿尔茨托山金-铅-锌-铜-钨-锡-煤-锰(铀、金红石)成矿亚带(Ⅳ-24⑦)。

建造构造:出露有奥陶系—志留系滩间山群地层,可进一步划分为黑云母石英片岩组和斜长角闪片岩组。主要岩性有灰色黑云母石英片岩、黑云母斜长石英片岩、二长石英片岩、斜长角闪片岩、石英角闪片岩、角闪石英片岩、角闪片岩等。构造为韧—脆性断裂,以北西—北西西向最为发育,南北向、北东向断裂次之。区内岩浆活动显著,从超基性岩到酸性岩均有出露,以中酸性侵入岩为主。时代为加里东期—印支期。其中加里东期中粗粒角闪斜长花岗岩是赛坝沟金矿的主要围岩,灰色细粒石英闪长岩在局部地段也是较重要的赋矿围岩。

成矿时代:早志留世。

成矿组分:金。

矿床(点)实例:乌兰县赛坝沟金矿床。

简要特征:含矿构造破蚀变碎带发育,总体走向北西,呈舒缓波状延伸,倾向北东,倾角 54°~79°,宽度 0.1~2.2m,带内岩石为绢英岩质超糜棱岩、云英片岩、糜棱岩等,具黄铁矿化、硅化、绢云母化、高岭土化、绿泥石化等,上、下盘围岩为角闪斜长花岗岩。矿体呈脉状赋存于含矿构造破碎蚀变带中。矿体走向长 54~302m,矿体单工程厚 0.27~5.20m,平均 2.20m,单工程品位 4.94~25.26g/t,平均品位 10.55~13.01g/t。矿石中金属矿物主要有自然金,少量银金矿、黄铁矿、磁铁矿及黄铜矿等;脉石矿物主要有石英、绢云母、绿泥石、长石及碳酸盐矿物等,表生矿物极少量,主要为赤铁矿、褐铁矿及孔雀石等。与成矿关系密切的蚀变主要有黄铁矿化、绢云英岩化、硅化、碳酸盐化、绿泥石化及泥化等。

成因认识:成矿大体可分为3个主要阶段。早期阶段,矿源层形成,即滩间山群火山岩系的沉积和其后海西期斜长花岗岩体的侵入,在同期断裂系统的影响下,岩浆热液使地层中的金活化迁移,形成含金热液,对围岩进行交代蚀变,形成黄铁绢云岩等使金初步富集;中期阶段,随着深大断裂的继承性发展,多次活动形成次级北西向构造破碎带,在长期的动力、区域热变质过程中,变质热液使金进一步富集,围岩蚀变进一步加强;晚期阶段,印支期钾长花岗岩的侵入,岩浆期后热液使金进一步迁移、富集。在脆性、压扭性断裂扩容条件下充填形成脉型矿体,此为金矿化形成的最主要阶段。绝大多数金矿床(点)及金化探异常,均分布在金背景值高的绿片岩、岩浆岩分布区及其附近构造挤压相叠加的地带和韧—脆性剪切发育的地带,与韧性剪切带展布方向一致,呈北西向带状分布。特别是主要矿床产于上述韧性剪切带前缘,是韧—脆性构造转换作用控矿的主要结果,表明控矿的主导因素不是地层层位,而是剪切构造,其成因类型属与剪切带有关的浅成中—低温热液型金矿床。

3. 泥盆纪伸展拆沉阶段与岩浆成矿作用、火山沉积作用有关的金、铀钍成矿系列(Ⅳ24⑦- Pz_2^1 -Ⅰ- 3)

该成矿系列的矿种主要为金、铀,分布在赛坝沟-阿尔茨托山金-铅-锌-铜-钨-锡-煤-锰(铀、金红石)成矿亚带(Ⅳ-24⑦)赛坝沟和阿木尼克山一带,奥陶系—志留系滩间山群和中—晚奥陶世二长花岗岩、花岗闪长岩、石英闪长岩分布地区,可划分与中酸性侵入岩和陆相火山岩有关的两个亚系列。

1) 泥盆纪伸展拆成阶段与中酸性侵入岩有关的金成矿亚系列(Ⅳ24⑦- Pz_2^1 -Ⅰ-3a)

该成矿亚系列的矿种主要为金,分布在赛坝沟-阿尔茨托山金-铅-锌-铜-钨-锡-煤-锰(铀、金红石)成矿亚带(Ⅳ-24⑦)嘎顺—哈莉哈德山一带,奥陶系—志留系滩间山群和晚奥陶世花岗闪长岩、斜长花岗岩、石英闪长岩、二长花岗岩及中奥陶世辉长岩分布地区,有乌兰县乌达热乎金矿床、乌兰县巴润可万铜金矿点、乌兰县阿里根刀若金矿点、乌兰县多仁吉金矿化点、乌兰县阿哈大洼金矿化点、乌兰县包尔浩日地区金矿化点、乌兰县阿移项金矿化点、乌兰县托莫尔日特金矿点、乌兰县嘎顺金铜矿点。成矿时代为晚泥盆世。

【乌达热乎式】

成矿区带:赛坝沟-阿尔茨托山金-铅-锌-铜-钨-锡-煤-锰(铀、金红石)成矿亚带(Ⅳ-24⑦)。

建造构造:主要为侵入岩,有石英闪长岩、角闪斜长花岗岩、辉长岩、辉石岩及少量钾长花岗岩,均为海西期侵入,角闪斜长花岗岩为主要类型,分布较广。后期岩脉也十分发育,石英脉与金矿化关系密切。构造活动强烈,主要为北西-南东向构造,其次为北东-南西向和近东西向构造。控矿断裂构造为北西向断裂组。

成矿时代:晚泥盆世。

成矿组分:金。

矿床(点)实例:乌兰县乌达热乎金矿床。

简要特征:矿体赋存于海西期斜长花岗岩体中的北西-南东向断裂破碎带中。工业矿体长度一般在40~200m之间,最长为240m,平均厚度0.4~1.5m,平均品位4~8g/t。矿体形态呈脉状、透镜状及条带状,具有尖灭再现、膨大缩小的特点。矿石中贵金属矿物主要为自然金及少量银金矿,一般金属矿物为褐铁矿、黄铁矿、磁铁矿,脉石矿物有石英、斜长石、绿泥石、绢云母。结构以粒状变晶结构、交代结构、脉状结构为主,构造为细脉状构造、稀疏浸染状构造、角砾状构造、斑点状构造等。围岩为斜长花岗岩,围岩蚀变有黄铁(褐铁)矿化、黄铁绢云岩化、硅化。

矿床类型属于岩浆热液型。

2) 泥盆纪伸展拆沉阶段与晚泥盆世陆相火山岩有关的铀钍成矿亚系列(Ⅳ24⑦- Pz_2^1 -Ⅰ-3b)

该成矿亚系列的矿种主要为铀、钍,分布在赛坝沟-阿尔茨托山金-铅-锌-铜-钨-锡-煤-锰(铀、金红石)成矿亚带(Ⅳ-24⑦)(S-D、T-J)旺尕秀—牦牛山一带,上泥盆统牦牛山组分布地区,有德令哈市扎布萨尔秀西(681)铀矿点、乌兰县六○一工区铀钍矿化信息点、乌兰681矿化点。成矿时代为晚泥盆世。

4. 二叠纪与岩浆成矿作用有关的稀有稀土-金-铀钍成矿系列（Ⅳ24⑦-Pz_2^3-Ⅰ-4）

该成矿系列的矿种主要为金、铀、铌、钽，分布在赛坝沟-阿尔茨托山金-铅-锌-铜-钨-锡-煤-锰（铀、金红石）成矿亚带（Ⅳ-24⑦）赛坝沟—哈日茨托山一带，依据矿种可分为3个亚系列。

1) 二叠纪与中酸性侵入岩有关的金成矿亚系列（Ⅳ24⑦-Pz_2^3-Ⅰ-4a）

该成矿亚系列的矿种主要为金、铜，分布在赛坝沟-阿尔茨托山金-铅-锌-铜-钨-锡-煤-锰（铀、金红石）成矿亚带（Ⅳ-24⑦）哈莉哈德山南一带，早二叠世二长花岗岩、花岗闪长岩分布地区，有乌兰县灰狼沟金铜矿点。成矿时代为早二叠世。

2) 二叠纪与碱长花岗岩有关的稀有稀土成矿亚系列（Ⅳ24⑦-Pz_2^3-Ⅰ-4b）

该成矿亚系列的矿种主要为铌、钽、稀土，分布在赛坝沟-阿尔茨托山金-铅-锌-铜-钨-锡-煤-锰（铀、金红石）成矿亚带（Ⅳ-24⑦）沙柳河北岸黑山一带，晚奥陶世英云闪长岩、中奥陶世超基性岩和二叠纪碱长花岗岩分布区，有乌兰县夏日达乌地区铌钽矿点。成矿时代为早二叠世。

3) 二叠纪与中酸性侵入岩有关的铀钍成矿亚系列（Ⅳ24⑦-Pz_2^3-Ⅰ-4c）

该成矿亚系列的矿种主要为铀，分布在赛坝沟-阿尔茨托山金-铅-锌-铜-钨-锡-煤-锰（铀、金红石）成矿亚带（Ⅳ-24⑦）沙柳河北岸黑山一带，奥陶系—志留系滩间山群和晚奥陶世英云闪长岩、中奥陶世超基性岩分布地区，有乌兰县查查香卡铀多金属矿床。成矿时代为早二叠世。

【查查香卡式】

成矿区带：赛坝沟-阿尔茨托山金-铅-锌-铜-钨-锡-煤-锰（铀、金红石）成矿亚带（Ⅳ-24⑦）。

矿床（点）实例：乌兰县查查香卡铀多金属矿床（特征见第二章第三节）。

5. 三叠纪挤压造山阶段与中酸性侵入岩有关的铀钍成矿系列（Ⅳ24⑦-Mz_1-Ⅰ-5）

该成矿系列的矿种主要为铀，分布在赛坝沟-阿尔茨托山金-铅-锌-铜-钨-锡-煤-锰（铀、金红石）成矿亚带（Ⅳ-24⑦）黑山—哈莉哈德山一带，新元古代花岗闪长岩分布地区，有乌兰哈莉哈德山铀钍矿化信息点、都兰县查查香卡矿化信息点。成矿时代为晚三叠世。

6. 侏罗纪断陷盆地沉积阶段与沉积作用（成矿流体作用和变质作用）有关的页岩气-煤层气-铀钍成矿系列（Ⅳ24⑦-Mz_2^1-S-6）

该成矿系列的矿种主要为铀，分布在赛坝沟-阿尔茨托山金-铅-锌-铜-钨-锡-煤-锰（铀、金红石）成矿亚带（Ⅳ-24⑦）黑山—哈莉哈德山一带，新元古代花岗闪长岩分布地区，可分为3个成矿亚系列。

1) 侏罗纪与成矿流体作用有关的铀成矿亚系列（Ⅳ24⑦-Mz_2^1-N-6a）

该成矿亚系列的矿种主要为铀，分布在赛坝沟-阿尔茨托山金-铅-锌-铜-钨-锡-煤-锰（铀、金红石）成矿亚带（Ⅳ-24⑦）旺尕秀—北大滩一带，中侏罗统采石岭组分布区域，有德令哈市北大滩铀102矿点、德令哈市旺尕秀铀矿化点。成矿时代为中侏罗世。

2) 侏罗纪沼泽相沉积与煤层有关的煤及煤层气、稀散元素成矿亚系列（Ⅳ24⑦-Mz_2^1-M-6b）

该成矿亚系列的矿种主要为煤、煤层气，分布在赛坝沟-阿尔茨托山金-铅-锌-铜-钨-锡-煤-锰（铀、金红石）成矿亚带（Ⅳ-24⑦）旺尕秀一带，下—中侏罗统大煤沟组分布区域，有旺尕秀煤矿区。成矿时代为早—中侏罗世。

【旺尕秀式】

成矿区带：赛坝沟-阿尔茨托山金-铅-锌-铜-钨-锡-煤-锰（铀、金红石）成矿亚带（Ⅳ-24⑦）。

建造构造：含煤地层采石岭组主要分布于红山煤矿和旺尕秀Ⅰ工区。岩性主要为灰绿色砂岩，灰黑色泥岩、油页岩，含煤3层，均为可采煤层。顶底板中含植物化石，主要有 *Coniopteris Yindanensis*（津坦锥叶蕨），*Nilssonia Orientolis*（东方蕉）等，时代偏新，属中晚侏罗世。厚度193.56m。

旺尕秀煤矿区包括北大滩煤矿（北大滩-红土山煤矿）、旺尕秀Ⅰ工区煤矿（包括旺尕秀深部）。旺尕秀Ⅰ工区煤矿地层围绕陶力山背斜倾伏端呈弧形展布，构造表现为倾向北西的单斜构造，倾角20°左右。构造主要为陶力山背斜以及巴音山背斜，其中陶力山背斜倾伏端（西段）前缘为侏罗纪含煤凹陷区。北大滩煤矿总体构造形态为一向斜，即北大滩向斜，总体轴向大致为北东向，东西长约20km，南北宽约10km。基底由克鲁克组及怀头他拉组灰岩组成，上覆侏罗系、白垩系、新近系以及第四系。向斜内部缺失上石炭统克鲁克组和下—中侏罗统大煤沟组。

成矿时代：中侏罗世。

成矿组分：煤层气。

矿床（点）实例：旺尕秀深部煤层气矿点。

简要特征：旺尕秀Ⅰ工区煤矿累计探获资源量2 946.1万t，包括累计查明资源量920.1万t、预测的（334）资源量2 026.0万t。北大滩煤矿累计探获资源量4 367.43万t，包括累计查明资源量1 154.0万t、预测的（334）资源量3 213.43万t。旺尕秀Ⅰ工区煤矿有B和A两层可采煤层，以长焰煤为主，局部为气煤及弱黏煤。北大滩煤矿有M4、M5两层可采煤层，为低灰、中高硫、高热值长焰煤。旺尕秀煤矿区与鱼卡煤田均处于柴北缘含煤带，同为侏罗系含煤岩系，具有相似的沉积环境、地层层序和岩性组合特征，因此应具有相似的煤层孔隙度、吸附性及含气性。

3）侏罗纪沼泽相沉积与烃源岩有关的页岩气成矿亚系列（Ⅳ24⑦-Mz_2^1-M-6c）

该成矿亚系列的矿种主要为页岩气，分布在赛坝沟-阿尔茨托山金-铅-锌-铜-钨-锡-煤-锰（铀、金红石）成矿亚带（Ⅳ-24⑦）旺尕秀一带，中侏罗统采石岭组分布区域，有中侏罗统页岩气信息。成矿时代中侏罗世。

第三节　区域成矿谱系

近年，王登红等（2002）和陈毓川等（2006，2015）又把不同类型矿床之间的相关性、成矿系列放在更大尺度的成矿构造背景中去研究，因而进一步发展产生了"成矿谱系"和"成矿体系"的新理论。按照区域构造演化与成矿关系，根据上述建立的成矿系列为基础，以地点（Ⅲ—Ⅳ级成矿带）为横坐标，时间（成矿时代）为纵坐标，建立成矿谱系（表4-13）。

一、柴达木盆地锂硼钾钠镁盐类-石膏-石油-天然气成矿带（Ⅲ-25）

该成矿带内划分了南翌山-南八仙油气-页岩气-锂-硼-锶-芒硝-钾镁盐成矿亚区（Ⅳ-25①）和东台-霍布逊硼-锂-钾镁盐（油气、页岩气、铀）成矿亚区（Ⅳ-25②）两个Ⅳ级成矿亚区，以Ⅳ级成矿亚区为横坐标，时间（成矿时代）为纵坐标，建立成矿谱系（图4-1）。

二、南祁连铅-锌-金-铜-镍-铬成矿带（Ⅲ-23）

该成矿带内划分了塔塔棱河石英-铜-稀有（白云母、金）成矿亚带（Ⅳ-23①）和尕日力根-石乃亥金-铅-锌-砂金-硼（铀、银）成矿亚带（Ⅳ-23②）两个Ⅳ级成矿亚带，以Ⅳ级成矿亚带为横坐标，时间（成矿时代）为纵坐标，建立成矿谱系（图4-2）。

表 4-13 柴达木盆地北部地区成矿谱系

单元时代			柴北缘铅-锌-铬-金-白云母成矿带（Ⅲ-24）	柴达木盆地锂硼钾钠镁盐类-石膏-石油-天然气成矿带（Ⅲ-25）	南祁连铅-锌-金-铜-镍-铬成矿带（Ⅲ-23）	东昆仑铁-铅-锌-铜-钴-金-钨-锡-石棉成矿带（Ⅲ-26）	西秦岭铅-锌-铜（铁）-金-汞-锑成矿带（Ⅲ-28）	构造演化
新生代	第四纪			第四纪与化学沉积作用有关的稀有成矿系列	第四纪与河湖冲洪积有关的砂金成矿系列		第四纪与河湖冲洪积有关的砂金成矿系列	高原隆升阶段
	新近纪	上新世	新近纪湖泊相与化学沉积作用有关的稀有成矿系列	新近纪与化学沉积作用有关的稀有成矿系列			新近纪湖盆沉积与化学沉积作用有关的稀有成矿系列	
		中新世						
	古近纪	渐新世		古近纪干柴沟组与沉积作用有关的铀-页岩气-锶成矿系列；古近纪与烃源岩有关的页岩气成矿亚系列；古近纪与湖盆沉积有关的稀有成矿亚系列；古近纪与含矿流体作用有关的铀成矿系列				
		始新世						
		古新世						
中生代	白垩纪	晚白垩世						陆内伸展阶段
		早白垩世						
	侏罗纪	晚侏罗世						
		中侏罗世	侏罗纪断陷盆地沉积阶段与沉积作用（变质作用、含矿流体作用）有关的页岩气-煤层气-铀钍成矿系列；侏罗纪沼泽相沉积与煤层有关的煤层气、石墨成矿系列		侏罗纪与沉积作用有关的铀-页岩气成矿系列			
		早侏罗世				侏罗纪与矽卡岩有关的金成矿系列		
	三叠纪	晚三叠世	三叠纪挤压造山阶段与含矿流体作用有关的金成矿系列；三叠纪与岩浆成矿作用有关的稀有稀土成矿系列；三叠纪挤压造山阶段与中酸性侵入岩有关的铀钍成矿系列		三叠纪与岩浆作用有关的稀有稀土-金-铀成矿系列	三叠纪挤压造山后阶段与伟晶岩有关的"三稀"-铀成矿系列；三叠纪挤压造山阶段与中酸性侵入岩有关的铀成矿系列	三叠纪挤压造山阶段与岩浆成矿作用有关的金、稀有稀土成矿系列	陆内伸展-隆升造山阶段
		中三叠世	三叠纪与岩浆成矿作用有关的稀有稀土成矿系列					
		早三叠世	三叠纪与矽卡岩有关的金成矿系列					

续表 4-13

单元时代		柴北缘铅-锌-铬-金-白云母成矿带（Ⅲ-24）	柴达木盆地锂硼钾钠镁盐类-石膏-石油-天然气成矿带（Ⅲ-25）	南祁连铅-锌-金-铜-镍-铬成矿带（Ⅲ-23）	东昆仑铁-铅-锌-铜-钴-金-钨-锡-石棉成矿带（Ⅲ-26）	西秦岭铅-锌-铜（铁）-金-汞-锑成矿带（Ⅲ-28）	构造演化
晚古生代	二叠纪	晚二叠世						陆内伸展-隆升造山阶段
		中二叠世	二叠纪与中酸性岩体岩浆作用有关的铀钍成矿系列					
		早二叠世	二叠纪与岩浆成矿作用有关的金-稀有稀土-铀钍成矿系列；二叠纪产在前寒武纪变质岩中与变质和叠加成矿作用有关的铀钍-石墨成矿系列		二叠纪凹陷盆地内河湖相与砾岩有关的金成矿系列		二叠纪陆内演化阶段与岩浆成矿作用有关的金成矿系列	
	石炭纪	晚石炭世					石炭纪断陷盆地与中酸性侵入岩有关的金成矿系列	
		早石炭世	石炭纪与中酸性侵入岩岩浆作用有关的金成矿系列；石炭纪陆表海环境与烃源岩有关的页岩气成矿系列					
	泥盆纪	晚泥盆世	泥盆纪与中酸性侵入岩岩浆成矿作用有关的金成矿系列；泥盆纪伸展拆沉阶段与火山沉积作用有关的铀钍成矿系列；泥盆纪伸展拆沉阶段与岩浆成矿作用、火山沉积作用有关的金-铀钍成矿系列		泥盆纪与岩浆成矿作用有关的金成矿系列			洋陆转换-增生造山阶段
		中泥盆世						
		早泥盆世						

续表 4-13

单元时代			柴北缘铅-锌-铬-金-白云母成矿带（Ⅲ-24）	柴达木盆地锂硼钾钠镁盐类-石膏-石油-天然气成矿带（Ⅲ-25）	南祁连铅-锌-金-铜-镍-铬成矿带（Ⅲ-23）	东昆仑铁-铅-锌-铜-钴-金-钨-锡-石棉成矿带（Ⅲ-26）	西秦岭铅-锌-铜（铁）-金-汞-锑成矿带（Ⅲ-28）	构造演化
早古生代	志留纪	晚志留世						洋陆转换-增生造山阶段
		中志留世	志留纪陆-陆碰撞阶段与岩浆成矿作用有关的白云母-铀钍成矿系列	志留纪与岩浆成矿作用有关的稀有稀土-金-铀钍成矿系列；志留纪产在前寒武纪变质岩中与变质和叠加成矿作用有关的铀钍-石墨成矿系列				
		早志留世	志留纪陆-陆碰撞阶段与中酸性侵入岩岩浆作用有关的金成矿系列		志留纪陆-陆碰撞阶段与中酸性侵入岩岩浆作用有关的金成矿系列		志留纪陆-陆碰撞阶段与中酸性侵入岩有关的金多金属成矿系列	
	奥陶纪	晚奥陶世						
		中奥陶世						
		早奥陶世	奥陶纪洋陆俯冲环境沼泽相沉积与烃源岩有关的页岩气成矿系列；奥陶纪与中酸性侵入岩岩浆作用有关的金-铀钍成矿系列；奥陶纪产在前寒武纪变质岩中与变质和叠加成矿作用有关的铀钍-石墨成矿系列					
	寒武纪	晚寒武世						
		中寒武世	寒武纪与中酸性侵入岩有关的金成矿系列					
		早寒武世						

续表 4-13

单元时代		柴北缘铅-锌-铬-金-白云母成矿带(Ⅲ-24)	柴达木盆地锂硼钾钠镁盐类-石膏-石油-天然气成矿带(Ⅲ-25)	南祁连铅-锌-金-铜-镍-铬成矿带(Ⅲ-23)	东昆仑铁-铅-锌-铜-钴-金-钨-锡-石棉成矿带(Ⅲ-26)	西秦岭铅-锌-铜(铁)-金-汞-锑成矿带(Ⅲ-28)	构造演化
新元古代	震旦纪	震旦纪黑土坡组与烃源岩有关的页岩气成矿系列					洋陆转换-增生造山阶段
	南华纪						
	青白口纪						
中元古代	待建纪						板内伸展-超大陆形成阶段
	蓟县纪	中元古代伸展裂陷环境沼泽相沉积与烃源岩有关的页岩气成矿系列					
	长城纪						
古元古代							古陆核形成阶段

三、西秦岭铅-锌-铜(铁)-金-汞-锑成矿带(Ⅲ-28)

该成矿带内划分了宗务隆山-加木纳哈岗稀有-铅-锌-金(铜、银)成矿亚带(Ⅳ-28①)一个Ⅳ级成矿亚带,以Ⅳ级成矿亚带为横坐标,时间(成矿时代)为纵坐标,建立成矿谱系(图 4-3)。

四、东昆仑铁-铅-锌-铜-钴-金-钨-锡-石棉成矿带(Ⅲ-26)

该成矿带内划分了夏日哈-鄂拉山铁-铜-铅-锌-钨-锡-铋-金-钼-页岩气成矿亚带(Ⅳ-26①),生格-茶卡稀有-铀-盐(金、白云母)成矿亚带(Ⅳ-26②)两个Ⅳ级成矿亚带,以Ⅳ级成矿亚带为横坐标,时间(成矿时代)为纵坐标,建立成矿谱系(图 4-4)。

五、柴北缘铅-锌-铬-金-白云母成矿带(Ⅲ-24)

该成矿带内划分了鱼卡-德令哈煤-铀-黏土-页岩气(稀有、稀土、金、石灰石)成矿亚带(Ⅳ-24①)、阿卡托山-俄博梁石棉-铜-镍-金-白云母(钨、铋、锡)成矿亚带(Ⅳ-24②)、小赛什腾-滩间山金(铀、铅、银、硫)成矿亚带(Ⅳ-24③)、布赫特山铁-稀有、稀土-金(铀、铂族、煤)成矿亚带(Ⅳ-24④)(C、P)、绿梁山-锡铁山铅-锌-金-石油-铀-钍(煤、铁、宝玉石)成矿亚带(Ⅳ-24⑤)、阿姆尼克-卜浪沟铅-锌-铀(煤、盐)成矿亚带(Ⅳ-24⑥)和赛坝沟-阿尔茨托山金-铅-锌-铜-钨-锡-煤-锰(铀、金红石)成矿亚带(Ⅳ-24⑦)共7个Ⅳ级成矿亚带,以Ⅳ级成矿亚带为横坐标,时间(成矿时代)为纵坐标,建立成矿谱系(图 4-5)。

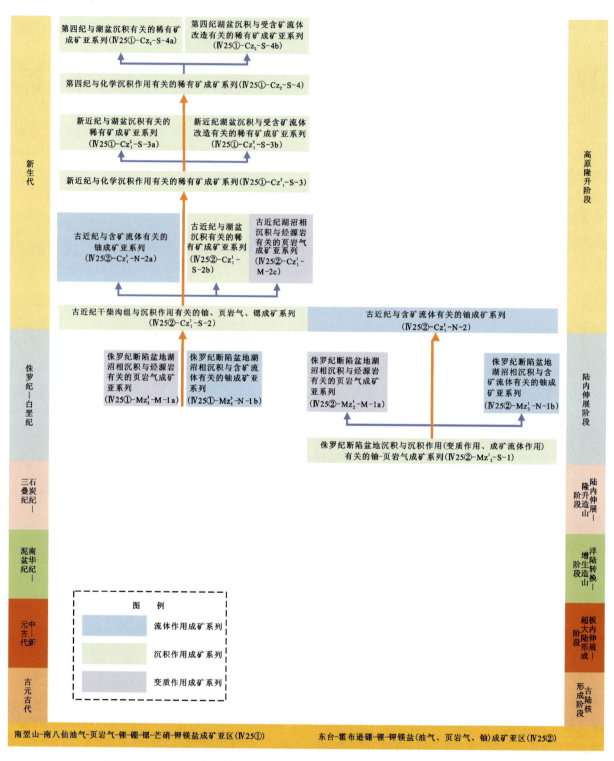

图4-1 柴达木盆地锂硼钾钠镁盐类-石膏-石油-天然气成矿带（Ⅲ-25）成矿谱系图

第四章 柴达木盆地北部地区战略性矿产成矿系列

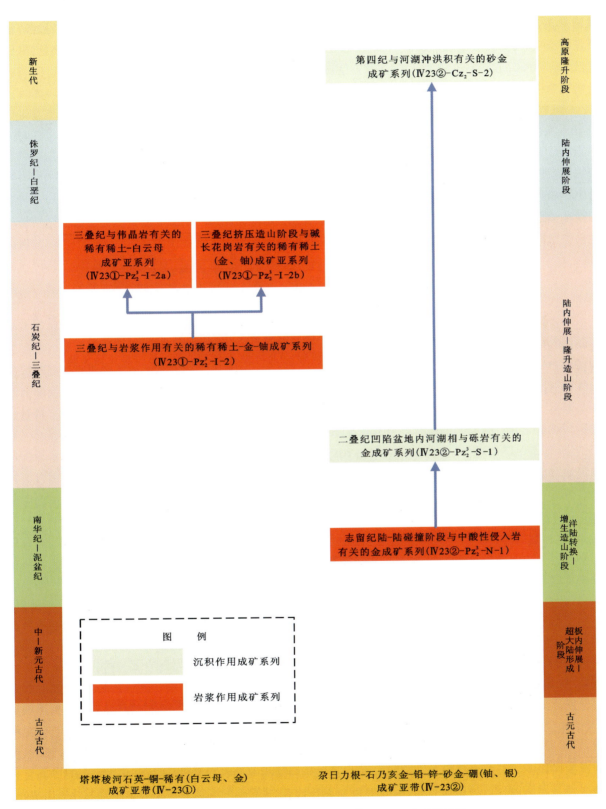

图 4-2 南祁连铅-锌-金-铜-镍-铬成矿带(Ⅲ-23)成矿谱系图

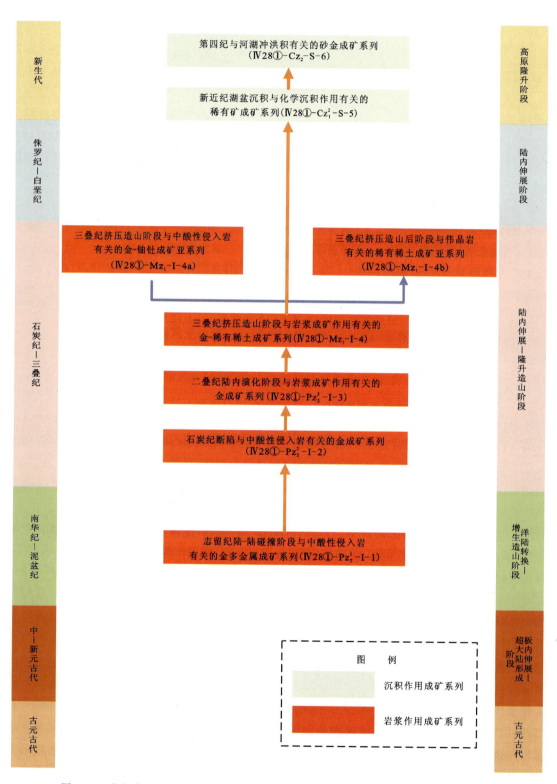

图 4-3 宗务隆山-加木纳哈岗稀有-铅-锌-金（铜、银）成矿亚带（Ⅳ-28①）成矿谱系图

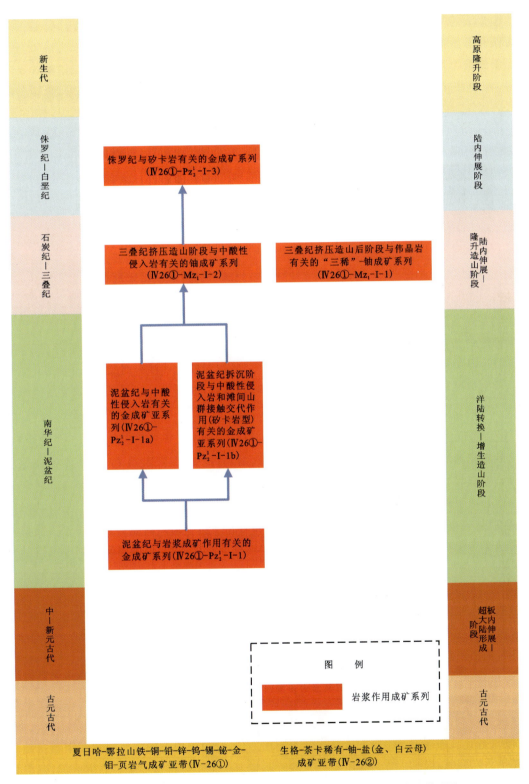

图 4-4 东昆仑铁-铅-锌-铜-钴-金-钨-锡-石棉成矿带（Ⅲ-26）成矿谱系图

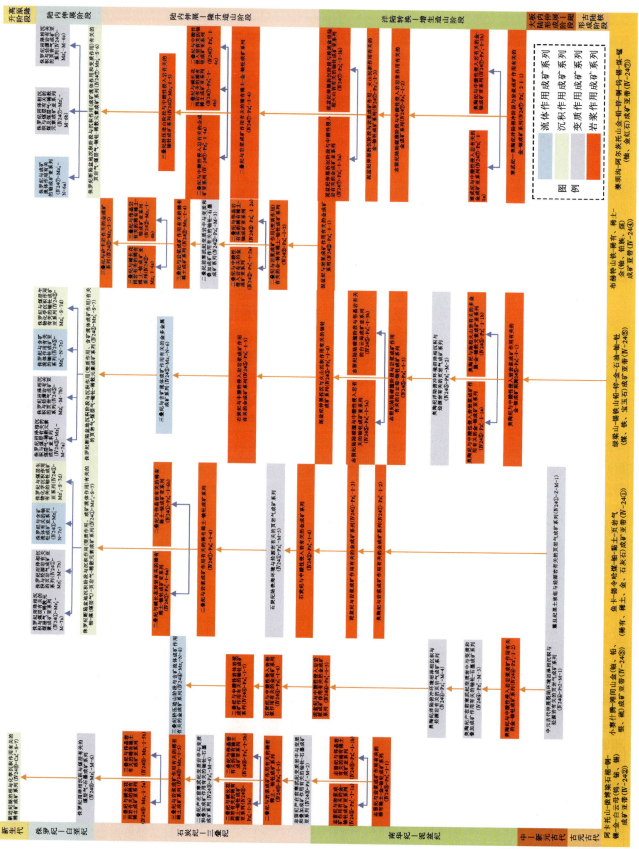

图4-5 柴北缘铅-锌-金-白云母成矿带（Ⅲ-24）成矿谱系图

第五章　柴达木盆地北部地区战略性矿产靶区优选

第一节　远景区划分原则

一、成矿远景区划分方法

在对区域地质背景分析、主要矿产控矿条件和成矿规律研究的基础上,充分运用已有的地质、矿产、物化探及遥感成果和建立的柴达木盆地北部地区矿床成矿系列,分矿种进行划分。

成矿远景区具体的圈定方法是利用 GIS 平台将地质构造信息、矿化信息、物化探及遥感信息进行众多的分解、组合,运用计算机进行多次的叠加、关联,找出控制不同矿种的主要地质信息(因素)和物化探及遥感信息(因素),根据这些控制因素的分布范围,在图上圈出成矿远景区。在圈定具体范围时,以地质信息为基础,以化探异常为主导,结合物探信息和遥感信息,以不漏矿、少漏矿的最小面积法用折线圈闭。

二、成矿远景区划分原则

(一) 金、铀、"三稀"、铂族矿成矿远景区划分原则

1. 划分原则

在不同地带,不同构造及成矿带上,矿化程度不同,矿化类型和矿种各异。因此,在成矿带的基础上,依据已知矿点和矿化线索及重要的地球物理、地球化学异常和遥感异常的分布,结合含矿建造、容矿岩石、重要的控矿构造特征及成矿系列组特征来划分。主要依据以下原则进行划分。

(1) 一个成矿远景区位于同一Ⅳ级成矿区(带)中,个别可以跨Ⅳ级成矿亚区(带)。边界结合区域地质、构造、岩浆活动及其历史演化与区域成矿特征划定。

(2) 受同一成矿作用或叠加几种(2种以上)成矿作用控制,形成一个或几个成矿系列矿床的矿化密集区划为一个远景区。

(3) 以地质、矿产信息为主,参照物探、化探反映的不同信息,地层、岩浆岩、构造基本相似,水系异常中主元素相近。

(4) 丙级及以上的化探异常中主元素、成矿区(带)的主要找矿元素作为确定远景区找矿元素的依据,利用丙级及以上的异常主元素的外带作为圈定成矿远景区边界。

(5) 以远景区内已知化探异常级别、矿床(点)及矿化线索发育情况以及与异常范围套合关系等作为确定成矿远景区等级的依据。

(6) 区域内的主要矿床、河流、山脉、行政区作为找矿远景区定名依据。

另外,铂族成矿远景区的划分是以本次研究区最新划分的成矿区带和基性—超基性岩体为基础,对研究区内不同成矿单元内出露的基性—超基性岩体的成岩时代、岩石组合类型、蚀变特征、岩体类型、构造环境及相应的铂族元素特征进行对比性分析研究,结合区内已有矿点、矿化线索划分成矿远景区。

2.划分标准

根据上述成矿远景区划分原则,研究区内共划分出Ⅰ、Ⅱ、Ⅲ三级成矿远景区。

Ⅰ级:成矿条件有利,有已知矿化点,可增加储量远景,资源潜力较大,物化探异常显示较好,找矿标志明显,需进一步开展工作评价的地区。

Ⅱ级:成矿地质条件有利,已发现有矿(化)点,各类异常较好,找矿标志明显的地区。

Ⅲ级:具备有利的成矿地质条件,物化探异常反映较好,但矿化不太明显的地区。

(二)页岩气成矿远景区划分原则

页岩气富集区的优选参数主要包括富有机质页岩的有效厚度、有机碳含量、成熟度、脆性矿物、含气量等。根据《页岩气资源潜力评价方法与靶区优选标准操作手册》和《页岩气地质评价方法》(GB/T 31483—2015)的评价标准,参考研究区以往页岩气评价项目,结合研究区情况,建立了本次页岩气远景区优选评价标准(表5-1)。

表5-1 页岩气远景区优选标准

选区	主要参数	海相	海陆过渡相或陆相
远景区	TOC(总有机碳含量)	平均不小于0.5%	
	R_o(镜质体反射率)	≥1.1%	≥0.4%
	埋深	100~4500m	
	地表条件	平原、丘陵、山区、高原、沙漠、戈壁等	
	保存条件	现今未严重剥蚀	

第二节 靶区圈定原则和标准

一、靶区圈定原则

找矿靶区是根据1:20万和1:5万尺度(含部分地区1:2.5万)化探、重砂及异常查证、矿点检查等工作确定的具有进一步工作价值、具备某一成矿系列或亚系列的特点、可能发现矿床,或扩大已有矿床远景的地段。以成矿远景区为基础,对具体成矿地质环境、控矿条件、化探异常、发现的矿化信息等进行综合分析,在与典型矿床类比的基础上,圈定找矿靶区。

在成矿远景区内进一步圈定,主要在异常分类、评述及对各综合异常推断解释与评价的基础上,对区内异常以其元素组合特征、主元素规模、异常地质成矿条件是否有利,并结合区域异常内已发现的矿(化)体、矿化线索等进行综合类比,按找矿价值及意义划分不同级别的找矿靶区。

二、靶区圈定标准

根据上述找矿靶区圈定原则,研究区共划分出A、B、C三级找矿靶区。

A类：成矿地质条件十分有利，已有成矿事实，并已经发现有矿床（点），成矿潜力大，不同比例尺的化探异常强度较高，并且各种异常套合较好的区域。

B类：成矿地质条件较有利，有矿化点或矿化线索，有一定的找矿潜力，不同比例尺的化探异常强度较高，并且各种异常套合较好的区域。

C类：具有成矿条件，有矿化线索或有可能发现矿化信息，不同比例尺的化探异常强度较低，且各种异常套合较差的区域。

三、页岩气有利区圈定原则及方法

1. 圈定原则

根据《页岩气资源潜力评价方法与靶区优选标准操作手册》和《页岩气地质评价方法》（GB/T 31483—2015）的评价标准，参考研究区以往页岩气评价项目，结合研究区情况建立了页岩气有利区优选评价标准，如表5-2所示。

表5-2 页岩气有利区优选标准

选区	主要参数	海相	海陆过渡相或陆相
有利区	泥页岩面积下限	在稳定区或改造区都有可能。根据地表条件及资源分布等多因素考虑，面积下限为200～500km²	
	泥页岩厚度	厚度稳定，单层厚度大于10m	单层泥页岩厚度大于10m，或有效泥页岩地层厚度比值大于60%，单层泥页岩厚度大于6m，且连续厚度大于30m
	TOC（总有机碳含量）	平均不小于1.5%	
	R_o（镜质体反射率）	大于0.5%	
	埋深	300～4500m	
	地表条件	地形高差较小，如平原、丘陵、低山、沙漠等	
	总含气量	不小于0.5m³/t	
	保存条件	中等—好	

2. 评价方法

根据暗色泥岩沉积环境、有机地球化学特征，在以往煤炭、石油钻孔资料分析的基础上，以选区评价方法为依据，综合勘查区内主力富有机质页岩层的地质特征，采用多参数叠加法综合优选页岩气有利区。

第三节 远景区及靶区特征

一、金矿远景区及靶区特征

在研究区内圈定金成矿远景区8个、找矿靶区21处（图5-1）。

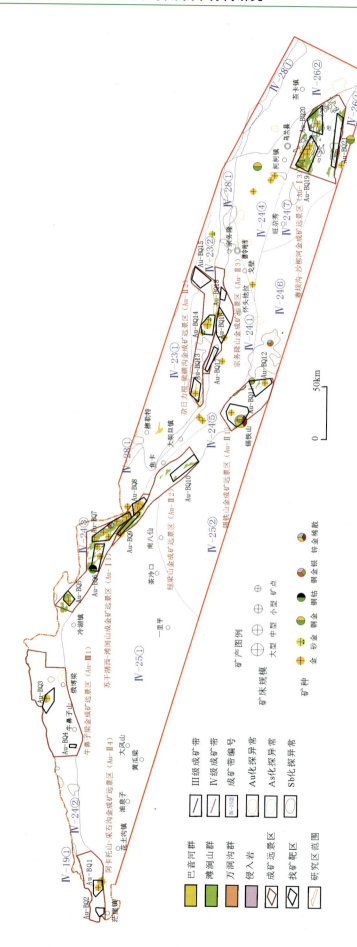

图 5-1 柴北缘地区金矿找矿预测

(一)找矿远景区

1. 尕日力根-硫磺沟金成矿远景区(Au-Ⅱ2)

远景区位于尕日力根-石乃亥成矿亚带,面积约1 783.5km²。区内出露地层从老到新主要有志留系巴龙贡噶尔组,下—中二叠统勒门沟组、草地沟组,上二叠统哈吉尔组—忠什公组,下—中三叠统江河组、下环仓组、大加连组。断裂构造和褶皱构造发育,断裂以柴北缘深断裂和宗务隆山大断裂带为主体,沿断裂带形成的构造蚀变岩带,是金矿化赋存有利场所。岩浆活动不强烈,仅有岩脉分布。已知矿化点信息丰富,发现4处砂金矿点、5处岩金矿化点。物化探异常显示好,1∶5万物探异常有12处,1∶5万化探异常共有79处,以Au为主元素的综合异常共有31处,主要分布在志留系巴龙贡噶尔组及二叠系勒门沟组中,异常走向和地层、断裂走向一致,具有很大的找矿潜力。

2. 阿卡托山-采石沟金成矿远景区(Au-Ⅱ4)

远景区位于阿卡托山-俄博梁成矿亚带,面积约1 075.5km²。区内出露地层从老到新有古元古界达肯大坂岩群、奥陶系—志留系滩间山群、下—中侏罗统大煤沟组、中侏罗统采石岭组、上侏罗统洪水沟组、白垩系犬牙沟组、上新统油砂山组。褶皱、断裂构造发育,褶皱主要为阿卡腾能山向斜,断裂主要有3组,基本呈东西向或北东-南西向分布。岩浆活动强烈,侵入岩、火山岩均有分布,岩浆侵入活动有加里东期、海西期。

区内1∶5万化探异常共有16处,以Au为主元素的异常5处,异常主要集中分布在柴水沟—采石岭一带。海西期侵入岩沿断裂带断续分布,侵位于滩间山群中,对成矿极为有利,为金、银、铅等成矿物质的来源体。基性火山岩成矿作用明显,以滩间山群中的拉斑玄武岩、火山碎屑岩为代表,是成矿带的重要赋矿层位。另外区域性断裂及所派生的北东向、近东西向次级断裂制约了构造热液型金银铜铅锌等矿点的空间展布,起着控矿和容矿作用。已知金矿床点3处,物化探异常显示好,总体反映出了远景区较大的找矿潜力。

3. 牛鼻子梁金成矿远景区(Au-Ⅲ1)

远景区位于阿卡托山-俄博梁成矿亚带,面积约3 077.9km²。出露地层从老到新主要有古元古界达肯大坂岩群、中元古界万洞沟群、中侏罗统采石岭组、新近系—古近系干柴沟组、新近系油砂山组。断裂构造非常发育,主体为阿尔金山深大断裂带南侧的次生断裂,以北西向断裂组最为发育,次为北东向,以逆冲断裂为主。区内的褶皱构造除黄石山南背向斜发育在上油砂山组中外,其余均在古元古界达肯大坂岩群断层中,轴向多呈北西向,大致平行排列。岩浆活动频繁,主要为加里东期—海西期,岩性从基性—中酸性岩均有出露。

物化探异常显示好,1∶5万物探异常有46处,1∶5万化探异常有27处,Au为主元素异常有3处,伴生元素异常有7处,异常基本出露在达肯大坂岩群的韧性剪切带中,基本沿北东向断裂构造带展布,与已有成矿事实吻合,已知金矿床点2处,即交通社西北山西金矿床、冷湖镇俄博梁北山金矿化点,找矿潜力较大。

4. 苏干湖西-滩间山成矿远景区(Au-Ⅰ1)

远景区位于小赛什腾-滩间山成矿亚带,面积约1 934.79km²。区内出露地层有古元古界达肯大坂岩群,中元古界万洞沟群,奥陶系—志留系滩间山群,上泥盆统牦牛山组,下石炭系怀头他拉组,下—中侏罗统大煤沟组,古近系—新近系干柴沟组,上新统油砂山组、狮子沟组。远景区内断裂发育,北西向断裂与区域主构造线方向一致。区内各金矿化点均与北西向断裂有密切的关系,远景区内发现的 4 处金矿床、20 处金矿化点均受断裂控制。区内岩浆活动频繁,主要为加里东期—海西期,岩性从超基性—基性—中酸性岩均有出露。

1∶5万水系沉积物异常共圈定 53 处,较好的金异常主要分布在小赛什腾山、三角顶、红灯沟—胜利沟、滩间山、青龙山、红柳沟一带,同时这类异常主要分布在中元古界万洞沟群及滩间山群中,部分分布在中酸性花岗岩之中。大部分异常通过检查已发现金矿(化)体,说明金异常是区内找金的主要标志。结合地质、物化探综合分析,该远景区具有极好的构造蚀变岩型金矿的成矿地质条件和背景,反映出了该地区巨大的找矿潜力。

5. 绿梁山金成矿远景区(Au-Ⅰ2)

远景区位于绿梁山-锡铁山成矿亚带,面积约 1 268.07km²。区内古元古界达肯大坂岩群、奥陶系—志留系滩间山群与热液型金多金属矿关系密切。古元古界达肯大坂岩群是区内主要的金矿含矿层位,该套地层对金成矿具有形成成矿有利空间和提供部分物源的作用。奥陶系—志留系滩间山群是区内的主体地层,该套火山岩地层的下碎屑岩组中存在多处金矿床及矿化点。远景区内断裂发育,整体构造线为北西向,产状却变化多样。靠近主断裂各种矿床、矿(化)点较密集,远离主断裂相对分布稀疏;区内各金矿化点均与北西向断裂有密切的关系。区内岩浆活动频繁,主要为加里东期—海西期,岩性从超基性—基性—中酸性岩均有出露。其中加里东期碎裂蚀变闪长岩、蚀变辉长岩、辉绿岩等岩体及岩脉为金矿化的富集提供了热源。

1∶5万水系沉积物异常共圈定 72 处,较好的金异常主要分布在滩间山、绿梁山、南山—开屏沟及双口山一带,主要沿北西向断裂分布,异常强度较高,多具三级浓度分带。同时这类异常主要分布在古元古界达肯大板岩群及滩间山群中,部分分布在中酸性花岗岩中。远景区具有丰富的矿产资源信息,已发现 8 处金矿床及矿化点。区内矿化点多、集中而规模大,各类矿化线索丰富,显示出了该区蕴藏有丰富的金多金属矿产资源。

6. 锡铁山金成矿远景区(Au-Ⅱ1)

远景区位于绿梁山-锡铁山成矿亚带,面积约 1 581.6km²。区内出露地层从老到新主要有古元古界达肯大坂岩群、奥陶系—志留系滩间山群、泥盆系牦牛山组、下石炭统阿木尼克组、下—中侏罗统大煤沟组、新近系—古近系干柴沟组、古近系路乐河组。其中与矿化关系密切的地层主要有古元古界达肯大坂岩群、上泥盆统牦牛山组。构造线整体呈北西向,主要有断裂构造及褶皱构造两大类,区内各金矿化点均与北西向断裂有密切的关系。远景区构造控矿、控岩特征清楚,北西向、北西西向及北北西向断裂发育。区内岩浆活动频繁,主要为加里东期—海西期,岩性从超基性—基性—中酸性岩均有出露。侵入岩以中酸性岩类为主,火山岩以中基性岩为主。

远景区 1∶5 万物探异常有 29 处,1∶5 万化探异常共有 23 处。区内以 Au 为主元素的综合异常共有 5 处。从化探异常展布看,有北西向、近东西向成带分布的规律,与区内构造及岩浆的分布特征一致,金异常主要分布于锡铁山、全吉河海西期黑云二长花岗岩及饮马峡牦牛山组中,易于形成构造蚀变岩型、热液型金铜矿产。已知金矿床(点)共计 6 处,成矿事实清楚,找矿潜力较大。

7. 赛坝沟-沙柳河金成矿远景区(Au-Ⅰ3)

远景区位于赛坝沟-阿尔茨托山成矿亚带,面积约 2 712.9km²。区内出露地层从老到新主要有古元古界达肯大坂岩群、新元古界长城系沙柳河岩群、奥陶系—志留系滩间山群、泥盆系牦牛山组、石炭系怀头他拉组、三叠系鄂拉山组、新近系油砂山组。区内韧性剪切、褶皱构造和近东西向、北西—北北西向和北东—北东东向3组断裂构造发育。这些韧性剪切构造及断裂构造共同控制着远景区内金矿床(点)的富集及分布。区内岩浆活动频繁,主要为加里东期—印支期,岩性从超基性—基性—中酸性岩均有出露。区内中酸性侵入岩是热液矿床的热源和物源。

区内1:5万物探异常有70处,1:5万化探异常共有46处,其中9处异常主元素为Au。异常集中分布在赛坝沟矿区周围,金异常强度高、规模大,主要与滩间山群碎屑岩组、火山岩组和加里东期斜长花岗岩相关,易于形成构造蚀变岩型、热液型金铜矿产。已知金矿床点32处,找矿潜力巨大。

8. 宗务隆山金成矿远景区(Au-Ⅱ3)

远景区位于宗务隆山-加木纳哈岗成矿亚带,面积约1 006.5 km²。区内出露地层从老到新主要有石炭系—二叠系土尔根大坂组、下二叠统果可山组、中二叠统甘家组、下—中三叠统隆务河组。断裂构造发育,以宗务隆山大断裂带为主体,次级断裂较为发育,主要为北西西向和近北东向,以北西西向断裂为主,沿断裂形成构造蚀变岩带,是金矿化赋存有利场所。区内岩浆活动不强烈,仅有岩脉分布,主要为中酸性岩脉及石英脉等。其中区内石英脉与成矿关系较为密切,有明显的金矿化,为金矿化的主要赋矿脉体。

区内物化探异常显示好,1:5万物探异常有4处,1:5万化探异常共有88处,以Au为主元素的综合异常共有49处。金异常主要分布于石炭纪、二叠纪地层中,多以强异常形式出现。区内发现4处金矿化点,成矿事实清楚,具有较大的找矿潜力。

(二) 找矿靶区

研究区金矿找矿靶区信息见表5-3。

表5-3 研究区金矿找矿靶区信息一览表

靶区所处远景区	靶区名称	面积/km²	主攻成矿类型	靶区特征
尕日力根-硫磺沟金成矿远景区(Au-Ⅱ2)	尕日力根金找矿B类靶区(Au-BQ13)	135.62	砾岩型金矿	靶区出露地层为志留系巴龙贡噶尔组,下—中二叠统勒门沟组、草地沟组。区内构造以近东西向、北西向断裂为主。岩浆岩不发育,仅在局部有少量石英脉出露。区内大面积的志留系巴龙贡噶尔组及下—中二叠统勒门沟组为主要赋矿岩性。靶区有1:5万水系沉积物异常5处,其中Au为主元素异常4处。区内已经发现矿化点与已知化探异常套合较好,成矿事实清楚,属于二叠纪凹陷盆地内与河湖相砾岩有关的金成矿系列(Ⅳ23②-Pz_2^3-S-1),具有极好的砾岩型金矿的找矿潜力
	雅砂图金找矿A类靶区(Au-BQ14)	185.81	构造蚀变岩型、石英脉型及砂金矿	靶区出露地层为志留系巴龙贡噶尔组,下—中二叠统勒门沟组、草地沟组。区内发育雅砂图韧性剪切带,为北西、北西西走向,其空间展布严格控制着矿(化)点及矿化线索的分布。岩浆活动不强烈,仅有岩脉分布,主要为辉绿玢岩脉、煌斑岩脉、花岗伟晶岩脉及石英脉等。区内分布有1:5万水系沉积物异常21处,其中Au为主元素异常13处,伴生元素异常5处。靶区已经发现5处金矿床(点)及砂金矿点,这些矿化点与化探异常套合极好,主要赋存于巴龙贡噶尔组和勒门沟组中,属于第四纪与河湖冲洪积有关的砂金成矿系列(Ⅳ23②-Cz_2-S-2),反映出靶区具有极好的找矿潜力
	硫磺沟金找矿B类靶区(Au-BQ15)	189.85	构造蚀变岩型及砂金矿	靶区出露地层主要为志留系巴龙贡噶尔组,在下游沿河沟谷底部有第三系紫红色含砾砂岩及第四系混合砂层。区内褶皱与断裂构造均很发育,地层总体走向为北西西—南东东向延伸,断裂构造亦呈北西向,局部破碎带发育,带内蚀变发育。区内岩浆活动较弱,岩脉多沿断裂贯入,其中石英脉褐铁矿化较强,破碎程度高的含金量相对较高。区内分布有1:5万水系沉积物异常1处,主元素为Au,伴生W、Ag元素的综合异常。靶区金矿化富集地段有明显的地球化学异常,属于志留纪陆-陆碰撞阶段与中酸性侵入岩岩浆作用有关的金成矿系列(Ⅳ23②-Pz_2^3-N-1),具有良好的找矿潜力

续表 5-3

靶区所处远景区	靶区名称	面积/km²	主攻成矿类型	靶区特征
阿卡托山-采石沟金成矿远景区（Au-Ⅱ4）	柴水沟-采石沟金找矿B类靶区（Au-BQ1）	113.04	构造蚀变岩型和石英脉型金矿	靶区出露地层主要为奥陶系—志留系滩间山群、下—中侏罗统大煤沟组。区内岩浆活动频繁。断裂构造发育，基本呈东西向或北东-南西向分布。与金相关1∶5万水系沉积物异常3处，基本沿断裂带呈北东向展布。已发现4处金矿点，基本沿平顶山-野马滩断裂带及阿克提山大沟断裂带分布，两条断裂共同制约了构造热液型金多金属矿点的空间展布，起着控矿和容矿作用。区内滩间山群中派生的北东向次级断裂构造、韧性剪切带是金矿床形成的有利部位，反映出靶区具有寻找构造蚀变岩型和石英脉型金矿的潜力。属于志留纪与岩浆成矿作用有关的稀有稀土、金、铀钍成矿系列（Ⅳ24②-Pz$_1^3$-Ⅰ-1），具有良好的找矿潜力
	严顺沟金找矿C类靶区（Au-BQ2）	50.63	构造蚀变岩型和石英脉型金矿	靶区出露地层主要为奥陶系—志留系滩间山群、下—中侏罗统大煤沟组、新近系油砂山组及第四系。岩浆活动强烈，从基性—中性—酸性侵入岩均有出露。断裂构造较发育，按展布方向可分3组，北西向及近东西向断裂是区内主要构造，北东向次之，而局部形成的次级断裂及构造破碎带是主要的导矿及储矿构造。岩浆受断裂控制明显，海西期侵入岩对成矿极为有利，为Au、Ag、Pb等成矿物质的来源体。靶区滩间山群中构造极发育，形成众多北东东向展布的构造蚀变带。带内热液活动强烈，矿化蚀变极强。在断层破碎带内见有呈脉状分布的金矿化体，含矿岩性为蚀变石英脉。发现2处金矿化线索，与区内化探异常套合极好，找矿潜力较大
牛鼻子梁金成矿远景区（Au-Ⅲ1）	交通社西北山金找矿B类靶区（Au-BQ3）	156.38	构造蚀变岩型和石英脉型金矿	靶区出露地层主要为古元古界达肯大坂岩群、新近系油砂山组，其中达肯大坂岩群是主要的赋矿地层。区内岩浆活动频繁，主要为加里东期—海西期。断裂构造发育，以北东向断裂组最为发育，北西向次之，断裂起到了导矿作用。区内达肯大坂岩群中派生的北东向次级断裂构造、韧性剪切带及石英脉中有明显的金矿化富集。1∶5万水系沉积物异常有3处，异常主要沿北东向断裂带展布。发现交通社西北山西金矿床、冷湖镇俄博梁北山金矿化点2处金矿（点），这些矿床（点）与异常套合极好，属于志留纪与岩浆成矿作用有关的稀有稀土、金、铀钍成矿系列（Ⅳ24②-Pz$_1^3$-Ⅰ-1），找矿潜力较大
	西大沟金找矿B类靶区（C）（Au-BQ4）	19.37	构造蚀变岩型金矿	靶区出露地层为古元古界达肯大坂岩群及第四系。区内岩浆岩活动比较频繁，中酸性侵入岩极为发育。侵入时期为海西期和印支期，其中海西期侵入岩最为强烈。区内构造主要为韧性剪切构造及脆性断裂，整体走向为北西向，局部形成的构造破碎蚀变带与金矿化关系密切。区内1∶5万水系沉积物异常涉及3处，1∶2.5万化探异常有4处，异常沿北西—近东西向断裂带展布。靶区内发现1处金矿化线索，位于近东西向次级断裂构造破碎带中。该区寻找构造蚀变岩型金矿的潜力较大
苏干湖西-滩间山金成矿远景区（Au-Ⅰ1）	小赛什腾金找矿B类靶区（Au-BQ5）	89.81	构造蚀变岩型金矿	靶区出露地层主要为奥陶系—志留系滩间山群下火山岩组玄武岩安山岩-英安岩组合、下石炭统怀头他拉组、古近系—新近系干柴沟组。岩浆活动主要为海西期，岩性为晚泥盆世石英闪长岩。构造以断裂为主，具有环状分布的特征，这些断裂控制了区内岩浆岩的分布，也使各地层出露呈断块状，与金矿化关系密切。区内1∶5万水系沉积物异常有9处，其中Au为主元素异常1处，伴生元素异常3处。1∶2.5万化探异常有25处，其中Au为主元素异常16处，伴生元素异常6处。异常主要沿区内断裂带呈北东向展布。靶区成矿地质背景及条件优越，成矿事实清楚，属于奥陶纪与中酸性侵入岩岩浆成矿作用有关的金、铀钍成矿系列（Ⅳ24③-Pz$_1^2$-Ⅰ-2），具有极好的构造蚀变岩型金矿的找矿潜力
	野骆驼泉-三角顶金找矿B类靶区（Au-BQ6）	212.79	构造蚀变岩型及石英脉型金矿	靶区内出露地层为古元古界达肯大坂岩群、奥陶系—志留系滩间山群、上泥盆统牦牛山组碎屑岩段、下石炭统怀头他拉组。达肯大坂岩群、滩间山群为主要的赋矿地层。区内岩浆活动发育，主要为加里东期—海西期，基性—中酸性侵入岩及石英脉均有发育。构造多呈北西向展布，断裂带中金矿床（点）星罗棋布，靠近主断裂各矿床（点）较密集。断裂基本控制了地层和次级断裂破碎带的分布，热液蚀变作用主要发生在破碎带内的岩石中，大量石英脉穿插，形成含金的石英脉、含金的破碎带。区内1∶5万水系沉积物异常仅收集1处主元素为Au的异常。1∶2.5万化探异常也仅有1处主元素为Au。靶区已发现4处金矿床（点），成矿事实清楚，属于三叠纪挤压造山阶段与含矿流体成矿作用有关的金成矿系列（Ⅳ24③-Mz$_1$-N-8），具有极好的找矿潜力

续表 5-3

靶区所处远景区	靶区名称	面积/km²	主攻成矿类型	靶区特征
苏干湖西-滩间山成金矿远景区（Au-Ⅰ1）	红旗沟金找矿 A 类靶区（Au-BQ7）	362.64	构造蚀变岩型金矿及热液型金多金属矿	靶区内出露地层为中元古界万洞沟群、奥陶系—志留系滩间山群及少量上泥盆统牦牛山组碎屑岩段。区内岩浆活动发育，主要为加里东期—海西期，岩性从超基性—基性—中酸性岩均有出露。区内构造发育，主要为北西-南东向。万洞沟群和滩间山群火山-沉积建造是该区主要含矿地层。岩浆热液活动为区内构造蚀变岩型金矿提供了丰富的物源。区内 1:5 万水系沉积物异常有 22 处，其中 Au 为主元素异常 9 处，伴生元素异常 4 处。1:2.5 万化探异常有 12 处，其中 Au 为主元素异常 10 处。靶区已发现大柴旦镇青龙沟金矿床等 11 处金矿床（点），与化探异常套合好，成矿事实清楚，属于石炭纪与中酸性侵入岩岩浆作用有关的金成矿系列（Ⅳ24③-Pz_2^2-Ⅰ-6），具有极好的找矿潜力
	滩间山金找矿 A 类靶区（Au-BQ8）	114.55	构造蚀变岩型金矿	靶区内出露地层为中元古界万洞沟群。岩浆活动发育，主要为加里东期花岗闪长斑岩。区内构造发育，走向为北西-南东向，沿断层往往有超基性、基性岩体呈层北西向带状展布。万洞沟群是该区主要含矿地层，岩浆热液活动为区内构造蚀变岩型金矿提供了丰富的物质来源。区内 1:5 万水系沉积物异常有 6 处，其中 Au 为主元素异常 2 处。靶区已发现大柴旦镇滩间山矿金龙沟矿床等 6 处金矿床（点），与化探异常套合好，成矿事实清楚，属于石炭纪与中酸性侵入岩岩浆作用有关的金成矿系列（Ⅳ24③-Pz_2^2-Ⅰ-6），具有极好的构造蚀变岩型金矿的找矿潜力
绿梁山金成矿远景区（Au-Ⅰ2）	红柳沟-龙柏沟金找矿 A 类靶区（Au-BQ9）	97.54	构造蚀变岩型金矿	靶区内出露地层主要为奥陶系—志留系滩间山群、上泥盆统牦牛山组、石炭系怀头他拉组、下—中侏罗统大煤沟组、新近系油砂山组。岩浆活动主要为加里东期—海西期，超基性岩主要有早奥陶世、晚泥盆世超基性岩。区内构造以断裂构造为主，主体呈北西-南东向，局部构造可分为北北西-南南东向、北西-南东向、近南北向 3 组，其中近南北向断裂是主要控矿和储矿构造。区内 1:5 万水系沉积物异常有 13 处，其中 Au 为主元素异常 5 处，伴生元素异常 6 处，异常面积大，沿断裂两侧分布。靶区已发现大柴旦镇红柳沟金矿床等 5 处金矿床（点），这些矿床（点）与已知化探异常套合极好，属于奥陶纪与中酸性侵入岩岩浆成矿作用有关的金、铀成矿亚系列（Ⅳ24⑤-Pz_1^2-Ⅰ-1a）和石炭纪与中酸性侵入岩岩浆成矿作用有关的金成矿系列（Ⅳ24⑤-Pz_2^2-Ⅰ-5），成矿事实清楚，找矿潜力极大
	绿梁山金找矿 A 类靶区 Au-BQ10	235.36	构造蚀变岩型及石英脉型金矿、热液型金铜多金属矿	靶区内出露地层主要为古元古界达肯大坂岩群、新元古界长城系沙柳河岩群、奥陶系—志留系滩间山群、古近系—新近系干柴沟组。区内岩浆活动频繁，主要为加里东期—海西期，岩性从超基性—基性—中酸性岩均有出露。区内构造密集发育，呈北西向、南北向，断裂带一般形迹清楚，规模较大。靠近主断裂各种矿床、矿（化）点较密集，远离主断裂相对分布稀疏。区内异常面积大，强度较高，多具三级浓度分带。靶区内已经发现 4 处金矿化点，与化探异常套合好，成矿事实清楚，属于奥陶纪与中酸性侵入岩岩浆作用有关的金、铀成矿亚系列（Ⅳ24⑤-Pz_1^2-Ⅰ-1a），具有极好的找矿潜力
锡铁山金成矿远景区（Ⅱ1）	锡铁山金找矿 A 类靶区 Au-BQ11	323.98	构造蚀变岩型金矿、热液型金铜多金属矿	靶区出露地层为古元古界达肯大坂岩群、奥陶系—志留系滩间山群、下石炭统阿木尼克组、古近系—新近系干柴沟组。区内岩浆活动频繁，主要为加里东期—海西期。断裂构造发育，以北西走向、北北西走向断裂分布最广。高背景浓集区主要在齐干沟—倒向沟一带，沿北西向断裂分布，主要落位于古元古界达肯大坂岩群及中志留世黑云二长花岗岩中，表现为异常面积较大，强度局部较高，多具二级浓度分带，个别具三级浓度分带。靶区已发现 3 处矿床（点），发现的矿床（点）与化探异常套合好，成矿事实清楚，属于奥陶纪与海相火山岩有关的多金属、金、稀散成矿亚系列（Ⅳ24⑤-Pz_1^2-Ⅰ-1b），具有极好的找矿潜力
	阿木尼克山金找矿 B 类靶区 Au-BQ12	206.73	构造蚀变岩型及石英脉型金矿、热液型金铜多金属矿	靶区出露地层为古元古界达肯大坂岩群、奥陶系—志留系滩间山群、上泥盆统牦牛山组、古近系—新近系干柴沟组、古近系路乐河组。区内岩浆活动频繁，主要为加里东期—海西期。断裂呈北西向展布，破碎带中碎裂岩发育，与区内金矿床（点）有密切的关系。区内 1:5 万水系沉积物异常有 10 处，其中 Au 为主元素异常 4 处，异常强度较高。靶区内已发现 3 处矿床（点），与化探异常套合好，成矿事实清楚，属于奥陶纪与中酸性侵入岩岩浆作用有关的金、铀成矿亚系列（Ⅳ24⑤-Pz_1^2-Ⅰ-1a），具有极好的找矿潜力

续表 5-3

靶区所处远景区	靶区名称	面积/km²	主攻成矿类型	靶区特征
赛坝沟-沙柳河金成矿远景区（Au-Ⅰ3）	赛坝沟金找矿 A 类靶区（Au-BQ19）	346.33	构造蚀变岩型及石英脉型金矿	靶区出露地层为奥陶系—志留系滩间山群、新元古界长城系沙柳河岩群、新近系油砂山组。区内岩浆活动强烈，主要为加里东期—印支期，岩性从超基性—基性—中酸性岩均有出露。区内构造发育，沿断层往往有超基性岩、基性岩体呈北西向带状展布。滩间山群火山-沉积建造是该区主要含矿地层，热液活动为区内构造蚀变岩型金矿提供了丰富的物质来源。1:5 万水系沉积物异常有 11 处，其中 Au 为主元素异常 6 处，伴生元素异常 2 处。靶区已发现乌兰县赛坝沟金矿床等 28 处金矿床（点）及矿（化）点，这些矿（化）点与化探异常套合极好，成矿事实清楚，属于志留纪陆-陆碰撞阶段与中酸性侵入岩岩浆作用有关的金成矿系列（Ⅳ24⑦-Pz_1^3-Ⅰ-2），具有极好的金矿找矿潜力
	哈莉哈德山金找矿 B 类靶区（Au-BQ20）	265.23	构造蚀变岩型及石英脉型金矿	靶区出露地层为新元古界长城系沙柳河岩群、奥陶系—志留系滩间山群。岩浆活动频繁，主要为加里东期—印支期，岩性从超基性—基性—中酸性岩均有出露。区内构造活动强烈，按其走向可分为北西向及近东西向两组。这些断裂构造使区内地层、侵入岩呈断块状，而围岩中的次级断裂是导矿、储矿的良好空间，区内发现的矿化体均赋存在岩体与围岩接触带或断裂附近。区内 1:5 万水系沉积物异常有 7 处，其中 Au 为主元素异常 1 处。靶区已发现 2 处金矿化点，与化探异常套合极好，成矿事实清楚，属于泥盆纪伸展拆沉阶段与中酸性侵入岩有关的金成矿亚系列（Ⅳ24⑦-Pz_2^1-Ⅰ-3a）和二叠纪与中酸性侵入岩有关的金成矿亚系列（Ⅳ24⑦-Pz_2^3-Ⅰ-4a），具有极好的金矿找矿潜力
	哈尔茨托山金找矿 B 类靶区（Au-BQ21）	256.88	构造蚀变岩型金矿	靶区出露地层为古元古界达肯大坂岩群、新元古界长城系沙柳河岩群、奥陶系—志留系滩间山群、上泥盆统牦牛山组等，总体走向北西西向，与区域构造线方向基本一致。断裂发育，主要为近东西向、北西西向、北北东向 3 组，断裂的复合部位、褶皱构造的翼部为主要的成矿容矿构造。区内岩浆活动频繁，主要为加里东期—印支期，基性—中酸性侵入岩均有出露。1:5 万水系沉积物异常有 16 处，其中 Au 为主元素异常 2 处，伴生元素异常 7 处。靶区已发现 2 处金矿化点，与化探异常套合极好，属于寒武纪—奥陶纪洋陆俯冲阶段与岩浆成矿作用有关的金、铀成矿系列（Ⅳ24⑦-Pz_1^{1-2}-Ⅰ-1），综合认为该区具有极好的构造蚀变岩型金矿的找矿潜力
宗务隆山金成矿远景区（Au-Ⅱ3）	宗务隆山金找矿 B 类靶区（Au-BQ16）	271.36	构造蚀变岩型、石英脉型金矿	靶区出露地层主要为石炭系—中二叠统土尔根大坂组、下二叠统果可山组。区内岩浆活动不强烈，仅有岩脉分布，主要为中酸性岩脉及石英脉等。其中石英脉与成矿关系较为密切。区内断裂构造发育，以北西西向断裂为主，沿断裂形成构造蚀变岩带，是金矿化赋存有利场所。区内 1:5 万水系沉积物异常有 33 处，其中 Au 为主元素异常 20 处，伴生元素异常 9 处，金异常主要分布在石炭纪、二叠纪地层中，多以强异常形式出现。靶区发现的 4 处金矿（化）点均与异常套合。区内成矿地质背景良好、地球化学异常丰富，还有丰富的矿（化）点和蚀变信息，成矿事实清楚，属于三叠纪挤压造山阶段与中酸性侵入岩有关的金、铀钍成矿亚系列（Ⅳ28①-Mz_1-Ⅰ-4a）和志留纪陆-陆碰撞阶段与中酸性侵入岩有关的金多金属成矿系列（Ⅳ28①-Pz_2^1-Ⅰ-1），反映出靶区具有寻找构造蚀变岩型、石英脉型金矿的找矿潜力
	大煤沟金找矿 C 类靶区（Au-BQ17）	91.81	构造蚀变岩型、石英脉型金矿	靶区出露地层主要为石炭系—中二叠统土尔根大坂组。构造主要以北西-南东向正断层为主。岩浆活动不发育。靶区内 1:5 万水系沉积物综合异常有 10 处，其中 Au 为主元素异常 6 处，Au、As 异常套合性好，具有三级浓度分带及明显的异常浓集中心。靶区西侧金异常中发现金矿化点 1 处，寻找金矿的潜力较大
	京根郭勒东金找矿 C 类靶区（Au-BQ18）	51.28	构造蚀变岩型、石英脉型金矿	靶区出露地层主要为石炭系—中二叠统土尔根大坂组。近东西向的断裂构造发育，形成规模不等的断层破碎带。靶区 1:5 万水系沉积物综合异常有 10 处，其中 Au 为主元素异常 6 处。异常呈带状，整体呈北西西向展布，异常面积大，元素套合较好。区内发现金矿化线索 4 处，均产出于断层破碎带中的褐铁矿化、赤铁矿化石英脉中。综合分析认为靶区内寻找构造蚀变岩型、石英脉型金矿的潜力较大

二、铀矿远景区及靶区特征

在研究区内圈定铀成矿远景区 15 个、找矿靶区 41 处(图 5-2)。

(一)成矿远景区

1. 大柴旦镇北Ⅲ级铀-钍成矿远景区(U-Ⅲ2)

远景区位于塔塔棱河成矿亚带,面积 942.48km²。区内出露地层主要为古元古界达肯大坂岩群片麻岩组、奥陶系盐池湾组、志留系巴龙贡噶尔组、二叠系勒门沟组—草地沟组、二叠系果可山组、三叠系下环仓组—江河组。构造以断裂构造为主,多为北西向,次为北东向,北东向断裂多切穿北西向断裂构造。岩浆活动频繁而剧烈,岩浆岩分布广泛且规模较大。远景区内分布有 1 处 1∶20 万水系沉积物异常,2 处 1∶25 万水系沉积物乙类异常,异常规模大,套合好,U、Th 元素为异常的组合元素,有一定的强度。区内还发现有铀矿化点 1 处,具有寻找铀矿的潜力。

2. 绿草山-欧南Ⅰ级铀-钍成矿远景区(U-Ⅰ4)

远景区位于鱼卡-德令哈成矿亚带,面积 1 565.69km²。区内出露地层主要为古元古界达肯大坂岩群片麻岩组、南华系—震旦系全吉群,奥陶系多泉山组,石炭系怀头他拉组、克鲁克组,侏罗系大煤沟组、红水沟组,白垩系犬牙沟组,古近系路乐河组,古近系—新近系干柴沟组,新近系油砂山组、狮子沟组。构造以断裂构造为主,多为北西向,次为北东向。区内岩浆岩不发育。远景区内分布有 1∶25 万"三稀"化探异常 1 处,U 为伴生元素。已发现铀矿点、矿化点、矿化信息点共 9 处,主要为可地浸砂岩型,具有寻找可地浸砂岩型铀矿的潜力。

3. 阿卡托山Ⅱ级铀-钍成矿远景区(U-Ⅱ1)

远景区位于阿卡托山-俄博梁成矿亚带,面积 519.34km²。区内出露地层主要为古元古界达肯大坂岩群片麻岩组、寒武系—奥陶系滩间山群、下—中侏罗统大煤沟组、新近系油砂山组。构造以断裂构造为主,主要发育近东西向构造,次为北西向,酸性岩体多沿近东西向构造侵入。远景区处于柴北缘构造岩浆岩带,岩浆活动频繁而剧烈,以加里东期和印支期最为强烈,主要为中酸性侵入岩,为放射性矿产提供物质来源。远景区内发现钍矿点 1 处,以 U、Th 为主元素的化探异常有 7 处,以 U、Th 为组合元素的异常有 14 处,异常规模大,元素套合好,在蚀变带中圈定出铀、钍高值点多处,采集的手标本在岩石裂隙面中局部见有灰绿色的铀、钍矿化体,铀、钍含量达 1000×10^{-6} 以上。该蚀变带规模大,宽度 50~300m,延伸长度大于 2000m,具备寻找铀钍矿产的潜力较大。

4. 大通沟南山Ⅲ级铀-钍成矿远景区(U-Ⅲ1)

远景区位于阿卡托山-俄博梁成矿亚带,面积 1 218.97km²。出露地层主要为古元古界达肯大坂岩群片麻岩组、中元古界万洞沟群碳酸岩组、中侏罗统采石岭组。古元古界达肯大坂岩群内发育小型复式褶皱发育,构造以断裂构造为主,主要发育近东西向构造,次为北西向。远景区处于柴北缘构造岩浆岩带,岩浆活动剧烈,以加里东期和印支期最为强烈,主要为中酸性侵入岩。远景区内发现铀矿化线索点 3 处,以 U、Th 为组合元素的异常 12 处;发现碳酸盐岩和稀土岩体,且分布有 5 处放射稀有稀土重砂异常。异常区内共采重砂样 36 个,有 32 个出现钍石矿物。异常区出露海西期和印支期各类花岗岩,近东西向、近南北向、北北东向断层构造非常发育,热液活动频繁。远景区具有寻找铀钍矿产的潜力。

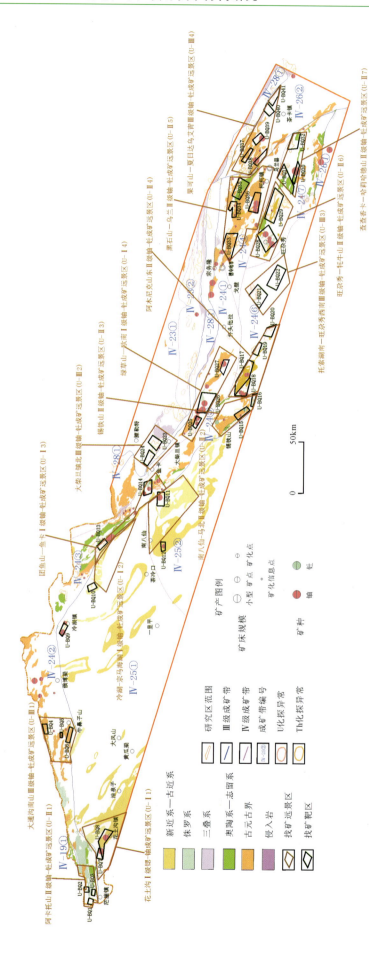

图 5-2 柴北缘地区铀矿找矿预测

5. 黑石山-乌兰Ⅱ级铀-钍成矿远景区(U-Ⅱ4)

远景区位于布赫特山成矿亚带，面积 2 529.54 km²。区内出露地层主要为古元古界达肯大坂岩群片麻岩组、奥陶系—志留系滩间山群上碎屑岩组、泥盆系牦牛山组、侏罗系大煤沟组、古近系—新近系干柴沟组、新近系油砂山组。构造以断裂构造为主，多为北西向，次为北东向，北东向断裂多穿北西向断裂构造，多组方向断裂分布及交会部位有利于酸性岩体的侵入。岩浆活动频繁而剧烈，主要为中酸性侵入岩。远景区发现了铀矿点、矿化点、矿化信息点共 13 处，成矿类型多样。以 U、Th 为主元素的 1∶25 万水系沉积物异常 5 处，放射性元素为主元素的异常 1 处。达肯大坂岩群经历了多期的岩浆侵入，发生了强烈的变质变形、混合岩化作用，其分布区域找矿潜力巨大。

6. 团鱼山-鱼卡Ⅰ级铀-钍成矿远景区(U-Ⅰ3)

远景区位于绿梁山-锡铁成矿亚带，面积 777.36 km²。区内出露地层主要为古元古界达肯大坂岩群片麻岩组，长城系沙柳河岩群，寒武系欧龙布鲁克组，奥陶系—志留系滩间山群下火山岩组，泥盆系牦牛山组，石炭系怀头他拉组，侏罗系大煤沟组、红水沟组，白垩系犬牙沟组，古近系路乐河组，古近系—新近系干柴沟组，新近系油砂山组、狮子沟组。构造以断裂构造为主，主要为北西向，沿构造带多形成破碎蚀变带。远景区处于柴北缘构造岩浆岩带，岩浆活动频繁而剧烈，以加里东期和海西期最为强烈，其次为印支期，主要为中酸性侵入岩。远景区内分布有 2 处以 U、Th 为主元素的 1∶25 万水系沉积物异常，异常规模大、套合好、强度高。远景区内先后发现有铀矿化点 8 处，有团鱼山、鱼卡煤矿区，鱼卡九龙山油田。可地浸砂岩型铀矿成矿条件与柴北缘其他区域相似，加之本区北部山前基岩区剥蚀强烈，有更多的含铀岩石进入盆地沉积序列，更有利于铀矿成矿。远景区内寻找可地浸砂岩型铀矿的前景广阔。

7. 锡铁山Ⅱ级铀-钍成矿远景区(U-Ⅱ3)

远景区位于绿梁山-锡铁成矿亚带，面积 859.68 km²。区内出露地层主要为古元古界达肯大坂岩群片麻岩组，奥陶系—志留系滩间山群上碎屑岩组，侏罗系大煤沟组、采石岭组，古近系路乐河组，古近系—新近系干柴沟组。构造以断裂构造为主，主要为北西向，多组方向断裂分布及交会部位有利于酸性岩体的侵入。远景区处于柴北缘构造岩浆岩带，岩浆活动强烈，主要为中酸性侵入岩。区内有 1∶25 万水系沉积物异常 2 处，U、Th 为主元素的异常 1 处，铀钍异常强度高、规模大，具内、中、外浓度分带。1∶5 万化探异常 3 处，U 为主元素的异常 1 处。铀矿化点 3 处，钍矿点 1 处。综合认为，远景区内具有良好的铀钍矿找矿潜力。

8. 阿木尼克山东Ⅱ级铀-钍成矿远景区(U-Ⅱ4)

远景区位于阿姆尼克-卜浪沟成矿亚带，面积 1 358.69 km²。区内出露地层主要为奥陶系—志留系滩间山群上碎屑岩组，泥盆系牦牛山组，石炭系阿木尼克组、城墙沟组，侏罗系大煤沟组、采石岭组，古近系路乐河组，古近系—新近系干柴沟组，新近系油砂山组、狮子沟组。构造以断裂构造为主，主要为北西向。远景区处于柴北缘构造岩浆岩带，区内酸性—基性岩体均有分布，以中酸性岩体为主，集中分布于远景区中部。区内以 U、Th 为主元素的 1∶25 万水系沉积物异常 3 处，1∶5 万化探异常 8 处。铀矿化点 5 处。综上所述，该区具有良好的铀钍矿找矿潜力。

9. 托索湖南-旺尕秀西南Ⅲ级铀-钍成矿远景区(U-Ⅲ3)

远景区位于阿姆尼克-卜浪沟成矿亚带，面积 976.38 km²。区内出露地层为狮子沟组、油砂山组、干柴沟组，是区域高铀地层。区内存在上干柴沟组/下干柴沟组和上油砂山组/下油砂山组两个干旱期，有利于古层间氧化带的形成。远景区为一复式背斜构造，主构造线为北西向，发育北西向断裂构造。区内存在2处水系沉积物异常，异常规模大，浓集中心明显，各元素套合好。柴达木盆地在花土沟—油泉子一带古近纪—新近纪地层中存在铀钍异常，深部存在工业铀矿体。区内有砂岩型铀矿的找矿潜力。

10. 旺尕秀-牦牛山Ⅱ级铀-钍成矿远景区(U-Ⅱ6)

远景区位于赛坝沟-阿尔茨托山成矿亚带，面积1 543.30km²。区内出露地层主要为奥陶系—志留系滩间山群上碎屑岩组，泥盆系牦牛山组，石炭系阿木尼克组、城墙沟组、怀头他拉组、克鲁克组，侏罗系大煤沟组、采石岭组、红水沟组，白垩系犬牙沟组，新近系油砂山组。构造以断裂构造为主，多为北西向，北东向次之，北西向区域性深大断裂为区内重要的导矿构造，与之匹配的次级断裂为控矿构造。岩石破碎强烈，有利于岩浆岩体的侵位和各种脉体的贯入充填，为铀在构造带及其附近进一步聚集提供了条件。区内岩浆岩不发育，仅在区内中南部有少量分布。斜长斑岩脉发育，构成铀矿化体、异常的部分，并引起围岩铀矿化和蚀变。火山活动在区内显示"西强东弱"的特征。区内有1∶25万水系沉积物异常2处，U、Th为主元素的异常1处。铀钍异常强度高、规模大，具内、中、外浓度分带。远景区及周边有10处铀矿化异常点，旺尕秀煤矿区有13个钻孔赋存自然伽马高异常，有潜在铀矿孔1个，潜在矿化孔5个，异常孔7个；远景区铀矿点、矿化点、矿化信息点6处。综上所述，远景区内具有良好的铀钍矿找矿潜力。

11. 查查香卡-哈莉哈德山Ⅱ级铀-钍成矿远景区(U-Ⅱ7)

远景区位于赛坝沟-阿尔茨托山成矿亚带，面积976.38km²。区内出露地层主要为长城系沙柳河岩群，奥陶系—志留系滩间山群上碎屑岩组、下火山岩组。断裂构造非常发育，多为北西向，北东向次之，北东向断裂多切穿北西向断裂构造。远景区岩浆活动强烈，中酸性—基性侵入岩均有分布。区内分布有2处1∶25万水系沉积物异常，均为以U、Th为主元素的异常，异常强度高、规模大，浓度分带清晰。区内存在重砂异常4处，与放射性矿产有关的1处，与主要的赋矿地层奥陶系—志留系滩间山群火山岩组（斜长角闪岩）分布一致。区内已发现乌兰县查查香卡铀多金属矿床、乌兰县黑山铀钍矿点。含铀建造、构造破碎带和中酸性岩浆活动"三位一体"的成矿体系极佳，显示出该远景区良好的找矿潜力。

12. 花土沟Ⅰ级锶-铀成矿远景区(U-Ⅰ1)

远景区位于南翌山-南八仙成矿亚区，面积1 392.58km²。出露地层有七个泉组、狮子沟组、油砂山组、上干柴沟组、下干柴沟组上段、下干柴沟组下段、路乐河组。七个泉油田为一南陡北缓的短轴状背斜构造，花土沟油田为一个西南翼陡、东北翼缓的不对称短轴背斜构造。区内岩浆岩不发育。远景区分布1∶25万化探异常1处。七个泉筛查井数21个，潜在铀矿和矿化孔占筛查钻井数的67%；花土沟筛查井数161个，潜在铀矿和矿化孔占筛查钻井数的80.7%。测井自然伽马数据大于500API，伽马异常强度值较高，显示地层厚度较大，岩性多为砂岩。盆地岩相组合与充填序列、黏土矿物类型、元素地球化学特征以及微体古生物组合研究证实柴达木盆地古气候逐渐干旱，有利于古层间氧化带的形成。该区可地浸砂岩型铀矿的9个条件基本全具备，具巨大的砂岩型铀矿找矿潜力。

13. 冷湖-宗马海湖Ⅰ级铀成矿远景区(U-Ⅰ2)

远景区位于南翌山-南八仙成矿亚区，面积1 033.63km²。区内出露地层由老至新分别有古元古界、侏罗系、古近系、新近系、第四系。远景区背斜构造极为发育。断裂发育，一组北西向展布，另一组北西西向展布。海西期斜长花岗岩和燕山期花岗岩侵入体出露于地表。远景区平台油田潜在铀矿化孔占筛查钻井数的29.6%；冷湖三号潜在铀矿和矿化孔占筛查钻井数的27.55%。区内伽马异常强度值较高,显示地层厚度较大,岩性多为砂岩。在钻孔中已发现工业铀矿体。远景区铀源丰富,层间氧化带发育,含矿层位具备"泥-砂-泥"的地层结构,目的层岩性以砂岩为主,砂岩结构松散,孔隙度高,渗透性好,区内地层产状较缓等。综上所述,该区可地浸砂岩型铀矿的9个条件基本全具备,显示出远景区具有较大的找矿潜力。

14. 南八仙-马北Ⅱ级铀-钍成矿远景区(U-Ⅱ2)

远景区位于东台-霍布逊成矿亚区,面积 1 910.06km²。从浅到深纵向上存在8套地层,其中狮子沟组、油砂山组、上干柴沟组、下干柴沟组上段、下干柴沟组下段全为高铀地层。主要存在上干柴沟组/下干柴沟组和上油砂山组/下油砂山组两个干旱期,有利于古层间氧化带的形成。南八仙构造整体上为一个被断层复杂化的背斜构造,其形成受早期基岩隆升和晚期冲断褶皱双重作用的控制。区内岩浆岩不发育。南八仙地区潜在铀矿化孔13个,占筛查钻井数的13%。马北地区潜在铀矿化孔26个,潜在铀矿化孔占筛查钻井数的87.5%,测井自然伽马值大于500API。区内伽马异常强度较高,显示地层厚度较大,岩性多为砂岩。马北斜井中见铀异常1层。盆地岩相组合与充填序列、黏土矿物类型、元素地球化学特征以及微体古生物组合研究证实柴达木盆地古气候逐渐干旱,有利于古层间氧化带的形成,具有较大的找矿潜力。

15. 果可山-夏日达乌艾青Ⅲ级铀-钍成矿远景区(U-Ⅲ4)

远景区位于生格-茶卡成矿亚带,面积 1 454.21km²。区内出露地层主要为古元古界达肯大坂岩群片麻岩组、三叠系隆务河组。构造以断裂构造为主,多为北西西向。岩浆活动剧烈,以加里东期和印支期最为强烈,主要为中酸性侵入岩。远景区内分布有5处以U、Th为主元素的1:25万水系沉积物异常。远景区内发现铀钍矿点2处、铀矿化信息点2处。该区发育大量的伟晶岩,近两年在茶卡北山地区发现1000余条,水系沉积物异常带长约50km。目前工作以找锂、铍矿为主。已有矿点显示含铀较低,含钍较高,达到共(伴)生的指标要求($ThO_2>0.1\%$),综合利用性很高。

(二)找矿靶区

研究区铀钍矿找矿靶区信息见表5-4。

表5-4 研究区铀钍矿找矿靶区信息一览表

靶区所处远景区	靶区名称	面积/km²	主攻成矿类型	靶区特征
大柴旦镇北Ⅲ级铀-钍成矿远景区(U-Ⅲ2)	柴旦北山铀-钍找矿B类靶区(U-BQ23)	113.47	岩浆岩型	靶区有加里东期、印支期各类高铀岩体和达肯大坂岩群黑云母斜长片麻岩等高铀地层分布。岩浆活动强烈,北西向、北东向断裂构造发育。靶区存在水系沉积物异常,有一定的铀矿化信息事实,属于三叠纪挤压造山阶段与碱长花岗岩有关的稀有稀土(金、铀)成矿亚系列(Ⅳ23①-Pz₂³-Ⅰ-2b),具有寻找铀矿的潜力
	鱼卡北山钍找矿C类靶区(U-BQ24)	86.14	岩浆岩型	靶区北西向断裂构造发育。区内化探推断存在稀土岩体、锡铍岩体,地层主要为古元古界达肯大坂岩群片麻岩组。岩浆岩有二长花岗岩和石英花岗闪长岩。靶区位于1:25万水系异常中,异常规模大,浓集中心明显,各元素套合较好,钍具有三级浓度分带,属于三叠纪挤压造山阶段与碱长花岗岩有关的稀有稀土(金、铀)成矿亚系列(Ⅳ23①-Pz₂³-Ⅰ-2b),具有寻找铀矿的潜力

续表 5-4

靶区所处远景区	靶区名称	面积/km²	主攻成矿类型	靶区特征
绿草山-欧南Ⅰ级铀-钍成矿远景区（U-Ⅰ4）	绿草山铀找矿B类靶区（U-BQ25）	53.11	可地浸砂岩型	靶区位于达肯大坂-德令哈陆块，出露地层有古元古界达肯大坂岩群，中、下侏罗统，上侏罗统红水沟及上新统。构造线方向为北西西向，断裂构造发育。该区施工钻孔在采石岭组中发现了高放射性异常的显示，指明区内侏罗系有相应的铀矿化信息显示。区内有铀矿化点、矿化信息点2处，属于侏罗纪与煤层生物化学沉积作用有关的铀钍成矿亚系列（Ⅳ24①-Mz₂¹-S-7d），寻找可地浸砂岩型铀矿的前景广阔
	西大滩铀找矿B类靶区（U-BQ26）	250.42	可地浸砂岩型	靶区位于达肯大坂-德令哈陆块，地层由老至新有古元古界、侏罗系、古近系—新近系、第四系。沿走向和倾向均发育宽缓褶皱，断裂构造多为北西向，次为北东向，北东向断裂多切穿北西向断裂构造。钻孔揭露了5段工业铀矿化和5层厚—巨厚层层间氧化带，为在新近系开展砂岩型铀矿调查工作指明了方向。该区施工的9个钻孔中有5个放射性异常孔，放射异常层位为新近系，异常赋存于粗砂岩、泥岩地层中。区内有铀矿化点、矿化信息点3处，为可地浸砂岩型，属于侏罗纪与含矿流体有关的铀钍成矿亚系列（Ⅳ24①-Mz₂¹-N-7c），寻找可地浸砂岩型铀矿的前景广阔
	欧南铀找矿A类靶区（U-BQ27）	72.72	可地浸砂岩型	靶区出露地层有古元古界、中侏罗统、古近系—新近系、第四系。中侏罗统采石岭组是本区主要含煤、铀矿层段，属河湖相碎屑岩沉积。欧南煤系地层有由两个背斜和两个向斜组成的复式向斜构造，构造线呈北西西向。施测的17个钻孔中有7个钻孔中的自然伽马API值明显高异常。放射性异常有南、北两个条带，均集中在向斜斜坡带中，可分为古近系铀异常层和中侏罗统采石岭组铀矿化层两个铀矿化层位。区内有铀矿化点1处，属于侏罗纪与煤层生物化学沉积作用有关的铀钍成矿亚系列（Ⅳ24①-Mz₂¹-S-7d），寻找可地浸砂岩型铀矿的前景广阔
阿卡托山Ⅱ级铀-钍成矿远景区（U-Ⅱ1）	依吞布拉克铀-钍找矿B类靶区（U-BQ1）	27.92	岩浆岩型	靶区出露少量的奥陶系—志留系滩间山群火山岩组及下—中侏罗统大煤沟组。构造较发育，主要构造呈东西向展布，形成规模不等的构造蚀变带。主要出露奥陶纪花岗闪长岩、钾长花岗岩、花岗细晶岩等，北部有少许辉长岩侵入。区内有Th为主元素的异常5处，与U及稀有稀土元素套合较好。在钾长花岗岩中圈定出构造蚀变带，伽马能谱测量在蚀变带中有异常显示，发现铀钍矿化线索，采集的手标本中在岩石裂隙面中见有少量灰绿色铀钍矿物集合体，铀、钍含量较高，快速分析铀、钍含量均在1000×10⁻⁶以上，显示该区寻找花岗岩型铀钍矿的潜力较大
	阿卡腾能山铀找矿C类靶区（U-BQ2）	24.66	岩浆岩型	靶区出露地层主要为古元古界达肯大坂岩群，南部有少量下—中侏罗统大煤沟组出露。北东向阿卡腾能山主断裂从靶区南部通过，北西向以及近东西向次级断裂构造发育。区内主要出露泥盆纪石英闪长岩、花岗闪长岩等，局部有透镜状辉长岩脉或岩体侵入。区内化探异常众多，有U、Th为组合元素的异常4处，热液活动强烈，具有寻找与稀有稀土矿相关的铀钍矿的潜力
	严顺沟铀-钍找矿C类靶区（U-BQ3）	21.32	岩浆岩型	靶区出露地层有奥陶系—志留系滩间山群火山岩组、碎屑岩组以及下—中侏罗统大煤沟组，少量出露新近系油砂山组下段。构造非常发育，形成较多的断层破碎带，蚀变带内热液活动频繁。出露泥盆纪钾长花岗岩、花岗闪长岩及奥陶纪石英闪长岩，局部可见辉长岩脉及石英脉侵入。区内有U、Th为组合元素的异常1处，具有寻找铀钍矿的潜力

续表 5-4

靶区所处远景区	靶区名称	面积/km²	主攻成矿类型	靶区特征
大通沟南山Ⅲ级铀-钍成矿远景区（U-Ⅲ1）	柴达木大门口西铀找矿靶区（U-BQ4）	41.79	受变质型、岩浆岩型	靶区出露地层主要为达肯大坂岩群。地层中岩脉较发育，主要为角闪闪长岩脉、角闪闪长玢岩脉、辉长岩脉等。该区早三叠世深灰色中细粒角闪闪长岩发育。区内韧性剪切构造发育，有U、Th为组合元素的异常3处，属于二叠纪与碱长花岗岩有关的稀有稀土、铀钍成矿亚系列（Ⅳ24②-Pz₂³-Ⅰ-3a），具有寻找铀钍矿的潜力
	西通沟铀找矿B类靶区（U-BQ5）	11.78	受变质型、岩浆岩型	靶区出露中元古界万洞沟群石英片岩，中部侵入岩发育，局部有辉长岩脉、闪长岩脉、钾长花岗岩脉体发育。区内断裂主要以近东西向为主，局部形成断裂蚀变带，以花岗细晶岩为主。区内存在2处综合异常，并发现有铀矿化信息点，属于二叠纪与碱长花岗岩有关的稀有稀土、铀钍成矿亚系列（Ⅳ24②-Pz₂³-Ⅰ-3a），有较好的找矿潜力
	西大沟南铀找矿C类靶区（U-BQ6）	64.02	受变质型、岩浆岩型	靶区出露古元古界达肯大坂岩群。区内有明显的褐铁矿化、赤铁矿化、黄钾铁矾等蚀变现象。区内有U、Th为组合元素的异常6处，出露高铀的达肯大坂岩群片麻岩组，属于二叠纪与碱长花岗岩有关的稀有稀土、铀钍成矿亚系列（Ⅳ24②-Pz₂³-Ⅰ-3a），具有较好的铀矿找矿前景
黑石山—乌兰Ⅱ级铀-钍成矿远景区（U-Ⅱ5）	黑石山铀找矿B类靶区（U-BQ33）	260.08	伟晶岩型、受变质型	靶区地层主要为古元古界达肯大坂岩群片麻岩组。北西向、北东向断裂构造发育。区内有以Th为主元素，U为伴生元素的1∶25万综合异常1处，异常规模大、强度高、浓集中心明显，各元素套合好。异常中心存在三叠纪二长花岗岩。区内发现铀矿化点2处，属于二叠纪产在前寒武纪变质岩中与变质和叠加成矿作用有关的铀钍、石墨成矿亚系列（Ⅳ24④-Pz₂³-M-3），找矿潜力较好
	蓄集南铀-钍找矿C类靶区（U-BQ34）	93.26	受变质型	靶区出露地层主要为古元古界达肯大坂岩群片麻岩组。区内有以U、Th为伴生元素的1∶25万综合异常1处，异常中心为辉长岩，异常规模大、强度高、浓集中心明显，各元素套合好，属于二叠纪产在前寒武纪变质岩中与变质和叠加成矿作用有关的铀钍、石墨成矿亚系列（Ⅳ24④-Pz₂³-M-3），有一定的找矿潜力
	生格南铀找矿C类靶区（U-BQ35）	199.99	受变质型	靶区出露地层主要为古元古界达肯大坂岩群片麻岩组、奥陶系—志留系滩间山群上碎屑岩组、泥盆系牦牛山组火山岩段。北西向断裂构造发育。区内有以U、Th为伴生元素的1∶25万综合异常1处，铀矿化信息点1处，属于二叠纪产在前寒武纪变质岩中与变质和叠加成矿作用有关的铀钍、石墨成矿亚系列（Ⅳ24④-Pz₂³-M-3），有一定的找矿潜力
	沙柳泉铀-钍找矿A类靶区（U-BQ36）	156.44	伟晶岩型、受变质型、岩浆岩型	靶区出露的地层主要有古元古界达肯大坂岩群、侏罗系、新近系、第四系等。褶皱构造、断裂构造均比较发育，有北西向、北东向和近东西向3组断裂构造。花岗伟晶岩脉发育。区内有以Th为主元素，U为伴生元素的1∶25万综合异常1处，发现有3处铀矿点，属于二叠纪产在前寒武纪变质岩中与变质和叠加成矿作用有关的铀钍、石墨成矿亚系列（Ⅳ24④-Pz₂³-M-3）。区内高铀地层分布广泛，找矿潜力好
团鱼山—鱼卡Ⅰ级铀-钍成矿远景区（U-Ⅰ3）	团鱼山铀找矿C类靶区（U-BQ13）	56.84	可地浸砂岩型	靶区出露的地层有元古宇、奥陶系、泥盆系、石炭系、三叠系、侏罗系、白垩系、古近系、新近系和第四系。团鱼山地区采石岭组发育3套氧化砂体，可为成矿提供充足的容矿空间。煤地层为高铀地层，加之本区北部山前基岩剥蚀强烈，有更多的含铀岩石进入盆地沉积序列，更有利于铀成矿。靶区东南有3个生物化学型铀矿点，属于侏罗纪与煤层生物化学沉积作用有关的铀钍成矿亚系列（Ⅳ24⑤-Mz₂¹-S-7d），找矿潜力较好
	鱼卡铀找矿B类靶区（U-BQ14）	106.71	可地浸砂岩型	靶区出露的地层有元古宇、奥陶系、泥盆系、石炭系、三叠系、侏罗系、白垩系、古近系、新近系和第四系。中侏罗统为主要含煤地层。基本构造格局是较平缓的复式褶皱。尕秀西段砂岩型铀（化）点在深部180~233m处有层间氧化带发育，在矿化层砂体中可见淡黄色、褐黄色砂体，有机质含量少。该区发现潜在铀工业孔2个，潜在铀矿化孔4个。鱼卡九龙山油田筛查钻孔6个，潜在铀矿化孔5个，属于侏罗纪与含矿流体作用有关的铀钍成矿亚系列（Ⅳ24⑤-Mz₂¹-N-7c），寻找可地浸砂岩型铀矿的前景广阔

续表 5-4

靶区所处远景区	靶区名称	面积/km²	主攻成矿类型	靶区特征
锡铁山Ⅱ级铀-钍成矿远景区（U-Ⅱ3）	锡铁山东钍找矿 C 类靶区（U-BQ15）	88.32	受变质型	靶区主要分布上泥盆统牦牛山组火山岩段。北西西向或近东西向断裂构造发育。靶区铀源丰富，岩浆活动强烈。区内有1:5万水系沉积物异常1处，铀钍矿化点1处，铀矿化信息点1处，属于奥陶纪与中酸性侵入岩岩浆作用有关的金、铀成矿亚系列（Ⅳ24⑤-Pz_1^2-Ⅰ-1a），显示出一定的找矿潜力
	HS_{22}钍找矿 C 类靶区（U-BQ16）	39.66	可地浸砂岩型	靶区出露上泥盆统牦牛山组，内部侵入闪长玢岩体，南部则为中侏罗统采石岭组和下更新统七个泉组。断裂构造不发育，只在异常区中部见一条北东向性质不明断层。区内为阿木尼克火山洼地的区域，铀源丰富，有1:5万水系沉积物异常1处，显示出一定的找矿潜力
阿木尼克山东Ⅱ级铀-钍成矿远景区（U-Ⅱ4）	阿木尼克铀-钍找矿 A 类靶区（U-BQ17）	268.79	可地浸砂岩型	靶区出露地层有古元古界达肯大坂岩群片麻岩组、上泥盆统牦牛山组碎屑岩段、古近系路乐河组。断裂主要为北西向。岩体有闪长岩、早石炭世斑状二长花岗岩。靶区周边分布有高铀岩体、地层，区内有以U和Th为主元素的异常1处，发现铀矿化点3处，显示寻找砂岩型铀矿的潜力
	阿木尼克南铀-钍找矿 C 类靶区（U-BQ18）	121.57	岩浆岩型	靶区中心主要出露斑状二长花岗岩，岩体外围有大煤沟组分布。区内有U和Th为主元素的异常1处，异常规模小、强度高、浓集中心明显，各元素套合好，显示出一定的找矿潜力
	阿木尼克东铀-钍找矿 A 类靶区（U-BQ19）	62.57	陆相火山岩型	靶区出露地层主要是上泥盆统牦牛山组，北部沿沟系被全新世洪积物覆盖。北西向断裂构造发育，沿断裂走向分布有磷灰石、放射性铀异常。向斜核部及翼部伴随挤压面发育一系列大致平行的冲断层及次级破裂面，这些破裂面多成为火山喷发、岩浆侵入及热液活动的通道，也是主要矿产形成的有利部位。区内为阿木尼克火山洼地的主体。区内分布1:25万异常1处，异常规模大、强度高，各元素套合较好。1:5万以U、Th为主元素和组合的异常6处。区内有2处铀矿化点，显示找矿潜力好
	HS_{24}铀-钍找矿 C 类靶区（U-BQ20）	88.05	可地浸砂岩型	靶区出露上泥盆统牦牛山组、下更新统七个泉组。区内见两条近南北向西倾逆断层。靶区为阿木尼克火山洼地的区域，周缘铀源丰富，岩浆活动强烈，成矿地质条件良好。区内有1:5万水系沉积物异常1处，钍异常有一定的规模，显示出一定的找矿潜力
托索湖南-旺尕秀西南Ⅲ级铀-钍成矿远景区（U-Ⅲ3）	托索湖南铀-钍找矿 C 类靶区（U-BQ21）	227.41	可地浸砂岩型	靶区出露地层主要为新近系狮子沟组、油砂山组、干柴沟组及第四系洪积物。狮子沟组、油砂山组、干柴沟组是区域高铀地层，组成复式背斜。区内存在上干柴沟组/下干柴沟组和上油砂山组/下油砂山组两个干旱期，有利于古层间氧化带的形成。区内有以U为主元素的异常1处。区内具有寻找砂岩型铀矿的潜力
	旺尕秀南西铀-钍找矿 C 类靶区（U-BQ22）	238.44	可地浸砂岩型	靶区出露地层主要为新近系狮子沟组、油砂山组、干柴沟组及第四系洪积物，组成复式背斜。其中狮子沟组、油砂山组、干柴沟组是区域高铀地层。北西向断裂构造发育。区内存在上干柴沟组/下干柴沟组和上油砂山组/下油砂山组两个干旱期，有利于古层间氧化带的形成。区内有1:20万水系沉积物异常2处。区内有砂岩型铀矿的找矿潜力

续表 5-4

靶区所处远景区	靶区名称	面积/km²	主攻成矿类型	靶区特征
旺尕秀-牦牛山Ⅱ级铀-钍成矿远景区（U-Ⅱ6）	旺尕秀铀-钍找矿A类靶区（U-BQ28）	293.57	陆相火山岩型、可地浸砂岩型	靶区出露地层为上泥盆统牦牛山组上部火山岩，中—上侏罗统。断裂较发育，岩石破碎。铀源丰富，岩浆活动强烈，陆相火山活动强烈，成矿地质条件良好。区内有1∶25万水系沉积物异常1处，铀钍异常具内、中、外分带。旺尕秀煤矿区有13个钻孔赋存自然伽马高异常，潜在铀矿孔1个，潜在矿化孔5个，异常孔7个。靶区铀矿点、矿化点、矿化信息点5处，属于泥盆纪伸展拆沉阶段与晚泥盆世陆相火山岩有关的铀钍成矿亚系列（Ⅳ24⑦-Pz_2^1-Ⅰ-3b）和侏罗纪与成矿流体作用有关的铀成矿亚系列（Ⅳ24⑦-Mz_2^1-N-6a），找矿潜力良好
	牦牛山铀-钍找矿B类靶区（U-BQ29）	329.24	陆相火山岩型	靶区出露地层为上泥盆统牦牛山组碎屑岩段和火山岩段，石炭系怀头他拉组、新近系油砂山组。基底褶皱为奥陶系—志留系复向斜，盖层褶皱为泥盆系复向斜和石炭系复向斜。区内有3条逆断层。正长斑岩侵入泥盆系内。区内有1∶25万水系沉积物异常1处，矿化信息点1处，属于泥盆纪伸展拆沉阶段与晚泥盆世陆相火山岩有关的铀钍成矿亚系列（Ⅳ24⑦-Pz_2^1-Ⅰ-3b），具有较好的找矿潜力
查查香卡-哈莉哈德山Ⅱ级铀-钍成矿远景区（U-Ⅱ7）	查查香卡铀找矿A类靶区（U-BQ30）	59.66	岩浆岩型	靶区出露地层主要为奥陶系—志留系滩间山群上碎屑岩组、下火山岩组。岩浆活动强烈，岩浆岩有英云闪长岩和石英闪长岩。区内北西西向、北东向断裂构造极为发育。区内滩间山群下火山岩组为高铀建造。区内有1∶20万水系沉积物异常1处，小型矿床1处、矿点1处，属于二叠纪与中酸性侵入岩有关的铀钍成矿亚系列（Ⅳ24⑦-Pz_2^3-Ⅰ-4c），找矿潜力好
	都兰湖南铀-钍找矿B类靶区（U-BQ31）	226.81	岩浆岩型	靶区出露地层主要为奥陶系—志留系滩间山群和下火山岩组，为高铀建造。区内岩浆活动强烈，有英云闪长岩和石英闪长岩出露。区内北西向、北东向断裂构造极为发育。区内有以U、Th为主元素的1∶25万水系沉积物综合异常1处，属于二叠纪与中酸性侵入岩有关的铀钍成矿亚系列（Ⅳ24⑦-Pz_2^3-Ⅰ-4c），找矿潜力较好
	柳稍沟铀找矿B类靶区（U-BQ32）	137.14	岩浆岩型	靶区出露地层主要为奥陶系—志留系滩间山群，为高铀建造。区内岩浆活动强烈，有中奥陶世超基性岩、中三叠世二长花岗斑岩和花岗闪长岩出露。区内北西向、北西西向断裂构造极为发育。区内有以U、Th为伴生元素的1∶25万水系沉积物综合异常1处，属于二叠纪与中酸性侵入岩有关的铀钍成矿亚系列（Ⅳ24⑦-Pz_2^3-Ⅰ-4c），找矿潜力较好
花土沟Ⅰ级锶-铀成矿远景区（U-Ⅰ1）	七个泉铀找矿A类靶区（U-BQ7）	40.17	可地浸砂岩型	靶区出露地层有七个泉组、狮子沟组、油砂山组、上干柴沟组、下干柴沟组上段、下干柴沟组下段、路乐河组。区内筛查井数21个，其中潜在铀矿孔4个，潜在矿化孔10个。测井自然伽马值大于500API。潜在铀矿和矿化孔占筛查钻井数的67%。区内伽马异常强度值较高，显示地层厚度较大，岩性多为砂岩，属于古近纪与含矿流体有关的铀成矿亚系列（Ⅳ25①-Cz_1^1-N-2a），寻找砂岩型铀矿潜力巨大
	花土沟铀找矿A类靶区（U-BQ8）	161.4	可地浸砂岩型	靶区出露地层有狮子沟组、油砂山组、上干柴沟组、下干柴沟组上段、下干柴沟组下段、路乐河组。筛查井数161个，其中潜在铀矿孔19个，潜在矿化孔111个。测井自然伽马值大于500API。潜在铀矿和矿化孔占筛查钻井数的80.7%。区内伽马异常强度值较高，显示地层厚度较大，岩性多为砂岩，属于古近纪与含矿流体有关的铀成矿亚系列（Ⅳ25①-Cz_1^1-N-2a）。靶区砂岩型铀矿找矿潜力巨大

续表 5-4

靶区所处远景区	靶区名称	面积/km²	主攻成矿类型	靶区特征
冷湖-宗马海湖Ⅰ级铀成矿远景区（U-Ⅰ2）	冷湖三号铀找矿A类靶区（U-BQ9）	53.33	可地浸砂岩型	靶区出露地层由老至新分别有古元古界、侏罗系、古近系、新近系、第四系。总体呈被断层切割的向背斜构造形态。区内有4个验证钻孔，其中2个钻孔见矿，1个钻孔见异常，发现了较好的铀矿体。筛查钻孔98个，有4个钻孔为潜在铀矿孔，23个钻孔为潜在矿化孔，测井自然伽马值大于500API。冷湖三号中潜在铀矿和矿化孔占筛查钻井数的27.55%。区内伽马异常强度值较高，显示地层厚度较大，岩性多为砂岩。区内在2个钻孔中已发现工业铀矿体，属于侏罗纪断陷盆地湖沼相沉积与含矿流体有关的铀成矿亚系列（Ⅳ25①-Mz_2^1-N-1b）。靶区具有较大的找矿潜力。
	平台铀找矿C类靶区（U-BQ10）	51.36	可地浸砂岩型	靶区出露地层由老至新分别有古元古界、侏罗系、古近系、新近系、第四系。筛查7个钻孔，有2个钻孔为潜在铀矿化孔，测井自然伽马值在150～500API之间。潜在铀矿化孔占筛查钻井数的29.6%。属于古近纪与含矿流体有关的铀成矿亚系列（Ⅳ25①-Cz_1^1-N-2a）。该区具有较大的找矿潜力
南八仙-马北Ⅱ级铀-钍成矿远景区（U-Ⅱ2）	马北铀找矿A类靶区（U-BQ11）	102.05	可地浸砂岩型	靶区自上而下钻遇地层有上干柴沟组、下干柴沟组。基岩未见底，岩性为花岗片麻岩、黑灰色变质砂岩等。马北地区是多个断层控制的大型古隆起区，总体走向为北西向。局部构造大部分表现为不对称背斜构造，一般北缓南陡，构造扭动现象明显。筛查井数32个，其中潜在铀矿孔2个，潜在铀矿化孔26个，测井自然伽马值大于500API。潜在铀矿化孔占筛查钻井数的87.5%。区内伽马异常强度值较高，显示地层厚度较大，岩性多为砂岩，属于古近纪与含矿流体有关的铀成矿系列（Ⅳ25②-Cz_1^1-N-2），具有较大的找矿潜力
	南八仙铀找矿C类靶区（U-BQ12）	40.37	可地浸砂岩型	靶区从浅到深地层有油砂山组、干柴沟组、路乐河组、下—中侏罗统大煤沟组。南八仙构造整体上为一个被断层复杂化的背斜构造。南八仙地区筛查井数100个，其中潜在铀矿化孔13个。潜在铀矿化孔占筛查钻井数的13%。区内伽马异常强度值较高，属于古近纪与含矿流体有关的铀成矿系列（Ⅳ25②-Cz_1^1-N-2），具有较大的找矿潜力
果可山-夏日达乌艾青Ⅲ级铀-钍成矿远景区（U-Ⅲ4）	生格东铀-钍找矿C类靶区（U-BQ37）	60.21	伟晶岩型	靶区出露地层为古元古界达肯大板岩群片麻岩。岩浆岩主要为早二叠世闪长岩、正长花岗岩及脉岩等。区内有以U、Th为伴生元素的1：25万水系沉积物综合异常1处，属于三叠纪挤压造山后阶段与伟晶岩有关的"三稀"、铀成矿系列（Ⅳ26②-Mz_1-Ⅰ-1），有一定的找矿潜力
	乌兰北铀-钍找矿A类靶区（U-BQ38）	151.73	伟晶岩型	靶区出露地层为古元古界达肯大板岩群片麻岩组。侵入岩广泛分布，主要有石英闪长岩、正长花岗岩及脉岩等，与矿化有关的主要是花岗伟晶岩脉和正长花岗岩脉。构造属天峻南山复式背斜南翼，构造线呈北西向，局部小褶皱甚为发育，次级节理裂隙发育，亦构成了成矿有利条件之一。区内断裂构造比较发育，断层走向主要为北西向。区内有以U、Th为主元素的1：25万水系沉积物综合异常1处，异常规模大、强度高、浓集中心明显，各元素套合好。异常区发现放射性伽马异常33个。已有2处伟晶岩型铀钍矿点，属于三叠纪挤压造山后阶段与伟晶岩有关的"三稀"、铀成矿系列（Ⅳ26②-Mz_1-Ⅰ-1），找矿潜力好
	察汗诺钍找矿B类靶区（U-BQ39）	63.76	伟晶岩型	靶区出露地层为古元古界达肯大板岩群片麻岩组。侵入岩广泛分布，主要有斑状二长花岗岩、二长花岗岩。区内有以Th为伴生元素的1：25万水系沉积物综合异常1处，已有2处伟晶岩型铀钍矿点，属于三叠纪挤压造山后阶段与伟晶岩有关的"三稀"、铀成矿系列（Ⅳ26②-Mz_1-Ⅰ-1），找矿潜力较好。
	夏日达乌铀找矿C类靶区（U-BQ40）	71.51	伟晶岩型	靶区出露地层有三叠系隆务河组。岩浆岩有二长花岗岩、斑状二长花岗岩等。区内有以U为伴生元素的1：25万水系沉积物综合异常1处，属于三叠纪挤压造山后阶段与伟晶岩有关的"三稀"、铀成矿系列（Ⅳ26②-Mz_1-Ⅰ-1），有一定的找矿潜力
	夏日达乌东铀找矿C类靶区（U-BQ41）	85.44	伟晶岩型	区内岩浆活动强烈，主要为二长花岗及伟晶岩脉。区内有以U为主元素的1：25万水系沉积物综合异常1处，异常规模大、强度高、浓集中心明显，各元素套合好，属于三叠纪挤压造山后阶段与伟晶岩有关的"三稀"、铀成矿系列（Ⅳ26②-Mz_1-Ⅰ-1），有一定的找矿潜力

三、"三稀"矿远景区及靶区特征

在研究区内圈定"三稀"成矿远景区13个、找矿靶区32处(图5-3)。

(一)成矿远景区

1. 绿草山北Ⅱ级铍-锂-镧-铷成矿远景区(三稀-Ⅱ4)

远景区位于塔塔棱河成矿亚带,面积1 429.2 km²。出露的古元古界达肯大坂岩群片麻岩组中分布的伟晶岩脉是稀有稀土元素的高背景地质体,是区域上较重要的稀有稀土矿的矿源体。区内多期次级断裂发育,为成矿元素的运移、富集成矿提供空间。岩浆活动强烈,具多旋回性,岩性包括早志留世斑状二长花岗岩、二长花岗岩和晚三叠世二长花岗岩,为成矿提供了充足的物源、热源。远景区分布3处1:25万水系沉积物异常,异常主元素有Be、Li、La、Rb,异常规模大,元素套合好,强度高。发现有7处萤石重砂异常,并推测有稀土碱性岩体、锡岩岩体存在。水系沉积物异常和重砂矿物异常发育且相互吻合。远景区内另发现多处T-Ti-V、W-Sn-Mo-Bi、W-Sn-Bi组合异常;发现有多处"三稀"矿(化)点,已知成矿事实明显,具有较好的"三稀"矿找矿潜力。

2. 大煤沟Ⅲ级镧-锂-磷-锶成矿远景区(三稀-Ⅲ3)

远景区位于鱼卡-德令哈成矿亚带,面积1 904.51 km²。区内出露古元古界达肯大坂岩群和奥陶系—志留系滩间山群。区内经受多次构造运动的影响,断裂构造较为发育,多为北西-南东向断层,为高温气成热液侵入提供了良好的通道和容矿空间。区内分布的中酸性侵入岩,为稀有稀土矿提供物质来源,也为稀有矿产提供大量热液。已发现乌兰县石灰沟东稀有稀土矿化点1处,成矿事实明显。区内分布有4处乙类1:25万水系沉积物异常,异常规模较大,元素套合较好;出现Ti-V、V-Ti、Ti、W-Sn-Mo-Bi、W-Mo、W-Sn-Mo-Bi组合异常;分布5处磷灰石、稀土重砂异常。综上所述,该远景区成矿背景良好,具备寻找"三稀"矿的潜力。

3. 科克塞尔Ⅱ级锂-铌成矿远景区(三稀-Ⅱ3)

远景区位于鱼卡-德令哈成矿亚带,面积583.79 km²。区内出露地层主要为古元古界托赖岩群中云母石英片岩、大理岩、变粒岩、石英岩等,具有形成变质分异伟晶岩的条件;区内经受多次构造运动的影响,断裂构造较为发育,多为北西-南东向断层,为高温气成热液侵入提供了良好的通道和容矿空间。区内分布中酸性侵入岩,为稀有稀土矿提供物质来源,也为稀有矿产提供大量热液。远景区分布有2处乙类1:25万水系沉积物异常,主元素有Li、Nb等,伴生元素有Th、Be、P、Y、Sr、La、Zr,异常元素套合较好,规模大,三级浓度分带明显;出现V-Ti组合异常;分布有4处磷灰石重砂异常。综上所述,该远景区成矿背景良好,具备寻找"三稀"矿的潜力。

4. 大通沟南山Ⅰ级镧-铍-磷-锶成矿远景区(三稀-Ⅰ1)

远景区位于阿卡托山-俄博梁成矿亚带,面积766.25 km²。出露地层主要为古元古界达肯大坂岩群片麻岩组,其次零星分布有中元古界万洞沟群碳酸盐岩组及第四系。古元古界达肯大坂岩群内小型复式褶皱发育,构造以断裂构造为主,多为北西向,次为北东向,北东向断裂多切穿北西向断裂构造,多组方向断裂分布及交会部位有利于酸性岩体的侵入。区内侵入岩浆活动频繁而剧烈,其中以加里东期和海西期最为强烈,其次为印支期,主要为中酸性侵入岩。与稀有稀土成矿密切的岩体可能为印支期的酸性侵入岩,因为印支期酸性侵入岩演化程度高,为稀有稀土矿提供物质来源,也为稀有矿产提供大量热

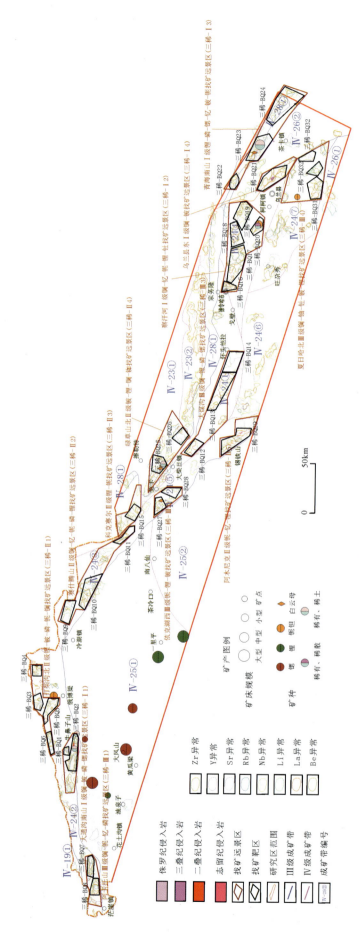

图 5-3 柴北缘地区"三稀"矿找矿预测

液。区内基性岩及超基性岩则零星分布。以"三稀"元素为主的化探异常有5处,且存在W-Sn-Mo-Bi-V-Ti组合异常;远景区内发现了碳酸盐岩和稀土岩体,且分布有9处稀有稀土重砂异常;发现稀有稀土矿点3处。综上所述,该远景区寻找"三稀"矿的潜力较大。

5. 打柴沟北Ⅱ级锂-铍-磷-铌成矿远景区(三稀-Ⅱ1)

远景区位于阿卡托山-俄博梁成矿亚带,面积1 053.2km²。出露地层主要为古元古界达肯大坂岩群,侏罗系采石岭组,新近系油砂山组、狮子沟组及第四系洪积物。区内小型复式褶皱发育,构造以断裂构造为主,多为北东向和北西向。岩浆活动频繁而剧烈,以加里东期和海西期最为强烈,其次为印支期,主要为中酸性侵入岩,与稀有稀土成矿密切的岩体可能为早二叠世花岗闪长岩、二长花岗岩。远景区发现了3处稀有稀土矿点。以"三稀"元素为主的1∶25万水系沉积物化探异常有12处,异常规模大,套合好,强度高;出现多个以Ti异常为主的V-Ti异常和W-Sn-Mo-Bi、W-Mo、W-Sn-Mo组合异常;分布有11处稀有稀土重砂异常。综上所述,该远景区寻找"三稀"矿的潜力较大。

6. 阿卡托山Ⅲ级镧-铌-钇-磷成矿远景区(三稀-Ⅲ1)

远景区位于阿卡托山-俄博梁成矿亚带,面积601.28km²。出露地层主要为古元古界达肯大坂岩群片麻岩组,寒武系—奥陶系滩间山群,下—中侏罗统大煤沟组,中侏罗统采石岭组、洪水沟组,新近系油砂山组。构造以断裂构造为主,主要发育近东西向构造,次为北西向,酸性岩体多沿近东西向构造侵入。岩浆岩分布广泛且规模较大,以加里东期和印支期最为强烈,主要为中酸性侵入岩,与稀有稀土成矿密切的岩体可能为印支期的酸性侵入岩。区内分布有3处1∶25万水系沉积物异常,出现多个以Ti异常为主的V-Ti异常和W-Sn-Mo-Bi、W-Sn组合异常,分布有1处重砂异常。综上所述,该远景区具备寻找"三稀"矿的潜力。

7. 赛什腾山Ⅱ级镧-钇-铌-磷-锂成矿远景区(三稀-Ⅱ2)

远景区位于小赛什腾-滩间山成矿亚带,面积1663km²。区内出露地层主要为古元古界达肯大坂岩群麻粒岩组和片麻岩组、奥陶系—志留系滩间山群下火山岩组、上泥盆统牦牛山组及少量出露中元古界万洞沟群火山岩组。构造以断裂构造为主,整体为北西向构造,次为近南北向断裂。岩浆岩分布广泛且规模较大,以加里东期和海西期最为强烈,主要为中酸性侵入岩,酸性岩体多沿近东西向构造侵入,为高温气成热液侵入提供了良好的通道和容矿空间。区内目前尚未发现矿化线索,以"三稀"元素为主的1∶25万水系沉积物化探异常有6处,出现多个Ti-V、V-Ti、Ti、W-Sn-Mo-Bi、W-Mo-Bi、W-Sn-Bi组合异常,且分布有11处重晶石、磷灰石重砂异常。综上所述,该远景区成矿背景良好,具备寻找"三稀"矿的潜力。

8. 察汗河Ⅰ级镧-钇-铌-磷-铍-锂-钍成矿远景区(三稀-Ⅰ2)

远景区位于布赫特山成矿亚带,面积2428km²。区内出露地层主要为古元古界达肯大坂岩群片麻岩组,其次为上泥盆统牦牛山组、奥陶系—志留系滩间山群等。构造以断裂构造为主,多为北西向,次为北东向;褶皱较发育,多为小型复式褶皱。区内侵入岩浆活动频繁而剧烈,其中海西期、印支期最为强烈,主要为中酸性侵入岩,基性岩零星分布。远景区内地层和构造受宗务隆山-兴海坳拉槽闭合影响,主要呈北西西向展布,其是区内重要的控矿构造。远景区内分布有1∶25万"三稀"化探异常6处,存在多处W-Mo-Bi、Sn-Mo、W-Sn-Mo-Bi、W-Sn-Mo组合异常。区内已经发现11条伟晶岩脉,2条细晶岩脉,5处碱性岩体,13处萤石、磷灰石、放射稀有重砂矿物异常。已发现"三稀"矿床(点)多达11处,多位于岩体和伟晶岩脉附近,初步判断这些矿点与碱性岩体和花岗伟晶岩关系密切。另外发现多处Ti、V-Ti、Ti异常。综上所述,该远景区具有很好的"三稀"矿找矿潜力。

9. 乌兰县东Ⅰ级镧-铍成矿远景区(三稀-Ⅰ4)

远景区位于布赫特山成矿亚带,面积586.6km²。区内出露地层为古元古界达肯大坂岩群片麻岩组和金水口岩群片麻岩组。构造以断裂构造为主,为北西-南东向,褶皱构造较发育,多为小型复式褶皱。地层和构造主要呈北西-南东向展布,是区内重要的控矿构造。侵入岩浆活动频繁而剧烈,具有多期次的特点,其中印支期最为强烈。其中,中酸性侵入岩为稀有稀土矿提供物质来源,也为稀有矿产提供大量热液。远景区内分布有1∶25万"三稀"化探异常3处,发现有碱性岩体存在,有1处磷灰石、萤石重砂异常;区内存在Ti、Ti-V、W-Sn-Mo-Bi组合异常,以上表明该地区热液活动强烈。区内目前已发现乌兰察汗诺稀散矿化点1处,具有很好的"三稀"矿找矿潜力。

10. 依克湖西Ⅲ级铌-锂-铍成矿远景区(三稀-Ⅲ2)

远景区位于绿梁山-锡铁山成矿亚带,面积524.27km²。区内出露地层主要为古元古界达肯大坂岩群片麻岩组,奥陶系—志留系滩间山群,古近系—新近系干柴沟组。构造以北西向断裂构造为主,古元古界达肯大坂岩群内小型复式褶皱发育。远景区处于柴北缘构造岩浆岩带,侵入岩浆活动强烈,主要为加里东期和海西期中酸性侵入岩。区内分布有3处1∶25万"三稀"元素水系沉积物异常,发现2处磷灰石、稀土重砂异常,推测有稀土碱性岩体、碳酸盐岩存在;发现多处V-Ti、W-Sn-Mo-Bi、Mo、W-Bi、W-Mo-Bi组合异常;发现有2处白云母矿点,属伟晶岩型;发现1处大型海相火山岩型铅锌矿(锡铁山铅锌矿),伴生稀散矿产。综上所述,该远景区具有较好的"三稀"矿找矿潜力。

11. 阿木尼克Ⅱ级铌-钇-锂成矿远景区(三稀-Ⅱ5)

远景区位于绿梁山-锡铁山成矿亚带,面积1 825.47km²。区内出露地层主要为古元古界达肯大坂岩群片麻岩组,奥陶系—志留系滩间山群,下奥陶统多泉山组、石灰沟组,上泥盆统牦牛山组,下石炭统阿木尼克组、怀头他拉组、城墙沟组,下—中侏罗统大煤沟组,古近系—新近系干柴沟组,新近系油砂山组。构造以北西向断裂构造为主,近东西向次之,两组断裂多处交会,为成矿元素的运移、富集成矿提供空间。岩浆岩主要为加里东期和海西期中酸性侵入岩。区内分布有5处1∶25万"三稀"元素水系沉积物异常,发现多达12处磷灰石、稀土及放射性重砂异常,推测有稀土碱性岩体、碳酸盐岩存在。远景区内另发现多处V-Ti、W-Sn-Mo-Bi、W-Sn-Mo、W-Mo-Bi组合异常。综上所述,该远景区具有较好的稀散稀有矿产找矿潜力。

12. 夏日哈北Ⅲ级镧-钇-钍-铍-锂成矿远景区(三稀-Ⅲ4)

远景区位于夏日哈-鄂拉山成矿亚带,面积1 876.79km²。区内出露地层为古元古界达肯大坂岩群片麻岩组、长城系沙柳河岩群和奥陶系—志留系滩间山群。构造以北西西向断裂构造为主且密集分布,北东向次之。远景区处于全吉构造岩浆岩带,主要为加里东期—印支期中酸性侵入岩,侵入岩为成矿提供了充足的物源、热源。区内分布有6处1∶25万水系沉积物异常,发现7处稀有稀土和放射性、萤石重砂异常,推测有稀土碱性岩体、碳酸盐岩、锡铍岩体,另外远景区内还圈出多处V、Ti、V-Ti、W-Sn-Mo-Bi组合异常,发现1处铌钽矿点。综上所述,该远景区应具有较好的稀散稀有矿产找矿潜力。

13. 青海南山Ⅰ级锂-磷-锶-钇-铍-铌成矿远景区(三稀-Ⅰ3)

远景区位于宗务隆山-加木纳哈岗成矿亚带,面积1 885.4km²。区内出露的地层主要为古元古界金水口岩群片麻岩组、石炭系—二叠系土尔根大坂群,其次为二叠系果可山组、三叠系尕勒得寺组、隆务河组。构造以断裂构造为主,多为北西向。岩浆活动强烈,主要为海西期—印支期,岩性主要为中酸性侵入岩,基性岩零星分布。远景区内分布有5处1:25万"三稀"元素水系沉积物异常,另发现多处Ti-V、Ti组合异常和W-Sn-Bi、W-Sn、W-Sn-Bi、Sn-Bi、W-Sn-Mo-Bi、W-Sn-Mo组合异常,表明该地区热液活动强烈。区内已发现23条伟晶岩脉,19处磷灰石、萤石、重晶石等重砂矿物异常;已发现5处"三稀"矿床(点)。综上所述,该远景区具有很好的"三稀"矿找矿潜力。

(二)找矿靶区

研究区"三稀"矿找矿靶区信息见表5-5。

表5-5 研究区"三稀"矿找矿靶区信息一览表

靶区所处远景区	靶区名称	面积/km²	主攻成矿类型	靶区特征
绿草山北Ⅱ级铍-锂-镧-铷成矿远景区(三稀-Ⅱ4)	柴旦北山铍-锂找矿A类靶区(三稀-BQ25)	212.46	伟晶岩型	靶区出露地层为三叠系下环仓组—江河组,二叠系果可山组、巴音河群勒门沟组。靶区位于宗务隆山-兴海坳拉槽,北西向、近东西向、北东向断裂构造发育。岩性包括早志留世斑状二长花岗岩和晚三叠世二长花岗岩。区内有1处以"三稀"为主元素、伴生元素的1:25万水系沉积物异常,元素组合齐全,三级浓度分带较清晰,异常规模大,化探异常中圈定了W-Sn-Bi组合异常,并推测存在含稀土碱性岩体、含锡铍碱性岩体;有1处萤石稀有重砂异常。异常区发现2处稀有稀土矿(化)点,成矿事实清楚,属于三叠纪与伟晶岩有关的稀有稀土、白云母成矿亚系列(Ⅳ23①-Pz₂³-Ⅰ-2a),具有"三稀"矿找矿潜力
	超力本陶勒盖铷-铍-锂找矿B类靶区(三稀-BQ26)	159.61	岩浆型	靶区位于宗务隆山-兴海坳拉槽,北西向断裂构造发育。处于柴北缘构造岩浆岩带,侵入岩岩性主要为早志留世斑状二长花岗岩。区内存在以"三稀"为主元素、伴生元素1:25万水系沉积物异常1处、1:5万水系沉积物异常2处,化探异常中圈定了W-Sn-Bi组合异常,并推测存在含稀土碱性岩体、含锡铍碱性岩体;有5处萤石稀有重砂异常。区内已发现1处铷矿点,属于三叠纪挤压造山阶段与碱长花岗岩有关的稀有稀土(金、铀)成矿亚系列(Ⅳ23①-Pz₂³-Ⅰ-2b),具有"三稀"矿找矿潜力
大煤沟Ⅲ级镧-锂-磷-锶成矿远景区(三稀-Ⅱ3)	胜利口镧-铌找矿C类靶区(三稀-BQ12)	164.57	变质型	靶区位于欧龙布鲁克陆块。区内出露的地层为古元古界达肯大坂岩群片麻岩组,奥陶系大头羊组,二叠系果可山组,侏罗系大煤沟组。区内北西向断裂构造发育,岩浆岩不发育。靶区分布1:25万"三稀"元素化探异常1处,1:5万"三稀"化探异常3处,圈定了Mo-Bi、V-Ti组合异常;推断存在碳酸盐岩、稀土岩体。该区有一定的"三稀"矿找矿潜力
	石灰沟东镧-锶找矿C类靶区(三稀-BQ13)	447.24	伟晶岩型	靶区出露的地层有古元古界达肯大坂岩群片麻岩组,南华系—震旦系,下奥陶统多泉山组,白垩系犬牙沟组,新近系油砂山组,古近纪—新近纪干柴沟组。区内北西向断裂组构造交会,北东向断裂构造发育,岩浆岩不发育。靶区分布1:25万"三稀"化探异常1处,1:5万"三稀"化探异常5处,异常区内发现"三稀"矿化点,属于二叠纪与伟晶岩有关的稀有稀土、铀成矿亚系列(Ⅳ24①-Pz₂³-Ⅰ-6b),反映出该异常区具有一定的稀有稀土矿找矿潜力
	怀头他拉南锂-锶找矿C类靶区(三稀-BQ14)	305.66	变质型	靶区出露的地层有下奥陶统多泉山组、石灰沟组,石炭系阿木尼克组、城墙沟组、怀头他拉组,古近系—新近系干柴沟组,新近系油砂山组。区内北西向和近东西向断裂构造发育,岩浆岩不发育。靶区分布1:25万"三稀"化探异常,1:5万"三稀"化探异常11处,推断存在碳酸盐岩。该区寻找"三稀"元素矿产有一定的潜力
科克塞尔Ⅲ级锂-铌成矿远景区(三稀-Ⅱ3)	科克塞尔锂-铌找矿C类靶区(三稀-BQ15)	155.33	岩浆型及伟晶岩型	靶区出露的地层为古元古界达肯大坂岩群。区内北西-南东向断裂构造发育,北东向断层对北西向断层具有破坏作用;靶区处于柴北缘构造岩浆岩带,出露早奥陶世二长花岗岩、中泥盆世石英闪长岩和超基性岩。靶区分布1:25万"三稀"化探异常1处,La、Nb元素异常范围较大。区内化探推断存在碳酸盐岩、稀土岩体和V-Ti组合异常,重砂分析发现4处磷灰石异常,反映出该异常区具有一定的稀有稀土矿找矿潜力

续表 5-5

靶区所处远景区	靶区名称	面积/km²	主攻成矿类型	靶区特征
大通沟南山Ⅰ级镧-铍-磷-锶找矿远景区（三稀-Ⅰ1）	牛鼻子山西北锂-铍-铷找矿B类靶区（三稀-BQ1）	42.06	碱长花岗岩相关型、伟晶岩型	靶区出露的地层为古元古界达肯大坂岩群片麻岩组，中元古界万洞沟群碳酸盐岩组和第四系洪积物。区内北东向、北西向构造发育。岩浆岩包括中奥陶世闪长岩和早二叠世花岗闪长岩。靶区分布1∶25万"三稀"化探异常1处，1∶2.5万水系沉积物在靶区内初步圈定9个组合异常。靶区发现稀有矿化点1处，属于二叠纪与碱长花岗岩有关的稀有稀土、铀钍成矿亚系列（Ⅳ24②-Pz₂³-Ⅰ-3a），具有较好的"三稀"矿找矿潜力
	牛鼻子山西镧-铌-铍找矿A类靶区（三稀-BQ2）	290.01	碱长花岗岩相关型、伟晶岩型	靶区出露的地层为古元古界达肯大坂岩群片麻岩组、第四系洪积物。区内北西向、北东向、近东西向构造发育。岩浆岩包括晚三叠世二长花岗岩，早二叠世二长花岗岩、花岗闪长岩和斑状二长花岗岩，中奥陶世石英闪长岩和辉长岩。靶区分布1∶25万"三稀"化探异常1处，1∶5万"三稀"化探异常1处，1∶2.5万"三稀"化探异常12处。靶区发现"三稀"矿产地2处，属于二叠纪与碱长花岗岩有关的稀有稀土、铀钍成矿亚系列（Ⅳ24②-Pz₂³-Ⅰ-3a），具有较好的"三稀"矿找矿潜力
打柴沟北Ⅱ级锂-铍-磷-铌成矿远景区（三稀-Ⅱ1）	打柴沟北找矿B类靶区（三稀-BQ3）	131.21	碱长花岗岩相关型	靶区出露的地层为古元古界达肯大坂岩群片麻岩组。区内断裂构造不发育。靶区分布于阿尔金构造岩浆岩带，中酸性侵入岩发育。靶区内分布1∶25万"三稀"化探异常1处，1∶5万"三稀"化探异常5处，化探推测存在锡铍岩体、稀土岩体、碳酸盐岩，已圈定了W-Sn-Mo-Bi异常，属于二叠纪与碱长花岗岩有关的稀有稀土、铀钍成矿亚系列（Ⅳ24②-Pz₂³-Ⅰ-3a），具有"三稀"矿找矿潜力
	打柴沟北东锂-铌找矿A类靶区（三稀-BQ4）	102.28	碱长花岗岩相关型	靶区出露地层主要为古元古界达肯大坂岩群粗粒岩组及第四系冲洪积物。构造不发育。靶区分布于阿尔金构造岩浆岩带，中酸性侵入岩广泛分布。靶区分布1∶25万"三稀"化探异常1处，Li、Nb、Be元素异常套合好，有3处磷灰石、稀土重砂异常，具有V-Ti元素异常带。区内发现1处稀土矿化点，属于志留纪与伟晶岩有关的稀有稀土成矿亚系列（Ⅳ24②-Pz₁³-Ⅰ-1c），具有一定的找矿潜力
	打柴沟镧-铌找矿A类靶区（三稀-BQ5）	197.04	碱长花岗岩相关型	靶区出露的地层为古元古界达肯大坂岩群片麻岩组。北西向、北东向构造发育。岩浆活动强烈，中酸性侵入岩发育。靶区发现多处稀土、放射性重砂异常，多处"三稀"化探异常，推测有碳酸盐岩和稀土岩体存在。靶区内存在伟晶岩，并发现交通社西北山铌钽矿床等3处矿床（点），轻稀土矿化多赋存于花岗伟晶岩脉中，属于二叠纪与伟晶岩有关的稀有稀土成矿亚系列（Ⅳ24②-Pz₂³-Ⅰ-3b），具有"三稀"矿找矿潜力
	拉配泉南西钇-锂找矿B类靶区（三稀-BQ6）	104.17	碱长花岗岩相关型、伟晶岩型	靶区出露的地层为古元古界达肯大坂岩群片麻岩组，中元古界万洞沟群碳酸岩组。北西向、北东向构造发育，有利于酸性岩体的上侵和热液的活动。岩浆岩包括晚三叠世二长花岗岩，中元古代石英闪长岩。靶区分布1∶25万"三稀"化探异常1处，1∶2.5万"三稀"化探异常10处。区内发现W-Sn-Mo-Bi组合元素和Ti元素异常，并有富Sn、Be岩体及稀土岩体，属于三叠纪与碱长花岗岩有关的稀有稀土成矿亚系列（Ⅳ24②-Mz₁-Ⅰ-5a），反映出该区具有一定的稀有稀土矿找矿潜力
阿卡托山Ⅲ级镧-铌-钇-磷成矿远景区（三稀-Ⅲ1）	阿卡托山镧-铌-钇找矿C类靶区（三稀-BQ7）	133.34	碱长花岗岩相关型、伟晶岩型	靶区出露的地层为奥陶系—志留系滩间山群。北东向构造发育。处于阿尔金构造岩浆岩带，发育中酸性侵入岩。靶区分布1∶25万"三稀"化探异常1处，Y、Be、Th、U有较高的浓度。区内存在热液型铅矿和金矿点，属于三叠纪与碱长花岗岩有关的稀有稀土成矿亚系列（Ⅳ24②-Mz₁-Ⅰ-5a），反映出该区有一定的"三稀"矿找矿潜力
	采石岭镧-铌找矿C类靶区（三稀-BQ8）	137.35	碱长花岗岩相关型	靶区出露的地层为古元古界达肯大坂岩群片麻岩组、奥陶系—志留系滩间山群、下—中侏罗统大煤沟组。近东西向断裂构造发育。岩浆岩包括晚三叠世二长花岗岩、中奥陶世石英闪长岩。靶区分布1∶25万"三稀"化探异常1处，1∶2.5万"三稀"化探异常5处。区内已圈定的W-Sn-Mo-Bi、V-Ti组合异常范围与异常区Nb、La异常范围对应较好，属于三叠纪与碱长花岗岩有关的稀有稀土成矿亚系列（Ⅳ24②-Mz₁-Ⅰ-5a），有利于稀有元素和稀土元素的富集

续表 5-5

靶区所处远景区	靶区名称	面积/km²	主攻成矿类型	靶区特征
赛什腾山Ⅱ级镧-钇-铌-磷-锂找矿远景区（三稀-Ⅱ2）	小赛什腾山钇-锂找矿B类靶区（三稀-BQ9）	226.89	伟晶岩型	靶区出露的地层为寒武系—奥陶系滩间山群和第四系洪积物。区内北西向和近东西向构造发育。岩浆岩有中二叠世二长花岗岩。靶区分布1:25万"三稀"化探异常1处，1:2.5万"三稀"化探异常11处。异常中圈出W-Sn-Mo-Bi和T-iV组合异常。区内伟晶岩脉发育，寻找稀有稀土矿产有一定的潜力
	赛什腾山钇-铌-镧找矿C类靶区（三稀-BQ10）	373.47	伟晶岩型	靶区出露地层为古元古界达肯大坂岩群麻粒岩组、奥陶系—志留系滩间山群。区内北西向断裂构造发育。中二叠世岩浆活动强烈，局部出露早奥陶世辉长岩。靶区分布1处1:25万"三稀"水系沉积物异常，1:2.5万"三稀"水系沉积物异常17处。推测异常区有稀土岩体的存在，同时存在W-Sn-Mo-Bi、T-iV组合异常，与主元素异常范围套合好。该异常区可作为今后稀有稀土矿的找矿靶区
	南八仙西北铌-镧找矿B类靶区（三稀-BQ11）	134.7	伟晶岩型	靶区出露的地层为古元古界达肯大坂岩群麻粒岩组、片麻岩组和中元古界万洞沟群碳酸盐岩组。北西向断裂和北东向断裂构造发育；岩浆活动强烈，有中元古代花岗岩，早奥陶世斑状花岗闪长岩和辉长岩。区内热液活动强烈，有利于稀有稀土矿产的形成。靶区分布1:25万"三稀"化探异常1处，1:5万"三稀"化探异常6处，1:2.5万"三稀"化探异常3处。异常周边发现4处磷灰石、重晶石矿物重砂异常，推测有碳酸盐岩的存在。该区对于寻找稀土稀有矿有一定的潜力
察汗河Ⅰ级镧-钇-铌-磷-铍-锂-钍找矿远景区（三稀-Ⅰ2）	德令哈东镧-铌找矿B类靶区（三稀-BQ16）	99.13	伟晶岩型	靶区出露的地层为达肯大坂岩群片麻岩组。靶区位于欧龙布鲁克陆块，近东西向构造发育；区内岩浆岩不发育，推断存在稀土岩体和锡铍岩体。靶区内化探圈定了Sn-Mo化探异常；异常内发现稀有稀土矿化点1处，属于二叠纪与伟晶岩有关的稀有稀土、铀成矿亚系列（Ⅳ24④-Pz₂³-Ⅰ-2b），可作为找矿线索
	黑石山东铌-铍找矿A类靶区（三稀-BQ17）	477.19	岩浆型	靶区内出露的地层为古元古界达肯大坂岩群片麻岩组。北西-南东向构造发育，后期近南北向断层对其起破坏作用。岩浆岩较发育，岩性包括中奥陶世辉长岩，早二叠世花岗闪长岩、闪长岩及晚三叠世二长花岗岩。区内分布1:25万"三稀"化探异常1处，存在W-Sn、W-Mo-Bi、V-Ti组合异常，局部见碳酸盐岩和稀土岩体，发现铍矿化点1处，属于二叠纪与伟晶岩有关的稀有稀土、铀成矿亚系列（Ⅳ24④-Pz₂³-Ⅰ-2b），有一定的"三稀"矿找矿潜力
	蓄集南铌-钇-镧找矿A类靶区（三稀-BQ18）	243.55	岩浆型	靶区出露的地层为古元古界达肯大坂岩群片麻岩组、上泥盆统牦牛山组碎屑岩段。北西向和近东西向断裂构造发育，且多处交会，利于"三稀"元素富集成矿。靶区处于柴北缘构造岩浆岩带，岩浆岩较发育，岩性包括中奥陶世辉长岩、晚三叠世钾长花岗岩和二长花岗岩。靶区内化探异常为甲类异常，元素组合齐全，三级浓度分带清晰，异常规模大。区内存在Sn-Mo、W-Sn-Bi和Ti-V组合异常；见碳酸盐岩和稀土岩体；有磷灰石、萤石重砂异常；发现"三稀"矿化点2处，属于三叠纪与伟晶岩有关的稀有稀土、铀成矿亚系列（Ⅳ24④-Mz₁-Ⅰ-4b），可作为今后稀有稀土矿的找矿靶区
	野马滩南铌-磷-镧铍找矿A类靶区（三稀-BQ19）	308.17	岩浆型	靶区出露的地层为古元古界达肯大坂岩群片麻岩组、寒武系—奥陶系滩间山群。区内北西向和近东西向断裂构造发育，且多处交会，利于"三稀"元素富集成矿。岩浆岩发育，岩性包括中奥陶世闪长岩、辉长岩，早二叠世闪长岩，晚三叠世正长花岗岩。靶区化探异常为甲类异常，元素组合齐全，三级浓度分带清晰，异常规模大；存在W-Sn-Mo-Bi、V、Ti-V组合异常；见碳酸盐岩和稀土岩体；有5处磷灰石、萤石重砂异常；发现多处"三稀"矿点，属于二叠纪与伟晶岩有关的稀有稀土、铀成矿亚系列（Ⅳ24④-Pz₂³-Ⅰ-2b），具有较大的"三稀"矿找矿潜力
	阿姆内格铌-钽-铷-锂-铍-镧找矿A类靶区（三稀-BQ20）	144.24	岩浆型	靶区出露地层为古元古界达肯大坂岩群片麻岩组和大理岩组。北西向和近东西向断裂构造发育。出露的岩浆岩有晚三叠世二长花岗岩、早二叠世闪长岩。靶区化探异常为甲类异常，元素组合齐全，三级浓度分带清晰，异常规模大，存在W-Sn-Mo-Bi组合异常；见碳酸盐岩和稀土岩体；北西向和东西向断裂构造发育且相互交会；有1处磷灰石、萤石、重晶石、稀有、放射性重砂异常；发现3处"三稀"矿点，属于二叠纪与伟晶岩有关的稀有稀土、铀成矿亚系列（Ⅳ24④-Pz₂³-Ⅰ-2b），可作为今后稀有稀土矿的找矿靶区

续表 5-5

靶区所处远景区	靶区名称	面积/km²	主攻成矿类型	靶区特征
乌兰县东 I 级镧-铍找矿远景区（三稀-I4）	铜普地区镧-铍找矿 A 类靶区（三稀-BQ21）	382.41	伟晶岩型、碱性花岗岩型	靶区出露地层主要为古元古界达肯大坂岩群片麻岩组和金水口岩群片麻岩组。构造以断裂构造为主，为北西-南东向。岩浆活动频繁而剧烈，具有多旋回、多期次的特点，其中印支期最为强烈，主要为中酸性侵入岩，演化程度高，为稀有稀土矿提供物质来源，也为稀有矿产提供大量热液。区内分布 3 处 1:25 万"三稀"化探异常，异常规模大，元素套合好，强度高，有 1 处磷灰石、萤石重砂异常。靶区已发现稀有稀土矿化点 1 处，属于三叠纪与伟晶岩有关的稀有稀土铀、成矿亚系列（Ⅳ24④-Mz₁-I-4b），具有很好的"三稀"矿找矿潜力
依克湖西 III 级铌-锂-铍成矿远景区（三稀-III2）	鱼卡南铌-锂-铍找矿 C 类靶区（三稀-BQ27）	142.84	岩浆型、伟晶岩型	靶区出露地层为古元古界达肯大坂岩群片麻岩组。区内北西-南东向断裂构造发育。出露的侵入岩有中元古代花岗闪长岩、中元古代橄榄辉石岩、新元古代二长花岗岩、晚寒武世—奥陶纪超基性岩和辉绿岩。靶区水系沉积物异常元素组合齐全，三级浓度分带较清晰，圈定了 W-Sn-Mo-Bi、V-Ti 组合异常，推断该地区存在稀土岩体、碳酸盐岩。区内重砂分析发现磷灰石异常，分布白云母矿点，属于志留纪陆-陆碰撞阶段与伟晶岩有关的白云母成矿亚系列（Ⅳ24⑤-Pz₁³-I-3b）。该异常区具有"三稀"矿找矿潜力
	依克湖西铌-锂找矿 C 类靶区（三稀-BQ28）	136.83	岩浆型	靶区出露的地层为古元古界达肯大坂岩群片麻岩组、奥陶系—志留系滩间山群。北西-南东向构造与近东向断裂构造发育且多处交会。岩浆活动频繁，中酸性岩及超基性岩均有分布。区内 1:25 万"三稀"化探异常有 1 处，圈定了 W-Sn-Mo-Bi、V-Ti 组合异常，推断该地区存在稀土岩体、碳酸盐岩。靶区具有寻找稀有稀土矿的潜力
阿木尼克 II 级铌-钇-锂找矿远景区（三稀-II5）	锡铁山铌-钇-锂找矿 A 类靶区（三稀-BQ29）	382.7	岩浆型	靶区出露的地层有古元古界达肯大坂岩群片麻岩组、寒武系—奥陶系滩间山群、石炭系阿木尼克组。区内北北西向及近南北向断裂构造发育。岩浆活动频繁，超基性—基性—中酸性岩均有分布。区内有 1:25 万"三稀"化探异常 1 处，1:5 万"三稀"化探异常 4 处，异常与达肯大坂岩群片麻岩组关系密切。区内化探圈定了 W-Sn-Mo-Bi、W-Mo-Bi、W-Sn-Mo、V-Ti 组合异常，推断存在碳酸盐岩、稀土岩体、锡铍岩体，重砂分析发现磷灰石放射性稀有稀土重砂矿物异常。区内已经发现了大型海相火山岩型铅锌矿（锡铁山铅锌矿），另外还发现多处矿化线索，属于奥陶纪与海相火山岩有关的多金属、金、稀散成矿亚系列（Ⅳ24⑤-Pz₁²-I-1b）。该区具有较好的与海相沉积相关的花岗伟晶岩型稀有稀土矿找矿潜力
夏日哈北 III 级镧-钇-钍-铍-锂找矿远景区（三稀-III4）	茶卡盐湖西铍找矿 C 类靶区（三稀-BQ31）	123.48	碱性花岗岩型	靶区出露地层为古元古界达肯大坂岩群片麻岩组、奥陶系—志留系滩间山群。北西西向及近南东向断裂构造发育，两组断裂多处交会和错断。中酸性侵入岩发育，岩性主要为花岗闪长岩和石英花岗闪长岩。靶区分布 1:25 万"三稀"化探异常 1 处，圈定了 W-Sn-Mo-Bi 组合异常，推断存在锡铍岩体；重砂分析发现 2 处萤石放射性矿物异常；异常侧近邻茶卡盐湖，其部分物质来源不排除与此异常区地质背景有关。靶区具有一定的"三稀"矿找矿潜力
	夏日哈铍-镧找矿 B 类靶区（三稀-BQ32）	270.27	岩浆型	靶区出露的地层为古元古界达肯大坂岩群片麻岩组、长城系沙柳河岩群、上泥盆统牦牛山组碎屑岩段。北西西向及近北东向断裂构造发育。出露的侵入岩有新元古代花岗闪长岩、晚三叠世二长花岗岩和花岗闪长岩。区内分布 1:25 万"三稀"化探异常 1 处，圈定了 W-Sn-Mo-Bi 化探异常，推断局部存在碳酸盐岩、稀土岩体，重砂分析发现 1 处稀土、萤石、重砂矿物异常。该区北侧发现夏日达乌铌钽矿点，属于二叠纪与碱长花岗岩有关的稀有稀土成矿亚系列（Ⅳ24⑦-Pz₂³-I-4b）。靶区具有"三稀"矿较好的找矿潜力
	夏日哈西锂-钇找矿 B 类靶区（三稀-BQ33）	123.63	岩浆型	靶区内出露的地层为古元古界达肯大坂岩群片麻岩组、长城系沙柳河岩群、奥陶系—志留系滩间山群。北西西向及近北东向断裂构造发育并局部交会、错断。中酸性侵入岩发育。区内分布 1:25 万"三稀"化探异常 1 处，圈定了 W-Sn-Mo-Bi、Ti 化探异常，推断存在稀土岩体、锡铍岩体；重砂分析发现 1 处重砂矿物异常，属于二叠纪与碱长花岗岩有关的稀有稀土成矿亚系列（Ⅳ24⑦-Pz₂³-I-4b）。该区具有较好的"三稀"矿找矿潜力

续表 5-5

靶区所处远景区	靶区名称	面积/km²	主攻成矿类型	靶区特征
青海南山Ⅰ级锂-磷-锶-钇-铍-铌成矿远景区（三稀-Ⅰ3）	生格南锂-铍-铷找矿B类靶区（三稀-BQ22）	106.92	岩浆型、伟晶岩型	靶区主要出露志留系巴龙贡噶尔组细碎屑岩段、石炭系—二叠系土尔根大坂组火山岩段、二叠系果可山组、三叠系切尔玛沟—大加连组。发育北西-南东向断裂。岩浆活动频繁而剧烈，主要为中酸性侵入岩。区内分布1∶25万"三稀"化探异常1处，存在Y-Ti、W-Sn-Mo-Bi组合异常，见碳酸盐岩和稀土岩体。有4处磷灰石、萤石、重晶石、稀有重砂异常。靶区与东部发现的2处矿床点所处地质背景相同，属于三叠纪挤压造山后阶段与伟晶岩有关的稀有稀土成矿亚系列（Ⅳ28①-Mz₁-Ⅰ-4b），具有"三稀"矿找矿潜力
	茶卡北山锂-铍-铌矿A类找矿靶区（三稀-BQ23）	387.09	岩浆型、伟晶岩型	靶区出露地层为古元古界金水口岩群片麻岩组、石炭系—二叠系土尔根大坂组的碎屑岩段、下三叠统洪水川组。主要发育北西-南东向断裂。区内岩浆活动频繁而剧烈，主要为中酸性侵入岩，零星分布辉长岩。靶区分布1∶25万"三稀"化探异常2处，1∶5万"三稀"化探异常1处，1∶2.5万"三稀"化探异常26处。区内化探圈定了W-Sn-Mo-Bi、Ti-V组合异常，推断局部有碳酸盐岩、锡铍岩体；重砂分析发现萤石磷灰石重砂矿物异常。区内存在多条伟晶岩脉，已发现茶卡北山锂-铍中型规模矿床，属于三叠纪挤压造山后阶段与伟晶岩有关的稀有稀土成矿亚系列（Ⅳ28①-Mz₁-Ⅰ-4b），今后应加大该区伟晶岩型稀有金属矿找矿力度
	石乃亥锂-铍-钇-铌矿A类找矿靶区（三稀-BQ24）	658.93	岩浆型	靶区出露的地层主要有石炭系—二叠系土尔根大坂组碎屑岩段、二叠系果可山组、三叠系隆务河组砂岩板岩段。北东向断裂构造发育并交会。出露的岩浆岩有早二叠世二长花岗岩、晚三叠世闪长岩。靶区分布1∶25万"三稀"水系沉积物异常2处，1∶5万"三稀"水系沉积物异常4处，化探圈定了Sn-W-Sn-Bi、Sn-Mo-Bi、Sn-Bi、Ti-V组合异常，重砂分析发现萤石磷灰石重砂矿物异常。区内发现了多处"三稀"矿床（点），属于三叠纪挤压造山后阶段与伟晶岩有关的稀有稀土成矿亚系列（Ⅳ28①-Mz₁-Ⅰ-4b），成矿潜力大

四、铂族矿远景区特征

在研究区内圈定铂族成矿远景区2个（图5-4）。

1. 柳梢沟Ⅲ级铂族成矿远景区（铂族-Ⅲ1）

远景区位于赛坝沟-阿尔茨托山成矿亚带，面积约1 347.03km²。该区主要出露的地层有古元古界达肯大坂岩群、长城系沙柳河岩群、奥陶系—志留系滩间山群和第四系。区内断裂发育，主要有近东西向、北西—北北西向和北东—北东东向3组。岩浆活动频繁，从超基性—酸性岩均有分布，但以中酸性—酸性侵入岩为主。区内分布的基性—超基性岩体有尕秀雅平东岩体、红柳沟岩体、柳梢沟岩体。尕秀雅平东岩体是一个镁铁质岩体，岩体岩石类型丰富，主要有蛇纹石化纯橄岩、橄榄辉石岩、单辉橄榄岩、中粗粒辉石岩、辉长岩和淡色辉长岩，属于拉张环境下幔源岩浆活动的产物，形成于后造山伸展阶段。红柳沟岩体由16条岩体组成。北岩群主要由蚀变辉长岩、蚀变绿玢岩为主，西南岩群外带为蚀变辉长岩，内部由蚀变橄榄岩、单辉橄榄岩、斜辉橄榄岩、橄榄辉石岩等为主，是拉张环境下幔源岩浆活动的产物，形成于大陆边缘伸展或裂谷化阶段。柳梢沟岩体主要为全蛇纹石化黄绿色辉橄岩、全蛇纹石化黄绿色含辉纯橄岩，少量全蛇纹石化深灰绿色斜辉辉橄岩、蛇纹岩，属富镁质超基性岩。

远景区有乌兰县柳梢沟地区铂族矿化信息点。该矿化线索显示，柳梢沟岩体中，有一个样品锇、铱达到伴生矿化，锇（伴生边界品位0.02g/t）含量为0.013 953g/t，铱（伴生边界品位0.02g/t）含量为0.008 60g/t。钴、镍含量达到矿化，钴（边界品位0.02%）含量为0.003 853～0.010 93g/t；镍均达到矿化，部分达到边界品位，镍（边界品位0.2%～0.3%）含量为0.109 6～0.245 5g/t。该远景区地质条件

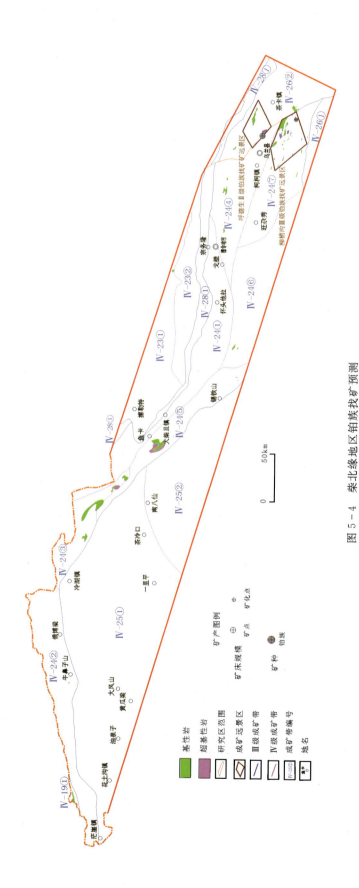

图 5-4 柴北缘地区铂族找矿预测

有利,铂族元素具 PPGE(Pt、Pd)总含量远高于 IPGE(Os、Ir、Ru、Rh)总含量特征,铂族找矿资源潜力大。

2. 呼德生Ⅱ级铂族成矿远景区(铂族-Ⅱ1)

远景区位于生格-茶卡成矿亚带,面积约 768.23km²。出露的地层有古元古界达肯大坂岩群和第四系。区内西南部断裂构造发育,为北西向、北北西向两组,其中以北西向断裂最为发育。区内岩浆活动强烈,主要为加里东期—印支期,岩性从超基性—基性—中酸性岩均有出露。区内主要的基性—超基性岩体有呼德生岩体、肯得隆岩体。呼德生岩体以辉橄岩、辉石岩等为主,属含铜镍中等镁铁质岩石,高镁的岩浆提供了对形成岩浆铜镍硫化物矿体有利的条件。形成于大陆边缘张性环境,属柴北缘晚志留世—晚泥盆世后造山伸展阶段。肯得隆岩体呈团块状或长条状零星出露于地表,岩性主要为蛇纹岩、橄榄岩、辉石岩、辉长岩,属铁质镁铁岩。肯得隆岩体的原生岩浆为普通的玄武质岩浆,源自低度亏损地幔。呼德生岩体发现铂钯矿点 1 处,呼德生Ⅰ号超基性岩体中地表圈定隐伏铂钯矿化体 3 条,矿化主要与橄榄辉石岩有关。该远景区成矿地质条件有利,铂族找矿资源潜力大。

五、页岩气远景区和有利区特征

在研究区内圈定页岩气远景区 8 个、有利区 7 处(图 5-5)。

(一)远景区

1. 鱼卡页岩气远景区

远景区位于鱼卡-德令哈成矿亚带,面积 764.42km²。区内发育的暗色泥页岩主要为下—中侏罗统大煤沟组,鱼卡断陷中心有效暗色泥页岩厚度逐渐增大,最大厚度在 ZK11-3 煤田 91.71m(青海省第四地质矿产勘查院,2015)。远景区中侏罗统暗色泥页岩有机质丰度高,有机质成熟度有随深度加深而明显增大的趋势,总体上处于成熟—高成熟阶段,对于页岩气的生成有利。柴页 1 井大部分泥页岩样品的有机质类型以 $Ⅱ_1$ 型和 $Ⅱ_2$ 型为主,偏腐泥型的有机质对于泥页岩生气有利。在有机质生烃过程中容易产生较高的微孔隙,同时具有较好的页岩气吸附能力,可作为良好的页岩气储层。下侏罗统泥页岩石英含量较高,脆性表现良好,对后期的压裂改造形成裂缝十分有利。孔隙类型属于大孔类型,有利于游离气的储藏。对柴页 1 井泥页岩样品平均吸附气量为 1.532 95m³/t,最高可达 5.931 38m³/t,说明大煤沟组泥页岩具有较强的吸附能力。

2. 德令哈页岩气远景区

远景区主体位于鱼卡-德令哈成矿亚带,面积 3 622.89km²。区内暗色泥页岩主要有南华系—震旦系全吉群和奥陶系石灰沟组。全吉群自下而上可分为 6 个组,暗色泥页岩主要分布于红藻山组、黑土坡组。其中,红藻山组黑色页岩厚度为 185.06m,有效烃源岩厚度达 50m;黑土坡组总体为一套碳质泥岩建造,厚度 124m。石灰沟组岩性主要为页岩、粉砂质页岩夹细砂岩、灰岩透镜体,代表了海湾相沉积环境。其深海—半深海的暗色泥岩主要分布于红山—欧龙布鲁克山—德令哈一带,以大煤沟和怀头他拉为沉积中心,厚度最大可达 300m。

全吉群地层 TOC 含量为 0.51%~1.37%,达到评价标准,有效烃源岩厚度达到 50m,有一定生烃潜力。红藻山组烃源岩样品 R_o 值介于 1.70%~2.85%之间,其有机质热演化程度大部分已经进入过成熟阶段,少数样品在高成熟阶段。石灰沟组的碳酸盐岩烃源岩的 TOC 含量为 0.18%~0.94%,平均值为 0.54%;黑色页岩有机碳含量为 1.12%~1.54%,平均值为 1.3%,为好的烃源岩。石灰沟组暗色

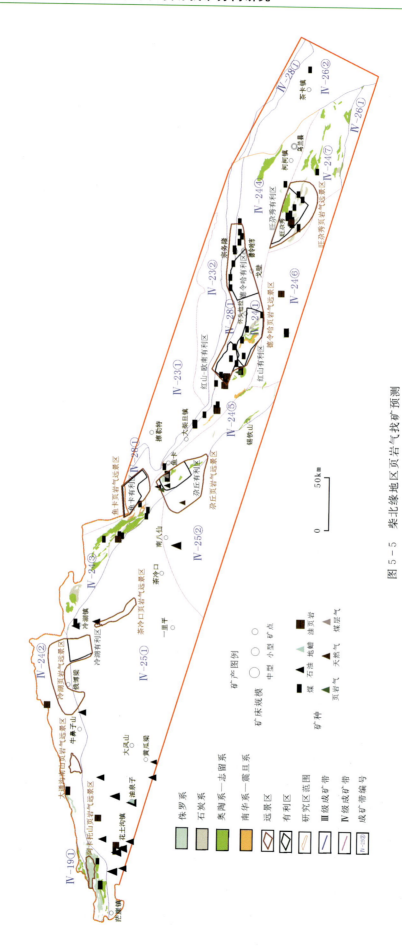

图 5-5 柴北缘地区页岩气找矿预测

页岩有机质类型则以II_2型为主,少量为II_1型,总体上表现出富腐泥组的特征(刘文平等,2016)。有机质演化从低成熟阶段到高成熟阶段均有分布。综上所述,远景区全吉群红藻山组、黑土坡组以及奥陶系石灰沟组有一定的生烃潜力,与南方海相页岩气有一定的相似性。

3. 阿卡托山页岩气远景区

远景区位于阿卡托山-俄博梁成矿亚带,面积175.78km²,中、下侏罗统泥页岩广泛出露,沉积环境以半深湖为主,富有机质泥页岩层段主要发育于大煤沟组,个别发育地区泥页岩层段的累计厚度甚至超过了500m。阿尔金山前下侏罗统含气(油)泥页岩有一定气测异常的有效含气(油)泥页岩残留厚度较大,潜力较好。下—中侏罗统在区内发育大套富有机质泥页岩。整体上表现为由阿尔金山前向盆地内部,残余厚度变小至零。

泥页岩层段在大煤沟组发育,样品分析有机质的TOC含量介于0.14%～10.00%之间,平均2.72%。纵向上看,中、下侏罗统上段泥页岩总有机碳含量较高,大于1.0%的样品所占比例为78.30%,局部大于10%。有机质类型主要为II_1—II_2型。中、下侏罗统泥页岩的热演化阶段为成熟—高成熟,大多处于成熟阶段。整体上远景区具有良好的页岩气成藏条件。

4. 大通沟南山页岩气远景区

远景区位于阿卡托山-俄博梁成矿亚带,面积134.06km²。暗色泥页岩主要为中元古界万洞沟群碎屑岩组,为一套砂页岩夹灰岩建造,是暗色岩系的主要发育层段。该组厚度大于626m,为远滨环境陆源碎屑沉积环境。在滩间山地区进行野外踏勘时发现,该区万洞沟群碎屑岩组黑色碳质千枚岩出露厚约50m,千枚岩含少量碳质、污手。赛什腾地区中元古界万洞沟群粉砂岩的TOC含量在0.78%～1.30%之间,平均1.12%,达到有效烃源岩评价标准。13个样品中,仅有1个样品小于1.0%,其余样品TOC含量均大于1.0%,分类为中等。青龙滩地区万洞沟群黑色碳质千枚岩碳质含量最高达30%,其TOC含量为0.65%～0.88%,达到有效烃源岩评价标准。中元古界万洞沟群烃源岩的有机质类型以II_2型为主,为过渡型,母质主要为藻类和高等植物。中元古界万洞沟群碎屑岩组粉砂岩的R_o均大于2.0%,处于高成熟阶段,因此认为远景区万洞沟群碎屑岩组暗色泥页岩有一定的生烃潜力。

5. 冷湖页岩气远景区

远景区主体位于阿卡托山-俄博梁成矿亚带,面积1 744.02km²。该区暗色泥页岩主要为下侏罗统,在冷湖四号、五号构造暗色泥页岩累计厚度可达近千米。整体上表现为向北东至南八仙构造带暗色泥页岩厚度减小,直至尖灭。下侏罗统泥页岩生烃潜力较高,有机质丰度高,TOC含量主要分布在0.9%～8.27%之间,平均值为4.56%,大多数样品TOC大于3.0%。平面上,大煤沟组上岩段TOC在冷湖四号、五号构造最高,为较好的页岩气源岩。暗色泥页岩自盆地边缘向盆地内部,有机质成熟度由未成熟—成熟为主演化至以高成熟—过成熟为主。有机质类型以II_2型、III型有机质为主。孔隙类型属于大孔类型,有利于游离气的储藏。综上所述,该远景区大煤沟组暗色泥页岩生烃潜力较好。

6. 尕丘页岩气远景区

远景区横跨绿梁山-锡铁山成矿亚带和东台-霍布逊成矿亚区,面积1 660.14km²。区内分布的暗色泥页岩主要有奥陶系—志留系滩间山群、上石炭统克鲁克组。其中,滩间山群下碎屑岩段发育黑色泥岩;上石炭统克鲁克组为灰岩、砂岩夹页岩和煤线,以滨海相为主。尕丘1井钻遇石炭系地层厚557m,暗色泥页岩厚301.60m,根据尕丘地区上石炭统克鲁克组暗色泥页岩厚度的统计,厚度基本都大于30m。滩间山群黑色泥岩TOC含量分布在0.45%～1.29%之间,平均1.23%,达到有效烃源岩评价标准,有效烃源岩厚度约为 70.01m。热演化程度很高,达到过成熟阶段。滩间山地区和柴西茫崖石棉矿地区的奥陶系滩间山群中发现了大量的碳沥青,证明了奥陶系可能存在古油气藏。上石炭统烃源岩 TOC 含量在尕丘平均为 1.54%,R_o 在尕丘一带为 1.38%,处在中等成熟阶段。矿物成分以黏土矿物为主,石英、长石次之。孔隙类型主要包括孔隙、裂缝、有机质生烃裂隙、溶蚀孔隙等。该远景区暗色泥页岩具有良好的成藏条件。

7. 旺尕秀页岩气远景区

远景区位于赛坝沟-阿尔茨托山成矿亚带,面积 1584.67km²。区内分布的暗色泥页岩主要有上石炭统克鲁克组,主要发育灰色、灰黑色粉砂质页岩和黑色碳质页岩,并夹数层煤。暗色泥页岩最厚约 620m。区内石炭系不同层位 TOC 含量差别明显,其中克鲁克组烃源岩的 TOC 含量最高,平均为 3.07%。旺尕秀剖面中上石炭统烃源岩 TOC 含量平均为 4.54%。克鲁克组烃源岩有机质类型Ⅱ₂型和Ⅱ₁型都有,但以Ⅲ型为主。上石炭统烃源岩在该区处在中等成熟阶段。克鲁克组中厚层黑色富有机质的泥岩为良好的页岩气储集层。综上所述,该远景区暗色泥页岩生烃潜力较好。

8. 茶冷口页岩气远景区

远景区位于南翌山-南八仙成矿亚区,面积 233.07km²。该区暗色泥页岩主要为渐新统—中新统干柴沟组、上新统油砂山组和上新统狮子沟组。该区盆地边缘至盆地中心主要发育冲积扇—辫状河—辫状河三角洲—滨浅湖沉积体系。TOC 平均含量为 3.95%,烃源岩类型以Ⅰ—Ⅱ型为主。前人对生烃凹陷沉积埋藏生烃史的研究结果表明,至今进入过成熟干气阶段(R_o>2.0%)。储层岩石具有较低的成分成熟度,碎屑颗粒含量 77%~97%,石英含量 20%~60%,长石含量 10%~55%,岩屑含量 5%~40%。岩石中可见较多的云母碎屑,并具有中等—较强的塑性变形。柴北缘地区古近系下干柴沟组储层的孔隙类型有残余原生粒间孔、颗粒溶孔、裂隙孔和微孔隙等,以原生粒间孔隙为主,基本为原生粒间孔隙型储层,具有良好的页岩气成藏条件。

(二)有利区

研究区页岩气有利区信息见表 5-6。

表 5-6 研究区页岩气有利区信息一览表

有利区所处远景区	有利区名称	面积/km²	主攻成矿类型	有利区特征
鱼卡页岩气远景区	鱼卡有利区	511.53	沉积型	有利区目标地层为下—中侏罗统大煤沟组,岩性为暗色泥页岩夹粉砂岩薄层、煤层,以湖泊相泥岩沉积为主。柴北西段到鱼卡断陷中心,有效暗色泥页岩厚度逐渐增大。下—中侏罗统大煤沟组赋存有较好的泥岩、页岩,TOC 含量 2.20%~10.39%,有机质丰度高。有机质类型以Ⅱ₁型、Ⅱ₂型为主,地表条件良好,有相关油气勘探井证实存在油气。估算页岩气 P_{50} 资源量 2303×10⁸m³,属于侏罗纪沼泽相沉积与烃源岩有关的页岩气成矿亚系列(Ⅳ24①-Mz₂¹-M-7b),找矿潜力好
德令哈页岩气远景区	红山-欧南有利区	444.63	沉积型	有利区暗色泥页岩主要为上石炭统克鲁克组,以海陆交互沉积环境为主。克鲁克组烃源岩 TOC 含量分布范围为 0.79%~7.82%;烃源岩有机质类型以Ⅲ型为主。主要储层岩性为灰色、灰黑色粉砂质页岩和黑色碳质页岩,以黏土矿物为主,石英、长石次之。构造相对简单,地表条件良好,无相关油气勘探井钻遇石炭系。估算页岩气 P_{50} 资源量 4290×10⁸m³,属于石炭纪陆表海环境与烃源岩有关的页岩气成矿系列(Ⅳ24①-Pz₂²-M-5),具有良好的找矿潜力

续表 5-6

有利区所处远景区	有利区名称	面积/km²	主攻成矿类型	有利区特征
德令哈页岩气远景区	红山有利区	793.23	沉积型	有利区目标地层为下—中侏罗统大煤沟组,岩性以暗色泥页岩为主,夹粉砂岩薄层、煤层。在大煤沟地区厚度最大,达 997m,柴页 1 井中侏罗统地层厚度为 141.64m,以湖泊相泥岩沉积为主。下—中侏罗统 TOC 含量为 0.25%~50.8%,属于中—高等。有机质类型以 II 型为主,还有部分 I 型。构造相对简单,地表条件良好,有相关油气勘探井证实存在油气。估算页岩气 P_{50} 资源量 $3855×10^8 m^3$,属于侏罗纪沼泽相沉积与烃源岩有关的页岩气成矿亚系列($IV24①-Mz_2^1-M-7b$),找矿潜力好
	德令哈有利区	823.15	沉积型	有利区出露地层主要为古元古界达肯大坂岩群、古近系、新近系。目标地层为大煤沟组,岩性以暗色泥页岩为主,夹粉砂岩薄层、煤层,沉积相类型为湖相、河流沼泽相。有机质丰度高,类型以 II_2 型、III 型为主,R_o 值大于 2.0%,储集空间包括孔隙、有机质生烃裂隙、溶蚀孔隙、裂缝等。埋深 400~4500m,地层压力 10~50MPa,地层温度 40~130℃,构造相对简单,地表条件良好,有相关油气勘探井证实存在油气。估算页岩气 P_{50} 资源量 $3193×10^8 m^3$,属于侏罗纪沼泽相沉积与烃源岩有关的页岩气成矿亚系列($IV24①-Mz_2^1-M-7b$),找矿潜力好
尕丘页岩气远景区	尕丘有利区	463.36	沉积型	有利区目标地层为上石炭统克鲁克组,以海陆交互沉积环境为主。尕丘凹陷尕丘 1 井钻遇克鲁克组,厚度 557m,岩性以暗色泥岩、页岩为主。沉积相类型为海陆过渡相潮坪、潟湖、三角洲环境。测井曲线响应特征表现为高自然伽马、高声波时差、低电阻率,有机质丰度高。克鲁克组烃源岩 TOC 含量平均为 3.07%;克鲁克组烃源岩有机质类型以 III 型为主。构造相对简单,地表条件良好,有相关油气勘探井证实存在油气。估算页岩气 P_{50} 资源量 $1864×10^8 m^3$,属于侏罗纪沼泽相沉积与烃源岩有关的页岩气成矿亚系列($IV24⑤-Mz_2^1-M-7b$),具有良好的找矿潜力
旺尕秀页岩气远景区	旺尕秀有利区	823.46	沉积型	有利区目标地层为上石炭统克鲁克组,以海陆交互沉积环境为主。克鲁克组烃源岩 TOC 含量平均为 3.07%,克鲁克组烃源岩有机质类型以 III 型为主。上石炭统赋存有较好的泥岩、页岩,为海陆过渡相、潟湖、三角洲沉积环境,有机质丰度高,成熟度高,构造相对简单,地表条件良好,估算页岩气 P_{50} 资源量 $3898×10^8 m^3$,属于石炭纪陆表海环境与烃源岩有关的页岩气成矿系列,具有良好的找矿潜力
冷湖页岩气远景区	冷湖有利区	438.85	沉积型	有利区目标地层为下—中侏罗统大煤沟组。在冷湖四号、五号构造暗色泥页岩累计厚度可达近千米,为浅湖—半深湖相泥页岩。大煤沟组烃源岩 TOC 含量平均为 3.48%,有机质类型以 II_2 型和 III 型为主。主要储层岩性为泥页岩、粉砂质泥岩。构造相对简单,地表条件良好,有相关油气勘探井证实存在油气。估算页岩气 P_{50} 资源量 $4574×10^8 m^3$,属于侏罗纪断陷盆地湖沼相沉积与烃源岩有关的页岩气成矿亚系列($IV25①-Mz_2^1-M-1a$),具有良好的找矿潜力

结　论

本次通过资料收集整理、野外调查以及典型矿床研究工作,在柴达木盆地北部地区战略性矿产成矿单元及构造单元划分、成矿规律研究、成矿系列划分、成矿预测等方面取得了一些认识,主要有如下6个方面。

(1)对柴达木盆地北部地区的成矿单元和构造单元进行了精细划分,并将两者紧密结合,共划分出15个Ⅳ级成矿单元和构造单元,为今后该地区的地质研究工作提供了更加翔实的成果支撑。

(2)开展了柴达木盆地北部地区战略性矿产资源成矿规律研究,总结了研究区本次目标矿种(金矿、铀矿、"三稀"矿、铂族矿及页岩气)的成矿类型、成矿时间规律及成矿空间分布规律。

(3)在柴达木盆地北部地区共厘定成矿系列组33个、矿床成矿系列60个、矿床成矿亚系列51个、矿床式35个。识别出与金有关的28个成矿系列,与铀钍有关的28个成矿系列,与"三稀"有关的16个成矿系列,与页岩气有关的12个成矿系列。对研究区成矿地质环境、地质历史发展阶段、地质成矿作用与矿产的内在关系和时空演化规律进行了重点研究,使得柴达木盆地北部地区战略性矿产资源成矿规律进一步清晰,成矿类型更加明确。

(4)在青海省发现了砾岩-改造型金矿(尕日力根金矿),对其开展了成矿特征研究工作,建立了成矿模型,总结了成矿要素,为青海省其他地区进一步寻找该类型矿产起到了很好的引导作用。

(5)开展了以烃源岩为重点的页岩气地质条件评价,梳理出中元古界万洞沟群、新元古界震旦系全吉群黑土坡组、下古生界奥陶系石灰沟组等烃源岩,增加了柴达木盆地北部地区页岩气含气新层系。

(6)在柴达木盆地北部地区圈出金、铀、"三稀"、铂族及页岩气成矿远景区46个,划定金、铀、"三稀"、铂族找矿靶区94处,圈定页岩气有利区7处,创新了柴达木盆地北部地区找矿新区,为国家战略性矿产资源储备做好前期基础性工作发挥了重要作用。

随着科学技术和经济的发展,市场对战略性矿产资源的需求量飞速上升。研究区内蕴藏着丰富的矿产资源,而本次工作的主攻矿种金矿、"三稀"矿、铀矿、页岩气及铂族矿拥有巨大的潜在市场与经济价值,在区内的找矿潜力较大,是区内的优势矿产资源,有待进一步勘查和开发。

南祁连成矿带优势矿种主要为金,柴达木盆地成矿带优势矿种主要为"三稀"、页岩气,柴北缘成矿带优势矿种主要为金、铀、"三稀"、页岩气。区内目前虽然取得了一定的找矿成果,但根据地质背景等方面的分析,许多矿(化)点的找矿潜力值得进一步探究。总体而言,柴达木盆地北部地区仍将是青海省未来矿产勘查的有利区域。

图 版

Ⅱ-1 尕日力根矿区勒门沟组厚层砾岩夹
透镜状、薄层状砂岩

Ⅱ-2 尕日力根矿区勒门沟组厚层砾岩中
砾石定向排列

Ⅱ-3 尕日力根矿区黄铁矿（光片）

Ⅱ-4 尕日力根矿区黄铁矿及嵌入的毒砂（光片）

Ⅱ-5 尕日力根矿区人工重砂（明金87粒）
镜下照片

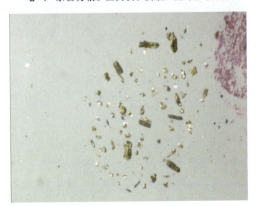

Ⅱ-6 尕日力根矿区人工重砂（明金79粒）
镜下照片

Ⅱ-7 自然重砂(明金5粒)镜下照片

Ⅱ-8 人工重砂(明金3粒)镜下照片

Ⅱ-9 尕日力根矿区辉锑矿

Ⅱ-10 尕日力根矿区毒砂及黄铁矿(光片)

Ⅱ-11 沙柳泉矿区文象花岗伟晶岩

Ⅱ-12 沙柳泉矿区微斜长石-电气石花岗伟晶岩

Ⅱ-13 沙柳泉矿区钠长石-锂云母伟晶岩

Ⅱ-14 沙柳泉矿区伟晶岩中锂云母呈片状显微结构
（Kfs-钾长石；Mu-白云母；Q-石英；Lpd-锂云母）

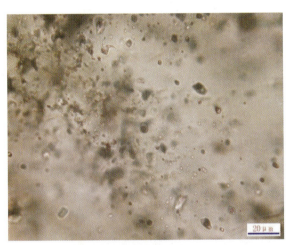

Ⅱ-15 沙柳泉矿区H_2O-CO_2三相包裹体、气体包裹体与富液体包裹体

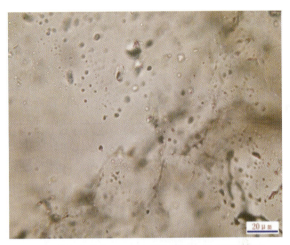

Ⅱ-16 沙柳泉矿区H_2O-CO_2三相包裹体、CO_2两相包裹体、气体包裹体与富液体包裹体

Ⅱ-17 呼德生矿区网脉状蛇纹石

Ⅱ-18 呼德生矿区辉长岩中堆晶层理

Ⅱ-19 呼德生矿区孔雀石化石英脉

Ⅱ-20 呼德生矿区蜂窝状褐铁矿化石英脉

Ⅱ-21 呼德生矿区橄榄辉石岩中孔雀石化

Ⅱ-22 呼德生矿区黄铜矿化、磁黄铁矿化

Ⅱ-23 呼德生矿区橄榄辉石岩中黄铁矿、黄铜矿

Ⅱ-24 呼德生矿区橄榄辉石岩中磁黄铁矿

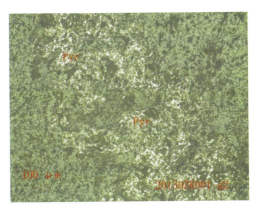
Ⅱ-25 呼德生矿区磁黄铁矿他形粒状结构

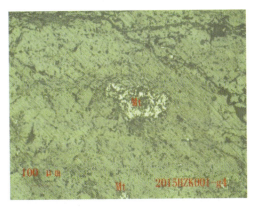
Ⅱ-26 呼德生矿区磁铁矿半自形粒状结构

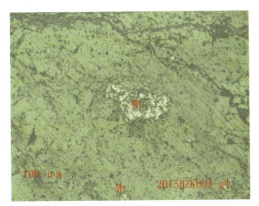
Ⅱ-27 呼德生矿区磁铁矿星点状构造

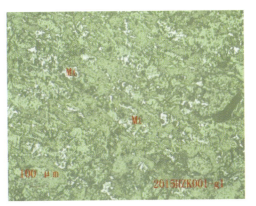
Ⅱ-28 呼德生矿区稀疏浸染状磁铁矿、磁黄铁矿

主要参考文献

安生婷,李培庆,杜生鹏,等,2020.青海柴北缘滩间山地区金龙沟金矿成矿模式总结与找矿前景分析[J].西北地质,53(4):99-107.

白开寅,陈丽秋,魏刚锋,2007.滩间山花岗质岩石化学特征和脉岩型金矿成矿作用的关系[J].地球科学与环境学报,29(3):5.

曹代勇,占文锋,刘天绩,等,2007.柴达木盆地北缘构造分区与煤系赋存特征[J].大地构造与成矿学,113(3):322-327.

曹军,刘成林,马寅生,等,2016.柴达木盆地东部石炭系海陆过渡相煤系页岩气地球化学特征及成因[J].地学前缘,23(5):158-166.

曹运江,陆廷清,徐望国,等,2000.柴达木盆地北缘地区逆冲推覆构造及其油气勘探意义[J].湘潭矿业学院学报,15(2):12-17.

曾春林,姜波,尹成明,等,2009.柴达木盆地北缘微量元素含量及油气地质意义[J].新疆石油地质,30(5):566-568.

曾春林,2009.柴北缘西段侏罗系构造演化及其对油气成藏的控制[D].北京:中国矿业大学(北京).

陈丹玲,孙勇,刘良,等,2007.柴北缘鱼卡河榴辉岩的超高压变质年龄:锆石 LA-ICP-MS 微区定年[J].地球科学,37(1):279-287.

陈金,2011.青海省乌兰县生格地区中—酸性侵入岩岩石地球化学特征及其构造意义[D].西安:长安大学.

陈能松,王勤燕,陈强,2007.柴达木和欧龙布鲁克陆块基底的组成和变质作用及中国中西部古大陆演化关系初探[J].地学前缘,14(1):43-55.

陈毓川,1994.矿床的成矿系列[J].地学前缘,1(3):90-99.

陈毓川,裴荣富,宋天锐,等,1998.中国矿床成矿系列初论[M].北京:地质出版社.

陈毓川,1999.中国主要成矿区带矿产资源远景评价[M].北京:地质出版社.

陈毓川,裴荣富,王登红,2006.三论矿床的成矿系列问题[J].地质学报,80(10):1501-1508.

陈毓川,朱裕生,肖克炎,等,2006.中国成矿区(带)的划分[J].矿床地质,25(S1):1-6.

陈毓川,王登红,徐志刚,等,2006.对中国成矿体系的初步探讨[J].矿床地质,25(2):65-395.

陈毓川,王登红,朱裕生,等,2007.中国成矿体系与区域成矿评价[M].北京:地质出版社.

陈毓川,王登红,陈郑辉,等,2010.重要矿产和区域成矿规律研究技术要求[M].北京:地质出版社.

陈毓川,王登红,等,2010.中国西部重要成矿区带矿产资源潜力评估[M].北京:地质出版社.

陈毓川,王登红,李厚民,等,2010.重要矿产预测类型划分方案[M].北京:地质出版社.

陈毓川,裴荣富,王登红,等,2015.论矿床的自然分类:四论矿床的成矿系列问题[J].矿床地质,34(6):1092-1106.

陈毓川,裴荣富,王登红,等,2016.矿床成矿系列:五论矿床的成矿系列问题[J].地球学报,162(5):519-527.

程婷婷,牛漫兰,吴齐,等,2015.柴北缘察汉诺辉长岩成因:岩石地球化学、锆石 U-Pb 年代学与 Lu-Hf 同位素制约[J].地质科学,50(3):15.

程婷婷,2015.柴北缘乌兰地区三叠纪侵入岩锆石 U-Pb 定年及其形成环境探讨[D].合肥:合肥工业大学.

程裕淇,陈毓川,赵一鸣,等,1983.再论矿床的成矿系列问题[J].中国地质科学院院报(6):1-52.

程裕淇,陈毓川,赵一鸣,1979.初论矿床的成矿系列问题[J].中国地质科学院院报(1):32-58.

程裕淇,1994.中国区域地质概论[M].北京:地质出版社.

崔艳合,张德全,李大新,等,2000.青海滩间山金矿床地质地球化学及成因机制[J].矿床地质,19(3):211-221.

主要参考文献

邓达文,孔华,奚小双,2003.青海锡铁山热水沉积型铅锌矿床的地球化学特征[J].矿物岩石地球化学通报,22(4):310-313.

邓达文,2004.锡铁山铅锌矿床喷流沉积特征及构造环境[D].长沙:中南大学.

董增产,校培喜,奚仁刚,等,2011.阿尔金南缘构造混杂岩带中角闪辉长岩地球化学特征及同位素测年[J].地质论评,57(2):207-216.

樊俊昌,李峰,2006.青海锡铁山矿区滩间山群新认识[J].地质与勘探,42(6):21-25.

冯志兴,孙华山,吴冠斌,等,2010.青海锡铁山铅锌矿床类型刍议[J].地质论评,56(4):501-512.

付锁堂,张道伟,薛建勤,等,2013.柴达木盆地致密油形成的地质条件及勘探潜力分析[J].沉积学报,31(4):672-682.

傅成铭,权志高,周伟,2011.青海查查香卡矿床铀、稀土元素矿化特征及成矿潜力分析[J].铀矿地质,27(2):103-107.

高晓峰,校培喜,贾群子,2011.滩间山群的重新厘定:来自柴达木盆地周缘玄武岩年代学和地球化学证据[J].地质学报,85(9):1452-1463.

高延林,1993.板块构造单元划分方法探讨:以青藏高原为例[J].青海地质,2(1):10-23.

郭安林,张国伟,强娟,等,2009.青藏高原东北缘印支期宗务隆造山带[J].岩石学报,25(1):1-12.

国际地层委员会,2005.国际地层表[J].金玉玕,王向东,王玥,译.地层学杂志,29(B11):4.

国家辉,1998.滩间山金矿田岩浆岩特征及其与金矿化关系[J].贵金属地质,7(2):96-103.

韩英善,彭琛,2000.托莫尔日特蛇绿混杂岩带地质特征及其构造意义[J].青海地质(1):18-25.

郝国杰,陆松年,王惠初,等,2004.柴达木盆地北缘前泥盆纪构造格架及欧龙布鲁克古陆块地质演化[J].地学前缘,11(3):115-122.

胡超,2011.南祁连盆地三叠纪构造-沉积演化[D].西安:西北大学.

贾群子,杨钟堂,肖朝阳,等,2006.祁连成矿带成矿规律和找矿方向[J].西北地质,39(2):96-112.

贾群子,杜玉良,赵子基,等,2013.柴达木盆地北缘滩间山金矿区斜长花岗斑岩锆石 LA-MC-ICP-MS 测年及其岩石地球化学特征[J].地质科技情报,32(1):87-93.

坚润堂,李峰,徐国端,2007.锡铁山 SEDEX 型铅锌矿床成矿物质来源综述[J].矿产与地质,21(6):642-648.

姜春发,王宗起,李锦轶,等,2000.中央造山带开合构造[M].北京:地质出版社.

金之钧,汤良杰,杨明慧,等,2004.陆缘和陆内前陆盆地主要特征及含油气性研究[J].石油学报,25(1):8-12,18.

雷晓清,李五福,2015.青海省锡铁山铅锌矿成矿规律[J].现代矿业,31(10):133-134.

雷延军,王永刚,刘会文,等,2014.青海牛鼻子梁铜镍矿床地质特征及成因探讨[J].青海国土经略(4):56-61.

李大新,张德全,崔艳合,等,2003.小赛什腾山斑岩铜(钼)矿床根部带的特征[J].地球学报,24(3):211-218.

李峰,邓吉牛,坚润堂,等,2007.青海锡铁山铅锌矿床地质找矿新进展[J].矿物学报,27(Z1):436-438.

李峰,吴志亮,李保珠,等,2006.柴达木盆地北缘滩间山群新厘定[J].西北地质,39(3):83-90.

李峰,吴志亮,李保珠,2007.柴达木北缘滩间山群时代及其地质意义[J].大地构造与成矿学,31(2):226-233.

李怀坤,陆松年,赵风清,1999.柴达木北缘新元古代重大地质事件年代格架[J].现代地质(2):104-105.

李怀坤,陆松年,王惠初,等,2003.青海柴北缘新元古代超大陆裂解的地质记录:全吉群[J].地质调查与研究(1):27-37.

李荣社,计文化,赵振明,等,2007.昆仑早古生代造山带研究进展[J].地质通报,143(4):373-382.

李世金,2011.祁连造山带地球动力学演化与内生金属矿产成矿作用研究[D].长春:吉林大学.

李向民,马中平,孙吉明,等,2009.阿尔金断裂南缘约马克其镁铁-超镁铁岩的性质和年代学研究[J].岩石学报,25(4):862-872.

李晓彦,陈能松,夏小平,2007.莫河花岗岩的锆石 U-Pb 和 Lu-Hf 同位素研究柴北欧龙布鲁克微陆块始古元古代岩浆作用年龄和地壳演化约束[J].岩石学报,23(2):513-522.

李兴振,许效松,潘桂棠,1995.泛华夏大陆群与东特提斯构造域演化[J].岩相古地理(4):1-13.

廉康,刘林,陈擎,2016.青海查查香卡铀矿地质特征及控矿因素分析[J].东华理工大学学报(自然科学版),39(3):245-252.

凌锦兰,赵彦锋,康珍,等,2014.柴达木地块北缘牛鼻子梁镁铁质-超镁铁质岩体岩石成因与成矿条件[J].岩石学报,30(6):1628-1646.

刘斌,1987.利用流体包裹体及其主矿物共生平衡的热力学方程计算形成温度和压力[J].中国科学(B辑:化学)(3):81-88.

刘良,车自成,王焰,等,1998.阿尔金茫崖地区早古生代蛇绿岩的Sm-Nd等时线年龄证据[J].科学通报(8):880-883.

刘林,宋宪生,冯伟,2011.柴达木盆地北缘砂岩型铀矿地质特征和找矿前景分析[C]//中国核学会2011年年会.

刘文平,刘成林,万茂霞,等,2016.柴达木盆地德令哈地区下古生界成藏地质条件研究[J].地学前缘,23(5):119-126.

刘耀辉,吴烈善,莫江平,等,2006.锡铁山铅锌矿床流体包裹体特征及成矿环境研究[J].地质与勘探(6):47-51.

刘增铁,任家琪,杨永征,等,2005.青海金矿[M].北京:地质出版社.

陆松年,王惠初,李怀坤,等,2002a.柴达木盆地北缘"达肯大坂群"的再厘定[J].地质通报,21(1):19-23.

陆松年,于海峰,金巍,2002b.塔里木古大陆东缘的微大陆块体群[J].岩石矿物学杂志,21(4):317-326.

陆松年,于海峰,李怀坤,等,2006."中央造山带"早古生代缝合带及构造分区概述[J].地质通报,25(12):1368-1380.

马达德,陈琰,夏晓敏,等,2019.英东油田成藏条件及开发关键技术[J].石油学报,40(1):115-130.

马建军,王珩,何川,等,2018.南祁连造山带新元古代后碰撞岩浆作用:年代学和地球化学证据[J].地球科学与环境学报,40(2):133-154.

潘桂棠,陈智梁,许效松,等,1997.东特提斯地质构造形成演化[M].北京:地质出版社.

潘桂棠,李兴振,王立全,等,2002.青藏高原及邻区大地构造单元初步划分[J].地质通报,21(11):702-707.

潘桂棠,王立全,尹福光,等,2004.从多岛弧盆系研究实践看板块构造登陆的魅力[J].地质通报,23(9):933-939.

潘桂棠,肖庆辉,陆松年,等,2008.大地构造相的定义、划分、特征及其鉴别标志[J].地质通报,27(10):1614-1637.

潘桂棠,肖庆辉,陆松年,等,2009.中国大地构造单元划分[J].中国地质,36(1):1-28.

潘彤,2017.青海成矿单元划分[J].地球科学与环境学报,39(1):16-33.

潘彤,王福德,2018.初论青海省金矿成矿系列[J].黄金科学技术,26(4):423-430.

潘彤,2018.柴达木盆地北缘Ⅳ级成矿单元划分[J].世界地质,37(4):1137-1148.

潘彤,2019.青海矿床成矿系列探讨[J].地球科学与环境学报,41(3):297-315.

潘彤,等,2019.柴达木盆地南北缘成矿系列及找矿预测[M].武汉:中国地质大学出版社.

潘彤,李善平,任华,等,2020.柴达木盆地北缘锂多金属矿成矿条件及找矿潜力[J].矿产勘查,11(6):1101-1116.

裴明明,邵龙义,李永红,等,2016.柴达木盆地北缘中侏罗统泥页岩吸附特征及影响因素分析[J].中国煤炭地质,28(10):19-23.

彭渊,马寅生,刘成林,等,2016.柴北缘宗务隆构造带印支期花岗闪长岩地质特征及其构造意义[J].地学前缘,23(2):206-221.

钱兵,张照伟,王亚磊,等,2017.柴达木北缘东段呼德生镁铁—超镁铁质岩体锆石U-Pb年代学、地球化学及成岩成矿分析[J].地质与勘探,53(5):838-854.

钱壮志,王建中,姜常义,等,2009.喀拉通克铜镍矿床铂族元素地球化学特征及其成矿作用意义[J].岩石学报,25(4):832-844.

强娟,2008.青藏高原东北缘宗务隆构造带花岗岩及其构造意义[D].西安:西北大学.

青海省地质矿产局,1991.青海省区域地质志[M].北京:地质出版社.

邱瑞照,李廷栋,邓晋福,等,2006.中国大地构造单元新格局:从岩石圈角度的思考[J].中国地质,33(2):401-410.

任纪舜,肖黎薇,2004.1:25万地质填图进一步揭开了青藏高原大地构造的神秘面纱[J].地质通报,23(1):1-11.

史仁灯,杨经绥,吴才来,等,2004.柴达木北缘超高压变质带中的岛弧火山岩[J].地质学报,78(1):52-64.

宋述光,张聪,李献华,等,2011.柴北缘超高压带中锡铁山榴辉岩的变质时代[J].岩石学报,27(4):1191-1197.

宋忠宝,张雨莲,张照伟,等,2012.青海锡铁山铅锌矿的成因讨论[J].西北地质,45(1):134-139.

苏海红,丁忠兵,2014.丝绸之路经济带建设中青海打造向西开放型经济升级版研究[J].青海社会科学(5):61-66,80.

孙崇仁,1997.青海省岩石地层[M].武汉:中国地质大学出版社.

孙丰月,金巍,李碧乐,等,2000.关于脉状热液金矿床成矿深度的思考[J].长春科技大学学报,30(专辑):27-30.

孙华山,赵立军,宁钧陶,等,2012.锡铁山块状硫化物铅锌矿床成矿构造环境及矿区南部找矿潜力:来自滩间山群火山岩岩石化学、地球化学证据[J].岩石学报,28(2):652-664.

孙健,杨张张,赵振英,等,2018.青海石底泉地区宗务隆构造带花岗闪长岩 LA-ICPMS 锆石 U-Pb 年龄及其地质意义[J].地质通报,37(4):604-612.

孙娇鹏,陈世悦,彭渊,等,2015.柴达木盆地北缘宗务隆构造带早古生代锆石 SHRIMP 年龄的测定及其地质意义[J].地质论评,61(4):743-751.

孙景,2018.青海锡铁山铅锌矿矿床成因与成矿预测[D].长春:吉林大学.

孙延贵,郝维杰,韩英善,等,2000.柴达木盆地北缘东段托莫尔日特似蛇绿岩岩石组合特征[J].中国区域地质,19(3):258-264.

孙延贵,2004.西秦岭-东昆仑造山带的衔接转换与共和坳拉谷[D].西安:西北大学.

汤静如,奚小双,张代斌,2004.青海锡铁山铅锌矿床地层、构造和火山作用控矿的一致性[C]//全国地质勘察与矿山地质学术研讨会.

汤中立,李文渊,1996.中国与基性—超基性岩有关的 Cu-Ni(Pt)矿床成矿系列类型[J].甘肃地质学报(1):52-60,62-66.

万天丰,2006.中国大陆早古生代构造演化[J].地学前缘,13(6):30-42.

汪劲草,韦龙云,等,2013.柴北缘滩间山群构造对南祁连加里东造山及超高压变质岩折返的启示[J].桂林理工大学学报,33(4):575-586.

王登红,陈毓川,徐志刚,2002.阿尔泰成矿省的成矿系列及成矿规律研究[M].北京:原子能出版社.

王飞,王力,孙丰月,等,2017.柴北缘牛鼻子梁地区花岗闪长岩锆石 U-Pb 年代学及地球化学研究[J].世界地质,36(1):93-104.

王福德,李云平,贾妍慧,等,2018.青海金矿成矿规律及找矿方向[J].地球科学与环境学报,40(2):162-175.

王根厚,冉书明,李明,2001.柴达木盆地北缘赛什腾—锡铁山左行逆冲断裂及地质意义[J].地质力学学报,7(3):224-230.

王红军,郑有业,许荣科,等,2017.青海省绿梁山铜矿成因新证据:来自硅质岩地球化学特征及其沉积环境[J].地质与勘探,55(1):63-77.

王洪强,邵铁全,唐汉华,等,2016.柴北缘布赫特山一带达肯大坂岩群变质岩变形特征、地球化学特征及地质意义[J].地质通报,35(9):1488-1496.

王惠初,陆松年,袁桂邦,等,2003.柴达木盆地北缘滩间山群的构造属性及形成时代[J].地质通报,22(7):487-493.

王惠初,2006.柴达木盆地北缘早古生代碰撞造山及岩浆作用[D].北京:中国地质大学(北京).

王侃,2014.柴北缘布赫特山滩间山群地质特征及构造环境分析[D].西安:长安大学.

王莉娟,彭志刚,祝新友,2009.青海省锡铁山 Sedex 型铅锌矿床成矿流体来源及演化[J].矿物学报,29(S1):257-258.

王明儒,2003.柴达木盆地中、新生界含油气系统演化[J].新疆石油地质,24(1):24-26,4.

王苏里,周立发,2016.宗务隆山角闪辉长岩 LA-ICP-MS 锆石 U-Pb 定年、地球化学特征及其地质意义[J].西北大学学报(自然科学版),46(5):716-724.

王毅智,拜永山,陆海莲,2001.青海天峻南山蛇绿岩的地质特征及其形成环境[J].青海地质(1):29-35.

王永卓,孙德君,徐景祯,2003.柴达木盆地北缘地区含油气系统划分与成藏历史分析[J].石油学报,24(5):21-25.

王玉松,牛漫兰,李秀财,等,2017.柴达木盆地北缘果可山石英闪长岩 LA-ICP-MS 锆石 U-Pb 定年及其成因[J].地质学报,91(1):94-110.

王振东,罗先熔,2012.浅析锡铁山铅锌矿成矿规律及找矿方向[J].南方国土资源,109(1):43-46.

邬介人,1985.青海锡铁山块状硫化物矿床地质特征[J].矿床地质(2):1-12.

邬介人,任秉琛,张莓,等,1987.青海锡铁山块状硫化物矿床的类型及地质特征[J].西北地质科学(6):1-81,83-88.

邬介人,任秉琛,张群力,1987.中国西北海相火山岩地区块状硫化物矿床地质特征兼论青海锡铁山铅锌矿床成因[J].中国地质科学院院报(1):73-95.

吴才来,侶源红,吴锁平,2007.柴达木盆地北缘大柴旦地区古生代花岗岩锆石 SHRIMP 定年[J].岩石学报,23(8):1861-1875.

吴才来,郜源红,吴锁平,等,2008.柴北缘西段花岗岩锆石 SHRIMP U-Pb 定年及其岩石地球化学特征[J].中国科学(D辑:地球科学),38(8):930-949.

吴才来,雷敏,吴迪,等,2016.柴北缘乌兰地区花岗岩锆石SHRIMP定年及其成因[J].地球学报,37(4):493-516.

吴昌志,顾连兴,冯慧,等,2008.青海锡铁山铅锌矿床的矿体成因类型讨论[J].中国地质,35(6):1185-1196.

吴冠斌,孙华山,冯志兴,等,2010.锡铁山铅锌矿床成矿构造背景[J].地球化学,39(3):229-239.

吴锁平,2005.柴缘古生代花岗岩类成因及其造山响应[D].北京:中国地质科学院.

肖庆辉,卢欣祥,王菲,等,2003.柴达木北缘鹰峰环斑花岗岩的时代及地质意义[J].中国科学(D辑:地球科学),33(12):1193-1200.

徐凤银,彭德华,侯恩科,2003.柴达木盆地油气聚集规律及勘探前景[J].石油学报,24(4):1-6.

徐广东,郑有业,许荣科,等,2013.青海绿梁山铜矿找矿信息的提取与成矿预测[J].地质与勘探,49(3):444-452.

徐志刚,陈毓川,王登红,等,2008.中国成矿区带划分方案[M].北京:地质出版社.

许荣科,郑有业,周宾,等,2012.柴北缘绿梁山一带与造山作用相关的铜铅锌矿床成矿规律及找矿启示[J].西北地质,45(1):192-201.

许志琴,杨经绥,姜枚,等,1999.大陆俯冲作用及青藏高原周缘造山带的崛起[J].地学前缘,6(3):139-151.

许志琴,杨经绥,张建新,等,1999.阿尔金断裂两侧构造单元的对比及岩石圈剪切机制[J].地质学报,73(3):193-205.

许志琴,2007.深俯冲和折返动力学:来自中国大陆科学钻探主孔及苏鲁超高压变质带的制约[J].岩石学报,23(12):3041-3053.

严育通,李胜荣,贾宝剑,等.2012.中国不同成因类型金矿床的黄铁矿成分标型特征及统计分析[J].地学前缘,19(4):214-226.

杨德寿,范文科,林文良,2011.柴达木盆地北缘侏罗系含煤研究[J].中国煤炭地质,23(12):4-10.

杨经绥,史仁灯,吴才来,等,2004.柴达木盆地北缘新元古代蛇绿岩的厘定:罗迪尼亚大陆裂解的证据?[J].地质通报,23(9-10):892-898.

杨经绥,宋述光,许志琴,等,2001.柴达木盆地北缘早古生代高压—超高压变质带中发现典型超高压矿物:柯石英[J].地质学报,75(2):175-179.

杨经绥,许志琴,宋述光,等,2000.青海都兰榴辉岩的发现及对中国中央造山带内高压—超高压变质带研究的意义[J].地质学报,74(2):156-168.

姚畅,2015.青海省南祁连二叠系及其沉积相研究[D].北京:中国地质大学(北京).

姚希柱,2019.青海锡铁山铅锌矿床的矿床成因类型研究:LA-ICP-MS微量元素及硫同位素证据[D].南京:南京大学.

于凤池,马国良,魏刚锋,等,1997.青海滩间山金矿床地质特征及其铅同位素组成的地质意义[J].地质地球化学(2):9-18.

于凤池,马国良,魏刚锋,等,1998.青海滩间山金矿床地质特征和控矿因素分析[J].矿床地质,17(1):47-56.

袁桂邦,王惠初,李惠民,等,2002.柴北缘绿梁山地区辉长岩的锆石U-Pb年龄及意义[J].前寒武纪研究进展,25(1):36-40.

占文锋,曹代勇,刘天绩,等,2008.柴达木盆地北缘控煤构造样式与赋煤规律[J].煤炭学报,164(5):500-504.

占文锋,林亮,孙红波,等,2008.柴北缘含煤区构造演化与构造控煤作用[J].中国煤炭地质,107(10):25-27.

张博文,2010.青海南祁连造山带内生金属矿床成矿作用研究[D].长春:吉林大学.

张聪,2013.柴北缘超高压变质带都兰地区的构造演化历史:来自片麻岩独居石原位电子探针定年的证据[J].岩石矿物学杂志,32(6):1037-1056.

张代斌,2004.青海锡铁山铅锌矿床成矿盆地特征及构造变形研究[D].长沙:中南大学.

张代斌,奚小双,邓吉牛,2005.青海锡铁山铅锌矿床的控矿因素分析[J].西部探矿工程(1):84-85.

张德会,徐九华,余心起,等,2011.成岩成矿深度:主要影响因素与压力估算方法[J].地质通报,30(1):112-125.

张德全,李大新,丰成友,等,2007.柴北缘—东昆仑地区造山型金矿床的流体包裹体研究[J].中国地质,34(5):843-854.

张德全,王富春,李大新,等,2005.柴北缘地区的两类块状硫化物矿床:I锡铁山式SEDEX型铅锌矿床[J].矿床地质,24(5):471-480.

张德全,党兴彦,佘宏全,等,2005.柴北缘—东昆仑地区造山型金矿床的Ar-Ar测年及其地质意义[J].矿床地质,24(2):87-98.

张德全,张慧,丰成友,等,2007.青海滩间山金矿的复合金成矿作用:来自流体包裹体方面的证据[J].矿床地质,26(5):519-526.

张贵宾,宋述光,张立飞,等,2005.柴北缘超高压变质带沙柳河蛇绿岩型地幔橄榄岩及其意义[J].岩石学报,21(4):1049-1058.

张国伟,郭安林,姚安平,2004.中国大陆构造中的西秦岭-松潘大陆构造结[J].地学前缘,11(3):23-32.

张建新,张泽明,许志琴,等,1999.阿尔金构造带西段榴辉岩的Sm-Nd及U-Pb年龄:阿尔金构造带中加里东期山根存在的证据[J].科学通报,44(10):1109-1112.

张建新,万渝生,杨经绥,等,2001.柴达木北缘德令哈地区基性麻粒岩的发现及其形成时代[J].岩石学报,17(3):453-458.

张孝攀,王权峰,慧洁,等,2015.柴北缘滩间山群火山岩岩石化学特征及构造环境[J].矿物岩石,35(1):18-26.

张雪亭,杨生德,2007.青海省区域地质概论[M].北京:地质出版社.

张志坚,夏卫华,张文淮,等,1995.锡铁山铅锌矿床有机包裹体及其研究意义[J].地球科学,20(2):225-230.

赵风清,郭进京,李怀坤,等,2003.青海锡铁山地区滩间山群的地质特征及同位素年代学[J].地质通报,22(1):28-31.

赵风清,陆松年,李怀坤,等,2000.柴达木地块达肯大坂杂岩中—新元古代花岗岩带的地球化学特征[C]//第二届海峡两岸祁连山及邻区地学研讨会论文摘要.

钟军,陈擎,范洪海,等,2018.柴北缘查查香卡铀-钍-铌-稀土矿床地质特征及矿床成因:一种与钠长岩相关的新矿化类型[J].地学前缘,25(5):222-236.

周天成,孙祥,郑有业,等.2015.藏南查拉普金矿床载金矿物特征及金的赋存状态[J].矿床地质,34(3):521-532.

周伟,夏明哲,伍学恒,等,2015.柴北缘尕秀雅平东和红柳沟北镁铁—超镁铁质岩体锆石U-Pb年龄及其找矿意义[J].地质通报,34(10):1860-1868.

朱小辉,陈丹玲,刘良,等,2013.柴北缘西段团鱼山岩体的地球化学、年代学及Hf同位素示踪[J].高校地质学报,19(2):233-244.

祝新友,邓吉牛,王京彬,等,2006.锡铁山铅锌矿床的找矿潜力与找矿方向[J].地质与勘探,42(3):18-23.

祝新友,邓吉牛,王京彬,等,2007.锡铁山喷流沉积矿床卤水与海水的相互作用[J].地质论评,53(1):52-64.

祝新友,王莉娟,朱谷昌,等,2010.锡铁山SEDEX型铅锌矿床成矿物质来源研究:铅同位素地球化学证据[J].中国地质,37(6):1682-1689.

庄儒新,李峰,2006.柴达木盆地北缘滩间山群火山岩及形成环境[J].云南地质,25(2):209-217.

STRONG D F,千国梁,1990.与花岗岩有关的矿床的评述及成矿模式[J].国外花岗岩类地质与矿产(4):13.

BARKER E M,ANDREW A S,1991. Geological,fluid inclusion,and stable isotope studies of the gold-bearing breccia pipe at Kinston,Queesland,Australia[J]. Economic Geology,86(4):810-830.

BOWDEN P,BATCHELOR R A,CHAPPELL B W,et al.,1984. Petrological,geochemical and source criteria for the classification of granitic rocks:adiscussion[J]. Physics of the Earth and Planetary Interiors,35:1-11.

BROWN D,RYAN P D,AFONSO J C,et al.,2011. Arc-continent collision:The making of an orogen[M]// BROWN D,RYAN P D. Arc-continent collision. Berlin Heidelberg:Springer Verlag.

CHEN B W,WANG Y B,1996. Some characteristic sofro genicbeltsin Qinghai Tibet Plateau[J]. Journal of Southeastern Asian Earth Sciences,13:237-242.

CHEN D L,LIU L,SUN Y,2009. Geochemistry and zircon U-Pb dating and its implications of the Yukahe HP/UHP terrane, the North Qaidam, NW China[J]. Journal of Asian Earth Sciences,35:259-272.

DU W,JIANG C Y,TANG Z L,2017. Discovery of the dagele eclogite in east Kunlun,Western China and its zircon SHRIMP U-Pb ages:New constrainson the central Kunlun suture zone.[J]. Acta Geologica Sinica,91(3):1153-1154.

HENLY R W,1991. Epithermal gold deposits in the volcanic terranes[C]//FORSTER R P. Gold metallogeny and exploration. Glasgow:Blackie and Sons Ltd.

HOLM P E,1985. The geochemical fingerprints of different tectonomagmatic environments using hygromagmatophile element abundances of tholeiitic basalts and basaltic andesites[J]. Chemical Geology,51(S3-4):303-323.

LI R B,PEI X Z,LI Z C,et al.,2018. Cambrian(∼510Ma) ophiolites of East Kunlun Orogen,China:a case study from the Acite ophiolite complex[J]. International Geological Journal,60(16):2063-2083.

LOUCKS R G, REED R M, RUPPEL S C, et al., 2009. Morphology genesis and distribution of nanometer-scale pores in siliceous mudstones of the Mississippian Barnett shale[J]. Journal of Sedimentary Research, 79:848-861.

LUDWIG K R, 2001. Squid 1.02: A user's manual[M]. California: Berkeley geochronology center special publication.

LUDWIG K R, 2003. User's manual for Isoplot 3.00: A geochronological toolkit for Microsoft Excel[M]. California: Berkeley Geochronology Center Special Publication.

MANIAR P D, PICCOLI P M, 1989. Tectonic discrimination of granitoids[J]. Geological Society of America Bulletin, 101:635-643.

MCDONOUGH W W, SUN S S, 1995. The composition of the Earth[J]. Chemical Geology, 120:223-253.

MENG F C, ZHANG J X, CUI M H, 2013. Discovery of Early Paleozoic eclogite from the East Kunlun, Western China and its tectonic significance[J]. Gondwana Research, 23(2):825-836.

PEACOCK S M, RUSHMER T, THOMPSON A B, 1994. Partial melting of subducting oceanic crust[J]. Earth & Planetary Science Letters, 121(1):227-244.

PEREDERY W V, 1990. Geology and ore deposits of the Subdury structure[C]//Ontario, 8th IAGOD SYMPOSIUM [Field Trip 7].

PIRAINO F, 1995. Volcanic-hosted epithermal systems in northwest Turkey[J]. South African Journal of Geology, 98(1):13-24.

SHEPHERD T J, RAKIN A, ALDERTON D H M. 1985. A practical guide to fluid inclusion studies[M]. London: Blackie and Son Limited.

SHERVAIS J W, 1982. Ti-V plots and the petrogenesis of modern and ophiolitic lavas[J]. Earth & Planetary Science Letters, 59(1):101-118.

SILLITOE R H, BONHAM JR H F, 1990. Sediment-hosted gold deposite: Distal product of magmatic-hydrothermal Systems[J]. Geology, 18:157-161.

SONG S G, SU LI, LI X H, et al., 2010. Tracing the 850Ma continental flood basalts from a piece of subducted continental crust in the North Qaidam UHPM belt, NW China[J]. Precambrian Research, 183(4):805-816.

SONG S G, YANG J S, XU Z Q, et al., 2003. Metamorphic evolution of the coesite-bearing ultrahigh-pressure terrane in the North Qaidam, northern Tibet, NW China[J]. Journal of Metamorphic Geology, 21:631-644.

SONG S G, ZHANG L F, NIU Y L, et al., 2005. Geochronology of diamond-bearing zircons from garnet peridotite in the North Qaidam UHPM belt, Northern Tibetan Plateau: A record of complex histories from oceanic lithosphere subduction to continental collision[J]. Earth & Planetary Science Letters, 234:99-118.

TANG Z L, REN D J, 1988. Types and metallogenic models of nickel sulfide deposits of China[J]. Acta Geologica Sinica, 1(2):350-361.

YANG J S, SHI R D, WU C L, et al., 2009. Dur'ngoi ophiolite in East Kunlun, Northeast Tibetan plateau: Evidence for paleo-Tethyan suture in Northwest China[J]. Journal of Earth Science, 20(2):303-331.

ZHANG J Y, MA C Q, XIONG F H, et al., 2014. Early Paleozoic high-Mg diorite-granodiorite in the eastern Kunlun Orogen, western China: Response to continental collision and slab break-off[J]. Lithos, 210-211:129-146.

内部参考资料

潘彤,等,2020.中国矿产地质志·青海卷[R].西宁:青海省地质矿产勘查开发局.

青海省地质调查院,2020.中国区域地质志·青海志[R].西宁:青海省地质调查院.

青海省地质矿产勘查开发局,2020.青海省潜力评价报告[R].西宁:青海省地质矿产勘查开发局.

邵继,刘会文,2011.青海省茫崖镇牛鼻子梁地区J46E007009、J46E008009两幅1:5万区域地质矿产调查报告[R].西宁:青海省核工业地质局.

青海省第一地质矿产勘查院,2018.青海省大柴旦地区1:5万矿调多元地质信息集成与找矿预测设计[R].西宁:青海省第一地质矿产勘查院.

杜生鹏,薛才毛,拜占红,等,2017.青海省青龙沟-绿梁山-锡铁山铅锌矿金多金属矿整装勘查2017年实施方案[R].西宁:青海省第一地质矿产勘查院.

易平乾,陈文林,马生龙,等,2013.青海省重要矿种区域成矿规律研究成果报告[R].西宁:青海省地质矿产勘查开发局.

青海省地质调查院,2014.1:25万大柴旦镇幅、德令哈市幅两幅区调修测报告[R].西宁:青海省地质矿产勘查开发局.

青海省地质矿产勘查开发局,2013.青海省潜力评价报告[R].西宁:青海省地质矿产勘查开发局.

湖南省有色地质勘查局,2014.青海省乌兰县沙柳泉地区J47E017009、J47E018009、J47E019009三幅1:5万区域地质矿产调查报告[R].长沙:湖南省有色地质勘查局.

李善平,任华,付军,等,2016.青海稀有稀散为主三稀资源综合研究与重点评价[R].西宁:青海省地质调查院.

谭建湘,莫平衡,李厚有,等,2009.青海省大柴旦锡铁山铅锌矿区深部勘探2522米标高以下27线—015线资源储量报告[R].西宁:青海省自然资源博物.

李厚有,王海丰,莫平衡,等,2018.青海省大柴旦锡铁山铅锌矿资源储量核实报告[R].西宁:青海省自然资源博物馆.

王毅志,安勇胜,2001.区域地质调查说明书中尕巴幅J47E019011[R].西宁:青海省地质调查院区调五分队.

杨德寿,田景春,杨颖,等,2014.青海省鱼卡煤田聚煤规律与构造控煤研究[R].西宁:青海省煤炭地质勘查院.

李永红,张文龙,刘磊,等,2015.柴达木盆地北缘富煤区侏罗系煤层气、页岩气资源远景调查成果报告[R].西宁:青海煤炭地质局.

任收麦,郭天旭,周志,等,2014.柴达木盆地新区新层系油气成藏地质条件研究2013年成果报告[R].北京:中国地质调查局油气资源调查中心.

青海省地质矿产勘查开发局,青海省第四地质矿产勘查院,2015.青海省页岩气资源潜力评价[R].西宁:青海省地质矿产勘查开发局.

党兴彦,赵呈祥,尹和峥,1999.青海省大柴旦镇滩间山地区黄绿沟—绝壁沟一带金矿普查报告[R].西宁:青海省地质矿产勘查开发局.

杜生鹏,魏占浩,拜占红,等. 2017.青海省滩间山地区金矿整装勘查区找矿部署研究报告[R].海东:青海省第一地质矿产院.

刘世明,张双,唐书恒,等.2018.柴北缘页岩气、铀等能源矿产潜力评价与靶区优选成果报告[R].西宁:青海煤炭地质勘查院.